UG NX 12.0 中文版
从入门到精通

麓山文化　编著

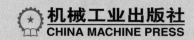

本书是一本帮助UG NX 12.0初学者实现入门、提高到精通的学习宝典，全书采用"基础＋手册＋案例"的写作方法，一本书相当于三本。

本书分为三大篇共12章，第1篇为基础建模篇，主要介绍UG NX 12.0的基本知识与界面设置、基本的建模方法等，内容包括软件入门、常用建模工具、草图绘制、实体建模等；第2篇为曲面建模篇，内容包括三维曲线的设计、曲面的创建、曲面和实体混合模型的编辑、创意塑形等曲面设计功能；第3篇为行业应用篇，分别介绍了UG NX 12.0在工程图设计、装配设计、模具设计、数控加工等领域的应用，具有极高的行业实用性，对初学者快速、全面的掌握UG大有帮助。

本书定位于UG NX 12.0的初、中级用户，可作为广大UG NX 12.0初学者和爱好者学习UG NX 12.0的专业指导教材。对各行业的技术人员来说也是一本不可多得的参考和速查手册。

图书在版编目（CIP）数据

UG NX12.0 中文版从入门到精通 / 麓山文化编著.—5 版.—北京：机械工业出版社，2019.3
ISBN 978-7-111-62168-3

Ⅰ.①U…　Ⅱ.①麓…　Ⅲ.①计算机辅助设计－应用软件　Ⅳ.①TP391.72

中国版本图书馆 CIP 数据核字(2019)第 040395 号

机械工业出版社（北京市百万庄大街 22 号　邮政编码 100037）
责任编辑：曲彩云　　　责任校对：刘秀华　　　责任印制：郜　敏
北京中兴印刷有限公司印刷
2019 年 10 月第 5 版第 1 次印刷
184mm×260mm・28.75 印张・714 千字
0001－2500 册
标准书号：ISBN 978-7-111-62168-3
定价：99.00 元

电话服务　　　　　　　　　网络服务
客服电话：010-88361066　　机工官网：www.cmpbook.com
　　　　　010-88379833　　机工官博：weibo.com/cmp1952
　　　　　010-68326294　　金 书 网：www.golden-book.com
封底无防伪标均为盗版　机工教育服务网：www.cmpedu.com

关于 UG

随着信息技术在各领域的迅速渗透和发展，CAD/CAM/CAE 技术已经得到了广泛的应用，从根本上改变了传统的设计、生产、组织模式，对推动现有企业的技术改造、带动整个产业结构的变革、发展新兴技术、促进经济增长都具有十分重要的意义。

UG 是当今应用广泛、极具竞争力的 CAE/CAD/CAM 大型集成软件之一。其囊括了产品设计、零件装配、模具设计、NC 加工、工程图设计、模流分析、自动测量和机构仿真等多种功能。该软件完全能够改善整体流程，提高该流程中每个步骤的效率，已广泛应用于航空、航天、汽车、通用机械和造船等工业领域。

本书内容

本书主要介绍 UG NX 12.0 各板块的功能命令，从简单的界面调整到实体建模，再到曲面设计与工程图绘制、装配、数控加工、模具设计等，内容覆盖度极为宽广全面。

为了让读者更好地学习本书的知识，在编写时特地对本书采取了分篇渐进的写法，将本书的内容划分为了三大篇共计 12 章，具体编排如下。

章 名	内 容 安 排
第 1 篇 基础建模篇 （第 1 章 ~ 第 4 章）	本篇内容主要介绍 UG NX 12.0 的基本知识与实体建模的方法，内容包括软件入门、常用建模工具、草图绘制和实体建模等 第 1 章：介绍 UG NX 12.0 基本界面的组成与视图、布局、图层等命令的操作 第 2 章：介绍 UG NX 12.0 常用建模工具的使用，如基准轴、基准平面的创建 第 3 章：介绍 UG NX 12.0 中草图的绘制与编辑方法 第 4 章：介绍 UG NX 12.0 中实体建模命令的使用方法及其含义
第 2 篇 曲面建模篇 （第 5 章 ~ 第 8 章）	本篇内容主要介绍三维曲线的设计、曲面的创建、曲面和实体混合模型的编辑、创意塑形等曲面设计功能 第 5 章：介绍 UG NX 12.0 中三维曲线命令与在此基础之上的曲面线框创建方法 第 6 章：介绍基本曲面的创建及各种操作，涉及许多非常规的曲面设计方法 第 7 章：介绍曲面和实体等混合模型的编辑方法，许多命令均是通用的 第 8 章：介绍通过创意塑形模块进行曲面设计的方法
第 3 篇 行业应用篇 （第 9 章 ~ 第 12 章）	本篇主要介绍 UG NX 12.0 在工程图设计、装配设计、模具设计、数控加工领域的应用 第 9 章：介绍 UG NX 12.0 在制图模块下的命令与使用方法 第 10 章：介绍 UG NX 12.0 在装配模块下的命令与使用方法 第 11 章：介绍 UG NX 12.0 在模具模块下的命令与使用方法 第 12 章：介绍 UG NX 12.0 在数控加工模块下的命令与使用方法

本书配套资源

　　本书物超所值，除了书本之外，还附赠以下资源，扫描"资源下载"二维码即可获得下载方式。

　　配套教学视频：配套 100 集高清语音教学视频，总时长近 600 分钟。读者可以先像看电影一样轻松愉悦地通过教学视频学习本书内容，然后对照书本加以实践和练习，以提高学习效率。

　　本书实例的文件和完成素材：书中所有实例均提供了源文件和素材，读者可以使用 UG NX 12.0 打开或访问。

资源下载

本书编者

　　本书由麓山文化编著，参加编写的有：陈志民、江凡、张洁、马梅桂、戴京京、骆天、胡丹、陈运炳、申玉秀、李红萍、李红艺、李红术、陈云香、陈文香、陈军云、彭斌全、林小群、刘清平、钟睦、刘里锋、朱海涛、廖博、喻文明、易盛、陈晶、张绍华、黄柯、何凯、黄华、陈文轶、杨少波、杨芳、刘有良、刘珊、赵祖欣、毛琼健、宋瑾等。

　　由于编者水平有限，书中疏漏之处在所难免。在感谢选择本书的同时，也希望能够把对本书的意见和建议告诉我们。

读者交流

　　读者服务邮箱：lushanbook@qq.com

　　读者QQ群：327209040

麓山文化

前言

第 1 篇 基础建模篇

第 3 章　草绘设计

第 4 章　实体设计

第 2 篇 曲面建模篇

第 5 章 三维曲线设计

第 6 章 曲面设计

第 7 章 实体与曲面编辑

第3篇 行业应用篇

第9章 工程图设计

第 10 章　装配设计

第 11 章 模具设计

第 12 章 数控加工

UG NX 12.0 入门

学习重点：

UG NX 12.0的界面认识

选择对象操作

图形对象的视图操作

图形对象的显示操作

UG NX 12.0是当今世界上先进的计算机辅助设计、分析和制造软件,在机械设计中占据重要地位。同以往使用较多的AutoCAD等通用绘图软件比较,UG直接采用统一的数据库、矢量化和关联性处理、三维建模同二维工程图相关联等技术,大大节省了零件设计时间,从而提高了工作效率。本章着重介绍UG NX 12.0的基本设置、操作方法和常用工具。

1.1 UG NX 发展简史

Unigraphics(简称UGS)软件由美国麦道飞机公司开发,于1991年11月并入世界上最大的软件公司——EDS(电子资讯系统有限公司),该公司通过实施虚拟产品开发(VPD)的理念,提供多极化的、集成的、企业级的软件产品与服务的完整解决方案。

2007年5月4日,西门子公司旗下全球领先的产品生命周期管理(PLM)软件和服务提供商收购了UGS公司。UGS公司从此将更名为"UGS PLM软件公司"(UGS PLM Software),并作为西门子自动化与驱动集团(Siemens A&D)的一个全球分支机构运作。

UG从第19版开始改名为NX1.0,此后又相继发布了NX2、NX3、NX4、NX5、NX6,NX7、NX7.5、NX8、NX9.0和NX12.0,这些版本均为多语言版本,在安装时可以选择所使用的语言。并且UG NX的每个新版本均是前一版本的更新,在功能上有所增强。2017年10月,SIEMENS PLM公司正式发布了最新版本NX 12.0。

从1983年UG II进入市场至今30多年的时间,UG得到了迅速的发展。

1986年:UG开始引用实体建模核心Parasolid部分功能。

1989年:UG宣布支持UNIX平台及开放系统结构。

1990年:UG成为McDonnell Douglas(现在的波音公司)的机械CAD/CAM/CAE的标准。

1993年:引入复核建模技术。

1995年:首次发布Windows NT版本,从而使UG真正走向普及。

1996年:发布可以自动进行干涉检查的高级装配模块和先进的CAM模块。

1997年:新增了WAVE等多项领先的新功能。

1999年:发布了UG16版本,并在我国的CAD行业中迅速普及起来。

2001年:发布了UG17和UG18版。

2002年:发布了可支持PLM的UG NX 2。

2004年:发布了UG NX 3。

2005年:发布了UG NX 4。

2007年:发布了UG NX 5。

2008年:新增了同步建模等多项新功能,并发布了UG NX 6。

2009年:引入了"HD3D"(三维精确描述)功能和同步建模技术的增强功能,并发布了UG NX 7。

2011 年:发布了UG NX 8版本。

2013年:发布了UG NX 9.0版本。

2014年12月：发布了UG NX 12.0版本，开始全面支持中文路径，文件名、文件夹等都可以使用中文字符，而不用再像以前版本那样使用相对陌生的英文或拼音。

2016年7月：发布了UG NX 12.0版本。

2017年10月：发布了UG NX 12.0版本。

UG在1990年进入中国市场后，发展迅速，特别是随着UG计算机版本的发布和计算机的更新换代，为UG的推广创造了良好的环境。近几年来，UG以其迅猛的速度发展，用户遍布各行各业，已成为中国航空航天、汽车、机械和家用电器等行业的首选软件。

1.2 UG NX 12.0 概述

同以往使用较多的AutoCAD等通用绘图软件比较，UG直接采用统一的数据库、矢量化和关联性处理、三维建模同二维工程图相关联等技术，大大节省了用户的设计时间，从而提高了工作效率。UG的应用范围特别广泛，涉及汽车与交通、航空航天、日用消费品、通用机械以及电子工业等领域。

1.2.1 UG NX软件简介

UG NX融合了线框模型、曲面造型和实体造型技术，该系统建立在统一的、关联的数据库基础上，提供工程意义的完全结合，从而使软件内部各个模块的数据都能够实现自由切换。特别是该版本基本特征操作作为交互操作的基础单位，能够使用户在更高层次上进行更为专业的设计和分析，实现了并行工程的集成联动。

伴随UG版本的不断更新和功能的不断完善，促使该软件朝着专业化和智能化方向发展，其主要特点介绍如下。

1. 智能化的操作环境

伴随UG NX版本的不断更新，其操作界面更加人性化，UG NX 12.0的Ribbon界面使用选项卡的形式对各种功能命令进行分类，绝大多数功能都可以通过按钮操作来实现。在进行对象操作时，具有自动推理功能，同时在每个操作步骤中，绘图区上方的信息栏和提示栏中提示操作信息，便于用户做出正确的选择。UG NX 12.0的工作界面如图1-1所示。

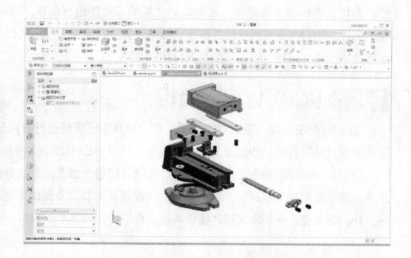

图1-1 UG NX 12.0的工作界面

2. 建模的灵活性

UG NX 可以进行复合建模，需要时可以进行全参数设计，而且在设计过程中不需要定义和参数化新曲线，可以直接利用实体边缘。此外，可以方便地在模型上添加凸垫、键槽、凸台、斜角及抽壳等特征，这些特征直接引用固有模式，只需进行少量参数设置即可，使用灵活方便。

3. 参数化建模特性

传统的实体造型系统都是用固定尺寸值来定义几何元素，为了避免产品反复修改，新一代的UG NX增加了参数化设计功能，使产品设计伴随结构尺寸的修改和使用环境的变化而自动修改，节约了大量的设计时间。图1-2所示为参数化设计的一种表现方式，即使用关系式建立模型尺寸间约束。

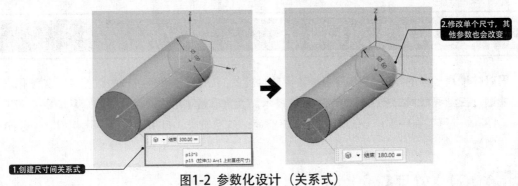

图1-2 参数化设计（关系式）

4. 协同化的装配设计

UG NX 可提供自顶而下、自底向上两种产品结构装配方式，并可在上下文中设计/编辑，它具有高级的装配导航工具，既可图示装配树结构，又可方便快速地确定部件位置。通过装配导航工具可隐藏或关闭特征组件。此外，它还具有强大的零件间的相关性，通过更改关联性可改变零件的装配关系。

5. 集成的工程图设计

UG NX 在创建了三维模型后，可以直接投影成二维图，并且能按ISO标准和国际标准自动标注尺寸、几何公差和汉字说明等，还可以对生成的二维图进行剖视，剖视图自动关联到模型和剖切线位置。另外，UG NX还可以进行工程图模板的设置，在绘制工程图的过程中，可以方便地调用，省去了烦琐的模板设计过程，提高了绘制工程图的效率。

1.2.2 ▷ UG NX 12.0功能模块

虚拟装配及创建工程图等功能时，可以使用CAE模块进行有限元分析、运动分析和仿真模拟，以提高设计的可靠性。根据建立的三维模型，还可由CAM模块直接生成数控代码，用于产品加工。

UG NX功能非常强大，涉及工业设计与制造的各个层面，是业界好用的工业设计软件之一。各功能是靠各功能模块来实现的，利用不同的功能模块来实现不同的用途，从而支持强大的UG NX三维软件，UG NX的整个系统由大量的模块构成，可以分为以下4大模块。

1. 基本环境模块

基本环境模块即基础模块，它仅提供一些最基本的操作，如新建文件、打开文件、输入/输入不同格式的文件、层的控制、视图定义和对象操作等，是其他模块的基础。

2. CAD模块

UGNX的CAD模块拥有很强的3D建模能力，这早已被许多知名汽车厂家及航天工业界各高科技企业所肯定。CAD模块又由以下许多独立功能的子模块构成。

》建模模块

作为新一代的产品造型模块，建模模块提供实体建模、特征建模、自由曲面建模等先进的造型和辅助功能。草图工具适合于全参数化设计；曲线工具虽然参数化功能不如草图工具，但用来构建线框图更为方便；实体工具完全整合基于约束的特征建模和显示几何建模的特性，因此可以自由使用各种特征实体、线框架构等功能；自由曲面工具是架构在融合了实体建模及曲面建模技术基础之上的超级设计工具，能设计出如工业造型设计产品的复杂曲面外形。图1-3所示的汽车连杆模型就是使用建模工具获得的。

》工程制图模块

UGNX工程制图模块可由实体模块自动生成平面工程图，也可以利用曲线功能绘制平面工程图。该模块提供自动视图布局（包括基本视图、剖视图、向视图和细节视图等），并且可以自动、手动进行尺寸标注，自动绘制剖面线、几何公差和标注表面粗糙度等。3D模型的改变会同步更新工程图，从而使二维工程图与3D模型完全一致，同时也减少了因3D模型改变而更新二维工程图的时间。图1-4所示为使用该模块创建的汽车连杆零件工程图。

此外，视图包括消隐线和相关的界面视图，当模型修改时也是自动地更新，并且可以利用自动的视图布局功能提供快速的图纸布局，从而减少工程图更新所需的时间。

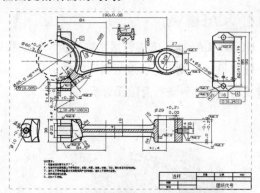

图1-3 汽车连杆模型   图1-4 汽车连杆的零件工程图

》装配建模模块

UGNX装配建模模块适用于产品的模拟装配，支持"自底向上"和"自顶向下"的装配方法。装配建模的主模型可以在总装配中设计和编辑，组件以逻辑对齐、贴合和偏移等方式被灵活地配对或定位，改进了性能，实现了减少存储的需求。图1-5所示为在装配模块中创建的挖掘机装配体。

》模具设计模块

模具设计模块是UGS公司提供的运行在UG软件基础上一个智能化、参数化的注塑模具设计模块。该模块为产品的分型、型腔、型芯、滑块、嵌件、推杆、镶块、复杂型芯或型腔轮廓，以及创建电火花加工的电机、模具的模架、浇注系统和冷却系统等提供了方便的设计途径，最终的目的是生成与产品参数相关的、可数控加工的三维模具模型。此外，3D模型的每一改变均会自动地关联到型腔和型芯。图1-6所示为使用该模块功能进行模具整体设计的效果。

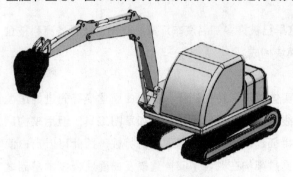

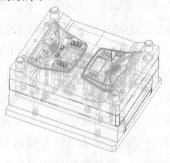

图1-5 挖掘机装配体　　　　　　　　图1-6 电子设备外壳模具机构

3.　CAM模块

UG NX CAM系统拥有的过程支持功能，对于机械制造公司以及与机械产品相关的公司都具有非常重要的价值。在这个工业领域中，对加工多样性的需求较高，包括对零件的大批量加工以及对铸造和焊接件的高效精加工。如此广泛的应用要求CAM软件必须灵活，并且具备对重复过程进行捕捉和自动重用的功能。

UG NX CAM子系统拥有非常广泛的加工能力，从自动粗加工到用户定义的精加工，十分适合这些应用。图1-7所示为使用型腔铣削功能创建的刀具轨迹。该模块可以自动生成加工程序，控制机床或加工中心加工零件。

4.　CAE模块

UG NX CAE功能主要包括结构分析、运动和智能建模等应用模块，提供简便易学的性能仿真工具，任何设计人员都可以进行高级的性能分析，从而获得更高质量的模型。图1-8所示为使用结构分析模块对底座部件进行有限元分析。

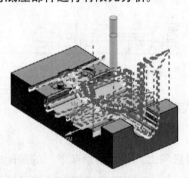

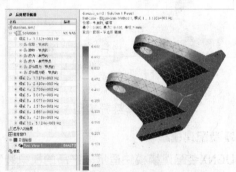

图1-7 型腔铣削刀具轨迹　　　　　　　图1-8 底座的有限元分析

1.2.3 ▶ UG NX 12.0新增功能

UGNX 12.0在功能方面有多项革新，现将UG NX 12.0的主要新增功能简单介绍如下，之后的章节中会分别进行讲解。

1. 从窗口界面就可以自由切换模型

在日常的工作中，经常会出现使用UG同时打开多个模型文件的情况，也需要在不同的模型之间进行切换。在以前的版本中，都需要通过快速访问工具栏中的"窗口"来进行切换，如图1-9所示。

在UG NX 12.0中，在窗口界面新增了文件标签，需要切换哪个文件只需单击其标签即可，非常方便，如图1-10所示。

图1-9 通过"窗口"来切换文件

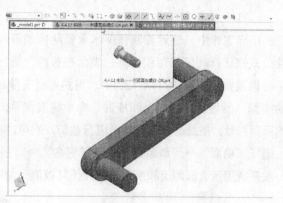

图1-10 单击窗口上的标签进行文件切换

2. 新增"扫掠体"命令

"扫掠"是一个很常用的功能，但以前都是线、面扫掠，而UG NX 12.0新增的"扫掠体"命令可以直接用来扫掠实体，这样在创建一些螺旋、管道类的特征时，将可以节省非常多的时间，特别是一些非圆槽特征的模型。

选择"曲面"→"曲面"→"更多"→"扫掠体"选项 ⮰，或在菜单按钮中选择"插入"→"扫掠"→"扫掠"选项，弹出"扫掠体"对话框。按系统提示选择工具体和刀轨便可以创建扫掠体，如图1-11所示。

任何具有旋转特征的实体对象（表面不得有凹陷）都可以进行扫掠体操作，因此将图1-11中的工具体换成非球体的其他形状后，则可以得到如图1-12所示的带有各种开槽特征的模型。

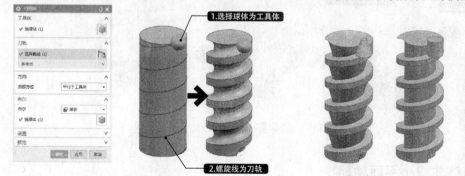

图1-11 创建扫掠体   图1-12 选择非球体扫掠体

3. 新增曲面展平功能

曲面展平后是什么形状？一直以来都是曲面设计中的难题，在实际的工作中也只能通过测量曲面面积来进行推算，而其具体的展平形状却很难确定。在UG NX的钣金模块中，虽然提供了"伸直"

和"展平图样"等工具，但仅限于同样使用钣金工具创建的模型，而对于曲面模块下创建的各种自由曲面，却无能为力。

在UG NX 12.0中新增了"展平和成形"命令，可以将各种曲面沿用户所指定的方向进行展开、拉平，从而得到准确的平面。图 1-13所示的"虾米弯管"，是一种用铁皮折弯、拼接在一起的外管，在管道作业中非常常见。

在实际工作中，要计算制作虾米弯管所需的用料，只能通过较复杂的经验公式来进行轮廓与面积计算，然后在板料上进行裁剪，这样仍然不能避免材料浪费，而在UG NX 12.0中，用户可以直接根据需要创建出虾米弯管的模型，然后使用"展平和成形"命令将其展平，这样便能得到极为准确的平面形状，按此形状在板料上进行裁剪，则可以极大的减少浪费。

图 1-13 虾米弯管

选择"曲面"→"编辑曲面"→"更多"→"展平和成形"选项 ⬚，弹出"展平和成形"对话框，按系统提示选择源面和展平方位，便可以展平曲面，如图1-14所示。

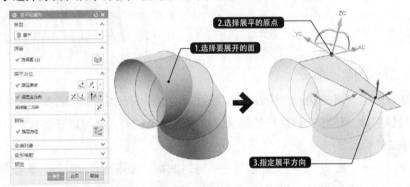

图 1-14 展平与成形操作示意

最终再配合"移动对象"等命令，即可得到完整的虾米弯管展开平面，如图 1-15所示。

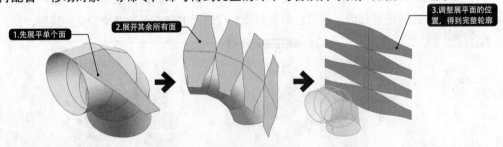

图 1-15 展平虾米弯管

4. 增加从体生成小平面功能

在UG NX 12.0版本的"小平面建模"中，新增加了一个"从体生成小平面体"功能，可以把现有的曲面片体、实体等一键转换成小平面体。

在菜单按钮中选择"插入"→"小平面建模"→"从体生成小平面体"选项，弹出"从体生成小平面体"对话框。按系统提示选择要转换的体再单击"确定"按钮即可，如图1-16所示。

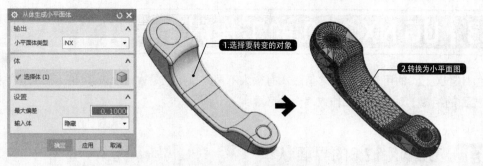

图1-16 从体生成小平面体操作示意

5. 其他杂项

UG NX 12.0其他部分新增功能介绍如下。

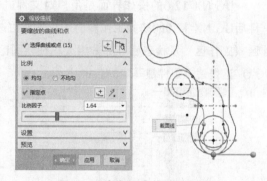

◆ UG NX 12.0在草图模式下，"派生曲线"中新增一项功能——"缩放曲线" 🔎。该功能与建模中的"缩放体"、变换中的"比例"命令原理是一样的，只不过"缩放体"是针对实体缩放，变换中的"比例"是针对建模曲线缩放，而这次新增的"缩放曲线"是针对草图曲线缩放，如图1-17所示。

图1-17 对草图曲线进行缩放

◆ "修剪片体"命令中增加了"延伸边界对象到目标体边"功能，这样在使用曲面为边界对另一曲面执行修剪操作时，即使边界曲面没有接触到目标曲面，也能自行通过延伸计算进行修剪，如图1-18所示，而这在以往的旧版本中是无法实现的。

图1-18 修剪曲面新功能-自动延伸边界

◆ UG NX 12.0的创意塑型模块增强，新增加了"拆分体""合并体""镜像框架"和"偏置框架"等命令，能更方便地进行创意塑型设计。

◆ UG NX 12.0完美支持4K屏幕。以前的UG版本用在4K屏上图标会变得很小，看不清楚，而UG NX 12.0完美支持4K屏，只需在初始面板的"角色"菜单里选择"高清"即可，如图1-19所示，选择启用后，图标会瞬间变大好几倍，即使在4K屏中也能保持超清晰的细节。

图1-19 "高清"角色可以满足4K屏的需要

1.3 | UG NX 12.0 的工作界面

UGNX 12.0的用户界面与之前版本有很大不同，采用的是Windows风格，因此了解并习惯其新界面的组成，对于提高工作效率十分必要。

1.3.1 》UG NX 12.0的界面认识

根据需要新建或者打开一个文件后，都将进入UG NX 12.0的工作界面，也就是操作界面。

UG NX 12.0的操作界面是用户对文件进行操作的基础。图1-20所示为选择了新建"模型"文件后UG NX 12.0的初始工作界面，它主要由选项卡、功能区、上边框条、菜单按钮、导航区、绘图区（工作区）及状态栏等部分组成。在绘图区中已经预设了三个基准面和位于三个基准面交点的原点，这是建立零件最基本的参考。

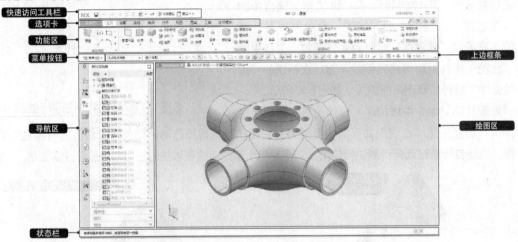

图1-20 UG NX 12.0操作界面

可以发现UG NX12.0的界面风格与之前版本的不一样，是类似于Windows的浅绿色轻量级风格。如果要转换为以前的经典黑色操作界面，可以选择"菜单"→"首选项"→"用户界面"选项，弹出"用户界面首选项"对话框（也可以通过快捷键Ctrl+2来打开），然后在其中的"NX主题"的"类型"下拉列表中选择"经典"选项，即可将UG NX界面转换为以前风格，如图1-21所示。

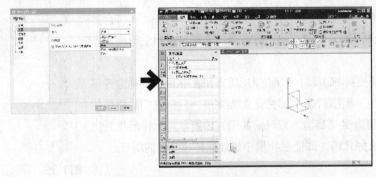

图1-21 设置UG NX界面主题

1.3.2 快速访问工具栏

快速访问工具栏上提供了UG NX 12.0操作中常用的命令按钮，包括保存、撤销、重做、剪切、复制、粘贴、重做上一个命令（快捷键F4）等。还提供了一个"窗口"下拉菜单，当同时打开多个文件时，可通过"窗口"下拉菜单中的命令，设置文件窗口的分布方式，或者将一个文件窗口切换到另一个文件窗口。

1.3.3 选项卡

选项卡是相同种类命令的集合，例如，在"曲面"选项卡中，就包含了UG中绝大部分的曲面命令；而在"曲线"选项卡中，就包含了一般用户所能用到的所有关于曲线的命令；而"主页"选项卡是其他专门选项卡中基本命令的集合，也是UG中最为常用的命令集合。因此，熟练掌握"主页"选项卡中的命令，便能基本掌握UG NX 12.0的建模方法。

1.3.4 功能区

不同选项卡下不同的命令按钮区域就叫做功能区。Ribbon界面的功能区是当前各类软件流行的一种界面形式，该界面将不同的命令按钮放置在不同选项卡中，每个选项卡中的工具按钮按类型进一步细分，分为多个组。因为一次只能打开一个选项卡，因此Ribbon界面使用最少的版面集中了更多的工具按钮，增大了绘图区的空间。

1.3.5 菜单按钮

UG NX 8.0开始将以往的菜单栏全部整合到一个菜单按钮当中，而在UG NX 12.0的菜单按钮中几乎包含了整个软件所需要的各种命令。也就是说，在建模时用到的各种命令、设置、信息等都可以在这个按钮中找到，极大地提高了命令的搜索效率。

1.3.6 导航区

导航区主要是为用户提供一种快捷的操作导航工具，它主要包含装配导航器、部件导航器、Internet Explorer、历史记录、系统材料、Precoss Studio、加工向导、角色及系统可视化场景等。导航区最常用的是部件导航器和装配导航器，下面对它们进行简单介绍。

在UG NX 12.0主界面中，单击左侧的"部件导航器"图标，便可弹出如图1-22所示"部件导航器"对话框。其中列出了已经建立的各个特征，用户可以在每个特征前面勾选或者取消勾选来显示或者隐藏各个特征，还可以选择需要编辑的特征，右击来对特征参数进行编辑；单击左侧的"装配导航器"图标便可弹出图1-23所示的"装配导航器"对话框，用户同样可以在其中选择各组件来设置相关参数。

1.3.7 状态栏

状态栏主要是为了提示用户当前操作处于什么状态，以便用户能做出进一步的操作。如提示用户选择基准平面、选择放置面、选择水平参考等。这一功能设置使得某些对命令不太熟悉的用户也能顺利地完成相关的操作。

图1-22 部件导航器

图1-23 装配导航器

1.3.8 上边框条

上边框条位于绘图区上侧，集中了多个常用工具，包括菜单按钮、选择过滤器、选择工具、视图工具和实用程序工具。上边框条最左边的"菜单"按钮代替了之前版本的菜单栏，单击该按钮，将展开UG NX 12.0的菜单栏，如图1-24所示。

图1-24 上边框条和菜单按钮

菜单按钮几乎包含了设计中所需要的所有命令，某些在选项卡中找不到的命令选项，一般都可以在菜单按钮中找到。它主要包含以下几个菜单。

◆ **文件：** 主要用于创建文件、保存文件、导出模型、导入模型、打印和退出软件等操作。

◆ **编辑：** 主要用于对当前视图、布局等进行操作。

◆ **视图：** 主要用于模型视图的操作，截面的创建和编辑，布局的创建和编辑。

◆ **插入：** 主要用于插入各种草图对象、基准和特征。

◆ **格式：** 主要用于对现有格式的编辑管理。

◆ **工具：** 提供了一些建模过程中比较实用的工具。

◆ **装配：** 主要提供了各种装配所需要的操作命令。

◆ **信息：** 提供了当前模型的各种信息。

◆ **分析：** 提供了如长度、角度、质量测量等实用的信息。

◆ **首选项：** 主要用于对软件的预设置。

◆ **窗口：** 主要用来切换被激活的窗口和其他窗口。

◆ **GC工具箱：** GC工具箱是专为中国用户开发使用的工具箱，提供了诸如GB标准、齿轮、弹簧建模等实用功能。

◆ **帮助：** 主要提供了用户使用软件过程中所遇到的各种问题的解决办法。

提示

　　在不同的应用模块下，部分菜单项的命令将发生相应的变化。

1.3.9 ▶ 绘图区（工作区）

　　绘图区主要用于绘制草图、实体建模、选择对象、产品装配及运动仿真等。默认状态下，绘图区显示一个坐标系，该坐标系是绘图的绝对坐标系。

1.3.10 ▶ UG NX 12.0的对话框（工作区）

　　在使用UG NX 12.0建模的过程中，几乎每个特征的创建和编辑都要用到对话框，对话框为人机对话提供了平台，用户可以通过对话框告诉机器自己想要进行什么操作，而机器也会通过对话框将提示或者警告反馈给用户。对于不同的对话框，其选项也不同，这里以图1-25所示的"拉伸"对话框为例，介绍UG NX 12.0对话框的组成，也为本书后续操作实例中的命令调用统一名称。

　　为了在对话框中集中更多的功能，UG NX 12.0的对话框一般由多个选项组组成，每个选项组中集中一类选项，单击该选项组上的"折叠"按钮 ∧，可以在卷起和展开状态之间切换，图1-26所示即为卷起多个选项组的效果。

图1-25 "拉伸"对话框

图1-26 卷起选项组的效果

　　同时，UG NX 12.0的对话框具有定制选项的功能，单击对话框左上角的"对话框选项"按钮 ⚙，弹出菜单如图1-27所示。用户可选择"更多"选项，以显示该对话框的全部功能选项。图1-28所示为选择"拉伸（更多）"的拉伸对话框。可以看出，该对话框中增加了多个选项组，可实现更丰富的建模功能。

　　在对话框中，有些项目前标有 ＊符号，表示该项目需要选择对象，其中黄底显示的选项为当前激活的选项，选择或定义符合要求的对象之后，＊符号变为 ✓，表示该对象已经定义，如图1-29所示。

 提示

　　本书中对各种命令统一使用"更多"显示的对话框，如果用户自己在操作过程中发现没有某些功能选项，就需要切换到"更多"选项。

图1-27 使用更多选项　　　图1-28 全部显示的"拉伸"对话框　　图1-29 已经定义对象的项目

1.4 UG NX 12.0 的基本操作

　　文档操作内容主要包括：新建文件、打开文件、保存文件、关闭和删除文件。本节将详细介绍如何创建一个新的UG NX文件以及保存文件等。

1.4.1 启动UG NX 12.0

　　启动方式仍同以前版本一样，最直接的方法是双击安装完成后在桌面自动生成的快捷方式，当然也可以选择"开始"菜单中的"程序"→所有程序→Siemens NX 12.0→NX 12.0，启动UG NX 12.0，打开程序的初始界面，如图1-30所示；然后可以根据任务需要选择新建或者打开一个部件文件。

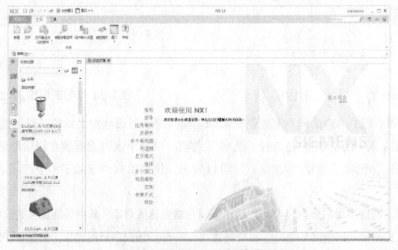

图1-30 UG NX 12.0初始界面

1.4.2 退出UG NX 12.0

　　在创建完成一份设计工作之后，需要将该软件关闭。如果需要关闭文件，可选择"文

件"→"关闭"选项，在弹出的子菜单中选择适合的选项执行关闭操作，如图 1-31所示。当选择
"选定的部件"选项时，UG NX 12.0将打开"关闭部件"对话框，如图 1-32所示。

图 1-31 "关闭"子菜单

图 1-32 "关闭部件"对话框

"关闭部件"对话框中的主要选项含义见表 1-1。

表 1-1 "关闭部件"对话框各选项参数含义

选项	选项参数含义
顶层装配部件	在文件列表框中只列出顶层装配文件，而不列出装配文件中的组件名称
会话中的所有部件	在文件列表框中列出当前进程中的所有文件
仅部件	关闭所有选择的部件
部件和组件	如果所选择的文件为装配文件，则关闭属于该装配文件的所有部件和组件
关闭所有打开的部件	将关闭所有已经打开的文件
如果修改则强制关闭	如果文件在关闭以前没有保存，则强行关闭该文件

UG最常使用的退出方式便是单击软件工作窗口右上角的按钮 ⊠，单击后即可关闭当前的工作窗
口；而如果选择"文件"→"退出"选项，或者单击UG NX 12.0标题栏中的按钮 ⊠，将退出UG NX
12.0软件，这两个按钮 ⊠ 的使用效果如图 1-33所示。如果当前文件没有保存，UG NX 12.0将会弹出
提示对话框，提示用户是否需要保存后关闭，如图 1-34所示。浏览模型进行观察并不会修改模型，
只有对模型特征进行修改后软件才会在关闭时提示。

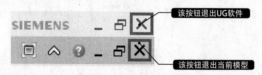

图 1-33 不同关闭按钮的作用

图 1-34 "关闭文件"对话框

1.4.3 鼠标和键盘操作

鼠标和键盘操作的熟练程度直接关系到作图的准确性和速度，熟悉鼠标和键盘操作，有利于提
高作图的质量和效率。

1. 鼠标操作

在工作区单击右键，打开右键快捷菜单，从中选择相应的选项，或者选择"视图"→"操作"选项，在打开的"操作"子菜单中选择相应的选项，对视图进行观察即可完成观察视图操作，其操作方法和作用与上述各种按钮相同，这里就不再阐述。

在UG NX 12.0中，还可利用鼠标对视图进行缩放、平移、旋转和全部显示等操作，便于进行视图的观察。

◆ 缩放视图：利用鼠标进行视图的缩放操作包括3种方法：将鼠标置于工作区中，滚动鼠标滚轮；同时按下鼠标的左键和鼠标滚轮并任意拖动；或者按下Ctrl键的同时按下鼠标滚轮并上下拖动鼠标。这里需要注意的是，UG NX 12.0鼠标操作视图放大、缩小时与以前的版本正好相反，方向往下是缩小，方向往上是放大。这里可以在快速访问工具栏中的"文件"→"实用工具"→"用户默认设置"→"基本环境"→"视图操作"→"方向"下拉列表中选择调整，如图 1-35所示。

图 1-35 调整鼠标缩放视图方法

◆ 平移视图：利用鼠标进行视图平移的操作包括2种方法：在工作区中同时按下鼠标滚轮和右键；或者按下Shift键的同时按下鼠标滚轮，并在任意方向拖动鼠标，此时视图将随鼠标移动的方向进行平移。

◆ 旋转视图：在绘图区中按下鼠标滚轮，并在各个方向拖动鼠标，即可旋转对象到任意角度和位置。

◆ 全部显示：在工作区中的空白处单击鼠标右键，在"视图"快捷菜单中选择"适合窗口"选项，如图 1-36所示，或在"视图"工具栏上单击按钮 ⊠，也可以在菜单按钮中选择"视图"→"操作"→"适合窗口"选项，如图1-37所示。系统会把所有的几何体完全显示在工作区中。

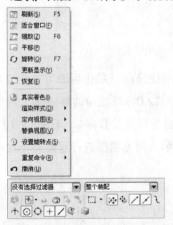

图 1-36 "视图"快捷菜单

图 1-37 选择"合适窗口"命令

 提示

当光标放在绘图区左侧或右侧，按住滚轮不放并轻微移动鼠标，光标变成 ⇔，对象将沿X轴旋转；当光标放在绘图区下侧，按住滚轮不放并轻微移动鼠标，光标变成 ⊕，对象将沿Y轴旋转；当光标放在绘图区上侧，按住滚轮不放并轻微移动鼠标，光标变成 ℃，对象将沿Z轴旋转。

2. 键盘操作

在UG NX 12.0中，可利用键盘操作控制窗口操作，键盘及功能可参照表 1-2所示。利用键盘不但可以进行输入操作，还可以在对象间切换。

表 1-2 键盘及功能

键盘控制	键盘功能
Tab	在对话框中的不同控件上切换，被选中的对象将高亮显示
Shift+Tab	同Tab操作的顺序正好相反，用来反向选择对象，被选中的对象将高亮显示
方向键	在同一控件内的不同元素间切换
回车键	确认操作，一般相当于单击"确定"按钮确认操作
Enter键	在对应的对话框中激活"接受"按钮
Shift+Ctrl+L	中断交互

3. 定制键盘

可对常用工具设置自定义快捷键，这样能够快速提高设计的效率和速度。在工程设计过程中，可通过设置快捷键的方式，快速执行选项操作。

要定制键盘，可选择菜单按钮→"工具"→"定制"选项，打开"定制"对话框。单击该对话框中的"键盘"按钮，打开"定制键盘"对话框，如图 1-38所示。

图 1-38 "定制键盘"对话框

在该对话框中选择适合的类别，右侧的"命令"列表框中将显示对应的命令选项，指定选项，即可在下方的"按新的快捷键"文本框中输入新的快捷键，单击"指派"按钮，即可将快捷键赋予该选项，这样在操作过程中可直接使用快捷键执行相应操作。

1.4.4 选择对象操作

要对一个对象元素进行操作必须选中该对象，UG NX 12.0中提供了多种选择方式和工具。

1. 预选加亮

当鼠标指针移到任何一个可供选择的特征时，这个特征就会被加亮，如图 1-39所示。这里可以判断被加亮的特征是不是自己所需选择的特征，单击加亮特征，就可以实现选取。

2. 快速拾取

在设计工作中，当多个特征重叠在一起时，就很难选择所需的对象。可以通过"快速拾取"对话框来选择所需的对象。将鼠标指针置于选择对象上保持不动，待鼠标指针右下角出现3个点的时候（￪）单击鼠标，系统弹出"快速拾取"对话框，如图 1-40所示。从该列表框中选择需要的特征，对象便会高亮显示，然后进行单击选择。

3. 鼠标直接选择

当系统提示选择对象时，鼠标指针会在绘图区变成球状 ✛，当选择对象时，所选对象颜色会被加亮显示，如图 1-41所示。当选择多个对象时，框选整个对象，完成操作，如图 1-42所示。

图 1-39 预选加亮效果　图 1-40 "快速拾取"对话框　图 1-41 单选上盖模型　图 1-42 框选全部对象

4. 类选择器对象

类选择器是一个对象选择器，该选择器可以通过某些限定条件来选择不同类型的对象，从而提高工作效率，特别是在创建大型装配实体时该工具的应用最为广泛。在菜单按钮中选择"编辑"→"选择"→"类选择"选项，打开"类选择"对话框，如图 1-43所示，在该对话框中的"对象"选项组中单击"全选"按钮 ⊞，在"过滤器"选项组中单击"类型过滤器"按钮 ▦，打开"按类型选择"对话框，如图 1-44所示。然后在该对话框中选择"实体"，单击"确定"按钮，返回"类选择"对话框，再单击"确定"按钮完成操作，显示效果如图 1-45所示。

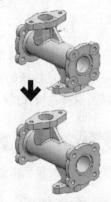

图 1-43 "类选择"对话框　　图 1-44 "按类型选择"对话框　　图 1-45 "类选择"效果示意（仅选择实体）

> **提示**
> 可以通过选择上边框条左侧的 ▢▢▢▢▢▢▢ ▢▢▢ 选项来快速实现"类选择"操作。在第一个下拉列表中选择要选择的类型，在第二个列表中指定选择的区域范围。

5. 优先选择对象

对象选择除了上述方法之外，还可以通过指定优先级选择对象。在菜单按钮中选择"编辑"→"选择"子菜单中的选项，便可以进行相应的选择，如图 1-46 所示。其中各选项的具体含义如下。

◆ 最高选择优先级—特征：利用鼠标选择对象时，系统将以"特征"为标准优先进行选择。

◆ 最高选择优先级—面：利用鼠标选择对象时，系统将以"面"为标准优先进行选择。

◆ 最高选择优先级—体：该命令主要用于装配体中，执行该命令后，利用鼠标对象将以"体"为优先选择标准。

◆ 最高选择优先级—边：利用鼠标选择对象时，系统将以"边"为优先标准进行选取。

图 1-46 "选择"子菜单

◆ 最高选择优先级—组件：利用鼠标选择对象时，将以"组件"为优先选择对象进行选择。

1.4.5 文件操作

1. 新建文件

在创建模型之前，都需要创建一个相应类型的文件。在"新建"对话框中，系统提供了6个类型选项卡，分别用于创建相应的文件，这里介绍常用的4个选项卡。

◆ 模型：该选项卡中包含执行工程设计的各种模板，指定模板并设置名称和保存路径，单击"确定"按钮，即可进入指定的工作环境中。

◆ 图纸：该选项卡中包含执行工程设计的各种图纸类型，指定图纸类型并设置名称和保存路径，然后选择要创建的部件，即可进入指定图幅的工作环境。

◆ 仿真：该选项卡中包含仿真操作和分析的各个模块，从而进行指定零件的热力学分析和运动分析等，指定模块即可进入指定模块的工作环境。

◆ 加工：该选项卡中包含加工操作的各个模块，从而进行指定零件的机械加工，指定模块即可进入相应的工作环境。

2. 打开文件

利用"打开文件"命令可直接进入与文件相对应的操作环境中。要打开指定的文件，可以选择"文件"→"打开"选项，即可打开"打开"对话框，如图 1-47 所示。

在该对话框中选择需要打开的文件，或者直接在"文件名"文本框中输入文件名，在"预览"窗口中将显示所选图形。如果没有图形显示，则需要选择右侧的"预览"复选框，最后单击OK按钮即可。

3. 保存或另存文件

要保存文件，可选择"文件"→"保存"选项，即可将文件保存到原来的目录。

如果需要将当前图形保存为另一个文件或其他目录，可选择"文件"→"另存为"选项，打开"另存为"对话框，如图 1-48所示。

图 1-47 打开文件

图 1-48 "另存为"对话框

在"文件名"下拉列表中输入保存的名称，然后单击OK按钮即可。如果需要保存为其他类型，可以在"保存类型"下拉列表中选择保存类型。

如果需要更改保存方式，可选择"文件"→"保存"→"保存选项"选项，在打开的"保存选项"对话框进行保存设置，如图 1-49所示。该对话框中主要选项的含义见表1-3。

表1-3 "保存选项"对话框中主要选项的含义

选　项	选项参数含义
压缩保存部件	启用该复选框，将会对图形文件进行数据压缩
生成重量数据	启用该复选框，将会对重量和其他特征进行更新
保存JT数据	启用该复选框，将图形数据域Teamcenter可见数据集成
保存图纸的CGM数据	启用该复选框，将同时保存图纸的CGM格式数据
保存图样数据	该选项组中有"否""仅图样数据""图样和着色数据"三种保存方式可供用户选择
部件族成员目录	在该文件框中指明文件的存放路径，单击"浏览"按钮可改变路径

图 1-49 保存选项

图 1-50 "导入"选项子菜单

 提示

当打开了一个以上的文件且需全部保存时，可选择"文件"→"保存所有"命令，将所有打开的文件全部进行保存。

4. 导入和导出文件

UG NX 12.0具有强大的数据交换能力，支持丰富的交换格式。如STEP203、STEP214、IGES等通用格式，还可创建与Pro/E、CATIA交换数据的专用格式。

》导入文件

导入文件功能用于与非UG用户进行数据交换。当数据文件由其他工业设计软件建立时，它与UG系统的数据格式不一致，直接利用UG系统无法打开此类数据文件，文件导入功能使UG具备了与其他工业设计软件进行交换的途径。要执行导入文件操作，可选择"文件"→"导入"选项，弹出"导入"子菜单，如图 1-50所示。在该子菜单中显示了可以导入的文件类型。

UG NX 12.0可以导入IGES、DXF/DWG、CATIA、Pro/E实体等文件，例如，要导入STL文件，可选择对应的选项，即可打开"STL导入"对话框，如图 1-51所示。单击该对话框中的"浏览"按钮 📄，在打开的"部件文件"对话框中指定路径并选择STL文件，即可将该文件导入UG NX 12.0。

》导出文件

导出文件与导入文件功能相似，UG NX 12.0可将现有模型导出为UG NX 12.0支持的其他类型的文件。如CGM、STL、IGES、DXF/DWG、CATIA等，还可以直接导出为图片格式。

要执行导出操作，可选择"文件"→"导出"选项，打开"导出"子菜单。在该子菜单中显示支持导出的文件类型。例如，选择该菜单的Auto CAD DXF/DWG选项，打开如图 1-52所示对话框，指定文件保存路径和文件名，单击"确定"按钮即完成导出。启用AutoCAD软件，选择"文件"→"打开"选项，即可在指定该文件路径打开导出的文件，如图 1-53所示。

   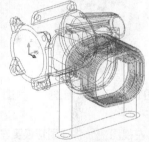

图 1-51 "STL导入"对话框　　图 1-52 导出Auto CAD文件　　图 1-53 在AutoCAD中打开
导出的文件

1.5 │ 视图与显示操作

作为一款专业的三维建模软件，UG提供了一套非常详尽的模型显示命令，如各个视图方位的调整，可以方便地切换和观察模型对象的各个方向的视图；而通过更改视觉样式，可以让模型的外观显示获得不一样的效果。

1.5.1 》 图形的视图操作

在上边框条中，打开"定向视图"下拉菜单，从中选择视图的定向方向，如图1-54 所示。也可在绘图区空白位置单击右键，在弹出的快捷菜单中选择"定向视图"选项，子菜单中列出了视图选项，如图1-55所示。

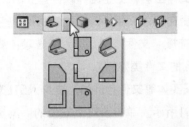

图1-54 "定向视图"下拉菜单　　　　　　　图1-55 快捷菜单中的定向视图命令

在绝对坐标系中，包括8种视图方位以供选择。

◆ 正三轴测图：将视图切换至正三轴测视图样式，即从坐标系的右-前-上方向观察实体，如图1-56所示。

◆ 正等测图：以等角度关系，从坐标系的右-前-上方向观察实体，如图1-57所示。

◆ 俯视图：将视图切换至俯视图模式，即沿ZC负方向投影到XC-YC平面上的视图，如图1-58所示。

◆ 仰视图：将视图切换至仰视图模式，即沿ZC正方向投影到XC-YC平面上的视图，如图1-59所示。

图1-56 正三轴侧图　　　图1-57 正等测图　　　图1-58 俯视图　　　图1-59 仰视图

◆ 左视图：将视图切换至左视图模式，沿XC正方向投影到YC-ZC平面上的视图，如图1-60所示。

◆ 右视图：将视图切换至右视图模式，沿XC负方向投影到YC-ZC平面上的视图，如图1-61所示。

◆ 前视图：将视图切换至前视图模式，沿YC正方向投影到XC-ZC平面上的视图，如图1-62所示。

◆ 后视图：将视图切换至后视图模式，沿YC负方向投影到XC-ZC平面上的视图，如图1-63所示。

图1-60 左视图　　　图1-61 右视图　　　图1-62 前视图　　　图1-63 后视图

【案例1-1】： 定向视图观察模型

本实例通过对模型进行前视图、左视图、俯视图和正等测图的定向视图操作，让读者学习怎样去更好的观察模型。

01 启动UG NX 12.0软件，选择本章的素材文件"1-1定向视图观察模型.prt"，将其打开。

02 观察前视图。单击鼠标右键，选择"定向视图"→"前视图"选项，或者单击上边框条中的下三角按钮 🔽，选择按钮 🔲，视图切换至前视图模式，如图 1-64所示。

03 观察左视图。单击鼠标右键，选择"定向视图"→"左视图"选项，或者单击上边框条中的下三角按钮 🔽，选择按钮 🔲，视图切换至左视图模式，如图 1-65所示。

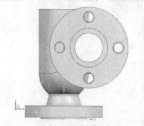
图 1-64 前视图

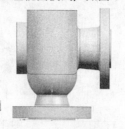
图 1-65 左视图

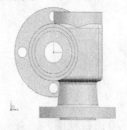
图 1-66 俯视图

图 1-67 正等测图

04 观察俯视图。单击鼠标右键，选择"定向视图"→"俯视图"选项，或者单击上边框条中的下三角按钮 🔽，选择按钮 🔲，视图切换至俯视图模式，如图 1-66所示。

05 观察正等测图。单击鼠标右键，选择"定向视图"→"正等测图"选项，或者单击上边框条中的下三角按钮 🔽，选择按钮 🔲，视图切换至正等测图模式，如图 1-67所示。

06 按同样方法观察其他模型对象的各个方向视图，完成操作。

【案例1-2】：视图操作观察模型

本实例通过对模型视图进行缩放、平移、旋转，调整视图到合适位置，然后选择"透视"命令，对模型进行真实性的观察，从而让读者掌握观察模型的方法。

01 启动UG NX 12.0软件，选择本章的素材文件"1-2视图操作观察模型.prt"，将其打开。

02 平移模型视图。选择"视图"→"方位"→"平移"选项 🔲，或按住鼠标中键+右键，同时拖动鼠标，将模型平移至视图窗口中心。

03 缩放模型视图。选择"视图"→"方位"→"缩放"选项 🔲，当鼠标箭头变为"🔍"时，框选视图中的模型，此时模型将布满整个工作视图，如图 1-68所示。也可以直接通过滚动鼠标滚轮来实现，但缩放效果不会如此精准。

04 旋转模型视图。选择"视图"→"方位"→"旋转"选项 🔲，或按住鼠标中键同时拖动鼠标，将模型旋转至正面效果，如图 1-69所示。

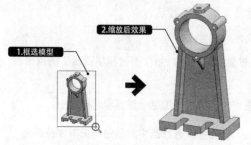
图 1-68 缩放视图

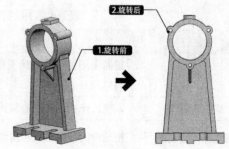
图 1-69 旋转视图

05 选择透视图。选择"视图"→"方位"→"透视"选项 🔲，对模型进行透视投影的观察。透视能在平面图形上更好的显示空间立体感，让设计者对模型有更直观的感受，对比效果如图 1-70 所示。

06 调整透视图。选择"视图"→"方位"→"透视图选项"选项 ，打开"透视图选项"对话框。在其中通过滑块调整到目标的距离来调整透视图的显示效果，如图 1-71 所示。

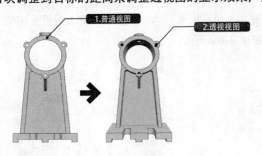

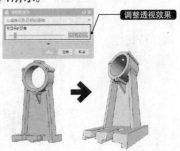

图 1-70 透视视图　　　　　　　　　　图 1-71 调整透视显示效果

> **提示**
>
> "透视图选项"命令只能在透视效果下使用，其余情况下显示为非激活状态。

1.5.2 图形对象的显示操作

在创建复杂的模型时，一个文件中往往存在多个实体造型，造成各实体之间的位置关系互相错叠，这样在大多数观察角度上将无法看到被遮挡的实体，或是各个部件不容易分辨。这时将当前不操作的对象隐藏起来，或是将每个部分用不同的颜色、线型等表示，改变部件的外观，即可对其覆盖的对象进行方便的操作。

UG NX 12.0 的视图操作工具在"视图"选项卡中，该选项卡包含了视图观察操作的所有工具，如图 1-72 所示。

图 1-72 "视图"选项卡与上边框条上的视图工具

在实际的绘图过程中，一般使用上边框条上的视图工具，常用的视图操作按钮含义及操作方法见表 1-4。

表 1-4 常用的视图操作按钮含义及操作方法

按　钮	含义及操作方法
刷新	重画图形窗口中的所有视图，擦除临时显示的对象，如作图过程中遗留下的点或线的轨迹
适合窗口	调整工作视图的中心和比例以显示所有对象，即在绘图区全屏显示全部视图
根据选择调整视图	把选中的实体最大程度地显示在绘图区，该按钮只有在选中对象的情况下才被激活
缩放	对视图进行局部放大。单击该按钮后，按住左键并拖动定义一个矩形区域，松开左键之后，则矩形线框内的图形将被放大，按鼠标中键退出缩放模式。

按　钮	含义及操作方法
放大/缩小 🔍	单击该按钮后，在绘图区中单击鼠标左键并进行上下拖动，即可完成视图的放大和缩小操作
旋转 🔄	单击该按钮后，在绘图区中按下鼠标左键并移动，即可完成视图的旋转操作
平移 🖐	单击该按钮后，在绘图区中按下鼠标左键并移动，视图将随鼠标移动的方向进行平移
设置为WCS 🔧	单击该按钮后，系统将原来的坐标系转化为工作坐标系，使XC-YC平面为当前视角
透视 📷	将工作视图从非透视状态转换为透视状态，从而使模型具有逼真的远近层次效果
恢复 🔲	单击该按钮，可将工作视图恢复到上次操作之前的方位和比例
将视图另存为 💾	该工具可以用不同的名称保存工作视图。使用方法同上节所介绍的"另存为"选项使用方法相同

1. 图形的显示方式

在对视图进行观察时，为了达到不同的观察效果，往往需要改变视图的显示方式，如实体显示、线框显示等。在上边框条中打开"渲染样式"下拉菜单，如图1-73所示，可以选择模型的显示样式。也可在绘图区单击右键，在弹出的快捷菜单中选择渲染样式，如图1-74所示。

图1-73 "渲染样式"下拉菜单　　　　　　　图1-74 快捷菜单中的"渲染样式"选项

在UG NX 12.0中，视图的显示方式包括以下几种类型。

◆ 带边着色 🔷：用以渲染工作实体中实体的面，并显示面的边，如图1-75所示。

◆ 着色 🔷：用以渲染工作实体中实体的面，不显示面的边，如图1-76所示。

◆ 艺术外观 🔷：根据指定的基本材料、纹理和光源实际渲染工作视图中的面，如图1-77所示。

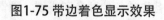

图1-75 带边着色显示效果　　　　　图1-76 着色的效果　　　　　图1-77 艺术外观显示效果

◆ 带有淡化边的线框 🔷：图形中隐藏的线将显示为灰色，如图1-78所示。

◆ 带有隐藏边的线框 🔷：不显示图形中隐藏的线，如图1-79所示。

◆ 静态线框 🔷：图形中的隐藏线将显示为虚线，如图1-80所示。

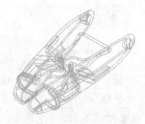

图1-78 带有淡化边的线框　　　　图1-79 带有隐藏边的线框　　　　图1-80 静态线框

◆ 局部着色 ：可以根据需要选择面着色，以突出显示，如图1-81所示。

◆ 面分析 ：该方式可以用来控制是否进行面分析效果的显示，如图1-82所示。如果曲面质量较高，则显示的光斑效果也会圆滑而连贯。

2. 图形的外观设置

通过对象显示方式的编辑，可以修改对象的颜色、线型、透明度等属性，特别适用于创建复杂的实体模型时对各部分的观察、选择以及分析修改等操作。

选择菜单按钮→"编辑"→"对象显示"选项，打开"类选择"对话框，从工作区中选择所需对象并单击"确定"按钮，打开"编辑对象显示"对话框，如图 1-83所示，从中调整模型的显示，如颜色和透明效果。

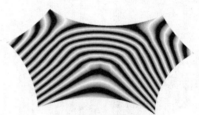

图1-81 局部着色效果　　　　　　图1-82 面分析显示效果

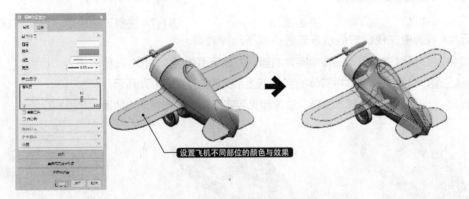

设置飞机不同部位的颜色与效果

图 1-83 "编辑对象显示"对话框

该对话框包括2个选项卡，在"分析"选项卡中可以设置所选对象各类特征的颜色和线型，通常情况下不必修改，"常规"选项卡中的各主要选项的含义见表 1-5。

表 1-5 "常规"选项卡中主要选项的含义

选项	选项含义
图层	该文本框用于指定对象所属的图层，一般情况下为了便于管理，常将同一类对象放置在同一个图层中
颜色	该选项用于设置对象的颜色。对不同的对象设置不同的颜色，将有助于图形的观察及对各部分的选择及操作
线型和宽度	通过这两个选项，可以根据需要设置实体模型边框、曲线、曲面边缘的线型和宽度
透明度	通过拖动透明度滑块调整实体模型的透明度，默认情况下透明度为0，即不透明，向右拖动滑块透明度将随之增加
局部着色	该复选框可以用来控制是否对模型进行局部着色。选择时可以进行局部着色，这是为了增加模型的层次感，可以为模型实体的各个表面设置不同的颜色
面分析	该复选框可以用来控制是否进行面分析，选择该复选框表示进行面分析
线框显示	该选项组用于曲面的网格化显示。当所选择的对象为曲面时，该选项将被激活，此时可以启用"显示点"和"显示结点"复选框，控制曲面极点和终点的显示状态
继承	将所选对象的属性赋予正在编辑的对象。选择该选项，将打开"继承"对话框；然后在工作区中选取一个对象，并单击"确定"按钮，系统将把所选对象的属性赋予正在编辑的对象

3. 显示和隐藏

该选项用于控制工作区中所有图形元素的显示或隐藏状态。选择该选项后，将打开如图 1-84所示的"显示和隐藏"对话框。

在该对话框的"类型"中列出了当前图形中所包含的各类型名称，通过单击类型名称右侧"显示"列中的按钮➕或"隐藏"列中的按钮➖，即可控制该名称类型所对应图形的显示和隐藏状态。也可以使选定的对象在绘图区中隐藏。方法是：首先选择需要隐藏的对象，然后选择该选项，此时被选择的对象将被隐藏。

隐藏的快捷方式是使用键盘上的组合键Ctrl+B。

单击这三个按钮

图 1-84 "显示和隐藏"对话框

» 颠倒显示和隐藏

该选项可以互换显示和隐藏对象，即是将当前显示的对象隐藏，将隐藏的对象显示，效果如图1-85所示。

颠倒显示和隐藏的快捷方式是使用键盘上的组合键Ctrl+Shift+K。

全显示状态　　　　隐藏状态　　　　颠倒显示状态

图 1-85 颠倒显示和隐藏效果

>> 显示所有此类型

"显示"选项与"隐藏"选项的作用是互逆的，即可以使选定的对象在绘图区中显示，而"显示所有此类型"选项可以按类型显示绘图区中满足过滤要求的对象。

显示所有此类型的快捷方式是使用键盘上的组合键Ctrl+Shift+U。

> **提示**
>
> 　　当不需要某个对象时，可将对象删除掉。方法是：选择"编辑"→"删除"选项，弹出"类选择"对话框，选择该对象，单击"确定"按钮确认操作。

1.5.3 >> 视图布局设置

　　在进行三维产品设计时，有时可能为了多角度观察一个对象而需要同时用到一个对象的多个视图，如图 1-86所示。这就要用到视图布局设置功能。用户创建视图布局后，可以在需要的时候再次打开视图布局，可以保存视图布局，可以修改视图布局，还可以删除视图布局等。UG NX 12.0中可以设置多个窗口，以多个不同的角度来观察模型，系统提供6种格式，最多可以布置9个视图来观察模型。

　　选择"视图"→"方位"→"更多"，在"视图布局"选项组中可以看到视图布局设置的主要选项，如图 1-87所示。该选项组中的各选项的含义见表1-6。

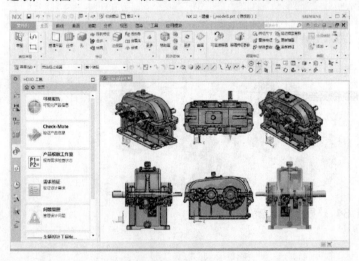

图 1-86 同时显示多个视图

图 1-87 视图布局命令组

　　如果命令显示不完全的话，可以单击功能区右侧的符号▼，在下拉菜单中进行添加。

表1-6 "视图布局"选项组中各选项的含义

选项	选项命令含义
新建布局	以6种布局模式之一创建包含多9个视图的布局
打开布局	调用5个默认布局中的任何一个或任何先前创建的布局
更新显示	更新显示以反映旋转和比例更改
替换视图	替换布局中的视图
删除布局	删除用户定义的任何不活动的布局
保存布局	保存当前的布局设置
另存布局	用其他名称保存当前布局
适合所有视图	调整所有视图的中心和比例,以在每个视图的边界内显示所有对象

【案例1-3】: 视图布局操作

本实例通过新建一个四窗口的视图布局,然后对其中的单个视图进行调整和替换,最后将得到的视图布局另存为新的布局,从而让读者们学习视图布局的相关知识。

01 启动UG NX 12.0软件,选择本章的素材模型文件"第1章\1-3视图布局操作.prt",将其打开。

02 新建视图布局。选择"视图"→"方位"→"更多"→"新建布局"选项(或者用快捷键Ctrl+Shift+N),打开"新建布局"对话框,如图1-88所示,在"名称"文本框内输入新建视图布局的名称,或者接受系统默认的新视图布局名称。默认的视图布局名称以"LAY#"形式命名,#为从1开始的序号,后面的序号依次加1。

03 选择视图布局模式。在"布置"下拉列表中可供选择的默认布局模式有6种,从"布置"下拉列表中选择所需的一种布局模式,本例中选择L4布局模式,如图1-89所示。

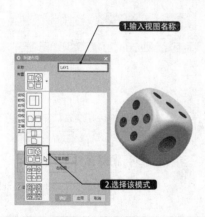

图 1-88 "新建布局"对话框

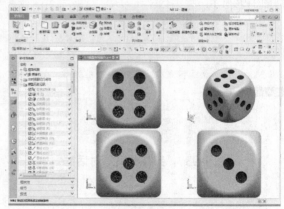

图 1-89 L4布局模式

04 将"顶部视图"替换为"前视图"。选择"视图"→"方位"→"更多"→"替换视图"选项,系统弹出"要替换的视图"对话框,选择要替换的视图TOP,单击"确定"按钮,弹出"视图替换为"对话框。选择替换视图名称"前视图",单击"确定"按钮,如图1-90所示。

图 1-90 替换视图

05 替换其他视图。按同样方法替换其余视图，位置关系参照图 1-91，替换后的效果如图 1-92所示。

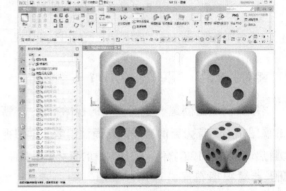

图 1-91 视图布局位置

图 1-92 替换后的效果

06 存为新的布局。选择"视图"→"方位"→"更多"→"另存布局"选项，打开"另存布局"对话框，如图 1-93所示。在"名称"文本框中输入要保存的布局名称。

07 删除多余布局。选择"视图"→"方位"→"更多"→"删除布局"选项，可选择删除多余的布局，如图 1-94所示。

图 1-93 "另存布局"对话框

图 1-94 删除多余布局

1.6 图层操作

　　层类似于透明的图纸，每个层可放置各种类型的对象，通过层可以将对象进行显示或隐藏，而不会影响模型的空间位置和相互关系。

在UG NX 12.0的建模过程中，图层可以很好地将不同的几何元素和成形特征进行分类，不同的内容放置在不同的图层，便于对设计的产品进行分类查找和编辑。熟练运用层工具，不仅能加快设计速度，而且还能提高模型零件的质量，减小出错几率。图层设置的命令在"视图"选项卡中的"可见性"组中，如图1-95所示。

1.6.1 图层设置

在UG NX 12.0中，图层可分为工作图层、可见图层和不可见图层。工作图层即为当前正在操作的层，当前建立的几何体都位于工作图层上，只有工作图层中的对象可以被编辑和修改，其他的图层只能进行可见性、可选择性的操作。在一个部件的所有图层中，只有一个图层是当前工作图层。要对指定图层进行设置和编辑操作，将其设置为工作图层，因而图层设置即对工作图层的设置。

图1-95 "可见性"组　　　　　　　　　　　　图1-96 "图层设置"对话框

在图1-95所示的"视图"选项卡中选择"图层设置"选项，便可弹出如图1-96所示的"图层设置"对话框。该对话框中包含多个选项，各选项的含义及设置方法见表1-7。

表1-7 "图层设置"对话框中各选项的含义及设置方法

选项	含义及设置方法
查找以下对象所在的图层	用于从模型中选择需要设置成图层的对象，单击"选择对象"右边的按钮 ⊕ ，并从模型中选择要设置成图层的对象即可
工作图层	用于输入需要设置为当前工作图层的层号，在该文本框中输入所需的工作图层层号后，系统将会把该图层设置为当前工作图层
按范围/类别选择图层	指"图层"选项组中的"按范围/类别选择图层"文本框，用来输入范围或图层类别名称以便进行筛选操作。当输入类别的名称并按Enter键后，系统会自动将所有属于该类别的图层选中，并自动改变其状态
类别过滤器	指"图层"选项组中的"类别过滤器"下拉列表，该选项右侧文本框中默认的"*"符号表示接受所有的图层种类；下部的列表框用于显示各种类别的名称及相关描述
图层列表框	用来显示当前图层的状态、所属的图层种类和对象的数目等。双击需要更改的图层，系统会自动切换其显示状态。在列表框中选择一个或多个图层，通过选择下方的选项可以设置当前图层的状态

选项	含义及设置方法
图层显示	用于控制图层列表框中图层的显示类别。其下拉列表中包括3个选项："所有图层"是指图层状态列表中显示所有图层；"含有对象的层"指图层列表框中仅显示含有对象的图层；"所有可选图层"指仅显示可选择的图层；"所有可见图层"指仅显示可见的图层
添加类别	指用于添加新的图层类别到图层列表框中，建立新的图层类别
图层控制	用于控制图层列表框中图层的状态，选择图层列表框中的图层即可激活，可以控制图层的可选、工作图层、仅可见、不可见等状态
显示前全部适合	用于在更新显示前符合所有过滤类型的视图，选择该复选框，使对象充满显示区域

1.6.2 在图层中可见

若在视图中有很多图层显示，则有助于图层的元素定位等操作，但是若图层过多，尤其是不需要的非工作图层对象也显示的话，则会使整个界面显得非常零乱，直接影响绘图的速度和效率。因此，有必要在视图中设置可见图层，用于设置绘图区中图层的显示和隐藏参数。

在创建比较复杂的实体模型时，可隐藏一部分在同一图层中与该模型创建暂时无关的几何元素，或者在打开的视图布局中隐藏某个方位的视图，以达到便于观察的效果。

要进行图层显示设置，选择菜单按钮→"格式"→"视图中可见图层"选项，打开如图1-97所示的"视图中可见图层"对话框。在该对话框的图层列表框中选择设置可见性的图层，然后单击"可见"或"不可见"按钮，从而实现可见或不可见的图层设置，效果如图1-98所示。

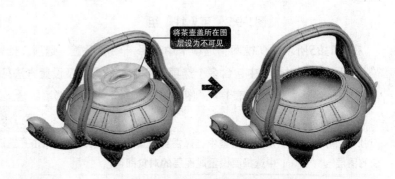

将茶壶盖所在图层设为不可见

图1-97 "视图中可见图层"对话框　　　　　图1-98 视图中的可见图层效果

1.6.3 图层分组

划分图层的范围并对其进行层组操作，有利于分类管理，提高操作效率，快速地进行图层管理、查找等。选择菜单按钮→"格式"→"图层类别"选项，将打开"图层类别"对话框，如图1-99所示。

在"类别"文本框内输入新类别的名称，单击"创建/编辑"按钮，在弹出的"图层类别"对话框中的"范围/类别"文本框内输入所包括的图层范围，或者在图层列表框内选择。例如，创建Sketch层组，可在"图层"列表框中选择40~60（也可以按住Shift键进行连续选择），单击"添加"按钮，则图层40~60就被划分到了Sketch层组下。此时若选择Sketch层组，图层40~60就会被一起选中，利用"过滤"下方的层组列表框可快速按类选择所需的层组，如图1-100所示。

图1-99 "图层类别"对话框

图1-100 创建Sketch层组

1.6.4 移动或复制图层

在创建实体时，如果在创建对象前没有设置图层，或者由于设计者的误操作把一些不相关的元素放在了一个图层，此时就需要用到本节介绍的移动和复制图层功能。

1. 移动至图层

移动至图层用于改变图素或特征所在图层的位置。利用该工具可将对象从一个图层移动至另一个图层。这个功能非常有用，可以及时地将创建的对象归类至相应的图层，方便了对象的管理。

要移动图层，选择"视图"选项卡中的"移动至图层"选项，弹出如图1-101所示的"类选择"对话框，然后在绘图区中选择需要移动至另一图层的对象，选择后单击"确定"按钮，弹出如图1-102所示的"图层移动"对话框。可以在"目标图层或类别"下的文本框中输入想要移动的图层序号，也可以在"类别过滤器"的列表框中选择一种图层类型，在选择了一种图层类别的同时，在"目标图层或类别"的文本框中会出现相应的图层序号，如图1-103所示。选择完后单击"确定"按钮或者"应用"按钮便可完成图层的移动。如果还想继续选择新的对象进行移动，可在如图1-102所示的对话框中单击"选择新对象"按钮，然后再进行一次移动。

图1-101 "类选择"对话框

图1-102 "图层移动"对话框

图1-103 选择图层类别

2. 复制至图层

复制至图层用于将绘制的对象复制到指定的图层中。这个功能在建模中非常有用，在不知是否需要对当前对象进行编辑时，可以先将其复制到另一个图层，然后再进行编辑。如果编辑失误，还可以调用复制对象，不会对模型造成影响。

选择"菜单"→"格式"→"复制至图层"选项，弹出如图1-101所示的"类选择"对话框，接下来的操作和移动至图层类似，在此就不加以详细说明了。两者的不同点在于：利用该工具复制对象将同时存在于原图层和目标图层中。

【案例1-4】：工作图层操作

本实例通过对图层进行分组，然后选定对象,将其移动至新的图层，最后在图层命令中设置可见和消隐，从而让读者们学习到图层操作的相关知识。

01 启动UG NX 12.0软件，打开素材文件"第1章\1-4工作图层操作.prt"。

02 对图层进行分组。在菜单按钮中选择"格式"→"图层类别"选项，打开"图层类别"对话框。在其中新建一个图层类别，命名为"外壳层"，将"图层"列表框中的11~20选入其中，如图1-104所示。

03 移动对象至图层。选择"视图"→"可见性"→"移动至图层"选项 ，弹出"类选择"对话框，在工作区中选择模型上半透明显示的上下壳体，移动至"外壳层"的"图层"分组中，单击"确定"按钮，如图1-105所示。

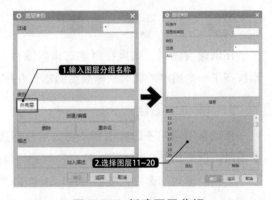

图 1-104 新建图层分组

04 设置图层可见性。选择菜单按钮"格式"→"在视图中可见图层"选项，打开"视图中可见图层"对话框。在列表框中选择"外壳层"图层组，然后单击"不可见"按钮，将该图层组消隐，如图 1-106所示。

图 1-105 将对象移动至图层　　　　　　　图 1-106 设置图层为不可见

第**2**章

UG NX12.0 常用
建模工具

学习重点：

基准轴的创建

基准平面的创建

基准坐标系的创建

本章主要介绍UG NX 12.0一些比较常用的工具，如截面观察工具、点捕捉工具、基准构造器、信息查询工具、对象分析工具和表达式等。熟练掌握这些常用工具会使建模变得更方便、快捷，本书后续章节介绍的许多命令都离不开这些常用工具。

2.1 │ 截面观察工具

当观察或创建比较复杂的腔体类或轴孔类零件时，要将实体模型进行剖切操作，去除实体的多余部分，以方便对内部结构的观察或进一步操作。在UG NX12.0中，可以利用"新建截面"工具在工作视图中通过假想的平面剖切实体，从而达到观察实体内部结构的目的。要进行视图的剖切，可单击上边框条中的"编辑截面"按钮，打开如图2-1所示的"视图剖切"对话框。

2.1.1 定义截面的类型

在"类型"下拉列表中包含3种截面类型，它们的操作步骤基本相同：先确定截面的方位，然后确定其具体剖切的位置，最后单击"确定"按钮，即可完成截面定义操作，如图2-1所示。

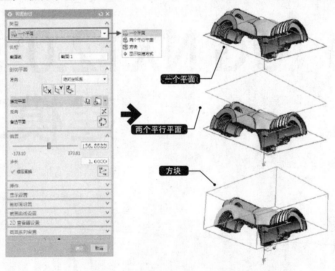

图2-1 "视图剖切"对话框

> 💡 提示
>
> 使用视图剖切，可检查或归档复杂部件的内部，或查看装配部件之间是如何交互的。除了单击上边框条中的"编辑截面"按钮，还可以按组合键Ctrl+H来执行命令。

2.1.2 设置截面

在"剖切平面"选项组中，可将任意一个剖切类型设置为沿指定平面执行剖切操作，分别单击该选项组中的按钮、、，设置剖切截面效果，如图2-2所示。

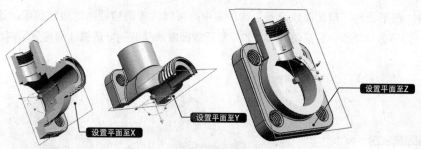

图2-2 设置剖切平面剖切实体

2.1.3 设置截面距离

在"偏置"选项组中，根据设计需要，允许使用偏置距离对实体对象进行剖切。图2-3所示为设置平面至X偏置距离时所获得的不同效果。

【案例 2-1】：设置剖切截面的颜色

UG NX 12.0提供的截面工具具有非常强大的功能，除了满足上述的剖切观察外，还可以对截面的颜色进行定义，这也是诸多读者曾经询问过的问题。

01 启动UG NX 12.0软件，打开素材文件"第2章\2-1设置截面的颜色与边框.prt"，如图2-4所示。

02 单击上边框条中的"编辑截面"按钮，或按Ctrl+H组合键，可以看到默认的剖面颜色并不鲜明，没有继承对象本身的颜色，其效果如图2-5所示。

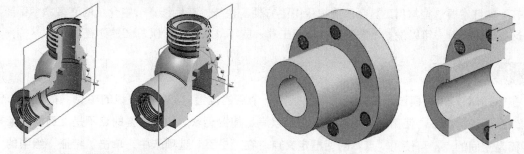

图2-3 设置剖切距离　　　　　图2-4 素材文件　　　　图2-5 默认的剖切效果

03 要修改截面的颜色，只需单击上边框条中的"编辑截面"按钮，或按Ctrl+H组合键，打开"视图剖切"对话框。展开其中的所有命令选项组，然后在"截断面设置"选项组中选择"颜色选项"为"几何体颜色"即可，这样截面图将会继承对象本身的颜色，让截面能更好地区分，如图2-6所示。

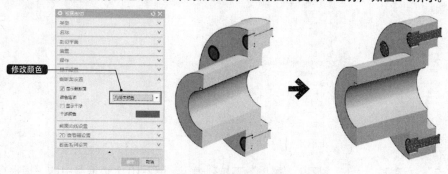

图2-6 修改截面显示的颜色

04 此外，在下面的"截面曲线设置"选项组中，可以设置剖切截面的边线显示，让用户更好地进行观察。默认为不显示状态，只需勾选其中的"显示截面曲线预览"复选框，即可显示剖切截面的边线，如图2-7所示。

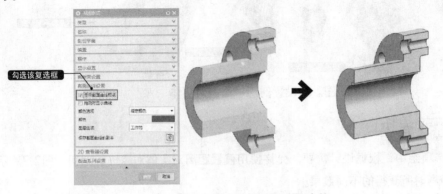

图2-7 显示剖切截面的边线

2.2 建模的基准工具

本节主要介绍UG NX 12.0中一些比较常用的建模辅助工具，如基准点、基准平面、基准坐标系等。熟练掌握这些常用工具会使建模变得更方便、快捷，在后续章节中介绍的许多命令都离不开这些常用工具。可以说，不掌握这些常用工具，就不能掌握UG NX 12.0的建模功能。

2.2.1 基准点

在UG NX 12.0建模过程中，经常需要指定一个点的位置（如指定直线的中点、指定圆心位置等），在这种情况下，使用"捕捉点"工具可以满足捕捉要求，如果需要的点不是上面的对象捕捉点，而是空间的点，可使用"点"对话框定义点。在"主页"选项卡中，单击"特征"组中的"基准"下拉菜单，在下拉菜单中选择"点"选项，将打开"点"对话框，这个"点"对话框又称为点构造器，如图2-8所示。其"类型"下拉列表如图2-9所示。点构造器常与上边框条中的"捕捉点"工具配合使用，如图2-10所示。

图2-8 "点"对话框

图2-9 "类型"下拉列表

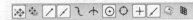

图2-10 上边框条中的"捕捉点"工具

1. 点构造类型

在图2-9所示的下拉列表中列出了点的构造方法，这些方法通过在模型中捕捉现有的特征，如圆心、端点、节点和中心点等来创建点。表2-1列出了所有"点"的类型和创建方法。

表2-1 点的类型和创建方法

点类型	创建点的方法
自动判断的点	根据光标所在的位置，系统自动捕捉对象上现有的关键点（如端点、交点和控制点等），它包含了所有点的选择方式
光标位置	该捕捉方式通过定位光标的当前位置来构造一个点，该点即为XY面上的点
现有点	在某个已存在的点上创建新的点，或通过某个已存在点来规定新点的位置
端点	在鼠标选择的特征上所选的端点处创建点，如果选择的特征为圆，那么端点为零象限点
控制点	以所有存在的直线的中点和端点、二次曲线的端点、圆弧的中点、端点和圆心或者样条曲线的端点极点为基点，创建新的点或指定新点的位置
交点	以曲线与曲线或者线与面的交点为基点，创建一个点或指定新点的位置
圆弧中心\椭圆中心\球心	该捕捉方式是在选取圆弧、椭圆或球的中心创建一个点或规定新点的位置
圆弧\椭圆上的角度	在与坐标轴XC正向成一定角度的圆弧或椭圆上构造一个点或指定新点的位置
象限点	在圆或椭圆的四分点处创建点或者指定新点的位置
曲线\边上的点	通过在特征曲线或边缘上设置参数来创建点
面上的点	通过在特征面上设置U向参数和V向参数来创建点
两点之间	先确定两点，再通过位置百分比来确定新建点的位置
样条极点	通过捕捉样条曲线上的极点来创建点
样条定义点	通过捕捉样条曲线上的定义点来创建点
按表达式 =	通过表达式来确定点的位置

2. 构造方法举例

》交点 ↑

"交点"指在模型中选择曲线的交点来创建新点。在"类型"下拉列表中选择了"交点"，如图2-11所示。在"曲线、曲面或平面"中单击"选择对象"按钮，在模型中选择曲线、曲面或平面；然后单击"要相交的曲线"中的"选择曲线"按钮，在模型中选择与前一步选择的曲线、曲面或平面相交的曲线，这时工作区中交点以绿色方块高亮显示；最后单击"确定"或者"应用"按钮创建新点。利用"交点"创建点如图2-12所示。

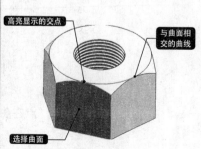

图2-11 选择"交点"
选项

图2-12 利用"交点"创建点

【案例 2-2】: 创建对象间的交点 ——————————————————————

　　"交点"指根据用户在绘图区选择的交点来创建新点,新点坐标和选择的交点坐标完全相同。

01 打开素材"第2章\2-2创建对象间的交点.prt"文件,如图2-13所示。可以看到,一条直线穿过了长方体模型,但无法捕捉到那个插入点。

02 在"主页"选项卡中打开"特征"组中的"基准"下拉菜单,单击下拉菜单中的"点"按钮,打开"点"对话框。在"类型"下拉列表中选择"交点"选项。

03 单击激活"曲线、曲面或平面"选项组中的"选择对象"按钮，然后在绘图区选择曲线、曲面或平面;单击激活"要相交的曲线"选项组中的"选择曲线"按钮。然后在绘图区选择与第一个对象相交的对象,系统会自动计算出相交点,并以颜色区域高亮显示,如图2-14所示。

04 单击对话框中"确定"或者"应用"按钮,即可创建该交点。

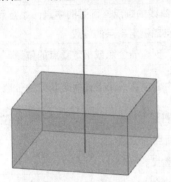

图2-13 素材文件

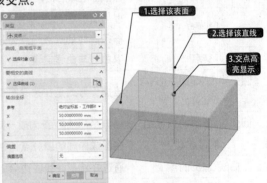

图2-14 创建交点的操作

》点在曲线\边上

　　"点在曲线\边上"指根据在指定的曲线或者边上选择的点来创建点,新点坐标和指定的点坐标一样,在"类型"下拉列表选择了该选项,如图2-15所示。在"曲线"选项组单击"选择曲线"按钮,在模型里选择曲线或边缘;然后在"曲线上的位置"选项组设置"参数百分比"。"参数百分比"指想要创建的点到选中边缘起始点长度a和被选中的曲线或边缘的长度b的比值,如图2-16所示。设置完后,在图2-15所示的对话框中单击"确定"或者"应用"按钮,便可以完成点的创建。

图2-15 选择"点在曲线\边上"选项

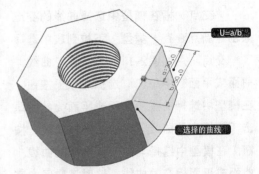

图2-16 利用"点在曲线\边上"创建点

【案例 2-3】: 在曲线/边上创建点 ——————————————————————

　　"点在曲线\边上"指根据在指定的曲线或者边上选择点来创建点。选择点的方法比较灵活,如某对象边的长度为100，需要在其1/4处或绝对距离50处创建基准点，即可使用这种方法。

01 打开素材"第2章\2-3"点在曲线\边上"创建点.prt"文件，如图2-17所示，模型圆角边长度为100。

02 在"主页"选项卡中打开"特征"组中的"基准"下拉菜单，单击下拉菜单中的"点"按钮，打开"点"对话框。在"类型"下拉列表中选择"曲线\边上的点"选项。

03 在绘图区选择曲线或模型边线，然后在"位置"下拉列表中选择"弧长百分比"，并在"%曲线长度"文本框中输入25，生成点的预览如图2-18所示，位置即在边上的1\4处。

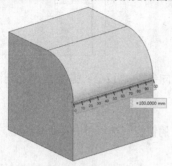

图2-17 素材文件

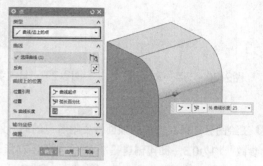

图2-18 定弧长百分比来创建基准点

04 单击应用按钮，即可创建该基准点。此时再在"位置"下拉列表中选择"弧长"，然后在"曲线长度"文本框中输入50，即可得到与起点绝对距离为50的基准点，如图2-19所示。

》 面上的点

"面上的点"是通过在指定面上选择的点来创建点。在"类型"下拉列表中选择了"面上的点"选项，如图2-20所示。在"面"下拉列表中单击"选择对象"按钮，在模型中选择面；然后在"面上的位置"下拉列表中设置"U向参数"和"V向参数"。下面介绍一下"U向参数"和"V向参数"。

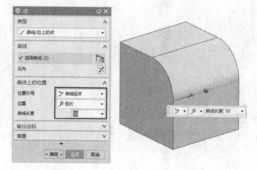

图2-19 指定绝对弧长距离来创建基准点

在选择了平面后，系统会在平面上创建一个临时坐标系，"U向参数"就是指定点的U坐标值和平面长度的比值，$U=a/c$；"V向参数"是指定点的V坐标值和平面宽度的比值，$V=b/d$，如图2-21所示。

【案例 2-4】：在面上创建点 ──────────────●

"面上的点"是根据在指定面上选择的点来创建点。可以通过输入"U向参数"和"V向参数"的方式来得到面上的任意一点，如需要在一个矩形面上创建如图2-22所示的A、B两点。

01 打开素材"第2章\2-4在面上创建点.prt"文件，其中已经创建好了一个长、宽、高均为100的立方体，如图2-23所示。

02 在"主页"选项卡中打开"特征"组中的"基准"下拉菜单，单击下拉菜单中的"点"按钮，打开"点"对话框。在"类型"下拉列表中选择"面上的点"选项。

图2-20 "点"对话框

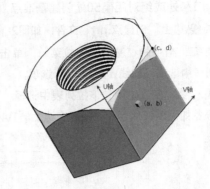
图2-21 "U向参数"和"V向参数"示意图

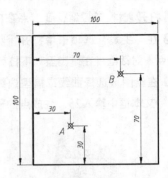
图2-22 需要在面上创建基准点示意图

03 在绘图区选择立方体的顶面为要附着点的面,然后在"面上的位置"选项组中设置"U向参数"和"V向参数"均为0.3,即可创建基准点A,如图2-24所示。

04 如果再在"U向参数"和"V向参数"中均输入0.7,即可创建基准点B,如图2-25所示。。

图2-23 素材文件

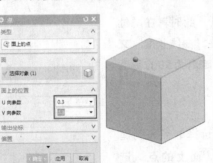
图2-24 创建基准点A

图2-25 创建基准点B

> 🖱️ 提示
>
> 　　利用"面上的点"创建点时,对话框中的"U向参数"指定点的U坐标值和平面长度的比值,U=a/c;"V向参数"是指定的V坐标值和平面宽度的比值,V=b/d。两者类似于地球上的经度和纬度,通过设置这两个参数,即可获得任意曲面上任意位置的点。以图2-25中所创建的点为例,其坐标值(a,b)是根据其所在面通过用户输入的U向、V向参数计算而来的。当选择一个面后,系统自动以U、V坐标系的方式对其进行处理,并默认出一个与坐标原点对应的角点,假设其坐标值为(c,d),因此用户输入的点便会以a=U*c、b=V*d的方式进行计算。由于此方法创建的点必须位于面上,故U、V数值不能大于1。

2.2.2 ▶ 基准轴

　　在建模过程中,常需要通过指定基准轴来定义方向,这个基准轴在UG NX中被称为矢量。例如,在"拉伸"对话框的"方向"选项组中单击按钮⬆,如图2-26所示,系统弹出"矢量"对话框,如图2-27所示。这个"矢量"对话框又称为矢量构造器。

图2-26 "拉伸"对话框

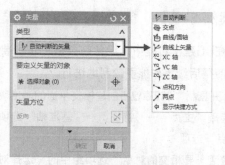

图2-27 "矢量"对话框

1. 基准轴构造类型

在"矢量"对话框的"类型"下拉列表中有9种方法可以创建矢量，为用户提供了全面、方便的矢量创建方法。具体构造方法见表2-2。

表2-2 "矢量"对话框中指定矢量的方法

矢量类型	指定矢量的方法
自动判断	系统根据选择对象的类型和选择的位置自动确定矢量的方向
交点	两个平的面、基准平面或平面的相交处创建基准轴
曲线\面轴	沿线性曲线或线性边、或者圆柱面、圆锥面或圆环的轴创建基准轴
曲线上矢量	用以确定曲线上任意指定点的切向矢量、法向矢量和面法向矢量的方向
正向矢量 XC YC ZC	分别指定XC、YC、ZC正向矢量方向
点和方向	通过指定一个点和指向方向确定一个矢量
两点	通过两个点构成一个矢量。矢量的方向是从第一点指向第二点。这两个点可以通过被激活的"通过点"选项组中的"点构造器"或"自动判断点"工具确定

2. 矢量构造方法举例

》交点

"交点"是在两平面相交处创建矢量。两平面可以在外观上不相交，执行该命令时会自动为其延伸方向，并在相交处进行创建。在"类型"下拉列表中选择"交点"选项，如图2-28所示。单击"要相交的对象"中的"选择对象"按钮，然后在模型中选择平面或基准面，系统会自动生成矢量，如图2-29所示。如果矢量的方向和预想的相反，则可以在图2-28所示的对话框中单击"反向"按钮来反向矢量。

图2-28 选择"交点"选项

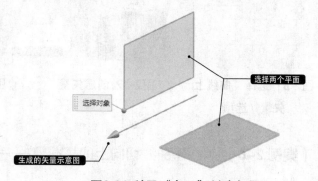

图2-29 利用"交叉"创建矢量

【案例 2-5】：创建相交平面的基准轴 ————————————————

　　在UG建模过程中，经常需要指定非基准平面创建特征，这时就可以指定两相交平面来创建基准轴，使得后续工作能更顺利地进行。

01 打开素材"第2章\2-5创建相交平面的基准轴.prt"文件，文件中已经创建好了两个长方体。

02 选择"主页"→"特征"→"基准轴"选项↑，打开"基准轴"对话框。在"类型"下拉列表中选择"交点"选项 ⊕。

03 激活"要相交的对象"选项组中的"选择对象"按钮，然后在绘图区选择两实体面，系统会自动生成基准轴，利用该轴即可创建其他特征，如图2-30所示。

图2-30 选择两相交平面创建基准轴

》曲线上矢量 ⊬

　　"曲线上矢量"指在指定曲线上以曲线上某一指定点为起始点，以切线方向\曲线法向\曲线所在平面法向为矢量方向创建矢量。在"类型"下拉列表中选择"曲线上矢量"选项，如图2-31所示。单击"曲线"中的"选择曲线"，然后在模型中选择曲线或边缘；在"位置"下拉列表中选择"弧长"或者在"弧长"文本框中输入值，系统会自动生成矢量，如图2-32所示。

　　如果生成矢量和预想不同，可单击"矢量方位"中"备选解"右侧的按钮 ▣ 进行变换，如图2-33所示。如果矢量的方向和预想的相反，可在"矢量方位"中单击"反向"按钮 ▣ 来反向矢量，如图2-34所示。确定矢量无误后，可在对话框中单击"确定"按钮，完成矢量的创建。

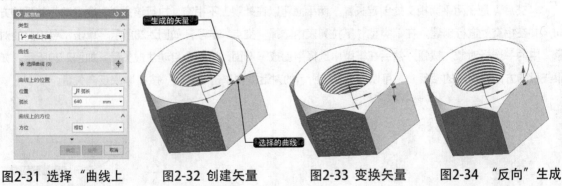

图2-31 选择"曲线上 　　图2-32 创建矢量 　　图2-33 变换矢量 　　图2-34 "反向"生成
　　矢量"选项 　　　　　　　　　　　　　　　　　　　　　　　　　　　　　　　　矢量

【案例 2-6】：创建曲线切向上的基准轴 ————————————————

01 打开素材"第2章\2-6 创建曲线切向上的基准轴.prt"文件，其中已经绘制好了一个齿轮，其外侧有一圆形草图轮廓曲线，如图2-35所示。

02 选择"主页"→"特征"→"基准轴"选项↑，打开"基准轴"对话框。在"类型"下拉列表中选择"曲线上矢量"选项。

03 激活"曲线"选项组中的"选择曲线"按钮，在绘图区选择齿轮外侧的草图轮廓曲线，在"位置"下拉列表中选择"弧长"；然后拖动矢量起点位置的圆球，或者在弧长文本框中输入参数值，系统便会自动生成矢量，如图2-36所示。

2.2.3 基准平面

在使用UG NX 12.0进行建模的过程中，经常会遇到需要构造平面的情况。要构造基准平面，可以选择"主页"→"特征"→"基准"下拉菜单中的"基准平面"选项，打开"基准平面"对话框，如图2-37所示。在"类型"下拉列表中可以选择基准平面的定义方式。

图2-35 素材文件

图2-36 创建曲线上的矢量

图2-37 "基准平面"对话框

1. 平面构造类型

在"基准平面"对话框中，可以选择"类型"下拉表中的选项来选择构造新平面的方法，见表2-3。

表2-3 "基准平面"对话框中构造平面的方法

类型	构造方法
自动判断 🗹	根据选择对象的构造属性，系统智能地筛选可能的构造方法，当达到坐标系构造器的唯一性要求时，系统将自动产生一个新的平面
成一角度 🗗	用以确定参考平面绕通过轴某一角度形成的新平面，该角度可以通过激活的"角度"文本框设置
按某一距离 🗇	用以确定参考平面按某一距离形成新的平面，该距离可以通过激活的"偏置"文本框设置
二等分 🗍	创建的平面为到两个指定平行平面的距离相等的平面或者两个指定相交平面的角平分面
曲线和点 🗹	以一个点、两个点、三个点、点和曲线或者点和平面为参考创建新的平面
两直线 🗆	以两条指定直线为参考创建新平面。如果两条指定的直线在同一平面内，则创建的平面与两条指定直线组成的面重合；如果两条指定直线不再同一平面内，则创建的平面过第一条指定直线与第二条指定直线垂直
相切 🗆	指以点、线和平面为参考创建新的平面
通过对象 🗗	指以指定的对象为参考创建平面。如果指定的对象是直线，则创建的平面与直线垂直；如果指定的对象是平面，则创建的平面与平面重合

类型	构造方法
按系数	指通过指定系数来创建平面，系数之间关系为aX+bY+cZ=d
点和方向	以指定点和指定方向为参考创建平面，创建的平面过指定点且法向为指定的方向
曲线上	指以某一指定曲线为参考创建平面，这个平面通过曲线上的一个指定点，法向可以沿曲线切线方向或垂直于切线方向，也可以另外指定一个矢量方向
YC-ZC平面	指创建的平面与YC-ZC平面平行且重合或相隔一定的距离
XC-ZC平面	指创建的平面与XC-ZC平面平行且重合或相隔一定的距离
XC-YC平面	指创建的平面与XC-YC平面平行且重合或相隔一定的距离
视图平面	指创建的平面与视图平面平行且重合或相隔一定的距离

2. 平面构造方法举例

》二等分

利用"二等分"创建基准平面是UG建模中应用极多的一种方法。此方法可以创建包括夹角平面在内的多种平面，而且创建方法非常简单，仅需指定两对象平面即可，两平面可以是平行关系。

【案例2-7】：创建二等分平面

01 打开素材"第2章\2-7创建二等分平面.prt"文件，其中已经绘制好了一个六边形模型，如图2-38所示。

02 在"主页"选项卡中单击"特征"组中的"基准平面"按钮，打开"基准平面"对话框。

03 在"类型"下拉列表中选择"二等分"选项，然后根据对话框提示，分别在六边形上选择上、下底面为第一平面和第二平面，即可创建如图2-39所示的基准平面。

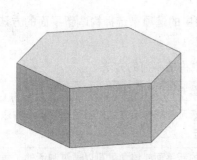

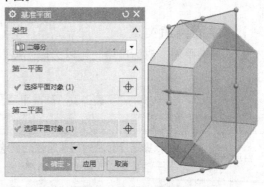

图2-38 素材模型　　　　　　　　　　图2-39 创建二等分平面

04 根据所选择平面相对位置的不同，所创建的基准平面也不同。在图2-39中所选择的是两平行平面，因此会在其中间位置创建一个基准平面，而如果选择六边形模型的两个相邻侧面，则会创建将模型一分为二的平面，如图2-40所示。

》曲线和点

"曲线和点"指以一个点、两个点、三个点、点和曲线或者点和平面为参考创建新的平面。在"类型"下拉列表中选择"曲线和点"选项，如图2-41所示。打开"曲线和点子类型"选项组中的"子类型"下拉列表，如图2-42所示。每一种不同的子类型代表一种不同的平面创建方式，下面以"两点"为例介绍此方法的使用。

"两点"指以两个指定点作为参考来创建平面，创建的平面过第一点且法线方向与两点的连线平行。在"子类型"下拉列表中选择"两点"选项，如图2-43所示。在"参考几何体"选项组中选择"指定点"，并在模型里选择参考点1；然后选择"指定点"，并在模型中选择参考点2，与此同时系统会自动生成平面，如图2-44所示。

如果平面矢量的方向和预想的相反，可在对话框的"平面方位"选项组中单击"反向"按钮⊠来改变平面矢量方向。确定平面无误后，可在对话框中单击"确定"按钮完成平面的创建。

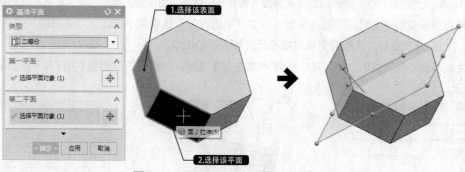

图2-40 两平面不平行时的创建效果

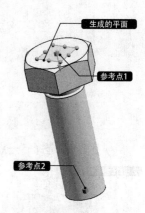

图2-41 选择"曲线和
点"选项　图2-42 "子类型"下
拉列表　图2-43 选择"两点"选项　图2-44 利用"两点"创
建平面

提示

在使用当前参数创建基准平面或其他特征时，可能存在多个可能的解，为了显示这些有可能存在的结果，UG NX提供了"备选解"命令进行显示和切换。如满足"与两圆柱面相切"条件的基准平面，便有4个结果，如图2-45所示，可单击"备选解"按钮⊡进行切换。

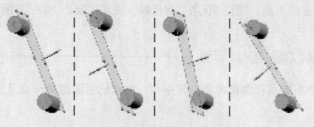

图2-45 不同备选解的结果

【案例 2-8】： 通过一点创建平面

01 打开素材"第2章\2-8 创建基准平面.prt"文件。

02 在"主页"选项卡中单击"特征"组中的"基准平面"按钮 □，打开"基准平面"对话框。

03 在"类型"下拉列表中选择"曲线和点"，在"子类型"下拉列表中选择"一点"，如图2-46所示。

04 如果选择的点为曲线的端点或者中点，创建的平面为过这个点且与曲线垂直的平面，如图2-47所示。

05 如果选择的点为圆弧中心，则创建的平面为过节线且与圆弧所在面垂直的平面或者为圆弧所在的平面。

06 当选择点为圆弧的圆心时，"基准平面"，在"平面方位"选项组中出现了"备选解"按钮 ⚙，如图2-48所示。当选择圆心时，系统会自动生成平面，如图2-49所示。

07 如果生成平面不是预想的，可以单击按钮 ⚙ 来选择备选解，利用备选解创建平面2和平面3如图2-50和图2-51所示。

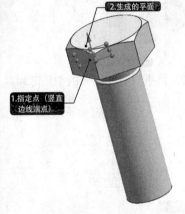

图2-46 选择"一点"　　　图2-47 利用"一点"创建平面　　　图2-48 选择"备选解"选项

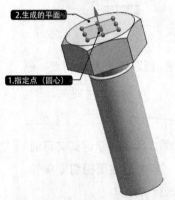

图2-49 用"备选解"生成平面1　　图2-50 用"备选解"生成平面2　　图2-51 用"备选解"生成平面3

【案例 2-9】： 通过两点创建平面

"两点"指以两个指定点作为参考来创建平面，创建的平面过第一点且法线方向与两点的连线平行。

01 打开素材"第2章\2-8 创建基准平面.prt"文件。

02 在"主页"选项卡中单击"特征"组中的"基准平面"按钮 □，打开"基准平面"对话框。

03 在"类型"下拉列表中选择"曲线和点",在"子类型"下拉列表中选择"两点",如图2-52所示。

04 在"参考几何体"选项组激活"指定点"按钮,并在绘图区选择参考点1;然后激活"指定点"按钮,并在绘图区选择参考点2,与此同时系统会自动生成平面,如图2-53所示。

05 如果生成平面和预想的不同,可以单击"平面方位"选项组中的"备选解"按钮🔄来修改生成的平面,"备选解"效果如图2-54所示。

06 如果平面矢量的方向和预想的相反,可单击"平面方位"选项组中的"反向"按钮⊠来反向平面矢量。

07 确定平面无误后,单击"确定"按钮,完成平面的创建。

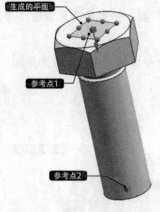
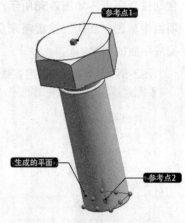

图2-52 选择"两点"　　　　图2-53 利用"两点"创建平面　　　　图2-54 "备选解"效果

【案例 2-10】: 通过三点创建平面

01 打开素材"第2章\2-8 创建基准平面.prt"文件。

02 在"主页"选项卡中单击"特征"组中的"基准平面"按钮□,打开"基准平面"对话框。

03 在"类型"下拉列表中选择"曲线和点",在"子类型"下拉列表中选择"三点",如图2-55所示。

04 在"参考几何体"选项组中激活"指定点"按钮,并在绘图区选择参考点1,然后激活下一个"指定点"按钮,并在绘图区选择参考点2;最后激活第三个"指定点"按钮,并在绘图区选择参考点3,与此同时系统会自动生成平面,如图2-56所示。

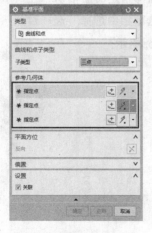
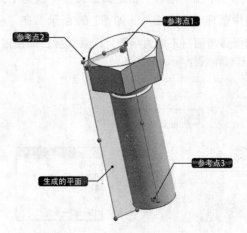

图2-55 选择"三点"　　　　图2-56 利用"三点"创建平面

» 两直线 ⌷

"两直线"指以两条指定直线为参考创建平面，如果两条指定直线在同一平面内，则创建的平面与两条指定直线组成重合面；如果两条指定直线不在同一平面内，则创建的平面过第一条指定直线且与第二条指点直线垂直。在"类型"下拉列表中选择"两直线"选项，如图2-57所示。在"第一条直线"选项组中选择"选择线性对象（1）"，并在模型中选择第一条参考直线，然后在"第二条直线"选项组中选择"选择线性对象（1）"，并在模型中选择第二条参考直线，与此同时系统会自动生成平面，如图2-58所示。如果平面矢量的方向和预想的相反，可在对话框的"平面方位"选项组中单击"反向"按钮☒来反向平面矢量。确定平面无误后，可在对话框中单击"确定"按钮，完成平面的创建。

图2-59所示为两条指定直线不在同一平面的情况下创建的平面。

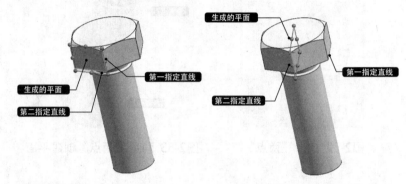

图2-57选择"两直线"选项　　图2-58 创建平面（同一平面内）　　图2-59 创建平面（不在同一平面内）

» 相切 ▥

"相切"指以点、线和平面为参考创建新的平面。在"类型"下拉列表中选择"相切"选项，如图2-60所示。打开"子类型"下拉列表，如图2-61所示。每一种不同的子类型代表一种不同的平面创建方式，下面以"一个面"类型介绍此方法的使用。

"一个面"指以一指定曲面为参考创建平面，创建的平面与指定曲面相切。在"子类型"下拉列表中选择"一个面"，如图2-62所示。在"参考几何体"选项组中选择"选择对象"，并在模型中选择参考面（不能为平面），系统会自动生成平面，如图2-63所示。

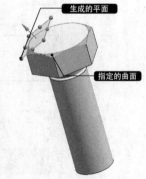

图2-60 选择"相切"选项　图2-61 "子类型"下拉列表　图2-62 选择"一个面"　图2-63 创建平面

》通过对象 ⬚

"通过对象"指以指定的对象为参考创建平面，如果指定的对象时直线，则创建的平面与直线垂直；如果指定的对象是平面，则创建的平面与平面重合，在"类型"下拉列表中选择"通过对象"选项，如图2-64所示。在"通过对象"栏里选择"选项组中选择对象（1）"，并在模型中选择参考平面或参考直线\边缘，系统会自动生成平面，如图2-65所示。

上面介绍的是当指定对象为平面的情况，当指定对象为直线时，生成的平面如图2-66所示。

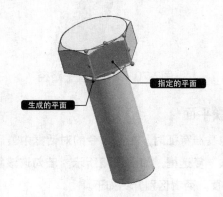

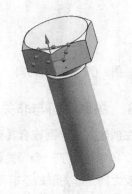

图2-64 选择"通过对象"选项　　图2-65 对象为平面生成平面　　图2-66 对象为直线生成平面

》曲线上 ⬚

"曲线上"指以某一指定曲线为参考创建平面，这个平面通过曲线上的一个指定点，法向可以沿曲线切线方向或垂直于切线方向，也可以另外指定一个矢量方向。在"类型"下拉列表中选择"曲线上"选项，如图2-67所示。在"曲线"选项组中选择"选择曲线（1）"，并在模型中选择曲线；然后在"曲线上的位置"选项组中单击"位置"右侧的按钮 ⬚，选择位置方式，在"弧长"文本框中输入弧长值；在"曲线上的方位"选项组中单击"方向"右侧的按钮 ⬚，选择方向确定方法，系统会自动生成平面，如图2-68所示。

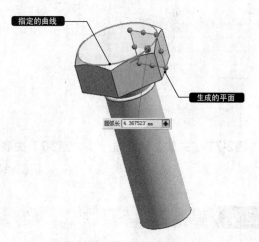

图2-67 选择"曲线上"选项　　　　　　　　图2-68 创建平面

上面介绍的是"方向"类型为"垂直于轨迹"的，图2-69、图2-70和图2-71分别给出了"方向"为"路径的切向""双向垂直于路径"和"相对于对象"情况下对应生成的平面。

图2-69 路径的切向　　　　　图2-70 双向垂直于路径　　　　　图2-71 相对于对象

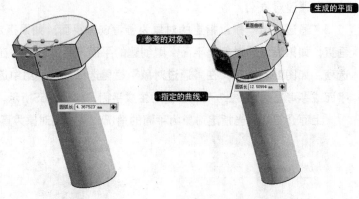

3. 关联平面与非关联平面

在创建基准平面或者其他基准特征时，相关命令的对话框中最后一个选项组都会是"设置"选项组，其中包含了一个"关联"复选框，如图2-72所示。若勾选该复选框，则会创建关联的基准平面，反之则是非关联的基准平面，两者区别介绍如下。

关联基准平面：关联基准平面可参考曲线、面、边、点和其他基准，可以创建跨多个体的关联基准平面。简而言之，关联基准平面可以随着模型参数的变化而变化，如图2-73所示。

非关联基准平面：非关联基准平面不会参考其他几何体。通过取消勾选"基准平面"对话框中的"关联"复选框，可以使用任何创建基准平面方法创建非关联基准平面。非关联基准平面的尺寸是固定的，不能随着参数的变化而变化，如图2-74所示。

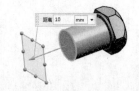

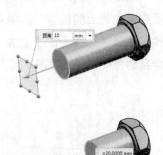

图2-72 "关联"复选框　　　图2-73 关联基准平面始终与　　图2-74 非关联基准平面不会随
　　　　　　　　　　　　　　　模型保持固定距离　　　　　　模型的变化而变化

2.2.4 基准坐标系

在UG NX 12.0中，常用的坐标系有三种，一是系统的绝对坐标系，该坐标系有固定的位置和方向，但是不可见，其他类型的坐标系都是以绝对坐标系为定位基准，在图形窗口左下角有该坐标系的示意图，如图2-75所示。第二种是工作坐标系（WCS），工作坐标系是显示在绘图区的临时坐标系，一个文件中只有一个工作坐标系，但可以不断地改变其位置。第三种是用户自定义的坐标系，即基准坐标系（CSYS），这种坐标系一旦创建就固定在某一位置，并且一个文件中可以创建多个CSYS。工作坐标系和CSYS在绘图区显示的图标不同，如图2-76所示。本节接下来分别介绍CSYS和工作坐标系（WCS）的构造方法。

坐标系与点和矢量一样，都允许构造。利用坐标系构造工具，可以在创建图纸的过程中根据不同的需要创建或平移坐标系，并利用新建的坐标系在原有的实体模型上创建线的实体。

打开"主页"→"特征"组中的"基准"下拉菜单，选择"基准CSYS"选项，打开"基准坐标系"对话框，如图2-77所示。在该对话框的"类型"下拉列表中单击按钮 ，弹出如图2-78所示的"类型"下拉列表。

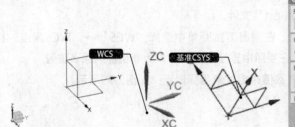

图2-75 绝对坐标系　　图2-76 WCS和CSYS　　图2-77 "基准坐标系"对话框　　图2-78 "类型"下拉列表

在"基准CSYS"对话框中，可以通过"类型"下拉表中的选项来选择构造新坐标系的方法，见表2-4。

表2-4 基准CSYS的类型和构造方法

坐标系类型	构造方法
动态	用于对现有的坐标系进行任意的移动和旋转，选择该类型，坐标系将处于激活状态。此时推动方块形手柄可任意移动，拖动极轴圆锥手柄可沿轴移动，拖动球形手柄可旋转坐标系
自动判断	根据选择对象的构造属性，系统智能地筛选可能的构造方法，当达到坐标系构造器的唯一性要求时，系统将自动产生一个新的坐标系
原点、X点、Y点	用于在视图区中选定3个点来定义一个坐标系。第一点为原点，第一点指向第二点的方向为X轴的正向，从第二点到第三点按右手定则来确定Y轴正方向
X轴、Y轴、原点	用于在视图区中选定原点和X轴、Y轴来定义一个坐标系。第一点为原点，然后依次指定X轴与Y轴的正向，剩下的Z轴自动按右手定则来确定，即可定义一个坐标系
Z轴、X轴、原点	用于在视图区中选定原点和Z轴、X轴来定义一个坐标系。第一点为原点，然后依次指定Z轴与X轴的正向，剩下的Y轴自动按右手定则来确定，即可定义一个坐标系
Z轴、Y轴、原点	用于在视图区中选定原点和Z轴、Y轴来定义一个坐标系。第一点为原点，然后依次指定Z轴与Y轴的正向，剩下的X轴自动按右手定则来确定，即可定义一个坐标系
平面、X轴、点	用于在视图区中选定一个平面及该面上的一条轴和一个点来定义一个坐标系
三平面	通过制定的3个平面来定义一个坐标系。第一个面的法向为X轴，第一个面与第二个面的交线为Z轴，三个平面的交点为坐标系的原点
绝对CSYS	可以在绝对坐标（0，0，0）处定义一个新的工作坐标系

坐标系类型	构造方法
当前视图的CSYS ⊡	利用当前视图的方位定义一个新的工作坐标系。其中XOY平面为当前视图所在的平面，X轴为水平方向向右，Y轴为垂直方向向上，Z轴为视图的法向方向向外
偏置CSYS ⚛	通过输入X、Y、Z坐标轴方向相对于原坐标系的偏置距离和旋转角度来定义坐标系

【案例 2-11】： 指定原点放置基准坐标系

通过定义当前工作坐标系的原点来移动坐标系的位置，并且移动后的坐标系不改变各坐标轴的方向。

01 打开素材"第2章\2-11 指定原点放置基准坐标系.prt"文件。

02 选择"工具"→"实用工具"→"更多"选项，在弹出下拉菜单中选择"WCS"→"WCS原点"选项，打开"点"对话框。单击"点位置"按钮 ⊞，在视图中直接选择一点作为新坐标的原点位置。

03 也可在"输出坐标"选项组的坐标文本框中输入数值来定位新坐标原点，如图2-79所示。

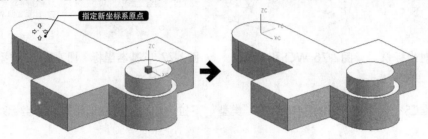

图2-79 移动坐标系原点至指定位置

【案例 2-12】： 创建任意位置的基准坐标系

01 打开素材"第2章\2-12创建任意位置的基准坐标系.prt"文件。

02 选择"工具"→"实用工具"→"更多"选项，在弹出下拉列表中选择"WCS"→"WCS动态"选项，当前WCS上出现移动手柄。

03 拖动旋转手柄可以旋转坐标系，旋转的角度以45°的增量转动，可在浮动文本框中设置旋转的增量角。拖动原点手柄可以移动坐标系，如图2-80所示。

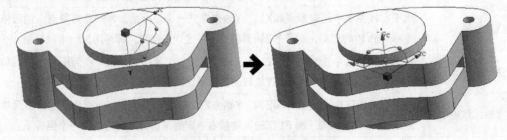

图2-80 动态移动坐标系原点

【案例 2-13】： 旋转基准坐标系

通过定义当前的WCS绕其某一旋转轴旋转一定的角度来定位新的WCS。

01 打开素材"第2章\2-13旋转基准坐标系.prt"文件。

02 选择"工具"→"实用工具"→"更多"选项,在弹出的下拉列表中选择"WCS"→"旋转WCS"选项,打开"旋转WCS"对话框,如图2-81所示。

03 在该对话框中可以单击选择所需的旋转轴,同时也将制定坐标系的旋转方向;在"角度"文本框中可以输入需要旋转的角度。

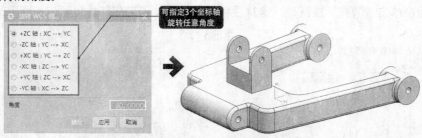

图2-81 旋转WCS

【案例 2-14】: 保存基准坐标系

当前的WCS经过位置变换之后就变为新的WCS,如果要保存某个WCS,方便以后调用,则可使用"保存WCS"命令,保存后的坐标系不但区分于原来的坐标系,而且也便于随时调用。

01 打开素材"第2章\2-14保存基准坐标系.prt"文件。

02 选择"工具"→"实用工具"→"更多"选项,在弹出下拉列表中选择"WCS"→"保存WCS"选项,系统将保存当前的工作坐标系。

03 单击"WCS动态"按钮,在新位置定义WCS,可看到原位置的坐标系被保留,如图2-82所示。坐标系的XC轴、YC轴、ZC轴,变成对应的X轴、Y轴、Z轴。

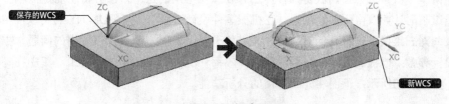

图2-82 保存WCS

提示

WCS的显示与隐藏,可通过单击键盘上的W键来进行切换。

2.2.5 ▷ 基准平面栅格

基准平面栅格可以基于选定的基准平面创建有界栅格。选择"菜单"→"插入"→"基准\点"→"基准平面栅格"选项,弹出"基准平面栅格"对话框。选择要创建的基准平面,并在"基准平面栅格"对话框中设置相应的参数和选项;然后单击"确定"按钮,即可基于选定的基准平面创建平面栅格,如2-83所示。

2.2.6 光栅图像

光栅图像可以在用户指定的平面处插入一张图像文件（jpg、png等图片格式文件），对根据照片建模、描绘轮廓线十分有帮助。选择"主页"→"特征"→"基准平面"→"光栅图像"谢谢 ，打开"光栅图像"对话框。在对话框的"目标对象"选项组中指定要放置图像的面，再在"图像定义"选项组中单击"浏览"按钮 ，选择要插入的图片，即可将其放置到该平面上，如图2-84所示。

图2-83 创建平面栅格

图2-84 插入光栅图像

2.3 对象分析工具

对象和模型分析与信息查询获得部件中已存在数据不同的是，对象分析功能是依赖于被分析的对象，通过临时计算获得所需的结果。在机械零件设计过程中，应用UG NX 12.0软件中的分析工具，可及时对三维模型进行几何计算或物理特性分析，及时发现设计过程中的问题，根据分析结果修改设计参数，以提高设计的可靠性和设计效率。UG NX 12.0中的分析工具集中在"分析"选项卡中，如图2-85所示，下面将介绍常用的分析功能。

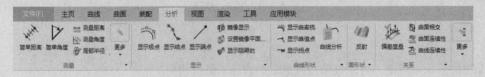

图2-85 "分析"选项卡

2.3.1 距离分析

距离分析指对指定两点、两面之间的距离进行测量，选择"分析"→"测量"→"测量距离"选项，或单击上边框条中的"测量距离"按钮，便可打开如图2-86所示的"测量距离"对话框。打开"类型"下拉列表，如图2-87所示。距离的测量类型共有9种，下面介绍其中常用的几种。

1. 距离

该类型可以测量两指定点、两指定平面或者一指定点与一指定平面之间的距离，在图2-86所示的对话框中"起点"选项组中选择"选择点或对象（1）"选项，在工作区选择起点或者起始平面；然后在"终点"选项组中选择"选择点或对象（1）"选项，在工作区选择终点或终止平面；最后单击"确定"按钮或者"应用"按钮，便可完成距离的测量，如图2-88所示。

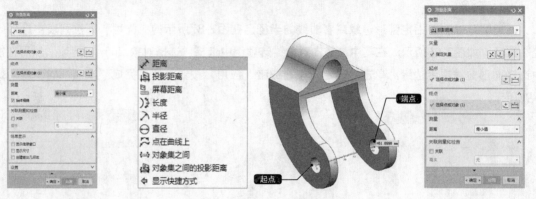

图 2-86　"测量距离"对　图 2-87　"类型"下拉　图 2-88　"距离"测量　图 2-89 选择"投影距离"
　　　　　话框　　　　　　　　　列表　　　　　　　　　　　　　　　　　　选项

2. 投影距离

该类型可以测量两指定点、两指定平面或者一指定点与一指定平面在指定矢量方向上的投影距离。在图2-87所示的"类型"下拉列表中选择"投影距离"选项，如图2-89所示，在"矢量"选项组中选择"指定矢量"选项，然后在模型中选择投影矢量；然后在依次选择"起点"和"终点"的测量对象，即可完成投影距离的测量，如图2-90所示。

3. 屏幕距离

用来测量两指定点、两指定平面或者一指定点与一指定平面之间的屏幕距离。在图2-87所示的"类型"下拉列表中选择"屏幕距离"选项，如图2-91所示，其操作与"距离"类似，在此不加以介绍，如图2-92所示。

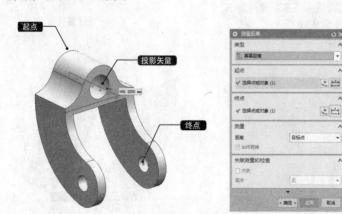
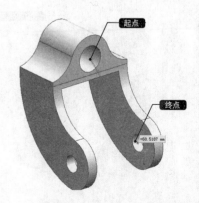

图2-90　"投影距离"测量　　　图2-91 选择"屏幕距离"选项　　　图2-92　"屏幕距离"测量

4. 长度))⁂

该类型可以测量指定边缘或者曲线的长度，在图2-87所示的"类型"下拉列表中选择"长度"选项，如图2-93所示。在其中选择"选择曲线"选项，然后在模型中选择曲线或者边缘，单击"确定"按钮或者"应用"按钮，便可完成长度的测量，如图2-94所示。

5. 半径 ⤢

该类型可以测量指定圆形边缘或者曲线的半径，在图2-87所示的"类型"下拉列表中选择"半径"选项，如图2-95所示。在其中"径向对象"选项组中选择"选择对象（1）"选项，然后在模型中选择圆形曲线或者边缘，单击"确定"按钮或者"应用"按钮，便可完成"半径"的测量，如图2-96所示。

图2-93 选择"长度"选项

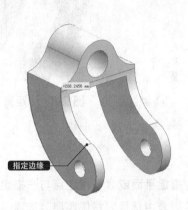

图2-94 "长度"测量

图2-95 选择"半径"选项

6. 点在曲线上 ⤡

该类型可以测量曲线上指定两点的距离。在图2-87所示的"类型"下拉列表中选择"点在曲线上"选项，如图2-97所示。在其中"起点"选项组中选择"指定点（1）"选项，在模型的曲线中选择起点；然后在"终点"选项组中选择"指定点（1）"选项，在模型的曲线中选择终点，即可完成距离的测量，如图2-98所示。

图2-96 "半径"测量

图2-97 选择"点在曲线上"选项

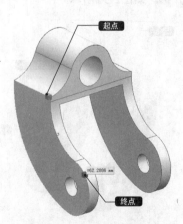

图2-98 "点在曲线上"测量

2.3.2 角度分析

使用角度分析可精确计算两对象之间（两曲线间、两平面间、直线和平面间）的角度值。选择"分析"→"测量"→"测量角度"选项，弹出如图2-99所示的"测量角度"对话框。打开"类型"下拉列表，如图2-100所示。角度的测量类型共有3种，下面分别进行介绍。

1. 按对象

该类型可以测量两指定对象之间的角度，对象可以是两直线、两平面、两矢量或者它们的组合。在图2-101所示的对话框中"第一个参考"选项组中选择"选择对象"选项，然后选择第二个参考对象，即可完成角度测量，如图2-102所示。

2. 按3点

该类型可以测量指定三点之间连线的角度。在图2-100所示的"类型"下拉列表中选择"按3点"选项，如图2-103所示。在其中"基点"选项组中选择"指定点"选项，在模型中选择一个点作为基点（被测角的顶点）；然后在"基线的终点"选项组中选择"指定点"选项，在模型中选择一个点作为基线的终点；最后在"量角器的终点"选项组中选择"指定点"选项，在模型中选择一个点作为量角器的终点，即可完成角度测量，如图2-104所示。

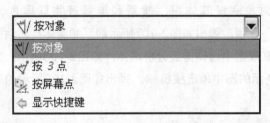

图2-99 "测量角度"对话框　　图2-100 "类型"下拉列表　　图2-101 选择"按对象"选项

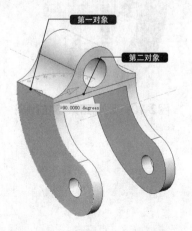

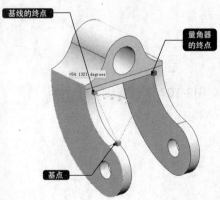

图2-102 "按对象"测量角度　　图2-103 选择"按3点"选项　　图2-104 "按3点"测量角度

3. 按屏幕点

该类型可以测量指定三点之间连线的屏幕角度。在图2-100所示的下拉列表中选择"按屏幕点"选项，如图2-105所示。在其中"基点"选项组中选择"指定点"选项，在模型中选择一个点作为基点（被测角的顶点）；然后在"基线的终点"选项组中选择"指定点"选项，在模型中选择一个点作为基线的终点；最后在"量角器的终点"选项组中选择"指定点"选项，在模型中选择一个点作为量角器的终点，即可完成角度测量，如图2-106所示。

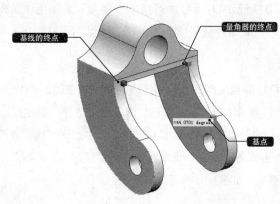

图2-105 选择"按屏幕点"选项　　　　　图2-106 "按屏幕点"测量角度

2.3.3 ▶ 测量体

体的测量是对指定的对象测量其体积、质量和重量等物理属性。选择"分析"→"测量"→"更多"→"测量体"选项，弹出如图2-107所示的"测量体"对话框，在"对象"选项组中选择"选择体"选项，然后在模型中选择需要分析的体，如图2-108所示，如果想知道质量、重量等相关信息，可以在图2-108所示的图中单击按钮 ▼，弹出如图2-109所示的下拉列表，然后根据需要选择不同的结果进行查看。

图2-107 "测量体"对话框　　　图2-108 选择测量体　　　图2-109 测量结果下拉列表

第3章

草绘设计

绘制草图是实现UG软件参数化特征建模的基础，通过它可以快速绘制出大概的形状，在添加尺寸和约束后完成轮廓的设计，能够较好地表达设计意图。草图建模是高端CAD软件的一个重要建模方法，一般情况下，零件的设计都是从草图开始的，掌握好草图的绘制是创建复杂三维模型的基础。

3.1 草图基本环境

"草图"指在某个指定平面上的点、线等二维几何元素的总称。在创建三维实体模型时，首先需要选择或者创建草图平面，然后进入草图环境绘制二维图截面。通过对截面进行拉伸、旋转等操作，即可得到相应的参数化实体模型。

3.1.1 ▶进入草图环境

草图的基本环境是绘制草图的基础，该环境提供了在UG NX 12.0中草图的绘制、操作以及约束等操作相关工具。启动UG NX 12.0后，进入草图的方式有很多种，下面介绍常见的4种。

◆ 通过直接选择"主页"→"直接草图"→"草图"选项⬚，进入草图环境。该方式用于在当前应用模块中直接创建草图，可以使用直接草图工具来添加曲线、尺寸、约束等。

◆ 选择"曲线"→"曲线"→"在任务环境中绘制草图"选项⬚，进入草图环境。该方式用于创建草图并进入草图任务环境，在导航区中草图会作为一项命令存在。

◆ 在菜单按钮中选择"曲线"→"草图"选项，进入草图环境。

◆ 在建模模式下，执行一个建模命令，单击其中的"绘制截面"按钮⬚，直接进入相应的草图绘制环境。

在使用第4种方式创建草图时，该草图被称为"内部草图"。使用如"拉伸""旋转"或"扫掠"等命令创建的草图是内部草图，该草图在"部件导航器"中不可见，如图 3-1所示。如希望草图仅与一个特征相关联时，则使用内部草图。

使用"草图"命令单独创建的草图是外部草图，可以从部件中的任意位置查看和访问。使用外部草图可以保持草图在建模空间和"部件导航器"中可见，如图 3-2所示，并使其可用于多个特征。

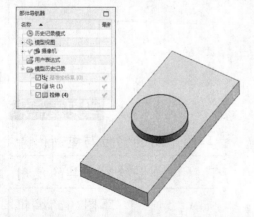

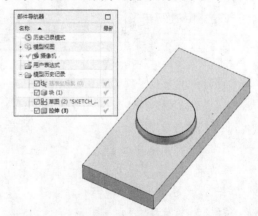

图 3-1 内部草图在"部件导航器"和模型空间
中不可见

图 3-2 外部草图在"部件导航器"和模型空间
中可见

3.1.2 草图首选项

在草图的工作环境中，为了更准确、更有效地绘制草图，需要进行草图样式、小数位数和默认前缀名称等基本参数的设置。在菜单按钮中选择"首选项"→"草图"选项，打开"草图首选项"对话框，如图 3-3 所示。其中各选项卡主要用途如下。

1. "草图设置"选项卡

该选项卡主要用于设置草图尺寸标签和文本高度的确定方式，内容具体如下：

◆ 尺寸标签：可以对草图的尺寸标注形式进行设置，有"表达式""名称""值"3 个选项，具体表达如图 3-4 所示。

◆ 屏幕上固定文本高度：勾选后可以在下面的"文本高度"和"约束符号大小"文本框中输入字体高度。

◆ 创建自动判断的约束：勾选后可以在绘制草图时添加系统自动判断的约束。

◆ 连续自动标注尺寸：勾选后在进行草图标注时，系统自动启用连续标注。

◆ 显示对象颜色：勾选后在绘制草图时系统显示对象的颜色，对象的颜色取决于用户在"对象"首选项中的设置。

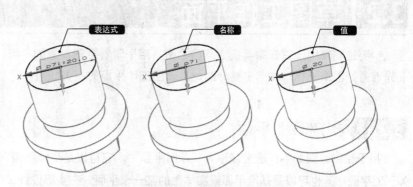

图 3-3 草图首选项　　　　　　　　　　图 3-4 草图尺寸的不同表达方式

2. "会话设置"选项卡

该选项卡主要用于控制视图方位、捕捉误差范围等，如图 3-5 所示，主要内容如下：

◆ 对齐角：用来控制捕捉误差允许的角度范围。在该选项组中可以通过勾选和禁用相应的复选框来调整相应的设置。

◆ 显示自由度箭头：用来控制是否显示草图的自由度箭头。

◆ 动态草图显示：用来控制当几何元素的尺寸较小时是否显示约束标志。

◆ 显示约束符号：用来控制约束符号在所有草图中的显示。

◆ 更改视图方向：用来控制在完成草图后切换到建模环境时，视图方向是否更改。

◆ 维持隐藏状态、保存图层状态、显示截面映射警告：分别用来控制相应的设置，在切换到草图环境中时是否改变。

◆ 背景：设置背景，显示不同的方法。

◆ 名称前缀：通过对该选项组中的具体文本框内容的更改，可以改变草图各元素名称的前缀。

3. "部件设置"选项卡

该选项卡用于设置草图中各几何元素及尺寸的颜色,单击各元素右侧的颜色图标,打开"颜色"对话框,可以对各种元素颜色进行设置。单击"继承自用户默认设置"按钮,将恢复系统默认颜色,然后才能选择新的颜色,如图3-6所示。

设置好草图控制的各个选项后,便可以进入草图环境中绘制草图。绘制完成后,在草图环境内单击鼠标右键,在打开的快捷菜单中选择"完成草图"选项,或者直接单击功能区中的"完成草图"按钮 💆,退出草图环境。

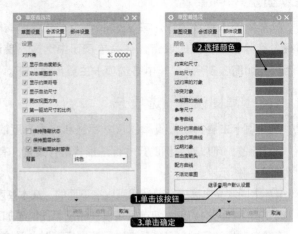

图3-5 "会话设置"选　　图3-6 "部件设置"
项卡　　　　　　　选项卡

3.2 草图工作平面

要绘制草图,首先需要指定草图平面(用于附着草图对象的平面),这就好比绘画之前需要先准备好图纸一样。本节主要介绍定义草图工作平面的相关知识。

3.2.1 指定草图平面

用于绘制草图的平面通常被称为"草图平面",它可以是坐标平面(如XC-YC平面、YC-ZC平面、XC-ZC平面),也可以是基准平面或实体上的某一个平面。在实际设计工作中,用户可以在创建草图对象之前,按照设计要求指定合适的草图平面,当然也可以在创建草图对象时使用默认的草图平面,然后重新附着草图平面。

按3.1.1小节所述方式进入草图环境,打开"创建草图"对话框。在该对话框中定义草图类型、草图方向和草图原点等。在"类型"下拉列表中可以选择草图类型选项,用户可以选择"在平面上"和"基于路径"来定义草图类型,系统默认的草图类型为"在平面上",如图3-7所示。

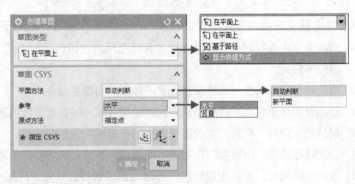

图3-7 "创建草图"对话框

1. 在平面上

当选择"在平面上"作为新建草图的类型时,需要分别定义草图平面、草图方向和草图原点等。

》"草图平面"选项组

在"草图平面"的"平面方法"下拉列表中可以选择"自动判断""新平面"选项，其中系统默认的选项为"自动判断"，将由系统根据选择的有效对象来自动判断草图平面。

当在"平面方法"下拉列表中选择"新平面"选项时，用户可以在"指定平面"下拉列表中选择所需的选项，如图3-8所示。

各平面选项含义见表3-1。

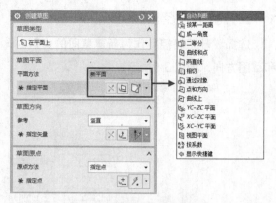

图 3-8 创建平面相关选项

表3-1 各平面选项的含义

平面类型	选项含义
自动判断	根据选择对象的构造属性，系统智能地筛选可能的构造方法，当达到平面构造器的唯一性要求时，系统将自动产生一个新的平面
按某一距离	用以确定参考平面按某一距离形成新的平面，该距离可以通过激活的"偏置"文本框设置
成一角度	用以确定参考平面绕通过轴某一角度形成的新平面，该角度可以通过激活的"角度"文本框设置
二等分	创建的平面为到两个指定平行平面的距离相等的平面或者两个指定相交平面的角平分面
曲线和点	以一个点、两个点、三个点、点和曲线或者点和平面为参考创建新的平面
两直线	以两条指定直线为参考创建新平面。如果两条指定的直线在同一平面内，则创建的平面与两条指定直线组成的面重合；如果两条指定直线不在同一平面内，则创建的平面过第一条指定直线和第二条指定直线垂直
相切	指以点、线和平面为参考创建新的平面
通过对象	指以指定的对象为参考创建平面。如果指定的对象是直线，则创建的平面与直线垂直；如果指定的对象是平面，则创建的平面与平面重合
点和方向	以指定点和指定方向为参考创建平面，创建的平面过指定点且法向为指定的方向
曲线上	指以某一指定曲线为参考创建平面，这个平面通过曲线上的一个指定点，法向可以沿曲线切线方向或垂直于切线方向，也可以另外指定一个矢量方向
XC-ZC平面	指创建的平面与XC-ZC平面平行且重合或相隔一定的距离
YC-ZC平面	是指创建的平面与YC-ZC平面平行且重合或相隔一定的距
XC-YC平面	指创建的平面与XC-YC平面平行且重合或相隔一定的距离
视图平面	指创建的平面与视图平面平行且重合或相隔一定的距离
按系数	指通过指定系数创建平面，系数之间关系为：$aX+bY+cZ=d$

》"草图方向"选项组

在"创建草图"对话框中可以根据设计情况来更改草图的方向。如果要重新设定草图坐标轴的方向，可以通过鼠标左键双击相应的坐标轴即可。

》"草图原点"选项组

在"创建草图"对话框的"草图原点"选项组中，可以定义草图的原点。定义草图原点可以使用"点构造器"按钮，也可以使用"点构造器"右侧的下拉列表中的快捷点方法选项。

2. 基于路径

选择"基于路径"作为新建草图的类型时，需要分别定义轨迹（路径）、平面位置、平面方位和草图方向，如图3-9所示。

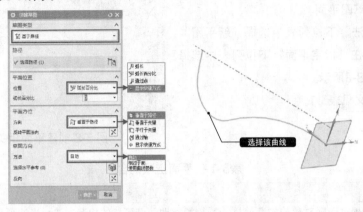

图 3-9 指定草图类型为"基于路径"

》》"路径"选项组

激活"曲线"按钮 时，可以选择所需的路径。

》》"平面位置"选项组

该选项组的"位置"下拉列表中提供了3个选项，即"弧长百分比""弧长""通过点"，各选项的含义如下：

◆ 弧长：输入弧长数值，在曲线上位于离起始点该长度的点即为草图原点。

◆ 弧长百分比：输入曲线长度百分比数值，在曲线上位于该百分比长度的点即为草图原点。

◆ 通过点：在"指定点"下拉列表框中选择其中一个选项，然后选择相应参照以定义平面通过的点，如图 3-10所示。在存在多种结果可能的情况下，可以单击"备选解"按钮来选择所需的解，也可以单击"点构造器"按钮 来定义所需的点，如图3-11所示。

"指定点"下拉列表中各选项的含义及创建方法见表3-2。

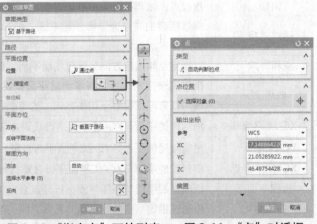

图 3-10 "指定点"下拉列表　　图 3-11 "点"对话框

表3-2 各"指定点"下拉列表中各选项的含义及创建方法

选项含义	创建方法
自动判断的点	根据光标所在的位置，系统自动捕捉对象上现有的关键点（如端点、交点和控制点等），它包含了所有点的选择方式
光标位置	该捕捉方式通过定位光标的当前位置来构造一个点，该点即为XY面上的点

选项含义	创建方法
现有点 十	在某个已存在的点上创建新的点，或通过某个已存在点来规定新点的位置
终点 ╱	在鼠标选择的特征上的端点处创建点，如果选择的特征为圆，则端点为零象限点
控制点 ↳	以所有存在的直线的中点和端点、二次曲线的端点、圆弧的中点、端点和圆心或者样条曲线的端点、极点为基点，创建新的点或指定新点的位置
交点 ┿	以曲线与曲线或者线与面的交点为基点，创建一个点或指定新点的位置
圆弧/椭圆/球中心 ⊙	该捕捉方式是在选取圆弧、椭圆或球的中心创建一个点或规定新点的位置
圆弧/椭圆上的角度 △	在与坐标轴XC正向成一定角度的圆弧或椭圆上构造一个点或指定新点的位置
象限点 ◔	在圆或椭圆的四分点处创建点或者指定新点的位置
点在曲线/边上 ╱	通过在特征曲线或边缘上设置参数来创建点
点在面上 🖢	通过在特征面上设置U向参数和V向参数来创建点
两点之间 ╱	先确定两点，再通过位置百分比来确定新建点的位置
按表达式 =	通过表达式来确定点的位置

》"平面方位"选项组

在该选项组的"方向"下拉列表中，可以根据情况选择"垂直于路径""垂直于矢量""平行于矢量"或者"通过轴"选项，并且可以反向平面反向。各选项使用效果如图3-12所示。

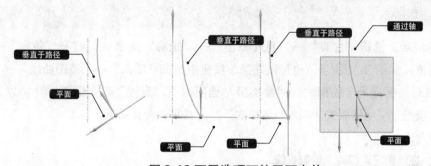

图 3-12 不同选项下的平面方位

》"草图方向"选项组

该选项组用于定义草图方向，设置内容包括：设置草图方向方法选项（"自动""相对于面""使用曲线参数"），选择水平参考以及反向草图方位。

💬 提 示

只要有可能，UG NX软件都会根据面或平面的选择自动判断参考方向。要更改自动判断的方向，选择相应的边、基准轴、基准平面或面。在原位绘制草图需要参考方向。在复制或重新附着草图等情况下使用时，UG NX软件将使用参考方向来定位草图。

3.2.2 》重新附着草图平面

用户可以根据实际情况来修改草图的附着平面，也就是重新进行附着草图操作。通过该操作可以将草图附着到另一个平面、基准平面或路径，或者更改草图方位。

在创建草图对象之后，需要进行"可回滚编辑"进入草图绘制环境后才能单击"重新附着"按

钮 ，或者在菜单按钮中选择"工具"→"重新附着草图"选项，打开"重新附着草图"对话框，如图 3-13 所示。

在该对话框中重新指定一个草图平面及草图方向，然后单击"确定"按钮，便可以使草图重新附着到新的平面上，如图 3-14 所示。

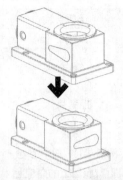

图 3-13 "重新附着草图"对话框　　图 3-14 重新附着草图

3.3 | 绘制图形

绘制图形的命令主要包括"轮廓""直线""圆弧""圆""圆角""倒斜角""矩形""多边形""艺术样条""椭圆"和"二次曲线"等。进入草图环境后，可以在"主页"→"快速草图"命令组中快速找到相应的命令按钮。

3.3.1 绘制轮廓

进入草图环境后，选择"主页"→"直接草图"→"轮廓"选项 ⌐，打开"轮廓"（又译为"型材"）对话框，如图 3-15 所示。也可以在菜单按钮中选择"插入"→"草图曲线"→"轮廓"选项来打开。该对话框提供了轮廓的"对象类型"选项组（"直线"和"圆弧"），以及相应的"输入模式"选项组（"坐标模式"和"参数模式"），其具体含义如下：

》对象类型

◆ "直线" ⌐：在绘图区选择两点绘制直线。

◆ "圆弧" ⌐：在绘图区选择一点，输入半径，然后再在视图区选择另一点，或者根据相应约束和扫描角度绘制圆弧。当从直线连接圆弧时，将创建一个两点圆弧。如果在线串模式下绘制的第一个点是圆弧，则可以创建一个三点圆弧。

》输入模式

◆ "坐标模式" XY：使用X坐标值和Y坐标值创建曲线点。

◆ "参数模式" ⌐：使用与直线或者圆弧曲线类型相对应的参数创建曲线点，如长度、角度或半径。

利用"轮廓"命令，可以以线串的模式创建一系列连接的直线和圆弧（包括直线和圆弧的组合）。注意，上一段曲线的终点变为下一段曲线的起点。在绘制轮廓线的直线段和圆弧段时，可以在"坐标模式"和"参数模式"之间自由切换。

"轮廓"绘制示例如图 3-16 所示。

图 3-15 "轮廓"对话框

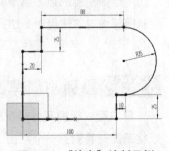

图 3-16 "轮廓"绘制示例

3.3.2 绘制直线

进入草图环境后，选择"主页"→"直接草图"→"直线"选项 ╱，打开"直线"对话框，如图3-17所示。可以在菜单按钮中选择"插入"→"草图曲线"→"直线"选项来打开该对话框。从中可以选择直线所需的输入模式，可供选择的有"坐标模式" XY 和"参数模式" ⌶，含义同"轮廓"命令。

具体绘制步骤如下：

01 "坐标模式"输入起点：在"XC""YC"文本框中输入起点的坐标值（XC:80,YC:100）。

02 "参数模式"输入终点：在"长度""角度"文本框中输入终点的数据值（长度：100，角度：30）。

03 完成直线绘制，如图3-18所示。

图 3-17 "直线"对话框

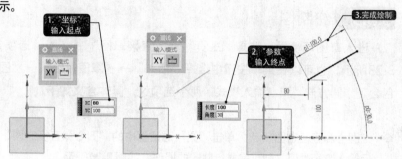

图 3-18 "直线"绘制示例

【案例 3-1】： 绘制简单梯形

直线是绘图中最常用的图形对象，使用也非常简单。只要指定了起点和终点，就可绘制出一条直线。

01 启动UG NX 12.0软件，新建一个空白文档。选择"主页"→"直接草图"→"草图"选项 ▥，打开"创建草图"对话框，如图3-19所示。

02 直接单击"确定"按钮，系统便会以默认的XC-YC平面为草图平面，此时进入草图环境，坐标系变化如图3-20所示。

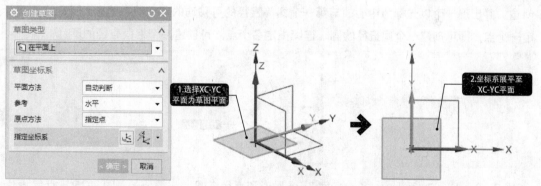

图 3-19 "创建草图"对话框

图 3-20 进入草图环境后的坐标系变化

03 在草图环境中选择"主页"→"直接草图"→"直线"选项 ╱，然后捕捉草图原点（即坐标原点）为起点；接着选择"参数模式"，输入长度为50，角度为60，最后按Enter键，即可成功创建一条如图 3-21 所示的斜线。

04 使用相同方法，绘制梯形的其他直线，如图3-22所示。

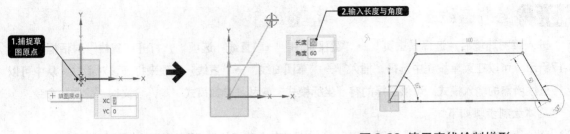

图 3-21 创建斜线　　　　　　　　　　图 3-22 使用直线绘制梯形

3.3.3 >> 绘制圆

进入草图环境后，选择"主页"→"直接草图"→"圆"选项 ⊙，打开"圆"对话框，如图 3-23 所示。也可以在菜单按钮中选择"插入"→"草图曲线"→"圆"选项来打开该对话框。其中包含了"圆方法"和"输入模式"两个选项组，具体含义如下。

≫圆方法

◆ "圆心和直径定圆" ⊙：单击"圆"对话框中的"圆心和直径定圆"按钮，并在绘图区指定圆心。然后输入直径数值，即可完成绘制圆的操作，如图 3-24 所示。

◆ "三点定圆" ○：该方法通过依次选择草图几何对象上的 3 个点，作为圆通过的 3 个点来创建圆；或者通过选取圆上的两个点，并输入直径数值创建圆。单击"三点定圆"按钮，依次选择图中的 2 个端点，并输入直径数值，即可创建圆，如图 3-25 所示。

≫输入模式

◆ "坐标模式" XY：允许通过输入坐标值来指定圆上的点。

◆ "参数模式" ⊟：用于指定圆的直径参数。

> **提示**
>
> 在指定中心点后，在"直径"文本框中输入圆的直径，并按 Enter 键，即可完成第一个圆的创建，并出现一个以光标为中心，与第一个圆等直径的可移动的预览状态的圆，此时单击鼠标指定一个点，即可创建一个同直径的圆，连续指定多个点，可创建多个相同直径的圆。

图 3-23 "圆"对话框

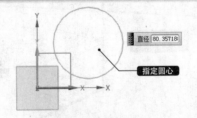

图 3-24 圆心和直径定圆

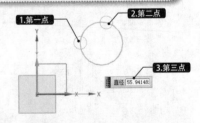

图 3-25 三点定圆

【案例 3-2】：三点绘圆

三点绘圆实际上是绘制通过这三点所确定的三角形唯一的外接圆。系统会提示指定圆上的第一点、第二点和第三点。

01 启动 UG NX 12.0 软件，打开素材文件"第 3 章\3-2 三点绘圆.prt"，素材由三条线段构成，如图 3-26 所示。

02 双击素材图形，进入草图环境，然后选择"主页"→"直接草图"→"圆"选项◯，在"圆"对话框中选择"三点定圆"方式，如图3-27所示。

03 根据状态栏提示，依次捕捉A、B、C三点，即可自动绘制出△ABC唯一的外接圆，如图3-28所示。

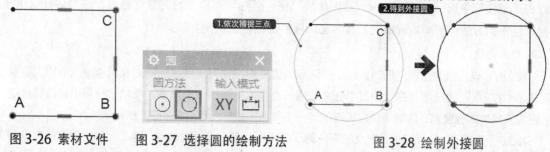

图 3-26 素材文件　　　图 3-27 选择圆的绘制方法　　　图 3-28 绘制外接圆

3.3.4 ▷ 绘制圆弧

进入草图环境后，选择"主页"→"直接草图"→"圆弧"选项◝，打开"圆弧"对话框，如图 3-29所示。也可以在菜单按钮中选择"插入"→"草图曲线"→"圆弧"选项来打开该对话框。该对话框提供了"圆弧方法"和"输入模式"两个选项组，具体含义如下。

》圆弧方法

◆ "三点定圆弧"▭：该方法以3个点分别作为圆弧的起点、终点和圆弧上一点来创建圆弧。另外，也可以通过选择两个点和输入半径来创建圆弧。单击"圆弧"对话框中的"三点定圆弧"按钮▭，依次选择起点、终点和圆弧上一点，即可完成圆弧的创建，如图3-30所示；

◆ "中心和端点定圆弧"▭：该方法以圆心和端点的方式创建圆弧。另外，还可以通过在文本框中输入半径数值来确定圆弧的大小。单击"中心和端点定圆弧"按钮▭，依次指定圆心，端点和扫掠角度即可完成圆弧的创建，如图3-31所示。

》输入模式

◆ "坐标模式" XY：允许通过输入坐标值来指定圆弧上的点。

◆ "参数模式"▭：用于指定圆弧的半径、扫掠角度等参数。

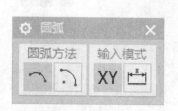

图 3-29 "圆弧"对话框

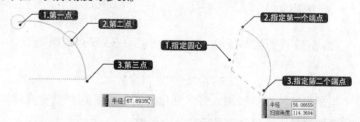

图 3-30 三点定圆弧　　　图 3-31 中心和端点定圆弧

> 💬 **提示**
>
> 　　当用三点定圆弧时，在指定圆弧线段的起点和终点之后，如果拖动鼠标经过终点（或起点），则所绘制的圆弧线段将顺着鼠标拖动方向继续延伸，终点（或起点）将变成圆弧线段上的一点，单击鼠标指定的最后一点将成为该圆弧线段的终点。当用中心和端点定圆弧时，指定中心点和起点之后，如果拖动鼠标绕中心点顺时针旋转，则顺时针绘制圆弧线段；如果拖动鼠标绕中心点逆时针旋转，则逆时针绘制圆弧线段。

3.3.5 绘制矩形

进入草图环境后，选择"主页"→"直接草图"→"矩形"选项 □，打开"矩形"对话框，也可以在菜单按钮中选择"插入"→"草图曲线"→"矩形"选项来打开该对话框。该对话框提供了3种创建矩形的方法和两种输入模式，其中各选项的具体含义说明如下。

» 矩形方法

◆ "按2点"□：该方法以矩形对角线上的两点创建矩形。此方法创建的矩形只能和草图的方向垂直。单击"按2点"按钮□，在绘图区中任意选取一点作为矩形的一个角点，移动鼠标到适当位置单击，或者直接输入宽度和高度数值确定矩形的另一个角点来绘制图形，如图3-32所示；

◆ "按3点"□：该方法用3点来定义矩形的形状和大小。第一点为起始点，第二点确定矩形的宽度和角度，第三点确定矩形的高度。该方法可以绘制与草图的水平方向成一定倾斜角度的矩形。单击"按3点"按钮□，并在绘图区任意选取一点作为矩形的一个角点，然后依次移动鼠标到适当位置单击，或者分别输入所要创建矩形的宽度、高度和角度数值，即可完成矩形的绘制，如图3-33所示；

◆ "从中心"□：此方法也是用3点来创建矩形，第一点为矩形的中心，第二点为矩形的宽度和角度，它和第一点的距离为所创建矩形宽度的一半；第三点确定矩形的高度，它与第二点的距离等于矩形高度的一半。单击"从中心"按钮□，并在绘图区任意选取一点作为矩形的中心点，然后依次移动鼠标到适当位置单击，或者分别输入所要创建矩形的宽度、高度和角度数值，即可完成矩形的绘制，如图3-34所示。

» 输入模式

◆ "坐标模式" XY：通过输入X坐标值、Y坐标值来指定矩形上的点。

◆ "参数模式" □：输入与矩形类型相对应的参数创建矩形上的点，如宽度、高度、角度。

图 3-32 两点绘制矩形　　　　图 3-33 三点绘制矩形　　　　图 3-34 中心绘制矩形

> **提示**
>
> 当矩形的相关参数输入完成之后，矩形的位置并没有具体确定，需要通过拖动鼠标来指定该矩形的具体位置，最后单击鼠标左键以确定。

3.3.6 绘制圆角

在草图绘制过程中，有时需要在两条或三条曲线之间添加圆角。在草图环境中选择"主页"→"直接草图"→"圆角"选项 □，打开"圆角"对话框，如图3-35所示，也可以在菜单按钮中选择"插入"→"草图曲线"→"圆角"选项来打开该对话框。在"圆角方法"选项组中可以选择是保留还是修剪被倒圆的边线，如图3-36所示。

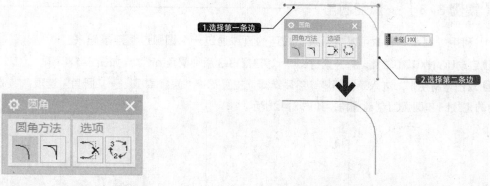

图 3-35 "圆角"对话框   图 3-36 修剪方式的圆角

在两条平行线之间也能同样创建圆角。在创建圆角时，设置"圆角方法"为"修剪"，接着选择两条平行线，然后在所需的位置单击以放置圆角，如图 3-37 所示。

图 3-37 在两条平行线之间创建圆角   图 3-38 两平行线之间圆角的备选解

如果在放置圆角之前，在"圆角"对话框的"选项"选项组中单击"创建备选圆角"按钮 ，则可获得另外一种可能的圆角效果，如图 3-38 所示。

此外，还可以启用"删除第三条曲线"的功能。系统默认状态下为关闭，单击该按钮 则打开此功能，如图 3-39 所示。

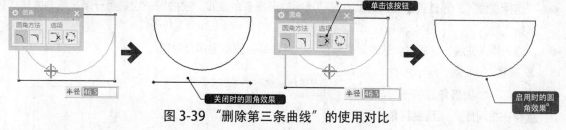

图 3-39 "删除第三条曲线"的使用对比

另外，可以利用画链快速创建圆角，但圆角半径的大小由系统根据所画的链与第一元素的交点自动判断。单击"创建圆角"对话框中的"修剪"按钮 ，然后按住鼠标左键，从需要圆角的曲线上划过，即可完成创建圆角操作，如图 3-40 所示。

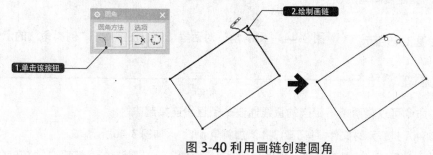

图 3-40 利用画链创建圆角

【案例 3-3】： 添加圆角

利用"圆角"命令可以将两条不相连的直线通过一个圆弧过渡连接起来。

01 启动UG NX 12.0软件，打开素材文件"第3章\3-3 添加圆角.prt"，如图 3-41所示。

02 双击素材图形，进入草图环境；然后选择"主页"→"直接草图"→"圆角"选项 ，选择素材文件中的直线L1和圆弧C1创建圆角，如图 3-42所示。

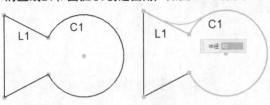
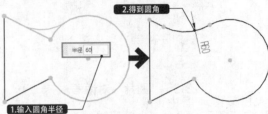

图 3-41 素材文件　　图 3-42 选择圆的绘制方法　　　　图 3-43 绘制外接圆

03 输入圆角值，然后单击鼠标中键，即可创建一个圆角特征，如图 3-43所示。

3.3.7 绘制倒斜角

在草图绘制过程中，有时需要对草图中的线之间的尖角进行适当的倒斜角处理。在草图环境中选择"主页"→"直接草图"→"倒斜角"选项 ，打开"倒斜角"对话框，如图 3-44所示，也可以在菜单按钮中选择"插入"→"草图曲线"→"倒斜角"选项来打开该对话框；然后选择要倒斜角的两条曲线，或者选择它们的交点来进行倒斜角。

对话框中各选项的具体含义如下。

》要倒斜角的曲线

◆ "选择直线"：通过在相交直线上方拖动光标以选择多条直线，或按照一次选择一条直线的方法选择多条直线。

◆ "修剪输入曲线"：通过勾选该复选框，可以选择是否修剪倒斜角的边。

》偏置

◆ "对称"：倒斜角的每一边与交点存在相同距离，且倒斜角线垂直于等分线。

◆ "非对称"：指定沿选定的两条直线分别设置距离值。

◆ "偏置和角度"：指定倒斜角的角度和距离值。

倒斜角的示例如图 3-45所示。

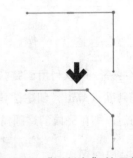

图 3-44 "倒斜角"对话框　　　　图 3-45 "倒斜角"的示例

【案例 3-4】： 添加斜角

利用"倒斜角"命令可以将两条不相连的直线通过一条直线连接起来。

01 启动UG NX 12.0软件，打开素材文件"第3章\3-4 添加斜角.prt"，如图 3-46所示。

02 双击素材图形，进入草图环境；然后选择"主页"→"直接草图"→"倒斜角"选项 ，打开"倒斜角"对话框。

03 设置倒斜角方法为"偏置和角度",设置"距离"为40,"角度"为60,然后选择素材中的直线L1和L2创建斜角,如图 3-47 所示。

提示

　　执行"偏置和角度"倒角时,要注意距离和角度的顺序。在UG NX 12.0中,始终是先选择的对象(L1)满足距离,后选择的对象(L2)满足角度。

3.3.8 绘制多边形

　　在草图环境中,可以很方便地创建具有指定数量边的多边形。在草图环境中选择"主页"→"直接草图"→"多边形"选项 ⊙,打开"多边形"对话框,如图 3-48 所示,也可以在菜单按钮中选择"插入"→"草图曲线"→"多边形"选项来打开该对话框;然后依次指定多边形的中心点、边数和大小参数即可。其中多边形的"大小"方法选项有3种,即"内切圆半径""外接圆半径"和"边长",具体含义如下。

◆ "内切圆半径":指定半径值的圆位于多边形的内部,与多边形的每一条边都相切。它是指从多边形中心到每边中点的距离。

◆ "外接圆半径":指定半径值的圆位于多边形的外部,与多边形的每一条边都相接触。它是指从多边形中心到端点的距离。

◆ "边长":直接指定多边形的每一条边长。

　　另外,可以设置正多边形的旋转角度。绘制好一个设定大小参数的多边形之后,可以继续绘制以该大小参数为默认值的多边形(类似于复制),直到单击"多边形"对话框中的"关闭"按钮,才可以结束多边形的绘制操作。

　　多边形的绘制示例如图 3-49 所示。其中参数为:"外接圆半径"、"半径"为80、"旋转"角度为15。

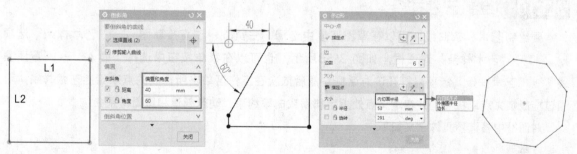

图 3-46 素材　　图 3-47 倒斜角绘制　　图 3-48 "多边形"对话框　　图 3-49 多边形的
文件　　　　　　　　　　　　　　　　　　　　　　　　　　　　　　　　　绘制示例

3.3.9 绘制椭圆

　　要在草图环境中绘制椭圆,可以在草图环境中选择"主页"→"直接草图"→"椭圆"选项 ⊙,打开"椭圆"对话框,如图 3-50 所示。也可以在菜单按钮中选择"插入"→"草图曲线"→"椭

圆"选项来打开该对话框;然后利用"中心"选项组来设置椭圆的中心,接着在相应的选项组中设置椭圆的大半径、小半径、限制条件和旋转角度即可,其各选项的具体含义如下。

◆ "中心":在适当的位置单击,或者通过"点"对话框来确定椭圆的中心。

◆ "大半径":直接输入长半轴长度,也可以通过"点"对话框来确定长轴长度。

◆ "小半径":直接输入短半轴长度,也可以通过"点"对话框来确定短轴长度。

◆ "旋转角度":椭圆的旋转角度是主轴(对应大半径的轴)相对应于X轴沿逆时针方向倾斜的角度。

椭圆的绘制示例如图 3-51 所示。其中参数为:椭圆中心在草图原点上、"大半径"为60、"小半径"为40、"旋转"角度为30。

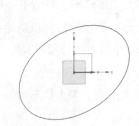
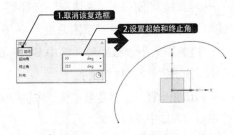

图 3-50 "椭圆"对话框　　图 3-51 "椭圆"绘制示例　　图 3-52 设置"限制"条件绘制椭圆弧

> **提示**
>
> 要创建完整的椭圆,就需要在"限制"选项组中勾选"封闭的"复选框;如果只需要创建一部分椭圆弧,那么可以在"限制"选项组中取消勾选"封闭的"复选框,接着根据设计需要设置起始角和终止角,如图 3-52 所示。

3.3.10 绘制艺术样条

要绘制艺术样条曲线,可以在草图环境中选择"主页"→"直接草图"→"艺术样条"选项，打开"艺术样条"对话框,如图 3-53 所示,也可以在菜单按钮中选择"插入"→"草图曲线"→"艺术样条"选项来打开该对话框;然后依次在工作区单击所需要的点来绘制艺术样条,可通过拖放定义点或极点,并在定义点处指定斜率或曲率约束,动态创建和编辑样条曲线。

对话框中各选项具体含义如下。

》类型

◆ "根据极点":该选项是利用极点建立样条曲线,即用选定点建立的控制多边形来控制样条的形状,建立的样条只通过首尾两个端点,不通过中间的控制点。选择"根据极点"选项并在"参数化"选项组下的"次数"文本框中输入曲线的阶次,然后根据"点"对话框在绘图区指定点使其生成样条曲线,最后单击"确定"按钮,生成的样条曲线如图 3-54 所示。

◆ "通过点":该选项是通过设置样条曲线的各定义点,生成一条通过各点的样条曲线。它与"根据极点"生成曲线的最大区别在于生成的样条曲线通过各个控制点。利用"通过点"创建曲线和"根据极点"创建曲线的操作方法类似,其中需要选择样条控制点的成链方式,生成样条曲线如图 3-55 所示。

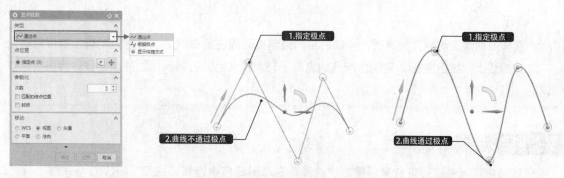

图 3-53 "艺术样条"对话框　　图 3-54 利用"根据极点"绘制　　图 3-55 利用"通过点"绘制样
样条曲线　　　　　　　　　条曲线

》参数化

◆　"次数"：指定样条曲线的阶次，样条的极点数不得少于次数。一般默认为3，故需指定4个点才能确定样条曲线。

◆　"匹配的结点位置"：勾选该复选框，定义点所在的位置放置结点。

◆　"封闭"：勾选该复选框，指定样条曲线的起点和终点在同一个点，形成闭环，如图 3-56所示。

》移动

在指定的方向上沿指定的平面移动样条点和极点。

◆　"WCS"：勾选该复选框，在工作坐标系的指定X、Y或Z方向上沿WCS的一个主平面移动点或者极点。

◆　"视图"：相对于视图平面移动极点或点。

◆　"矢量"：用于定义所选极点或多段线的移动方向。

◆　"平面"选择一个基准平面、CSYS，或者使用指定平面来定义一个新的平面，在其中移动选定的极点或者多段线。

◆　"法向"：沿曲线的法向移动点或者极点。

》延伸

◆　"对称"：勾选该复选框，在所选样条曲线的指定开始和结束位置上展开对称延伸。

◆　"无"：不创建延伸。

◆　"按值"：用于指定延伸的值。

◆　"根据点"：用于定义延伸的延展位置。

》设置

◆　"等参数"：将约束限制为曲面的U向和V向。

◆　"截面"：允许约束和任何方向对齐。

◆　"法向"：根据曲线或曲面的正常法向自动判断约束。

◆　"垂直于曲线或边"：从点附着对象的父级自动判断G1、G2或G3约束。

◆　"固定相切方位"：勾选此复选框，与邻近点相对的约束点的移动就不会影响方位，并且方向保留为静态。

在执行"艺术样条"命令时，可以在当前绘制的样条曲线上添加中间控制点：将鼠标指针移动到样条曲线上的合适位置处单击，如图 3-57所示。创建完艺术样条曲线后，还可以使用鼠标拖动控制点的方式来调整样条曲线的形状。

提示

在样条曲线上增加控制点时，添加的中间控制点必须在原曲线上。可通过勾选上边框条中的"点在曲线上"捕捉按钮☑来确保所选的点位于艺术样条上，否则新添加的点会被作为曲线端点识别。

3.3.11 绘制二次曲线

在草图中可以通过指定点来创建二次曲线，在草图环境中选择"主页"→"直接草图"→"二次曲线"选项，打开"二次曲线"对话框，如图3-58所示，也可以在菜单按钮中选择"插入"→"草图曲线"→"二次曲线"选项来打开该对话框；然后依次在工作区选择曲线的起点、终点和控制点绘制相应的二次曲线。可以通过修改Rho值（表示曲线的锐度，大小在0和1之间，默认为0.5）来调整二次曲线的样式，如图3-59所示。

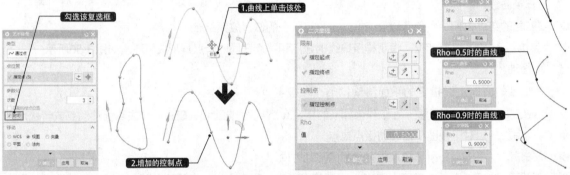

图 3-56 勾选"封闭"的 样条曲线

图 3-57 在样条曲线上 增加控制点

图 3-58 "二次曲线"对 话框

图 3-59 不同Rho值时 的二次曲线

3.4 | 编辑图形

草图在建立之后，还必须进行很多修改和编辑，包括"修剪""延伸""偏置"和"镜像"等。

3.4.1 快速修剪

使用UG NX中系统提供的"快速修剪"命令，可以以任意方向将曲线修剪至选定的边界或者最近的实际交点和虚拟交点处。"快速修剪"是常用的编辑工具命令，使用它可以很方便的将草图曲线中不需要的部分删掉。

选择"主页"→"直接草图"→"快速修剪"选项，打开"快速修剪"对话框，如图3-60所示。也可以在菜单按钮中选择"编辑"→"草图曲线"→"快速修剪"选项来打开该对话框。在系统提示下选择要修剪的曲线部分，也可以通过按住鼠标左键并拖动鼠标绘制画链来将曲线修剪至需要的样式，如图3-61所示。如果要将多条曲线修剪至统一边界，可以在"边界曲线"选项组中单击

"边界曲线"选项![icon]，选择所需的边界曲线，就可在修剪中将曲线修剪至该边界，如图3-62所示。

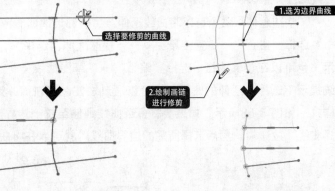

图3-60 "快速修剪"对话框　　　　图3-61 快速修剪曲线　　　　图3-62 通过边界修剪

 提示

　　在没有选择边界时，系统自动寻找该曲线与最近可选择曲线的交点，并将两交点之间的曲线进行修剪；在选择了边界的情况下，则只修剪曲线选择点相邻的两边的曲线段。

【案例3-5】：修剪草图轮廓

　　利用"修剪"命令可以快速修剪草图中多余的部分，是绘制草图时最常用的几个命令之一。

01 启动UG NX 12.0软件，打开素材文件"第3章\3-5修剪草图轮廓.prt"，如图3-63所示。

02 双击素材图形，进入草图环境；然后选择"主页"→"直接草图"→"快速修剪"选项![icon]，将光标放置在外侧的六边形边线上，单击即可修剪掉所选的边线，如图3-64所示。

03 参照此方法，依次修剪掉外侧的其余边线，得到六角星形的初步修剪效果如图3-65所示。

04 再将光标移动至图形内侧，然后按住鼠标左键不动，并拖动鼠标绘制画链，依次通过内部六角星的对角线，释放鼠标后即可得到最终的六角星图形，如图3-66所示。

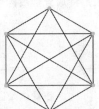

图3-63 素材文件

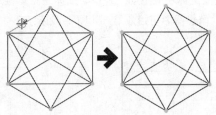

图3-64 修剪六边形的外侧边线

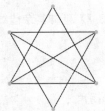

图3-65 初步修剪效果

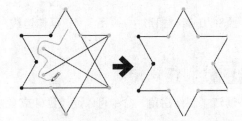

图3-66 修剪六角星的内侧对角线

3.4.2 快速延伸

"快速延伸"命令可以将曲线延伸至另一邻近的曲线或者选定的边界。

选择"主页"→"直接草图"→"快速延伸"选择 ⤻ ，打开"快速延伸"对话框，如图3-67所示，也可以在菜单按钮中选择"编辑"→"草图曲线"→"快速延伸"选项来打开该对话框。在系统提示下选择要延伸的曲线，也可以通过按住鼠标左键并拖动鼠标绘制画链来将曲线延伸至需要的样式，如图3-68所示。如果要将多条曲线延伸至统一边界，可以在"边界曲线"选项组中单击"选择曲线"按钮 ✐ ，然后选择所需的边界曲线，就可以在将曲线延伸至该边界，如图3-69所示。

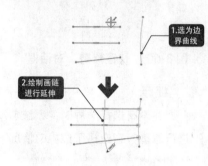

图3-67 "快速延伸"对话框　　　图3-68 快速延伸曲线　　　图3-69 选定边界延伸

【案例3-6】：延伸草图轮廓

"延伸"命令可以用来恢复"修剪"命令造成的误操作。

01 启动UG NX 12.0软件，打开素材文件"第3章\3-6 延伸草图轮廓.prt"，如图3-70所示。此即上个例子中使用修剪命令完成的最终图形。

02 双击素材图形，进入草图环境；然后选择"主页"→"直接草图"→"快速延伸"选项 ⤻ ，将光标放置在外侧的六边形边线上，单击即可延伸所选的边线，如图3-71所示。

03 按住鼠标左键不动，并拖动鼠标绘制画链，依次通过六角星的边线，释放鼠标后即可延伸其余边线，得到六角星图形初始效果，如图3-72所示。

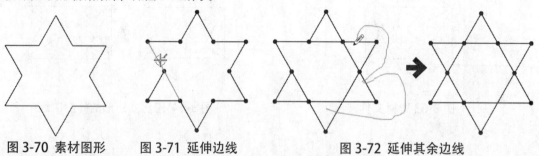

图3-70 素材图形　　　图3-71 延伸边线　　　图3-72 延伸其余边线

3.4.3 制作拐角

通过"制作拐角"命令可以通过延伸或者修剪两条曲线来制作拐角。

选择"主页"→"直接草图"→"制作拐角"选项 ⼂ ，打开"制作拐角"对话框，如图3-73所示。也可以选择菜单按钮"编辑"→"草图曲线"→"制作拐角"选项来打开该对话框。在草图环境中依次选择要制作拐角的曲线，当所选直线外观相交的时候效果为修剪，如图 3-74 所示；而当所选直线没有外观相交的时候效果为延伸，如图 3-75 所示。

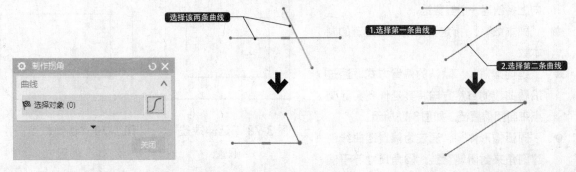

图 3-73 "制作拐角"对话框　　　图 3-74 "修剪"制作拐角　　　图 3-75 "延伸"制作拐角

 提 示

制作拐角适用于直线、圆弧、开放式二次曲线和开放式样条等几种对象。可以参照快速倒斜角的方式来快速制作拐角，即按住鼠标左键并在曲线上拖动。

3.4.4 偏置曲线

可以通过"偏置曲线"命令将选择的曲线链、投影曲线或曲线进行偏置。

选择"主页"→"直接草图"→"偏置曲线"选项 📄，打开"偏置曲线"对话框，如图 3-76 所示，也可以在菜单按钮中选择"插入"→"草图曲线"→"偏置曲线"选项来打开该对话框。在草图环境中选择要偏置的曲线，输入偏置距离，设置偏置方向，也可以输入副本数，复制多条曲线偏置同一距离，如图 3-77 所示。

图 3-76 "偏置曲线"对话框

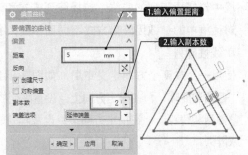

图 3-77 偏置时生成多个对象

对话框中各选项的含义如下。

》要偏置的曲线

◆ "选择曲线"：选择要偏置的曲线或者曲线链。曲线链可以是开放的、封闭的或者一段开放，一段封闭。

◆ "添加新集"：在当前的偏置链中创建一个新的自链。

》偏置

◆ "距离"：指定偏置的距离。

◆ "反向"：使偏置链的方向反向。

◆ "对称偏置"：在基本链的内外两个方向上各创建一个偏置链。

◆ "副本数"：指定要生成的偏置链的副本数。

◆ "延伸端盖"：默认的偏置方式，通过沿着曲线的自然方向将其延伸到实际交点来封闭偏置链，如图3-78所示。

◆ "圆弧帽形体"：通过为偏置链曲线创建圆角来封闭偏置链，圆角尺寸等于偏置距离，如图3-79所示。

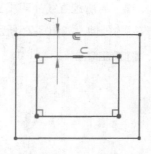
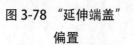
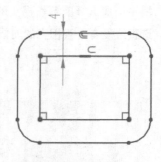

图 3-78 "延伸端盖"偏置　　图 3-79 "圆弧帽型体"偏置

》链连续性和终点约束

◆ "显示拐角"：勾选此复选框，在链的每一个角上都显示角的手柄。

◆ "显示端点"：勾选此复选框，在链的每一端都显示一个端的约束手柄。

》设置

◆ "输入曲线转换为参考"：将输入曲线转换为参考曲线。

◆ "阶次"：在偏置艺术样条时指定阶次。

3.4.5 》阵列曲线

利用此命令可以对草图曲线进行阵列。

选择"主页"→"直接草图"→"阵列曲线"选项 ⟍，打开"阵列曲线"对话框，如图 3-80所示，也可以在菜单按钮中选择"插入"→"草图曲线"→"阵列曲线"选项来打开该对话框。在草图环境中选择要阵列的曲线，选择阵列方式和设置好相应的参数，便可产生阵列效果。

对话框中的参数因阵列方式不同而不同，各选项的具体含义如下。

》线性阵列

使用一个或两个方向定义布局，如图 3-81所示。

◆ "数量和间隔"：在指定方向上，设置阵列的副本数量和每一个阵列之间的距离来生成阵列。

◆ "数量和跨距"：在指定方向上，设置阵列的副本数量和第一个阵列到最后一个阵列之间的距离来生成阵列。

◆ "节距和跨距"：在指定方向上，设置阵列之间的单独距离和第一个阵列到最后一个阵列之间总的距离来均布生成阵列。

》圆形阵列

使用旋转点和可选径向间距参数定义布局，如图 3-82所示。

◆ "数量和间隔"：按指定旋转方向，设置阵列的副本数量和每一个阵列之间的角度来生成阵列。

◆ "数量和跨距"：按指定旋转方向，设置阵列的副本数量和第一个阵列到最后一个阵列之间的跨度角来生成阵列。

◆ "节距和跨距"：按指定旋转方向，设置阵列之间的角度和第一个阵列到最后一个阵列之间总的跨度角来均布生成阵列。

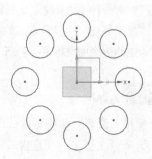

图 3-80 "阵列曲线"对话框　　　图 3-81 "线性"阵列　　　图 3-82 "圆形"阵列

》常规阵列

使用一个或多个目标点或坐标系定义的位置来定义布局，如图 3-83 所示。

◆ "出发点"：设定阵列的相对起始点。

◆ "指定点"：设定阵列的相对终止点。

◆ "锁定方位"：设置锁定旋转角度，使其跟随原始曲线。如果取消勾选此复选框，那么可以更改整个图样的旋转角度。

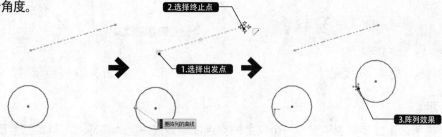

图 3-83 "常规"阵列

3.4.6 > 镜像曲线

通过"镜像曲线"命令可以在草图环境中选择任一直线来镜像草图体。

选择"主页"→"直接草图"→"镜像曲线"选项 ，打开"镜像曲线"对话框，如图 3-84 所示。也可以在菜单按钮中选择"插入"→"草图曲线"→"镜像曲线"选项来打开该对话框。在草图环境中选择要镜像的曲线，然后在"中心线"选项组中单击"选择中心线"按钮，在草图环境中选择镜像中心线，然后单击"确定"按钮，即可得到镜像曲线，如图 3-85 所示。

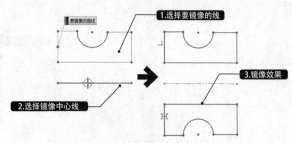

图 3-84 "镜像曲线"对话框　　　图 3-85 镜像曲线示例

对话框中其余选项的含义如下。

◆ "中心线转换为参考"：将镜像的中心线转换为参考线。

◆ "显示终点"：显示端点约束以便移除和添加端点。如果移除端点约束，然后编辑原先的曲线，则未约束的镜像曲线将不会更新。

3.4.7 交点

使用"交点"命令可以在指定几何体通过草图平面的位置创建一个交点。

选择"主页"→"直接草图"→"交点"选项 ⚗，打开"交点"对话框，如图 3-86 所示，也可以在菜单按钮中选择"插入"→"草图曲线"→"交点"选项来打开该对话框。然后选择与草图平面相交的曲线，单击"确定"按钮，便可以创建交点，如图 3-87 所示。

图 3-86 "交点"对话框

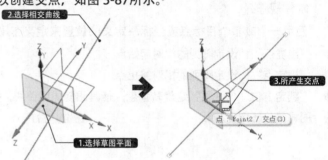

图 3-87 交点示例

> 💡 提示
>
> 如果所选曲线和草图平面有一个以上的交点或者曲线路径为开环，不与草图平面相交时，可以单击"循环解"按钮 🔁 来备选。

3.4.8 相交曲线

通过"相交曲线"命令可以在已知面和草图平面之间创建一个平滑的曲线链，其中的一组切向连续面与草图平面相交。

选择"主页"→"直接草图"→"相交曲线"选项 ⬡，打开"相交曲线"对话框，如图 3-88 所示，也可以在菜单按钮中选择"插入"→"草图曲线"→"相交曲线"选项来打开。定义了草图平面之后，选择一个与草图平面相交的平面，然后单击"确认"按钮，便可以创建相交曲线，如图 3-89 所示。

图 3-88 "相交曲线"对话框

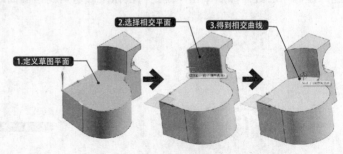

图 3-89 创建相交曲线示例

对话框中其余选项的含义说明如下。

◆ "忽略孔"：勾选此复选框，在该面中创建通过任意修剪孔的相交曲线。

◆ "连结曲线"：勾选此复选框，将多个面上的曲线合并成单个样条曲线。

3.4.9 投影曲线

该命令用于将选择的对象沿草图平面的法向投影到草图的平面上。通过选择草图外部的对象，可以生成抽取的曲线或者线串。能够抽取的对象包括曲线（关联或者非关联的）、边、面以及其他草图或草图内的曲线、点。

旋转"主页"→"直接草图"→"投影曲线"选项，打开"投影曲线"对话框，如图 3-90 所示，也可以在菜单按钮中选择"插入"→"草图曲线"→"投影曲线"选项来打开。然后在草图环境中选择要投影的曲线或点，设置相关参数，单击"确定"按钮，便可以创建投影曲线，如图 3-91 所示。

图 3-90 "投影曲线"对话框

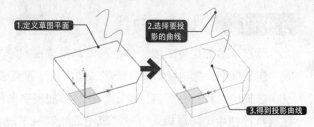

图 3-91 投影曲线示例

对话框中其余选项的含义说明如下。

◆ "关联"：勾选此复选框，如果原始几何体发生更改，那么相应的投影曲线也会发生改变。

◆ "原先"：选择该选项，投影曲线的类型与原始几何体的类型一致。

◆ "样条段"：选择该选项，投影曲线的类型为多条样条曲线。

◆ "单个样条"：选择该选项，投影曲线的类型为单个样条曲线。

3.4.10 派生直线

"派生直线"工具可以在两条平行直线中间绘制一条与两条直线平行的直线，或绘制两条不平行直线所成角度的平分线，并且还可以偏置某一条直线。

» 绘制平行线之间的直线

该方式可以绘制两条平行线中间的直线，并且该直线与这两条平行直线均平行。在创建派生线条的过程中，需要通过输入长度值来确定直线长度。选择"主页"→"直接草图"→"派生直线"选项，并依次选择第一条和第二条直线，然后在文本框中输入长度值即可完成绘制，如图 3-92 所示。

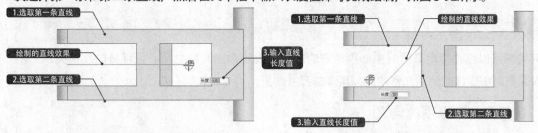

图 3-92 绘制平行线之间的直线　　　　图 3-93 绘制不平行线之间的平分线

>> 绘制两条不平行线的平分线

该方式可以绘制两条不平行直线所成角度的平分线，并通过输入长度数值确定平分线的长度。单击"派生直线"按钮，并依次选择第一条和第二条直线，然后在文本框中输入长度数值即可完成绘制，如图3-93所示。

>> 偏置直线

该方式可以绘制现有直线的偏置直线，并通过输入偏置值确定偏置直线与原直线的距离。偏置直线产生后，原直线依然存在。单击"派生直线"按钮，选择所需偏置的直线，然后在文本框中输入偏置值即可完成绘制，如图3-94所示。

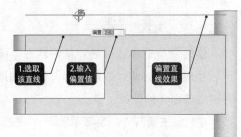

图 3-94 绘制偏置直线

3.4.11 添加现有曲线

通过"添加现有曲线"命令可以将某些曲线（非草图曲线）和点添加到草图中，这些现有的曲线（包括椭圆、抛物线、双曲线等二次曲线）和点必须与草图共面。

选择"主页"→"直接草图"→"添加现有曲线"选项，打开"添加曲线"对话框，也可以在菜单按钮中选择"插入"→"草图曲线"→"现有曲线"选项来打开该对话框；然后利用该对话框选择要加进草图的曲线和点来完成操作。

3.5 草图约束与定位

约束能够精确控制草图中的对象。草图约束主要有两种类型：尺寸约束（也称为草图尺寸）和几何约束。

尺寸约束能够建立起草图对象的大小（如直线的长度、圆弧的半径等）或是两个对象之间的关系（如两点之间的距离）。尺寸约束在某种意义上可以看作是图纸上的尺寸。

几何约束能够建立起草图对象的几何特性（如要求某一直线有固定长度）、两个或更多草图对象的关系类型（如要求两条直线垂直或平行，或是几个弧具有相同的半径）。在图形区无法看到几何约束，但是用户可以使用"显示/删除约束"命令显示有关信息，并显示代表这些约束的直观标记。定位用于调整整个草图在具体模型中的位置，对于单独的草图对象不起作用。

3.5.1 几何约束

几何约束可以用来指定草图对象必须遵守的条件，或是草图对象之间必须维持的几何关系。一般在绘制草图时，应该先添加几何约束，再添加尺寸约束。

1. 各几何约束选项的含义

选择"主页"→"直接草图"→"更多"→"草图工具"选项，可以看到一些与"几何约束"

有关的选项，它们的含义见表3-3。

表3-3 与"几何约束"有关的命令按钮

选项	选项含义
约束	将几何约束添加到草图几何图形中
自动约束	设置自动应用到草图的几何约束类型
显示草图约束	显示应用到草图的全部几何约束，显示时再单击则为隐藏
显示/移除约束	显示与选定的草图几何图形关联的几何约束，并移除所有约束或列出信息
转换至/自参考对象	将草图曲线或草图尺寸从活动转换为引用，或者反过来；下游命令（如建立在草图上的拉伸）不使用参考曲线，并且参考尺寸不控制草图几何图形
备选解	提供备选尺寸或几何约束的解算方案
自动判断约束和尺寸	控制哪些约束或尺寸在曲线构造过程中被自动判断
创建自动判断约束	在曲线构造过程中启用自动判断约束
设为对称	将两个点或曲线约束设为相对于草图上对称线对称

选择"主页"→"直接草图"→"几何约束"选项，或者在菜单按钮中选择"插入"→"草图约束"→"几何约束"选项，打开"几何约束"对话框，如图 3-95所示。在其中可以指定并维持草图几何图形（或草图几何图形之间）的条件，如平行、竖直、重合、固定、同心、共线、水平、垂直、相切、等长、等半径和点在曲线上等。

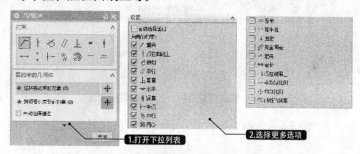

图 3-95 "几何约束"对话框

该对话框中的各主要选项的含义见表3-4。

表3-4 "约束"选项组中的选项和含义

选项	选项含义
重合	约束多点重合
点在曲线上	约束所选点在曲线上
相切	约束所选的两个对象相切
平行	约束两直线互相平行
垂直	约束两条直线互相垂直
水平	约束直线为水平直线，即平行于草图中的XC轴
竖直	约束直线为竖直直线，即平行于草图中的YC轴
中点	约束所选对象位于另一对象的中点处，不一定与中点重合，也可能位于中点的法向延长线上

(续)

选项	选项含义
共线 ＼	约束多条直线对象位于或通过同一直线
同心 ◎	约束多个圆弧或者椭圆弧的中心点重合
等长 ＝	约束多条直线为同一长度
等半径 ＝	约束多个弧具有相同的半径

2. 添加几何约束

在草图环境下，添加几何约束主要有两种方法：手动添加几何约束和自动产生几何约束。一般在添加几何约束之前，要先单击"显示几何约束"按钮 ，让草图中的几何约束显示在图形窗口中。

》手动添加几何约束

选择"主页"→"直接草图"→"几何约束"选项 ，或者在菜单按钮中选择"插入"→"草图约束"→"几何约束"选项，打开"几何约束"对话框。在"约束"选项组中选择要添加的几何约束类型，如果没有的话可以通过勾选"设置"选项组中约束类型复选框将之添加上来；然后按系统提示选择要创建几何约束的曲线，在该提示下选择一条或多条曲线，即可对选择的曲线创建指定的几何约束。如图 3-96 所示，用该方法为两个不同大小的圆添加"等半径"约束。

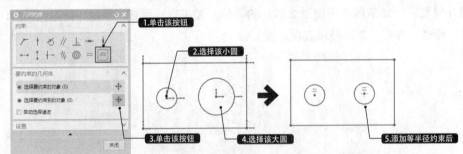

图 3-96 为两个不同大小圆添加"等半径"约束

> **提示**
>
> 对两个草图对象进行几何约束时，第一个选的对象为主对象（要约束的对象），第二个选的对象为从对象（要约束到的对象），系统会调整从对象来配合主对象。图 3-96 中是后选的大圆半径变小配合小圆，而不是小圆半径变大变为大圆。在进行几何约束时要注意选择的先后顺序。

此外，还可以在草图环境中直接通过单击鼠标左键选择多个草图对象，系统会自动弹出快捷菜单，然后在其中可以选择要约束的类型，同样可以达到对草图对象进行几何约束的目的，如图 3-97 所示，为两条直线添加垂直约束。

图 3-97 通过鼠标选择对象来添加几何约束

> 在选择草图对象时，会因为所选择的草图对象不同，而弹出不一样的快捷菜单，菜单中显示的可以创建的几何约束按钮也不相同。

》自动约束

自动约束即自动添加几何约束，指用户在设置一些要应用的几何约束后，系统根据所选草图对象自动施加其中合适的几何约束。选择"主页"→"直接草图"→"更多"→"自动约束"选项，弹出"自动约束"对话框，如图3-98所示。在"要施加的约束"选项组中选择可能要应用的到的

约束，如勾选"水平""竖直""相切""平行""垂直"复选框等，并在"设置"选项组中设置"距离公差"和"角度公差"等，如图3-99所示。在选择要约束的曲线后，单击"应用"按钮或"确定"按钮，系统将分析活动草图中选定的曲线，自动在草图对象适当位置施加约束。

图 3-98 "自动约束"对话框　　　图 3-99 "设置"选项组

> 在"自动约束"对话框中，"要应用的约束"选项组中几何约束的类型并不完全，是跟图3-96"几何约束"对话框中的"约束"选项卡一致的，可以通过在该对话框中的"设置"选项组中添加所需的几何约束。

对话框中各选项的具体含义如下。

◆ "全部设置"：设置打开所有的约束类型。

◆ "全部清除"：设置关闭所有的约束类型。

◆ "施加远程约束"：指定NX自动在两条不接触的曲线（但二者之间的距离小于当前距离公差）之间创建约束。

◆ "距离公差"：设置对象端点的距离必须小于一定值才能重合。

◆ "角度公差"：控制NX为了应用水平、竖直、平行或垂直约束，直线必须达到的接近程度。

【案例 3-7】：为草图添加几何约束

01 启动UG NX 12.0软件，打开素材文件"第3章\3-7为草图添加几何约束.prt"，其中已经手动绘制了一个草图，如图3-100所示。接下来便通过添加几何约束的方法将草图修改为图3-101所示的样子。

02 添加同心约束。双击素材图形，进入草图环境，选择C1圆，然后再选择C2圆，接着在弹出的快捷菜单中单击"同心"约束按钮◎，即可使C1、C2两圆同心，如图3-102所示。

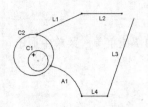

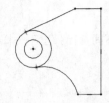

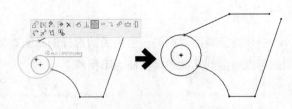

图 3-100 素材文件　　　图 3-101 正确效果　　　　图 3-102 添加同心约束

03 添加相切约束。选择上方的直线L1，再选择圆C2，接着在弹出的快捷菜单中单击"相切"约束按钮 ⚙，即可使L1、C2两圆相切，如图3-103所示。

04 添加重合约束1。选择直线L1的右上方端点，再选择直线L2的左端点，接着在弹出的快捷菜单中单击"重合"约束按钮 ⁄，即可使L1、L2这两条直线在一点上重合，如图3-104所示。

05 使用相同方法，为圆弧A1和圆C2添加相切约束，然后再给圆弧A1和直线L4添加重合约束2，如图3-105所示。

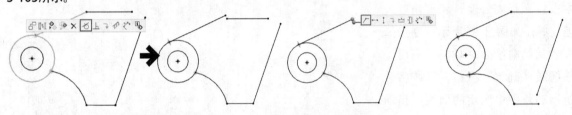

图 3-103 添加相切约束　　　　图 3-104 添加重合约束1　图 3-105 添加重合约束2

06 参考前面步骤，选择直线L2右侧的端点与和直线L3上侧的端点，单击"重合"约束按钮，同样地为L3下方的端点和L4的右端点添加重合约束3，如图3-106所示。

07 添加竖直约束。选择直线L3，直接在弹出的快捷菜单中单击"竖直"约束按钮 ⋮，即可将L3变为竖直状态，如图3-107所示。

08 仔细观察模型，可见直线L2和L4并非水平状态，同样可以参考上述步骤为其添加"水平"约束，使之与直线L3垂直，如图3-108所示。

09 至此模型的几何约束添加完毕。

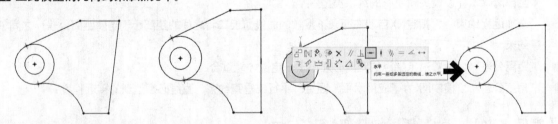

图 3-106 添加重合约束3　图 3-107 添加竖直约束　　　　图 3-108 添加水平约束

3.5.2 ▶尺寸约束

建立草图尺寸约束是限制草图几何对象的大小和形状，也就是在草图上标注草图尺寸，并设置尺寸标注线，与此同时再建立相应的表达式，以便在后续的编辑工作中实现尺寸的参数化驱动。

选择"主页"→"直接草图"→"快速尺寸"选项 ⬓，可以单击按钮"▼"，打开相应的下拉菜单，从中选择相应的尺寸类型，如图 3-109所示；也可直接单击该按钮打开"快速尺寸"对话框，或者在菜单按钮中选择"插入"→"草图约束"→"尺寸"→"快速"选项来打开该对话框；然后在"测量"选项组中的"方法"下拉列表中可以选择相对应的约束选项，如图 3-110所示。

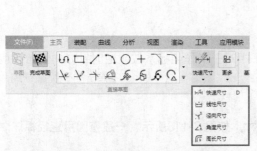

图 3-109 "快速尺寸"下拉菜单

图 3-110 "快速尺寸"对话框

1. 各尺寸约束选项的含义

》自动判断

"自动判断"是系统默认的尺寸类型。选择"自动判断"选项，可通过基于选定的对象和光标的位置自动判断尺寸类型来创建尺寸约束。此命令是最为常用的尺寸标注命令，可以创建各种尺寸。例如，当选择的草图对象是一条水平的直线段时，系统自动判断要施加水平距离尺寸，接着在预定的放置位置单击鼠标左键，放置尺寸，在打开"尺寸表达式"文本框右侧中输入合适的数值；最后按Enter键确认，即可创建一个尺寸约束，如图 3-111所示。

在施加尺寸约束时，弹出现的"尺寸表达式"文本框（显示有尺寸代号和尺寸值）用来显示尺寸约束的表达式。在右侧的文本框中可修改尺寸值，若单击按钮 ▼，则会弹出一个下拉列表，如图 3-112所示。利用该下拉列表可将当前尺寸设置为测量距离值，也为该尺寸设置公式、函数等。

》水平

"水平"选项用于指定与约束两点间距离的与XC轴平行的尺寸（也就是草图的水平参考），如图 3-113所示。

》竖直

"竖直"选项用于指定与约束两点间距离的与YC轴平行的尺寸（也就是草图的竖直参考），如图 3-114所示。

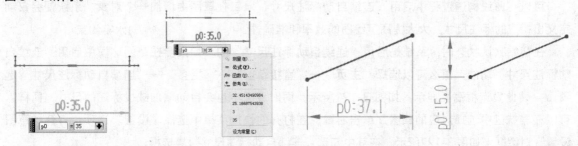

图 3-111 创建自动判断　图 3-112 "尺寸表达式"　图 3-113 "水平"标注　图 3-114 "竖直"标注
　　　的尺寸　　　　　　　　下拉列表

>> 点到点

"点到点"即以前的"平行"命令，该选项用于指定平行于两个端点的尺寸。点到点尺寸限制两点之间的最短距离，通常用来为倾斜的直线标注平行尺寸，如图 3-115 所示。

>> 垂直

"垂直"选项用于指定直线和所选草图对象端点之间的垂直距离，测量到该直线的垂直距离，如图 3-116 所示。

>> 角度

"角度"选项用于指定两条线之间的角度尺寸，相对于工作坐标系按照逆时针方向测量角度，如图 3-117 所示。

>> 径向

"径向"选项用于为草图的弧或者圆指定半径尺寸，如图 3-118 所示。一般整圆用直径标注，圆弧用半径标注。

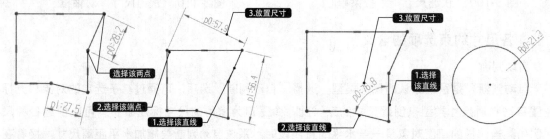

图 3-115 "点到点"标注　图 3-116 "垂直"标注　图 3-117 "角度"标注　图 3-118 "径向"标注

>> 直径

"直径"选项用于为草图的弧或者圆指定直径尺寸，如图 3-119 所示。

>> 周长尺寸

可通过"周长尺寸"选项将所选的草图轮廓曲线的总长限制为一个需要的值。可以选择周长约束的曲线是直线和弧，选择该选项后，打开"周长尺寸"对话框，如图 3-120 所示。然后在图形中选择曲线，该曲线的周长尺寸便显示在距离文本框中，可以累计选择多条曲线，得到最后的周长总长。

"周长尺寸"命令可用于约束开放或者封闭轮廓中选定的直线和圆弧的总长度，但是不能选择椭圆、二次曲线或者样条曲线，而且"周长尺寸"会创建表达式，但是不在图形窗口中显示。

2. 连续自动标注尺寸

可以在曲线构造过程中启用"连续自动标注尺寸"，每在草图中增加一个对象，系统便会自动定义出相应的标注尺寸，大大提高了绘图的效率和准确性。

在初始默认状态时，系统是启用"连续自动标注尺寸"的。如果要在草图环境中启用"连续自动标注尺寸"功能，那么可以选择"主页"→"直接草图"→"更多"→"连续自动标注尺寸"选项，将此复选框高亮显示，如图 3-121 所示。同时草图中也会自动增加缺少标注的尺寸。同样，可以在导航区中选择对应的草图，单击右键，在打开的快捷菜单中选择"设置"选项，打开"草图设置"对话框，如图 3-122 所示。在其中勾选"连续自动标注尺寸"复选框。

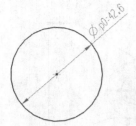

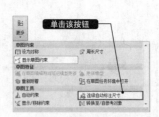

图 3-119 "直径"标注　　图 3-120 "周长尺寸"　　图 3-121 启用"连续自　　图 3-122 "草图设置"
　　　　　　　　　　　　　　　对话框　　　　　　　　动标注尺寸"　　　　　　　对话框

【案例 3-8】：　为草图添加尺寸约束

使用UG绘制模型草图，可以先大致绘制出模糊的轮廓图形，然后添加几何约束，使之呈现较准确的外貌，最后通过尺寸约束来让图形变得精确。本例便延续【案例3-7】中的图形进行操作。

01 启动UG NX 12.0软件，打开素材文件"第3章\3-7为草图添加几何约束-OK.prt"，接下来便通过添加尺寸约束的方法将草图修改为图3-123所示的样子。

02 进入草图环境后选择"主页"→"直接草图"→"快速尺寸"按钮，弹出"快速尺寸"对话框。将"方法"设置为"直径"，然后在草图上选择C2圆，输入尺寸值为100，如图3-124所示。

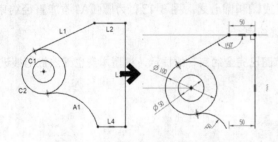
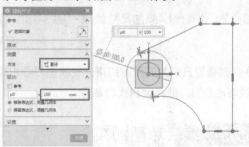

图 3-123 为草图添加尺寸约束　　　　　　　　　　图 3-124 为C2圆添加直径约束

03 使用相同方法，为C1圆添加直径尺寸约束，尺寸值为50，如图3-125所示。

04 再将"方法"设置为"自动判断"，然后分别在草图上选择直线L1和L2，系统自动切换为角度约束，然后输入角度值为150°，如图3-126所示。

05 直接选择直线L2，系统自动切换为"线性尺寸"约束，接着输入尺寸值为50，如图3-127所示。

06 使用相同方法，为直线L3和L4添加尺寸约束，尺寸值分别为200和50，如图3-128和图3-129所示。

07 选择直线L2和C1、C2圆的圆心，为图形添加一个定位尺寸，输入尺寸值为100，如图3-130所示。

08 最后将"方法"设置为"径向"，然后选择圆弧A1，接着输入直径值为50，如图3-131所示。

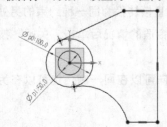
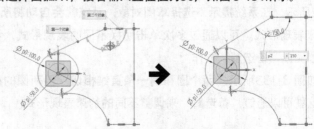

图 3-125 为C1圆添加直径约束　　　　　　　　图 3-126 添加角度约束

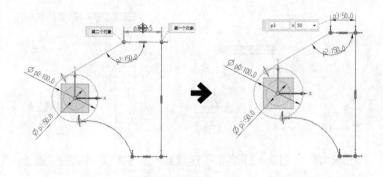
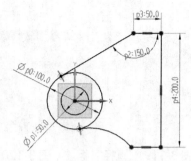

图 3-127 为直线L2添加尺寸约束   图 3-128 为直线L3添加尺寸约束

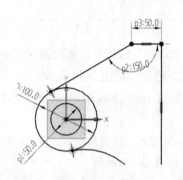
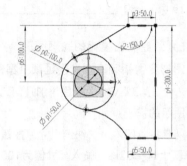
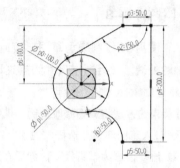

图 3-129 为直线L4添加尺寸约束   图 3-130 添加直线L2和圆心之   图 3-131 为圆弧A1添加直径约束
间的位置约束

09 此时模型已添加完所有约束，在状态栏会出现"草图已完全约束"的提示，模型本身也无法被拖拽进行位移或变形，即完全约束的草图。

3.5.3 》编辑草图约束

编辑草图约束主要指利用"草图工具"选项组中的"显示/移除约束""备选解""动画尺寸"和"转换至/自参考对象"这些选项来进行草图约束的管理，也可以对已经约束好的尺寸约束进行修改，达到编辑图形的目的。

1. 约束的备选解

当用户在对一个草图对象进行几何约束操作时，同一约束条件可能存在多种满足约束的情况。"备选解"命令正是针对这种情况的，它可以从约束的一种解读方法转化为另一种解读方法。

选择"主页"→"直接草图"→"更多"→"备选解"选项，打开"备选解"对话框，如图3-132所示。在系统提示下选择草图对象，系统就会自动将所选对象直接转换为同一种约束的另外一种约束表现形式。可以通过多次单击切换不同的表现形式，当出现合适的情况后单击"关闭"按钮即可以完成"备选解"操作。

如图 3-133所示，两个圆和同一条直线相切，但两圆的相切方向可以在同一侧，也可以在另一侧，这就可以通过"备选解"来调整不同的约束表现形式。

2. 转换至/自参考对象

在为草图对象添加几何约束和尺寸约束的过程中，有些草图对象是作为基准、定位来使用的，或者有些草图对象在创建尺寸时可能引起约束冲突，此时就可以利用"转换至/自参考对象"命令将部分草图对象转换为参考线。同样的，也可以选择参考线，同样用该命令将其激活，转换为活动的草图对象。

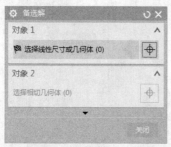

图 3-132 "备选解"对话框

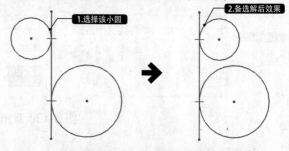

图 3-133 "备选解"示例

选择"主页"→"直接草图"→"更多"→"转换至/自参考对象"选项 ，打开"转换至/自参考对象"对话框，如图 3-134 所示。根据提示选择要转变的曲线，通过勾选"参考曲线或尺寸"或"活动曲线或驱动尺寸"复选框来选择要将所选对象转换为参考线还是活动的草图曲线，如图 3-135 所示。

此外，还可以在草图任务环境中直接通过单击鼠标左键选择草图对象，在系统弹出的"快捷命令"对话框中单击"转换至/自参考对象"按钮 ；或者选中后单击鼠标右键，在弹出的列表菜单中选择"转换至/自参考对象"选项，都可以快速地将草图对象转换为参考对象，能达到同样的效果。

图 3-134 "转换至/自参考对象"对话框

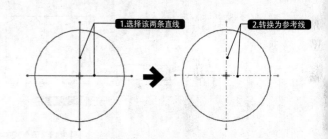

图 3-135 转换为参考线

> **提示**
>
> 如果选择的对象是曲线，它转换为参考对象后，会用浅色的双点画线显示，在对草图曲线进行后续的拉伸或者旋转操作时，它将不再起作用；如果选择的对象是一个尺寸，在它转换为参考对象后，它仍然在草图中显示，并可以更新，但其尺寸表达式在表达式列表框中将消失，它不再对原来的几何对象产生尺寸约束效应。

3. 修改尺寸

❯❯ 修改单一尺寸值

在对草图对象进行尺寸约束后，不一定就能达到预期的设计效果，还需要对草图进行必要的编辑和修改。修改尺寸值的方法有如下两种。

◆ 直接双击要修改的尺寸，打开动态输入框，在动态输入框的右侧文本框中输入新的尺寸值，单击鼠标中键即可完成对尺寸的修改，如图3-136所示。

◆ 将鼠标移至要修改的尺寸处单击右键，在弹出的快捷菜单中选择"编辑"选项，然后在打开的动态输入框中输入新的尺寸值，单击鼠标中键便可完成更改。

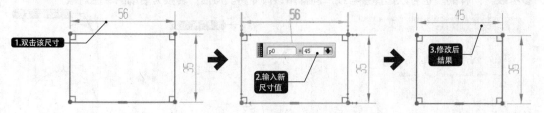

图 3-136 双击尺寸进行修改

》修改多个尺寸值

在UG NX 12.0中，不仅可以对单个尺寸进行修改，也可以对多个尺寸一次性进行修改。在菜单按钮中选择"编辑"→"草图参数"选项，或者在导航区中选择正在编辑的草图，然后单击右键，在打开的快捷菜单中单击"草图参数"按钮，打开"草图参数"对话框，此时所有的尺寸值和尺寸参数以及尺寸代号都将在"尺寸"选项组的列表框中出现；然后在该列表框中选择要修改的尺寸，在"当前表达式"文本框中输入新的尺寸值，便可以对尺寸一一进行修改；最后单击"确定"按钮，完成对尺寸的修改，如图3-137所示。

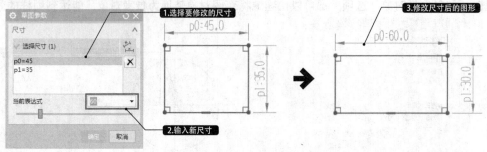

图 3-137 修改多个尺寸值

> **提 示**
>
> 每输入一个数值后都要按Enter键进行确定，也可以单击并拖动尺寸滑块来修改选择的尺寸。要增加尺寸值的话，可以向右滑移；要减小尺寸值的话，则向左滑移。在拖动滑块时，系统会自动更新图形。

4. 延迟评估与评估草图

一般来说，对于草图对象的约束修改和编辑都是即时生效的，在相应的命令对话框中进行修改时可以预览到草图对象在图形空间中的变化，但也可以使用延迟草图约束的评估（即创建曲线时，系统不显示约束；指定约束时，系统不会更新几何体）。在草图任务环境中选择"主页"→"草图"→"延迟评估"选项，便可以延迟草图约束的评估，直到再次单击"评估"按钮后才可以查看到草图自动更新的情况。

3.6 综合实例——绘制链节草图

本实例通过绘制一个链节的草图（见图 3-138），让读者进一步熟悉草图绘制和草图编辑各常用工具的使用方法，并在此基础上通过对草图对象添加约束来达到预期的设计目的，最终完全掌握草图的绘制过程和相关约束的添加。

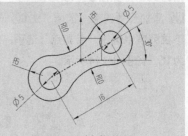

图 3-138 链节草图

01 进入草图环境。选择"主页"→"直接草图"→"草图"选项 ，选择基准XC-YC平面为草图平面，进入草绘环境。

02 绘制中心线。选择"主页"→"直接草图"→"直线"选项 ，在草图环境中任意绘制两条交叉直线，长度随意，如图 3-139所示。

03 添加共线约束。选择"主页"→"直接草图"→"几何约束"选项 ，在"约束"选项组中选择"共线"约束 ，在"选择要约束的对象"中选择其中任意一条直线，再在"选择要约束到的对象"中选择草图的XC轴，将直线约束到水平的XC轴上，单击"关闭"按钮，完成约束，如图 3-140所示。

图 3-139 绘制两交叉直线   图 3-140 添加共线约束

04 设置点在曲线上约束。选择"主页"→"直接草图"→"几何约束"选项 ，在"约束"选项组中选择"点在曲线上"约束 ，在"选择要约束的对象"中选择另外一条直线，再在"选择要约束到的对象"中选择草图原点，将直线约束到草图原点上，单击"关闭"按钮，完成约束，如图 3-141所示。

05 设置中点约束。选择"主页"→"直接草图"→"几何约束"选项 ，在"约束"选项组中选择"中点"约束 ，按上述方法选择上一步骤所约束的直线，再选择草图原点，即可将直线中点与草图原点重合，如图 3-142所示。

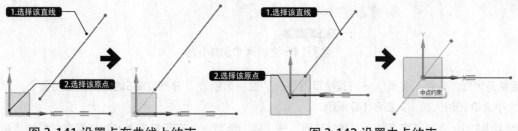

图 3-141 设置点在曲线上约束   图 3-142 设置中点约束

06 添加角度约束。选择"主页"→"直接草图"→"快速尺寸"选项 ，在"测量"选择组的"方法"下拉列表中选择"角度"选项，然后分别选择两条直线，在弹出的动态输入框中输入30，设置直线间的夹角为30°，如图3-143所示。

07 添加尺寸约束。选择"主页"→"直接草图"→"快速尺寸"选项 ，在"测量"选择组的"方法"下拉列表中选择"点到点"选项，然后选择30°的斜线，在弹出的动态输入框中输入16，设置直线的长度为16，如图3-144所示。

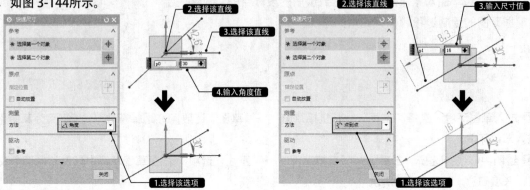

图 3-143 添加角度约束　　　　　　　　　图 3-144 添加尺寸约束

08 转换为参考线。选择"主页"→"直接草图"→"更多"→"转换至/自参考对象"选项 ，选择所绘制的两条直线。也可以直接选择两条直线，然后单击鼠标右键，在弹出的列表菜单中选择"转换至/自参考对象"选项，将两直线转换为参考线，如图3-145所示。

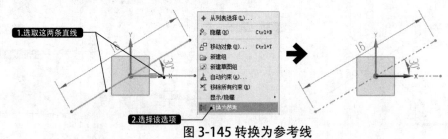

图 3-145 转换为参考线

09 绘制两小圆。选择"主页"→"直接草图"→"圆"选项 ，分别选择30°直线的两个端点为圆心，绘制两直径大小为Φ5的小圆，如图3-146所示。

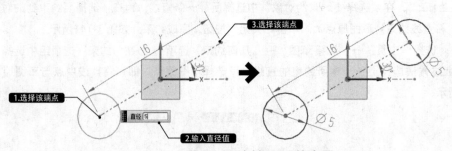

图 3-146 绘制两Φ5的小圆

10 绘制两大圆。选择"主页"→"直接草图"→"圆"选项 ，分别以Φ5的圆的圆心为圆心，绘制两直径大小为Φ10的大圆，如图3-147所示。

11 绘制相切圆。选择"主页"→"直接草图"→"圆"选项 ，在图形左上方的任意空白区域绘制一直径大小为Φ20的相切圆，如图3-148所示。

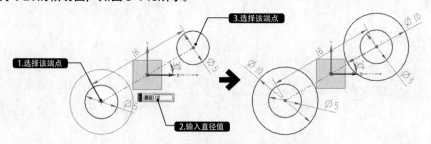

图 3-147 绘制两Φ10的大圆

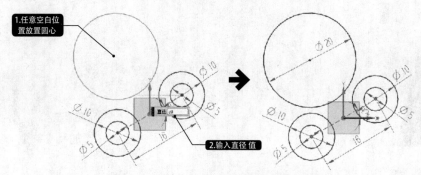

图 3-148 绘制Φ20的相切圆

12 添加相切约束。选择"主页"→"直接草图"→"几何约束"选项，在"约束"选项组中选择"相切"约束，然后分别选择Φ20的圆和Φ10的圆，设置两圆相切。再按同样方法设置Φ20的圆和另一个Φ10的圆相切，如图3-149所示。再按同样方法绘制另一侧的相切圆。

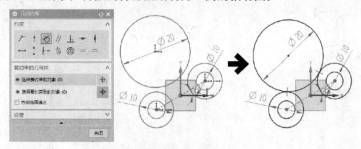

图 3-149 添加相切约束

13 修剪图形。选择"主页"→"直接草图"→"快速修剪"选项，在图形中选择要修剪的曲线，修剪多余曲线，如图3-150所示。至此完成链节的草图绘制。

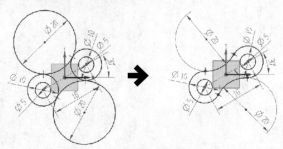

图 3-150 修剪多余曲线

第章

实体设计

在UG NX 12.0中，系统提供了强大的实体建模功能。实体建模是建模设计的第一步，是基于特征建模和约束建模技术的一种复合建模技术，它具有参数化设计和编辑复杂实体模型的功能。在生产实际中可以将它视作是毛坯件的获得，然后再在这个基础上进行相应的特征加工（孔、腔、筋等）便可以得到想要的零件。本章首先简单概述实体设计的特点，然后介绍如何创建基本体素，如何创建拉伸、旋转等基本成形特征以及稍复杂的扫掠设计特征，最后通过一个综合实例让读者对于实体设计有一个全面规范的认识和了解。

4.1 实体建模概述

UG NX 12.0为用户提供了极为强大的特征建模和编辑功能，使用这些功能可以高效地构建复杂的产品模型。例如，利用拉伸、旋转、扫掠等工具可以将二维截面的轮廓曲线通过相应的方式使其产生实体特征，这些实体特征具有参数化设计的特点，当修改草图中的二维轮廓曲线时，相应的实体特征也会自动进行更新；对于一些具有标准设计数据库的特征，如体素特征（体素特征是一个基本解析形状的实体对象，它本质上是可分析的，属于设计特征中的一类实体特征），其创建更为方便，执行命令后只需输入相关参数，指定放置点便可以生成实体特征，建模速度很快；可以对实体模型进行各种编辑和操作，如圆角、抽壳、螺纹、缩放、分割等，以获得更细致的模型结构；可以对实体模型进行渲染和修饰，从实体特征中提取几何特征和物理特性，进行几何计算和物理特性分析。

需要用户注意的是，有些细节特征是需要在已有实体或者曲面特征的基础上才能创建的，如孔特征、拔模、倒斜角、边倒圆、面倒圆、样式圆角、样式拐角和美学边倒圆等，这些都属于设计特征，将在下一篇进行讲解。

4.1.1 实体建模的特点

一般而言，基于CAD的建模方式主要有以下四种。

1. 显式建模

显式建模对象是相对于模型空间而不是相对彼此建立的，属于非参数化建模方式。对某一个对象所做的改变不影响其他对象或者最终模型。例如，过两个存在点建立一条线，或者过三个存在点创建一个圆，若移动其中一个点，已建立的线或者圆不会发生改变。

2. 参数化建模

为了进一步编辑一个参数化模型，应将定义模型的参数值随模型一起存储，且参数可以彼此引用，以建立模型各个特征间的关系，如一个孔的直径或者深度，或者一个矩形凸台的长度、宽度和高度。设计者的意图可以是孔的深度总是等于凸台的高度，将这些参数链接在一起便可以获得设计者需要的结果，这是显式建模很难完成的。

3. 基于约束的建模

在基于约束的建模中，模型的几何体是从作用到定义模型几何体的一组设计规则，这组规则被称为约束，用于驱动或求解。这些约束可以是尺寸约束（如草图尺寸或定位尺寸），也可以是几何约束（如平行约束或相切约束）。

4. 复合建模

复合建模是上述三种建模技术的发展和选择性组合。UG NX 12.0复合建模支持传统的显式几何建模、基于约束的建模和参数化建模，将所有工具无缝地集中在单一的建模环境内，设计者在建模技术上有更大的灵活性。复合建模也包括新的直接建模技术，允许设计者在非参数化的实体模型表面上施加约束。

UG NX 12.0中所采用的同步建模技术是复合建模技术更进一步的发展，是第一个能够借助新的决策推理引擎，同时进行几何图形与规则同步设计建模的解决方案。同步建模技术实时检查产品模型当前的几何条件，并且将它们与设计人员添加的参数和几何约束并在一起，以便评估、构建新的几何模型并且编辑模型，无须重复全部的历史记录。同步建模技术加快了以下这4个关键领域的创新步伐。

◆ 快速捕捉设计意图。
◆ 快速进行设计变更。
◆ 提高多CAD环境下的数据重用率。
◆ 简化CAD，使三维变得与二维一样简单易用。

4.1.2 》 特征命令

在UG NX 12.0中，由于命令面板进行了调整，相关的命令工具也不再以工具栏的形式出现，而是融合进了功能区的选项卡中，让命令按钮更为紧凑，外观更为简洁，设计也更为得心应手。与实体设计相关的命令在"主页"→"特征"组中，如图4-1所示。

图4-1 "主页"的"特征"组

通常为了便于设计工作，还需要在当前的工具栏中添加更多的常用工具按钮。其方法是单击功能区最右侧的按钮"▼"，找到相对应的组名称，打开对应的子菜单，从中勾选想要添加的命令按钮。例如，要添加体素特征按钮到"特征"组中，便可选择最右侧的符号"▼"→"特征组"→"设计特征下拉菜单"中的体素特征命令，如图4-2所示。

同样也能通过选择"菜单"按钮中的"插入"→"设计特征"选项来访问相应的实体设计命令。

图 4-2 添加体素特征按钮到"特征"组中

4.2 基本体素

　　特征是组成零件的基本单元。一般来说，长方体、圆柱体、圆锥体和球体四个基本体素特征常常作为零件模型的第一个特征（基础特征）使用，相当于生产实际中的毛坯，然后在基础特征上通过添加新的特征得到所需的模型。因此，体素特征对于零件的设计来说是最基本的特征。

4.2.1 长方体

　　长方体特征是基本体素中较为常见的，如图 4-3 所示，在一些块类和座体类零件设计中经常用到。要创建长方体模型，可以选择"主页"→"特征"→"拉伸"下拉菜单→"长方体"选项 ◎（如果没有的话可按4.1.2节中的方法添加），也可以选择"菜单"按钮中的"插入"→"设计特征"→"长方体"选项，打开"长方体"对话框（即以前版本的"块"对话框），如图 4-4 所示。在"类型"下拉列表框中提供了长方体特征的创建类型，包括"原点和边长""两点和高度"和"两个对角点"；在"布尔"选项组中可以根据设计要求设置"布尔"选项，如"无""合并""减去"和"相交"等；在"设置"选项组中可以设置是否关联原点，或者是否关联原点和偏置；勾选"关联原点"复选框，可以使长方体原点和任何偏置点与定位几何体相关联。

　　对话框中"类型"选项组的下拉列表中各选项的具体含义如下。

◆ "原点和边长"："原点和边长"是初始默认的选项。选择此选项时，需要指定原点位置（放置基准），并在"尺寸"选项组中分别输入长度、宽度和高度值。

◆ "两点和高度"：选择"两点和高度"选项时，需要指定两个点定义长方体的底面，接着在"尺寸"选项组中设置长方体的高度值，如图 4-5 所示。

◆ "两个对角点"：选择"两个对角点"选项时，需要分别指定两个对角点，即原点和从原点出发的点（XC、YC、ZC），如图 4-6 所示。

图 4-3 长方体　　　　图 4-4 "长方体"对话框　　　图 4-5 选择"两点和　图 4-6 选择"两个对角
　　　　　　　　　　　　　　　　　　　　　　　　　　　　　　高度"选项　　　　　点"选项

【案例 4-1】：创建长方体

　　下面通过一个案例讲解使用3种不同类型创建长方体的方法，让读者有一个直观的印象，并加深对于长方体相关命令的理解。

01 创建第一个长方体。选择"主页"选项卡→"特征"→"长方体"选项 ⬡，或者选择"菜单"按钮中的"插入"→"设计特征"→"长方体"选项，打开"长方体"对话框。在"类型"下拉列表中选择"原点和边长"，选择坐标原点为原点，在"尺寸"选项组中的文本框中输入"长度"为50、"宽度"为30、"高度"为20，单击"确定"按钮，得到的长方体如图 4-7所示。

02 创建第二个长方体。选择"主页"→"特征"→"长方体"选项 ⬡，打开"长方体"对话框。在"类型"下拉列表中选择"两点和高度"，分别选择第一个长方体的角点和长度为50的边的中点，然后在"高度"文本框中输入20，单击"确定"按钮，得到的长方体如图 4-8所示。

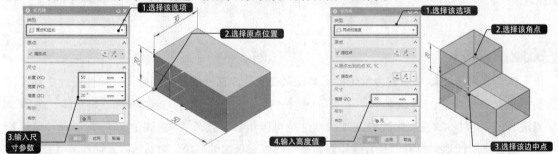

图 4-7 利用"原点和边长"创建长方体　　　　图 4-8 利用"两点和高度"创建长方体

03 创建第三个长方体。选择"主页"→"特征"→"长方体"选项 ⬡，打开"长方体"对话框。在"类型"下拉列表中选择"两个对角点"，分别选择第二个长方体的角点和第一个长方体长度为30的边的中点，单击"确定"按钮，得到的长方体如图 4-9所示。利用长方体体素创建的模型如图 4-10所示。

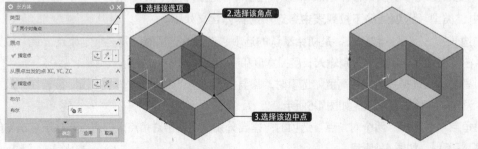

图 4-9 利用"两个对角点"创建长方体　　　　图 4-10 利用长方体体素创建的模型

4.2.2 创建圆柱体

圆柱体特征是最为常见的基本体素，也是生产实际中最为常见的毛坯材料，在相关的轴、杆和套筒类零件设计中经常需要用到。要创建圆柱体，可以选择 "主页"选项卡→"特征"→"拉伸"下拉菜单→"圆柱"选项 📄（如果没有的话可按4.1.2节中的方法添加），也可以选择"菜单"按钮中的"插入"→"设计特征"→"圆柱体"选项，打开"圆柱"对话框。在"类型"下拉列表中提供了两种创建类型选项，即"轴、直径和高度"和"圆弧和高度"。两种类型的具体含义如下。

◆ "轴、直径和高度"：选择此选项创建圆柱体时，将通过指定轴（包括指定轴矢量方向和确定原点位置）、直径尺寸和高度尺寸来创建圆柱体，如图 4-11所示。另外，在"设置"选项组中可以设置是否关联轴。

◆ "圆弧和高度"：选择"圆弧和高度"选项创建圆柱体时，将通过选择现有的圆弧、圆（定义圆柱体的直径）以及设置高度尺寸参数的方式来创建圆柱体，如图 4-12所示。

图 4-11 选择"轴、直径和高度"选项

图 4-12 选择"圆弧和高度"选项

【案例 4-2】：创建圆柱体

下面通过一个案例讲解使用两种不同类型创建圆柱体的方法，让读者对于圆柱体的创建方法和二者之间的区别有一个清晰的认识，同时加深对于圆柱体相关命令的理解。

01 启动UG NX 12.0软件，并新建一个空白文档。

02 创建第一个圆柱体。选择"主页"→"特征"→"圆柱"选项 📄，或者选择"菜单"按钮中的"插入"→"设计特征"→"圆柱体"选项，打开"圆柱"对话框。在"类型"下拉列表中选择"轴、直径和高度"，在图形空间中选择ZC轴为矢量，坐标原点为原点；然后在"尺寸"选项组中文本框中输入"直径"为30、"高度"为50，选择"确定"按钮，得到的圆柱体如图 4-13所示。

03 创建第二个圆柱体。选项"主页"→"特征"→"圆柱"选项 📄，或者选择"菜单"按钮中的"插入"→"设计特征"→"圆柱体"选项，打开"圆柱"对话框。在"类型"下拉列表中选择"圆弧和高度"选项，然后选择第一个圆柱体的端面圆边线为圆弧，再在"高度"文本框中输入"高度"为20，单击"确定"按钮，得到的圆柱体如图 4-14所示。

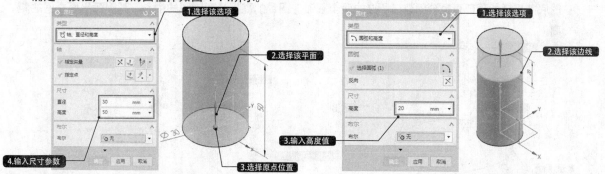

图 4-13 利用"轴、直径和高度"创建圆柱体　　　图 4-14 利用"圆弧和高度"创建圆柱体

4.2.3 创建圆锥体

圆锥体的应用相对较少，如图 4-15所示。要创建圆锥体，可以选择"主页"选项卡→"特征"→"拉伸"下拉菜单→"圆锥"选项 🔻（如果没有的话可按4.1.2节中的方法添加），也可以选择"菜单"按钮中的"插入"→"设计特征"→"圆锥"选项，打开"圆锥"对话框，如图 4-16所示。

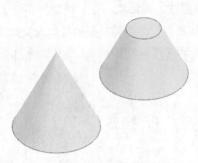

图 4-15 圆锥体

图 4-16 "圆锥"对话框

"圆锥"对话框中的"类型"下拉列表中提供了5种类型选项，包括"直径和高度""直径和半角""底部直径，高度和半角""顶部直径，高度和半角""两个共轴的圆弧"，从中选择一种类型选项，接着选择相应的参照以及设置相应的参数，然后单击"确定"按钮就可以创建一个圆锥体。该对话框"类型"下拉列表中各选项的具体含义如下。

◆ "直径和高度"：选择此选项，通过定义圆锥的底部直径、顶部直径和高度值来创建实体圆锥，如图 4-17所示。

◆ "直径和半角"：选择此选项，通过定义圆锥的底部直径、顶部直径和半角值来创建实体圆锥，其中半角值为圆锥轴线与其素线之间测量的角度值。

◆ "底部直径，高度和半角"：选择此选项，通过定义圆锥的底部直径、高度值和半角值来创建实体圆锥。

◆ "顶部直径，高度和半角"：选择此选项，通过定义圆锥的顶部直径、高度值和半角值来创建实体圆锥。在创建圆锥的过程中，有一个经过原点的圆形平面，其直径由底部直径值给出。底部直径值必须大于顶部直径值。

◆ "两个共轴的圆弧"：选择此选项，通过选择两条已有圆弧来创建圆锥特征，两条弧不一定是平行的，如图 4-18所示。如果选择的弧不是共轴的，系统会自动将第二条选择的圆弧（顶圆弧）的圆心平行移动到基圆弧的轴线上，直到两个弧共轴为止，另外，圆锥不与圆弧相关联。在选择了基圆弧和顶圆弧之后，就会生成完整的圆锥。所定义的圆锥轴位于圆弧的中心，并且处于基圆弧的法向上。圆锥的底部直径和顶部直径分别取自所选的两个圆弧，圆锥的高度是顶圆弧的中心与基圆弧平面之间的距离。

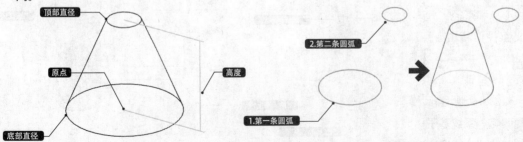

图 4-17 利用"直径和高度"创建圆锥体　　图 4-18利用"两个共轴的圆弧"创建圆锥体

【案例 4-3】：创建圆锥体

下面通过一个案例创建一个平顶的圆锥，让读者了解关于圆锥的创建方法和有关命令。

01 启动 UG NX 12.0 软件，并新建一个空白文档。

02 选择"主页"→"特征"→"圆锥"选项 △，或者选择"菜单"按钮中的"插入"→"设计特征"→"圆锥"选项，打开"圆锥"对话框。

03 在"类型"下拉列表中选择"直径和高度"选项。

04 在"轴"选项组中选择 ZC 轴，接着在"轴"选项组中单击"指定点"右侧的"点构造器"按钮 ⤶，打开"点"对话框。在"坐标"选项组中的文本框中输入 XC 为 100、YC 值为 100、ZC 为 50，然后单击"确定"按钮，如图 4-19 所示。

05 返回"圆锥"对话框，在"尺寸"选项组中将"底部直径"设置为 100，将"顶部直径"设置为 40，将"高度"设置为 60，如图 4-20 所示。

06 在"圆锥"对话框中单击"确定"按钮，即可创建平顶圆锥，如图 4-21 所示。

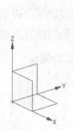

图 4-19 设置点坐标　　　　图 4-20 设置圆锥参数　　　　图 4-21 创建的平顶圆锥

4.2.4 创建球体

在创建滚珠轴承和一些曲面造型时，需要利用到球体体素。要创建球体，可以选择"主页"→"特征"→"拉伸"下拉菜单→"球"选项 ◎（如果没有的话可按 4.1.2 节中的方法添加），也可以选择"菜单"按钮中的"插入"→"设计特征"→"球"选项，打开"球"对话框。在该对话框的"类型"下拉列表中可以选择"中心点和直径"类型选项或"圆弧"类型选项。这两种选项的具体含义如下。

◆ "中心点和直径"：选择该选项，将通过定义直径值和中心点来创建球体，如图4-22 所示。

◆ "圆弧"：该选项通过选择圆弧来创建球体，如图 4-23 所示。所选的圆弧不必为完整的圆弧，系统基于任何圆弧对象都能生成完整的球体。选定圆弧后需定义球体的

图 4-22 选择"中心点和直径"选项　　　　图 4-23 选择"圆弧"选项

中心点和直径。另外球体不与圆弧相关联，如果编辑圆弧的大小，球体不会更新以匹配圆弧的改变。

【案例 4-4】：创建球体

下面通过一个案例创建一个简单的球体，让读者了解关于球体的创建方法和有关命令。

01 启动UG NX 12.0软件，并新建一个空白文档。

02 选择"主页"→"特征"→"球"选项 ◎，或者选择"菜单"按钮中的"插入"→"设计特征"→"球"选项，打开"球"对话框。

03 在"类型"下拉列表中选择"中心点和直径"类型选项。

04 在"中心点"选项组中单击"点构造器"按钮 🖽，打开"点"对话框。接受系统默认的坐标原点（XC为0，YC为0，ZC为0）为球心。

05 定义球体直径，在"直径"文本框中输入100，单击"确定"按钮，即可完成球体的创建，如图 4-24所示。

【案例 4-5】：创建简单球摆

本案例为创建一个简单球摆，如图 4-25所示，会充分运用到本节所学的知识。首先利用"圆柱体"命令创建球摆的杆，利用"球"命令创建下方的球；然后利用"圆锥"命令创建杆顶部的末端，再利用"长方体"和"圆柱"体命令创建上方的固定孔，即可完成球摆的创建。

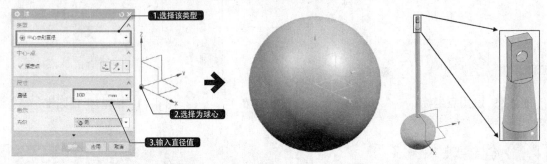

图 4-24 利用"中心点和直径"创建球体　　　　　　图 4-25 简单球摆

01 启动UG NX 12.0软件，并新建一个空白文档。

02 创建球摆的杆。选择"主页"→"特征"→"圆柱"选项 🗊，或者选择"菜单"按钮中的"插入"→"设计特征"→"圆柱体"选项，打开"圆柱"对话框。在"类型"下拉列表中选择"轴、直径和高度"选项，在图形空间中选择ZC轴为矢量，坐标原点为原点；然后在"尺寸"选项组中的文本框中输入"直径"为20、"高度"为500，单击"确定"按钮，创建球摆的杆，如图 4-26所示。

03 创建下部球体。选择"主页"→"特征"→"球"选项 ◎，打开"球"对话框。在"类型"下拉列表中选择"中心点和直径"选项，然后在"中心点"选项组中单击"点构造器"按钮 🖽，打开"点"对话框。接受系统默认的坐标原点（XC为0，YC为0，ZC为0）为球心，再在"直径"文本框中输入"直径"为150，在"布尔"选项组下选择"合并"选项，单击"确定"按钮，创建下部球体，如图 4-27所示。

04 创建端部圆锥体。选择"主页"→"特征"→"圆锥"选项 △，或者选择"菜单"按钮中的"插入"→"设计特征"→"圆锥"选项，打开"圆锥"对话框。在"类型"下拉列表中选择"直径和高度"类型选项，选择ZC轴为矢量，圆柱体端面圆心为原点，然后在"尺寸"选项组中将"底部直径"设置为

20，"顶部直径"设置为15，"高度"设置为30，在"布尔"选项组中选择"合并"选项，单击"确定"按钮，创建端部圆锥体如图4-28所示。

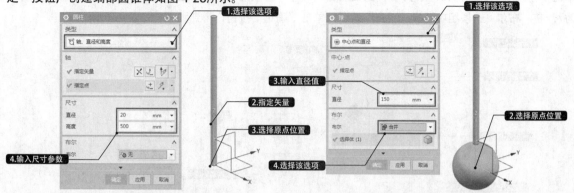

图 4-26 创建球摆的杆　　　　　　　　图 4-27 创建下部球体

图 4-28 创建端部圆锥体

05 创建连接块。选择"主页"→"特征"→"长方体"选项 🟦，或者选择"菜单"按钮中的"插入"→"设计特征"→"长方体"选项，打开"长方体"对话框，在"类型"下拉列表中选择"原点和边长"，单击"点构造器"按钮 ⊡，打开"点"对话框。在"坐标"文本框中输入XC值"-5.5"、YC值"-6.5"、ZC值"530"，返回后在"尺寸"选项组中文本框中输入"长度"为7、"宽度"为13、"高度"为25，在"布尔"选项组下选择"合并"选项，单击"确定"按钮，创建连接块如图4-29所示。

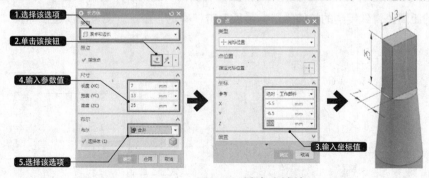

图 4-29 创建连接块

06 创建固定圆孔。选择"主页"选项卡→"特征"→"圆柱"选项 🟦，或者选择"菜单"按钮中的"插入"→"设计特征"→"圆柱体"选项，打开"圆柱"对话框。在"类型"下拉列表中选择"轴、直径和高度"，在图形空间中选择XC轴为矢量，单击"点构造器"按钮 ⊞，打开"点"对话框。在"坐标"文本框中输入X为1.5、Y为0、Z为545，返回后在"尺寸"选项组中的文本框中输入"直径"为7、"高度"为7，在"布尔"选项组中选择"减去"选项，单击"确定"按钮，得到圆柱孔如图 4-30所示。

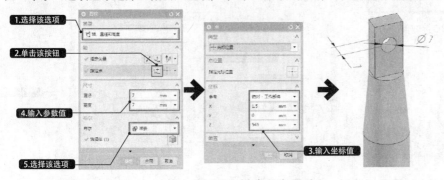

图 4-30 创建固定圆孔

4.3 基本建模命令

历经多个版本更迭，UG NX始终保留了一系列最基本的建模命令，如拉伸、旋转等，通过这些命令可以完成绝大部分的建模工作。

4.3.1 拉伸

"拉伸"命令是通过将截面曲线沿着指定方向拉伸一段距离来创建拉伸实体，如图 4-31所示。它是最常用的零件建模方法，因此熟练掌握并理解"拉伸"命令的使用很有必要。

要创建拉伸特征，可以选择"主页"选项卡→"特征"→"拉伸"选项 ▥，或者选择"菜单"按钮中的"插入"→"设计特征"→"拉伸"选项，打开"拉伸"对话框，如图 4-32所示；然后选择要拉伸的截面曲线，通过直接拖动起点自由手柄来更改拉伸特征的长度大小，也可以在"限制"选项组中输入开始和结束的距离值得到精确的拉伸特征；最后单击"确定"按钮，便可以创建拉伸实体。

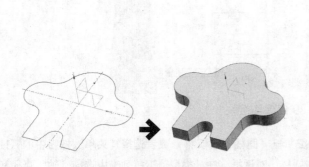

图 4-31 拉伸特征示例

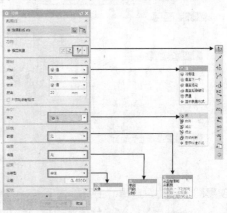

图 4-32 "拉伸"对话框

该对话框中各选项组的具体含义如下。

1. 截面线

"截面线"选项组中的"选择曲线"按钮 🔲 处于被激活状态时，系统会提示"选择要草绘的平面，或选择截面几何图形"，此时便可以在图形窗口中选择要拉伸的截面曲线。

若存在所需的截面，则可以在"截面线"选项组中单击"绘制截面"按钮 🔲，打开"创建草图"对话框，接着定义草图平面和草图方向等；然后单击"确定"按钮，从而进入内部草图任务环境，绘制所需的截面曲线。

2. 方向

可以采用自动判断的矢量或其他方式定义的矢量，也可以根据实际设计情况单击"矢量对话框"按钮 🔲（也称为"矢量构造器"），利用"矢量"对话框来定义矢量。各矢量选项的含义见表4-1。

表4-1 各矢量选项的含义

矢量类型	指定矢量的方法
自动判断的矢量 ✎	系统根据选择对象的类型和选择的位置自动确定矢量的方向
两点 ✐	通过两个点构成一个矢量。矢量的方向是从第一点指向第二点。这两个点可以通过被激活的"通过点"选项组中的"点构造器"或"自动判断点"工具确定
曲线/轴矢量 ✑	根据现有的对象确定矢量的方向。如果对象为直线或曲线，矢量方向为从一个端点指向另一个端点。如果对象为圆或圆弧，矢量方向为通过圆心的圆或圆弧所在平面的法向
曲线上矢量 ✌	用以确定曲线上任意指定点的切向矢量、法向矢量和面法向矢量的方向
面/平面法向 ✒	以平面的法向或者圆柱面的轴向构成矢量
正向矢量 XC YC ZC	分别指定X、Y、Z正方向矢量方向
负向矢量 XC YC ZC	分别指定X、Y、Z负方向矢量方向
视图方向 ↺	根据当前视图的方向，可以设置朝内或朝外的矢量
按系数 ✒	该选项可以通过笛卡尔坐标系和球坐标系两种类型设置矢量的分量确定矢量方向

如果在"方向"选项组中单击"反向"按钮 🔲，则可以更改拉伸的矢量方向，拉伸体也会自动更新，以实现匹配。显示的默认方向矢量指向选择几何体平面的法向，如果选择了面或者片体，那默认的方向是沿着选择面一端的面的方向；如果选择的曲线构成了封闭环，在选择曲线的质心处显示方向矢量；如果选择的曲线没有构成封闭环，开放环的端点将以系统颜色显示为星号。

3. 限制

在"开始"和"结束"中，可以输入沿着方向矢量生成几何体的起始位置和结束位置，也可以通过拖动动态箭头来调整。在其下拉列表中有6个命令选项，它们的具体含义如下。

◆ "值"：在"距离"文本框中输入具体的数值（可以为负值）来确定拉伸的高度，起始值与结束值之差的绝对值为拉伸的高度，如图4-33所示。

◆ "对称值"：在"距离"文本框中输入具体的数值（可以为负值），特征将在截面所在平面的两侧进行拉伸，且两侧的拉伸深度值相等，如图4-34所示。

◆ "直至下一个"：特征将沿矢量方向拉伸至下一个障碍物的表面处为止，如图4-35所示。

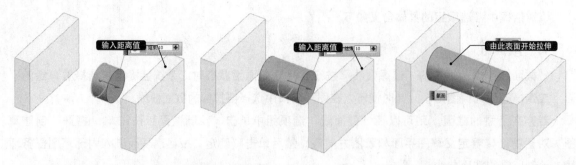

图 4-33 "结束"条件为"值"　图 4-34 "结束"条件为"对称值"　图 4-35 "开始"条件为"直至下一个"

◆ "直至选定"：特征将沿着矢量拉伸到选定的实体、平面、辅助面或曲面为止，如图 4-36 所示。

◆ "直至延伸部分"：把特征拉伸到选定的面。如果选定的面太小，不能与拉伸体完全相交，系统就会自动按照面的边界延伸面的大小，然后再切除生成的拉伸体。例如，圆柱的拉伸会被选择的面（长方体的端面）在延伸后切除，如图 4-37 所示。

◆ "贯通"：特征将沿着拉伸的矢量方向延伸，直到与所有面相交，如图 4-38 所示。

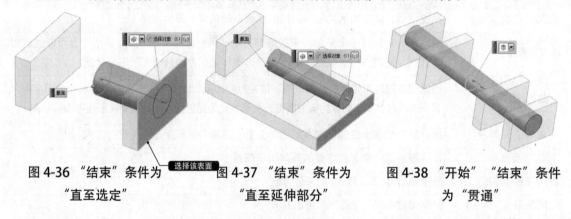

图 4-36 "结束"条件为　图 4-37 "结束"条件为　图 4-38 "开始""结束"条件
"直至选定"　　　　"直至延伸部分"　　　　为"贯通"

4. 布尔

该选项组用于指定创建的几何体与其他对象的布尔运算，包括"无""合并""减去""相交"等几种方式。

◆ "无"：创建独立的拉伸实体。

◆ "合并"：将拉伸体和目标体合并为单个体。

◆ "减去"：从目标体中移除拉伸体。

◆ "相交"：创建包含拉伸特征和与它相交的现有体共享体积的实体。

◆ "自动判断"：根据拉伸的方向矢量及正在拉伸的对象位置来确定概率最高的布尔运算。

5. 拔模

该选项组用于设置在拉伸时进行拔模处理。拔模的角度可以设置为正，也可以为负，正值使得特征的侧面向内拔模（朝向选择曲线的中心），负值使得特征的侧面向外拔模（远离选择曲线的中心）。

"拔模"下拉列表中的各选项的具体含义如下。

◆ "无"：此选项是默认选项，即不生成拔模。

◆ "从起始限制"：从拉伸的起始面开始生成拔模。选择此选项，需要指定拔模角度，如图 4-39 所示。

◆ "从截面": 选择此选项, 即从所选的截面开始创建拔模, 如图4-40所示。在"角度选项"中可以选择"单个"或"多个"角度, 单个角度是为所有的侧面设置统一的拔模角度, 多个角度是为每一个侧面设置不同的拔模角度。若选择"多个"选项, 该选项组将出现角度列表框, 如图4-41所示。选择要修改的角度, 然后在文本框中输入角度值, 按Enter键即可完成修改。

图 4-39 利用"从起始限制"拔模　　图4-40 选择"从截面"的拔模选项　　图4-41 拔模角度列表框

◆ "从截面-不对称角": 只有在截面两侧同时拉伸时此选项才可用。此选项用于设置两个拉伸方向上不同的拔模角度, 如图4-42所示。"前角"指拉伸正向那一侧的拔模角度, "靠背角"背离拉伸方向那一侧的拔模角度。

◆ "从截面-对称角": 只有在截面两侧同时拉伸时此选项才可用。此选项用于设置两个拉伸方向上相同的拔模角度, 只需要输入一个拔模角度。

◆ "从截面匹配的终止处": 只有在截面两侧同时拉伸时此选项才可用。选择此项时, 只需输入拉伸正向那一侧的拔模角度 (前角), 系统自动将起始截面调整到与终止截面对齐, 从而调整背离拉伸方向那一侧的拔模角度 (靠背角), 两端面处的锥面保持一致, 如图4-43所示。

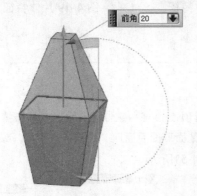

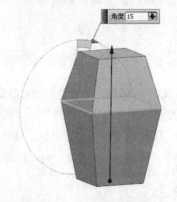

图4-42 利用"从截面-不对称角"拔模　　　　图4-43 利用"从截面匹配的终止处"拔模

6. 偏置

在"偏置"选项组中可以定义拉伸的偏置选项及相应的参数, 以获得特定的拉伸效果。其中各选项的具体含义如下。

◆ "无": 不进行偏置操作, 将完全按截面曲线轮廓进行拉伸, 如图 4-44所示。

◆ "单侧": 用于创建单侧偏置的实体, 如图4-45所示。

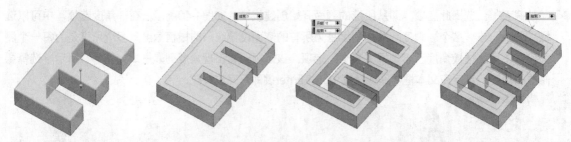

图4-44 "偏置"设置为"无"　图4-45 "偏置"设置为"单侧"　图4-46 "偏置"设置为"两侧"　图4-47 "偏置"设置为"对称"

◆ "两侧"：用于创建双侧偏置的实体，如图4-46所示。

◆ "对称"：用于创建对称偏置的实体，如图4-47所示。

 提　示

　　如果截面图形是开放的曲线，而"偏置"选项又被设置为"无"，那拉伸将创建为曲面片体。

7. 设置

在"设置"选项组中可以设置体类型和公差，有两种类型选项可供选择："实体"和"片体"（即以前版本中的图纸页）。当选择"实体"类型选项时，拉伸将创建实体特征，如图 4-48所示；而当选择"片体"类型选项时，拉伸将创建曲面片体特征，如图 4-49所示。

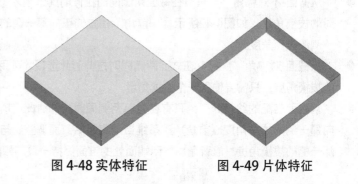

图 4-48 实体特征　　　　　图 4-49 片体特征

【案例 4-6】：拉伸创建支座模型

01 启动UG NX 12.0软件，并新建一个空白文档。

02 创建底座拉伸体。选择"主页"→"特征"→"拉伸"选项 ，在"拉伸"对话框中单击按钮 按钮，选择XC-ZC基准平面为草图平面，绘制如图 4-50所示的截面草图后返回"拉伸"对话框。设置"限制"选项组中"开始"和"结束"的"距离"为0和70，如图4-51所示。

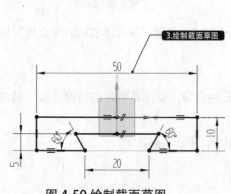

图 4-50 绘制截面草图　　　　　　　图 4-51 创建底座拉伸体

03 创建凸台拉伸体。选择"主页"→"特征"→"拉伸"选项 ，在"拉伸"对话框中单击按钮 ，选择上一步骤创建的底座拉伸的"结束"下拉列表的侧面为草图平面，绘制如图 4-52 所示的凸台截面后返回"拉伸"对话框。在"限制"选项组的"结束"下拉列表中选择"对称值"选项；然后在"距离"文本框中输入 20，在"布尔"选项组的中选择"合并"选项，如图 4-53 所示。

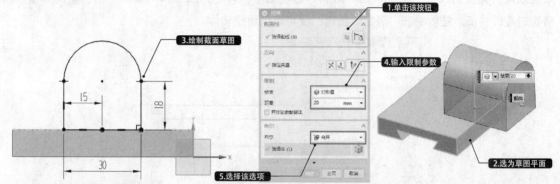

图 4-52 绘制凸台截面　　　　　　　　　图 4-53 创建凸台拉伸体

04 创建异形孔拉伸体。选择"主页"→"特征"→"拉伸"选项 ，在"拉伸"对话框单击按钮 ，选择上一步骤创建的凸台拉伸体的端面为草图平面，绘制如图 4-54 所示的异形孔截面后返回"拉伸"对话框。在"限制"选项组中的"结束"下拉列表中选择"直至下一个"选项，在"布尔"选项组选择"减去"选项，如图 4-55 所示。

05 单击"确定"按钮，完成支座模型的创建。

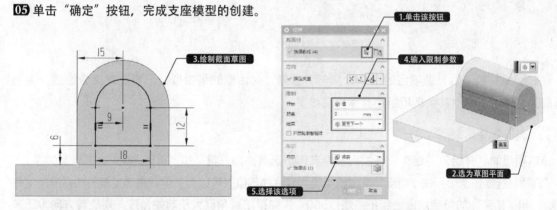

图 4-54 绘制异形孔截面　　　　　　　　　图 4-55 设置拉伸值

4.3.2 旋转

　　旋转体是由"旋转"命令所创建的特征模型，旋转特征是将截面曲线绕一根轴线旋转一定角度来创建的旋转实体，如图 4-56 所示。"旋转"命令也是建模过程中极为常用的命令。

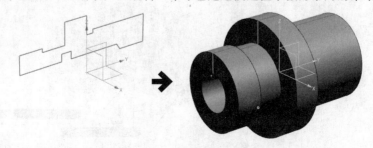

图 4-56 旋转特征示例

要创建旋转特征，可以选择"主页"选项卡→"特征"→"拉伸"选项 ⬚，或者选择"菜单"按钮中的"插入"→"设计特征"→"旋转"选项，打开"旋转"对话框，如图 4-57所示；然后选择要旋转的截面曲线，再按提示指定旋转轴和旋转的起始点；接着可以通过直接拖动起点自由手柄来更改旋转角度的大小，也可以在"限制"选项组中输入"开始"和"结束"的"角度"值以得到精确的旋转特征，最后单击"确定"按钮，便可以创建旋转体。

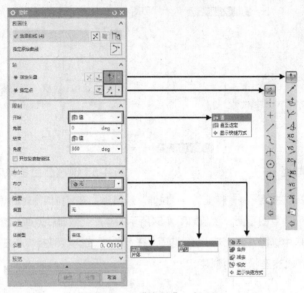

图 4-57 "旋转"对话框

"截面线"和"轴"选项组的命令含义与"拉伸"对话框的很相似，已经在前文介绍过，这里不再赘述。该对话框中其余选项组的具体含义如下。

1. 限制

该选项组的"开始""结束"下拉列表中有两个选项，即"值"和"直至选定"，其含义如下。

◆ "值"：选择该选项，在"角度"文本框中输入具体的数值（可以为负值）来确定旋转的角度，"开始"和"结束"的角度数值之和不能超过360°。如果结束角度大于起始角度，则旋转方向为正方向，否则为反方向。

◆ "直至选定"：该选项让用户把截面几何体旋转到目标实体上的选定面和基准平面上，如图4-58所示。

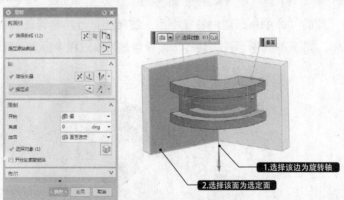

图 4-58 "结束"选项为"直至选定"

2. 偏置

该选项组可以设置旋转的偏置形式，与拉伸相比要简单些，只有以下两种形式。

◆ "无"：直接以截面曲线生成旋转特征，如图4-59所示。

◆ "两侧"：指在截面曲线两侧创建旋转特征，以结束值和起始值之差为实体的厚度，可以用来创建薄壁旋转特征，如图4-60所示。

图 4-59 偏置条件为"无"　　图 4-60 偏置条件为"两侧"

【案例 4-7】：创建法兰插销

本案例通过创建一个法兰插销，让读者具体领会如何创建旋转实体特征。

01 启动UG NX 12.0软件，并新建一个空白文档。

02 选择"主页"→"特征"→"旋转"选项，或者选择"菜单"按钮中的"插入"→"设计特征"→"旋转"选项，打开"旋转"对话框。

03 在"旋转"对话框的"截面线"选项组中单击"绘制截面"按钮，打开"创建草图"对话框，如图4-61所示。

04 在"草图类型"下拉列表框中选择"在平面上"选项，在"草图CSYS"选项组的"平面方法"下拉列表中选择"自动判断"选项，选择YC-ZC平面作为草图平面；然后在"创建草图"对话框中单击"确定"按钮，进入内部草图任务环境。

05 在图形空间中绘制如图4-62所示的截面曲线。

图 4-61 "创建草图"对话框

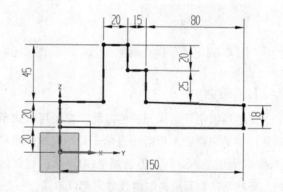

图 4-62 绘制截面曲线

06 单击"完成草图"按钮，退出草图任务环境。

07 返回"旋转"对话框，在"轴"选项组的"指定矢量"下拉列表框中选择"YC轴"，定义为旋转轴矢量，接着在"轴"选项组中单击"点构造器"按钮，选择坐标原点为指定点。

08 在"限制"选项组中设置"开始"为0，"结束"为360，其余选项为默认值，如图4-63所示。

09 在"旋转"对话框中单击"确定"按钮，创建的法兰插销模型如图4-64所示。

4.3.3 >> 扫掠

扫掠操作是使一个截面图形沿指定的引导线运动，从而创建出三维实体或片体，其引导线可以是直线、圆弧、样条曲线等曲线。在创建具有相同截面轮廓形状并具有曲线特征的实体模型时，可以先在两个互相垂直或成一定角度的基准平面内分别创建具有实体截面形状特征的草图轮廓线和具有实体曲率特征的扫掠路径曲线，然后利用"扫掠"工具即可创建出所需的实体。在特征建模中，拉伸和旋转特征都算是扫掠特征。

扫掠操作与拉伸既有相似之处，也有差别：利用"扫掠"和"拉伸"工具操作对象的结果完全相同，只不过扫掠轨迹线可以是任意的空间链接曲线，而拉伸轴只能是直线；拉伸既可以从截面处开始，也可以从起始距离处开始，而扫掠只能从截面处开始。因此，在轨迹线为直线时，最好采用拉伸方式。另外，当轨迹线为圆弧时，扫掠操作相当于旋转操作，旋转轴为圆弧所在轴线，从截面开始，到圆弧端点结束。

"扫掠"命令用于创建常规的扫掠体，扫掠体的截面与所选的草图截面相同。选择"主页"→"特征"→"更多"→"扫掠"选项 ⬦，或者在"菜单"按钮中选择"插入"→"扫掠"→"扫掠"选项，打开"扫掠"对话框，如图4-65所示。按系统提示选择截面曲线和引导线便可以创建扫掠体。该对话框中各选项组的具体含义介绍如下。

图 4-63 设置限制参数

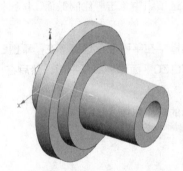
图 4-64 法兰插销模型

图 4-65 "扫掠"对话框

1. 截面

该选项组用于选择扫掠的截面。截面可以由单段或多段曲线组成，它可以是曲线，也可以是实（片）体的边或面，但必须是单一开环或单一闭环。组成每条截面的所有曲线之间不一定是相切过渡（相切连续G1），但必须是G0连续。截面线控制着U方向的方位和尺寸变化。截面线不必光顺，而且每条截面线内的曲线数量可以不同，一般最多可达150条。具体包括闭口和开口两种类型，如图4-66所示。

如果要使用多个轮廓作为扫掠截面，需要单击"添加新集"按钮 ⊞，然后选择其他的轮廓。

2. 引导线

该选项组用于选择扫掠的引导线，引导线必须是首尾相连且相切的曲线，可以选取样条曲线、实体边和面的边等。单击"添加新集"按钮，可以在引导线列表中添加一个引导线集，这样可以使用多条引导线控制扫掠形状，但最多可以添加三条引导线，并且需要为G1连续，具体包括以下3种情况。

》一条引导线

一条引导线不能完全控制截面的大小和方向变化的趋势，需要进一步指定截面变化的方向。在"方向"下拉列表中，提供了"固定""面的法向""矢量方向""另一曲线""一个点""角度规律"和"强制方向"7种方式。当指定一条引导线时，还可以施加比例控制，这就允许沿引导线扫掠截面时，截面尺寸增大或缩小。在对话框的"缩放"下拉列表中提供了"恒定""倒圆功能""另一曲线""一个点""面积规律"和"周长规律"6种方式。

对于上述的7种定位方法和6种缩放方法，其操作方法大致相似，都是在选定截面线或引导线的基础上，通过参数选项设置来实现其功能的。现以"固定"的定位方法和"恒定"的缩放方法为例介绍创建扫掠曲面的操作方法，在"截面"和"引导线"选项组中依次定义截面和一条引导线，最后单击"确定"按钮即可，如图4-67所示。

》两条引导线

两条引导线可以确定截面线沿引导线扫掠的方向趋势，而且尺寸可以改变。首先在"截面"选项组中选择截面曲线，然后按照同样方法选择两条引导线，如图4-68所示。

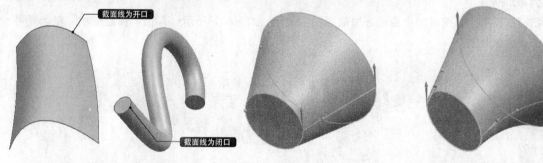

图 4-66 开口和闭口的截面线　　　图4-67 一条引导线控制扫掠　　　图 4-68 两条引导线控制扫掠

》三条引导线

三条引导线完全确定了截面线被扫掠时的方位和尺寸变化，因而无须另外指定方向和比例。这种方式可以提供截面线的剪切和不独立的轴比例。这种效果是从3条彼此相关的引导线的关系中衍生而来的。

3. 脊线

只有使用多条引导线控制扫掠时，"脊线"选项组才可用。使用脊线可以进一步控制截面线的扫掠方向。当使用一条截面线时，脊线会影响扫掠的长度。该方式多用于两条不均匀参数的曲线间的直纹曲面的创建，当脊线垂直于每条截面线时，使用的效果最好。

沿着脊线扫掠可以消除引导参数的影响，更好地定义曲面。通常构造脊线是在某个平行方向流动来引导，在脊线的每个点处构造的平面为截面平面，它垂直于该点处脊线的切线。一般在由于引导线的不均匀参数化而导致扫掠体形状不理想时才使用脊线。脊线用于控制曲面的变化情况，如图4-69所示。

4. 截面选项

截面选项指截面线在扫掠过程中相对引导线的位置，这将影响扫掠曲面的起始位置。该选项组如图4-70所示，用于控制沿引导线截面的变化情况。它包括以下几个控制选项（各选项下拉列表中的命令将在"复杂曲面设计"一章中详细说明，这里只大致介绍与实体建模有关的一些信息）。

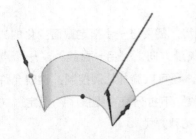

图4-69 脊线控制扫掠

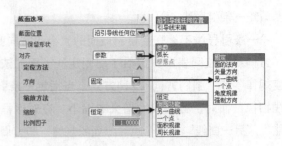

图4-70 "截面选项"选项组

a. 截面位置

该选项用于控制扫掠的方向，在下拉列表中有有"沿引导线任何位置"和"引导线末端"两个选项。选择"沿引导线任何位置"选项，截面线的位置对扫掠的轨迹不产生影响，即扫掠过程中只根据引导线的轨迹来生成扫掠曲面，如图 4-71所示。选择"引导线末端"选项，在扫掠过程中，扫掠曲面从引导线的末端开始，即引导线的末端是扫掠曲面的起始端，如图 4-72所示。

b. 保留形状

在扫掠过程中，系统可能会自动去掉截面的尖锐角，如图4-73所示。勾选"保留形状"复选框可以强制按截面形状扫掠。

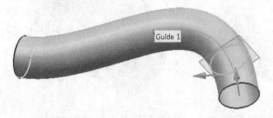

图 4-71 沿引导线任何位置

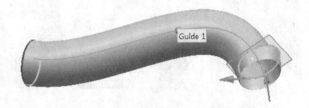

图 4-72 引导线末端

c. 对齐

该选项用于设置轮廓的对齐方法，避免轮廓不均匀时产生扭曲。对齐方法指截面线串上连续点的分布规律和截面线串的对齐方式。当指定截面线串后，系统将在截面线串上产生一些连接点，然后把这些连接点按照一定的方式对齐。选择"参数"选项，系统将在用户指定的截面线串上等参数分布连接点。等参数的原则：如果截面线串是直线，则等距离分布连接点；如果截面线串是曲线，则等弧长在曲线上分布点。"参数"对齐方式是系统默认的对齐方式。选择"弧长"选项，系统将在用户指定的截面线串上等弧长分布连接点。

d. 方向

该选项用于控制各中间截面相对于初始截面的旋转。如果在创建扫掠特征时只选择了一条引导线，则可以通过在"扫掠"对话框"定位方法"选项组的"方向"下拉列表选择不同的定位方法以对扫描过程中截面的方位进行控制。

e. 缩放方法

该选项组用于控制截面沿引导线的变化。如果在创建扫掠曲面时选择了一条引导线，则可以通过在"扫掠"对话框"缩放方法"选项组中的"缩放"下拉列表中选择不同的缩放方法控制扫掠曲面的生成，图4-74所示为选择"面积规律"选项，截面面积按线性变化的扫略效果。

5. 设置

该选项组如图4-75所示，用于设置扫掠的类型和引导线以及截面的公差。

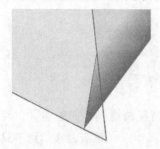

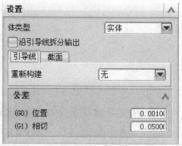

图4-73 不勾选"保留形状"的 图4-74 截面面积按线性变化 图4-75 "设置"选项组
扫掠

◆ "体类型"：可选择扫掠生成实体或片体。

◆ "沿引导线拆分输出"：勾选此复选框，扫掠体将根据引导线的段数分为多段，如图4-76所示。

◆ "引导线"：该选项卡用于重新构建引导线。例如，所选引导线是一条5次样条曲线，则可使用"重新构建"选项将引导线降低为较低阶次。使用"重新构建"只是引导效果的一种修正，不改变引导线本身的形状。

◆ "截面"：只有当"截面选项"选项组下的"对齐"设置为"参数"时，这里才会出现"截面"选项卡。使用"重新构建"选项，可以用曲线来重新构建扫掠截面。例如，使用正方形截面扫掠，如果利用阶次和公差重新构建截面，扫掠的截面将由一定阶次的曲线构成，如图4-77所示。

◆ "公差"：该选项组用于设置引导线的公差，包括位置连续（G0）的公差和相切连续（G1）的公差，在此公差范围内的引导线，即使某些位置不是相连或相切的，系统仍将其视为相连或相切。例如，图4-78所示的引导线，直线与圆弧在连接点并不相切，通常情况下这条曲线不能作为引导线，但只要设置的相切连续（G1）公差足够大（大于17），该曲线就可以作为引导线。

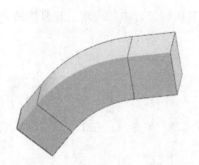

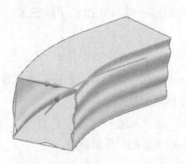

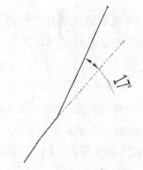

图4-76 沿引导线拆分输出的扫 图4-77 扫掠截面的重新构建 图4-78 非相切连续的引导线
掠体

6. 准确选择对象曲线的方法

UG执行命令时，经常需要指定一些图形对象，如执行扫掠操作时，便需要选择多段相接的曲线作为截面或者引导线，这时就可以通过巧用上边框条中的"曲线规则"下拉菜单来选取，如图 4-79所示。

图 4-79 上边框条中的"曲线规则"下拉菜单

该下拉菜单中包括"单条曲线""相连曲线""相切曲线""特征曲线""面的边""片体边""区域边界曲线""组中的曲线"和"自动判断曲线"等选项。其中,"单条曲线"用于只选择单条的曲线段,如图 4-80 所示;"相连曲线"用于选择与之相连的所有有效曲线(包括单击已选的曲线段在内),如图 4-81 所示;"相切曲线"用于选择与之相切的所有有效曲线(包括单击已选的曲线段在内);"特征曲线"用于选定特征曲线(如一次性选择草图特征中的所有曲线)。

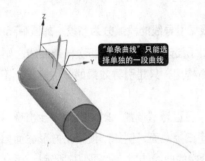

图 4-80 使用"单条曲线"方式选择引导线时的效果

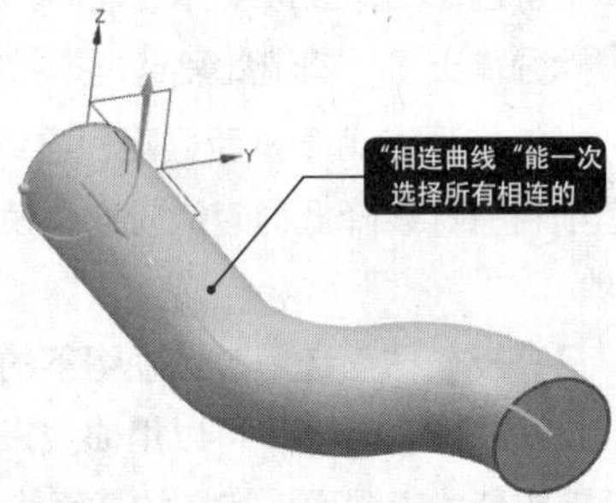

图 4-81 使用"相连曲线"方式选择引导线时的效果

【案例 4-8】: 创建安装卡键 —————————————————————

本案例通过创建一个简易的安装用卡键,让读者了解扫掠特征在建模设计中的应用,并具体领会如何创建扫掠实体特征。

01 启动 UG NX 12.0 软件,并新建一个空白文档。

02 绘制截面草图。选择 "主页"→"草图"选项 ,打开"创建草图"对话框。在工作区中选择 XC-ZC 平面为草图平面,绘制如图 4-82 所示的截面草图。

03 绘制引导线草图。选择 "主页"→"草图"选项 ,打开"创建草图"对话框。在工作区中选择 YC-ZC 平面为草图平面,绘制如图 4-83 所示的引导线草图。

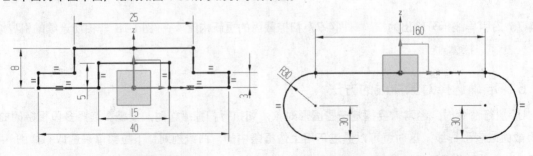

图 4-82 绘制截面草图

图 4-83 绘制引导线草图

04 创建扫掠特征。选择"主页"→"特征"→"更多"→"扫掠"选项 ⚙，打开"扫掠"对话框。在工作区中选择截面草图为截面曲线，选择引导线草图为引导线，单击"确定"按钮，完成安装卡键的创建，如图 4-84 所示。

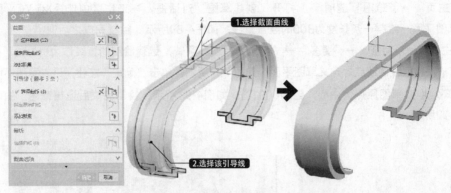

图 4-84 创建安装卡键

4.3.4 变化扫掠

变化扫掠是在扫掠引导线上定义多个截面，可以修改每个截面的尺寸参数，从而产生截面沿引导线变化的效果。

选择"主页"→"特征"→"更多"→"变化扫掠"选项 ⚙，或者在"菜单"按钮中选择"插入"→"扫掠"→"变化扫掠"选项，打开"变化扫掠"对话框，如图 4-85 所示。与扫掠不同，变化扫掠需要先选择引导线，选择引导线之后弹出"创建草图"对话框，如图 4-86 所示。在引导线的某个位置定义草图平面，单击"确定"按钮，即进入草图模式。

绘制并退出草图之后，系统返回"变化扫掠"对话框，并且按照绘制的截面生成了扫掠体的预览，此时创建的扫掠体没有变化的截面。如果要创建变化扫掠，需要在"辅助截面"选项组中添加新集，添加的截面在列表中列出，如图 4-87 所示。选择某一截面，然后在"定位方法"中设置截面的位置，在"设置"选项组中勾选"显示草图尺寸"复选框，如图 4-88 所示，然后双击显示的尺寸，可以修改该截面的参数，从而创建变化的扫掠。

图4-85 "变化扫掠"对话框

图4-86 "创建草图"对话框

图4-87 添加新集

【案例 4-9】: 变化扫掠创建花瓶

01 启动UG NX 12.0软件，并新建一个空白文档。

02 选择"主页"→"草图"选项 📷，打开"创建草图"对话框。在工作区中选择XC-YC平面为草图平面，进入草图环境，绘制一条长度为300的竖直直线，如图4-89所示。绘制完成之后退出草图。

03 选择"主页"→"特征"→"更多"→"变化扫掠"选项 ✍，选择绘制的直线作为引导线，打开"创建草图"对话框。在直线的端点处定义草图平面，如图4-90所示。单击"确定"按钮，进入草图环境。

04 在草图环境中以草图原点为中心，绘制60的圆，如图4-91所示。绘制完成后退出草图，生成扫掠的预览，如图4-92所示。

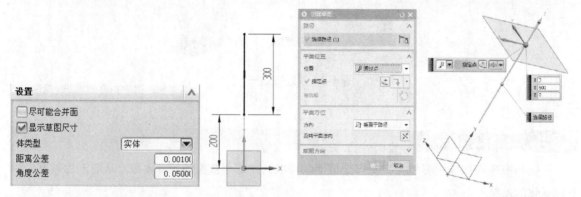

图4-88 勾选"显示草图尺寸"　　图4-89 绘制直线　　　　图4-90 定义草图平面

05 单击"辅助截面"选项组中的"添加新集"按钮 ⊞，下方列表中自动创建了3个截面，同时在"设置"选项组中勾选"显示草图尺寸"复选框，如图4-93所示。

06 选择Start Section（起始截面），然后在图形空间中单击该截面的直径尺寸，模型上显示出浮动文本框，单击文本框右侧的按钮 ▤，在弹出的菜单中选择"设为常量"，如图4-94所示；然后将参数值修改为160，再按Enter键，如图4-95所示。

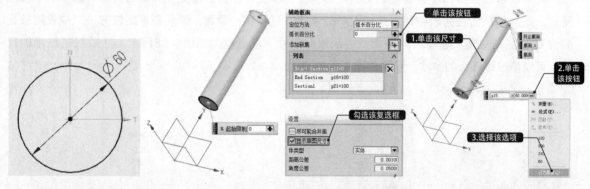

图4-91 绘制圆　　　图4-92 扫掠预览　　图4-93 系统创建的3个　图4-94 将参数设为常量
　　　　　　　　　　　　　　　　　　　　　　　截面

07 再在"列表"中选择Section1，将截面重新定位，定位参数如图4-96所示，修改截面位置后，扫掠形状如图4-97所示。

08 按步骤5的方法，将Section1的截面直径参数修改为90，如图4-98所示。

09 单击"辅助截面"选项组中的"添加新集"按钮 ⊞，添加一个新截面Section2，并设置其定位参数，如图4-99所示；然后将该截面的直径参数修改为130，单击对话框中的"确定"按钮，完成变化扫掠，效果如图4-100所示。

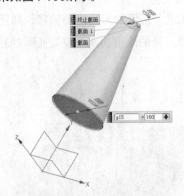

图4-95 修改起始截面的直径

图4-96 设置截面1的定位参数

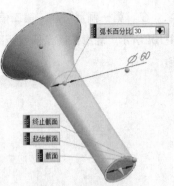

图4-97 修改截面位置

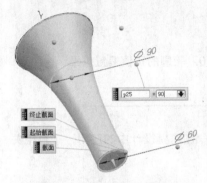

图4-98 修改截面1的直径

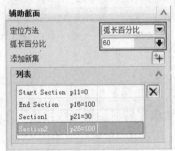

图4-99 添加新截面

图4-100 变化扫掠的效果

4.3.5 沿引导线扫掠

"沿引导线扫掠"是沿着一定的引导线进行扫描拉伸，将实体表面、实体边缘、曲线或链接曲线生成实体或片体。该方式与"扫掠"命令创建方法类似，不同之处在于该方式可以设置截面图形的偏置参数，从而创建管形的扫掠体。并且扫掠生成的实体截面形状与引导线相应位置法向平面的截面曲线形状相同。

选择"主页"→"特征"→"更多"→"沿引导线扫掠"选项 ，或者在"菜单"按钮中选择"插入"→"扫掠"→"沿引导线扫掠"选项，打开"沿引导线扫掠"对话框，如图4-101所示。按提示选择截面曲线和引导线便可以创建扫掠体。

该对话框中各选项组的具体含义说明如下。

》截面

该选项组用于选择扫掠的截面。截面可以由单段或多段曲线组成，截面线可以是曲线，也可以是实（片）体的边或面，但必须是单一开环或单一闭环的。"沿引导线扫掠"只能选择一个截面。

》引导

指定引导线是创建"沿引导线扫掠"特征的关键，它可以是多段光滑连接的曲线，也可以是具有尖角的曲线，但如果引导线具有过小尖角（如某些锐角），可能会导致扫掠失败。如果引导线是开放的，即具有开口的，那么最好将截面曲线绘制在引导线的开口端，以防出现预料不到的扫掠结果。"沿引导线扫掠"只能选择一条引导线，且沿引导线的各中间截面与初始截面相同。

》偏置

在"第一偏置"和"第二偏置"文本框中可以设置轮廓的偏置数值，正值向轮廓内部偏移，如图4-102所示。轮廓按两个偏置距离偏置之后，形成一定厚度的管形扫掠，管的厚度为两个偏置距离的差值。

图4-101 "沿引导线扫掠"对话框

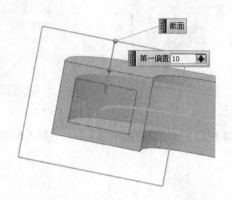

图4-102 轮廓的正值偏置效果

【案例 4-10】：创建异形管

本案例通过创建一个异形管让读者了解"沿引导线扫掠"命令在建模设计中的应用，了解相关的操作方法和步骤。

01 启动UG NX 12.0软件，并新建一个空白文档。

02 绘制截面草图。选择"主页"→"草图"选项，打开"创建草图"对话框。在工作区中选择XC-ZC平面为草图平面，绘制如图4-103所示的截面草图。

03 绘制引导线草图。选择"主页"→"草图"选项，打开"创建草图"对话框。在工作区中选择XC-YC平面为草图平面，绘制如图4-104所示的引导线草图。

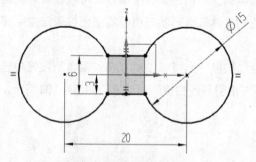

图 4-103 绘制截面草图

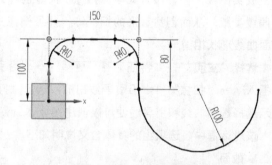

图 4-104 绘制引导线草图

04 选择"主页"→"特征"→"更多"→"沿引导线扫掠"选项，打开"沿引导线扫掠"对话框，在工作区中选择截面草图为截面曲线，选择引导线草图为引导线。

05 在"偏置"选项组中的"第一偏置"文本框中输入0，在"第二偏置"文本框中输入2；然后在"设置"选项组的"体类型"下拉列表框中选择"实体"选项，接受默认的尺寸链公差和距离公差，如图4-105所示。

06 单击"确定"按钮，完成异形管的创建，如图4-106所示。

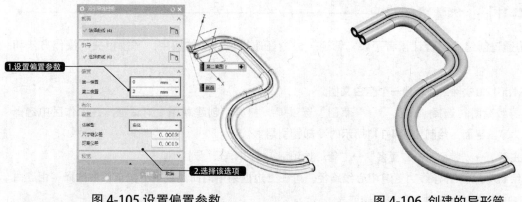

图 4-105 设置偏置参数

图 4-106 创建的异形管

4.3.6 》管道

管道是一种特殊类型的扫掠，相当于以两个同心圆轮廓作为扫掠截面，因此使用管道扫掠只能创建圆形管道。

选择"主页"→"特征"→"更多"→"管道"选项 ，或者在"菜单"按钮中选择"插入"→"扫掠"→"管道"选项，打开"管"对话框，如图4-107所示。在对话框中选择路径曲线，无须扫掠截面，只需定义外径和内径两个参数，系统以路径曲线为中心即可创建圆形管道，如图4-108所示。

对话框中各选项的具体含义说明如下。

》路径

该选项组用于指定管道的中心线路径，可以选择多条曲线或边，且必须是光顺并且相切连续的。

》横截面

◆ "外径"：该文本框用于输入管道的外径值，且外径值不能为0.

◆ "内径"：该文本框用于输入管道的内径值，可以为0。如果为0，则生成实心的管道。

》设置

"输出"下拉列表中有以下选项。

◆ "单段"：只具有一个或两个侧面，此侧面为B曲面，如果内直径值为0，那么管只具有一个侧面，如图4-109所示。

◆ "多段"：沿着引导线串扫掠成一系列侧面，这些侧面可以是柱面或者环面，如图4-110所示。

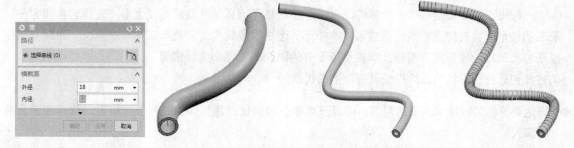

图4-107 "管"对话框　　图4-108 创建的圆形管道　　图4-109 "单段"设置的管道　　图4-110 "多段"设置的管道

【案例 4-11】： 创建冷却管

本案例通过创建冷却管让读者了解"管道"命令在建模设计中的应用，了解相关的操作方法和步骤。

01 启动UG NX 12.0软件，并新建一个空白文档。

02 绘制引导线草图。选择"主页"→"草图"选项🔲，打开"创建草图"对话框，在工作区中选择XC-YC平面为草图平面，绘制如图 4-111所示的冷却管引导线。

03 选择 "主页"→"特征"→"更多"→"管"选项🔲，打开"管"对话框。

04 选择所绘制冷却管引导线为管道中心线路径。可在上边框条中的曲线规则下拉菜单中选择"相连曲线""相切曲线"或"特征曲线"进行选取。

05 在"管"对话框中的"横截面"选项组中分别设置"外径"尺寸为10，"内径"尺寸为5。

06 在"设置"选项组中设置输出选项和公差，本案例选择"单段"选项。

07 单击"确定"按钮，完成冷却管的创建，如图 4-112所示。

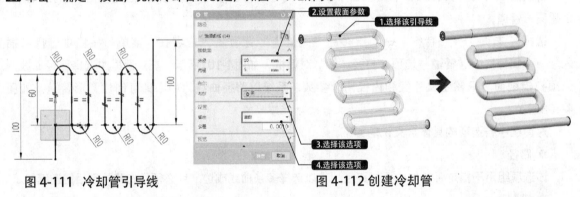

图 4-111 冷却管引导线　　　　　　　　图 4-112 创建冷却管

4.4 特征建模命令

　　设计特征是以现有模型为基础而创建的实体特征，利用该特征工具可以直接创建出更为细致的实体特征，如在实体上创建孔、凸台、腔和键槽等。设计特征的生成方式都是参数化的，可以通过表达式设计来驱动几何体的变化，修改特征参数或者刷新模型即可获得新的特征。

　　一般来说，特征是构成一个零件或者装配件的单元，虽然从几何形状上看，它也包含作为一般三维模型所具有的点、线、面或者实体单元，但更重要的是，它具有工程制造意义，也就是说基于特征的三维模型具有常规几何模型所没有的附加的工程制造等信息。因此，用"特征增加"的方法创建特征设计的三维模型具有以下的优点。

◆ 表达更符合工程技术人员的习惯，并且三维模型的创建过程与加工过程十分相近，软件容易上手和深入。

◆ 添加特征时可附加三维模型的工程制造等信息。

◆ 在模型的创建阶段，特征结合于零件模型中，并且采用来自数据库的参数化通用特征来定义几何形状，这样在设计进行阶段就可以很容易地做出一个更为丰富的产品工艺，并且能够有效地支持下游活

·

动的自动化，如模具和加工刀具等的准备和加工成本的早期评估等。

与特征设计相关的命令均在 "主页"→"特征"→"更多"→"设计特征"选项组中，如图 4-113所示。如果命令按钮有所缺漏，可以按4.1.2节添加体素特征命令的方法进行添加。

图 4-113 "设计特征"选项组

4.4.1 特征的安放表面

与实体建模不同，设计特征不能独立出现，必须在图形空间中存在模型实体时才能创建，可以理解为在生产中必须要有毛坯材料才能进行加工，不然是无法进行生产的。因此，设计特征的安放表面也是建立在模型实体基础之上的，如图 4-114所示。而不能凭空建立或者建立在基准平面上，如图 4-115所示。

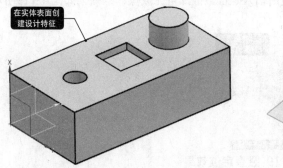

图 4-114 在实体表面上创建特征

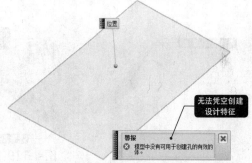

图 4-115 无法在基准平面上创建特征

4.4.2 特征的定位

当设计特征依附于实体的某个表面时，就要确定特征元素相对于该实体表面的位置，即特征定位。可以选择"主页"→"编辑特征"→"编辑位置"选项，打开"编辑位置"对话框，如图 4-116所示。在其中选择要定位的特征；或者直接移动鼠标指针至需要重新定位的特征，待其高亮显示后单击右键，在弹出的快捷菜单中选择"编辑位置"选项，打开如图 4-117所示的"定位"对话框。

图 4-116 "编辑位置"对话框　　　　　　图 4-117 "定位"对话框

"定位"对话框共包括9种定位按钮，分别介绍如下。

》》水平

利用该按钮可以进行XC轴方向几何元素的定位。单击"水平"按钮，选择实体上的曲线为目标对象，然后选择需要定位的特征轮廓曲线，最后输入定位数值即可完成操作，效果如图4-118所示。

图 4-118 水平定位效果

》》竖直

利用该按钮可以进行YC轴方向几何元素的定位。单击"竖直"按钮，选择实体上的曲线为目标对象，然后选择需要定位的特征轮廓曲线，最后输入定位数值即可完成操作，效果如图4-119所示。

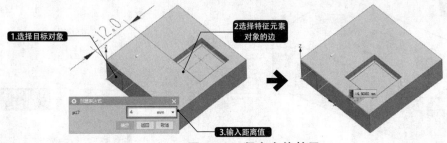

图 4-119 竖直定位效果

》》平行

利用该按钮可以对目标参数对象的基准点与特征元素的参考点进行准确的定位。单击"平行"按钮，选择实体上的点与特征元素的端点，然后在打开的"创建表达式"对话框中输入距离参数并单击"确定"按钮即可，效果如图4-120所示。

》》垂直

该方法用于目标对象上的边与特征元素上的参考点之间的定位。单击"垂直"按钮，选择实体上的边与特征元素的端点，然后在打开的"创建表达式"对话框中输入距离参数并单击"确定"按钮即可，效果如图4-121所示。

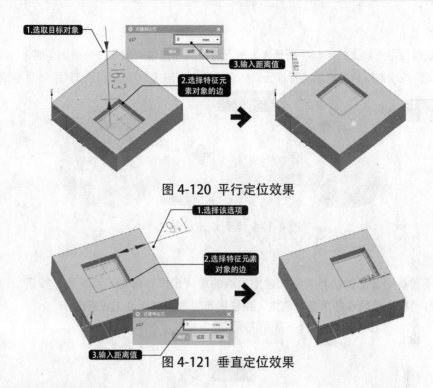

图 4-120 平行定位效果

图 4-121 垂直定位效果

》按一定距离平行 ⬚

该方法用于目标对象上的边与特征元素上的边之间的定位。单击"按一定距离平行"按钮 ⬚，分别选择实体与特征元素的一条边，然后输入距离参数并单击"确定"按钮即可，效果如图 4-122 所示。

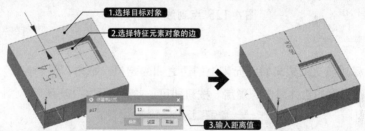

图 4-122 按一定距离平行定位效果

》成一定角度 ◿

该方法通过使目标对象与特征元素的边成一定角度来进行定位。该角度以目标对象上的边为起始边，沿该边逆时针旋转，角度为正；沿该边顺时针旋转，角度为负。单击"成一定角度"按钮 ◿，依次选择目标对象与特征元素的边，然后输入角度值并单击"确定"按钮即可，效果如图 4-123 所示。

图 4-123 成一定角度定位效果

» 点落在点上

该按钮可以对目标对象上的点与特征元素上的点进行共点定位（用于凸台或圆型腔）。单击"点落在点上"按钮，依次选择目标对象与特征元素的点并单击"确定"按钮即可，效果如图4-124所示。

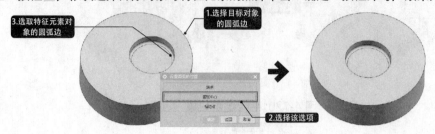

图 4-124 点到点定位效果

» 点到线

该按钮用于目标对象上的边与特征元素上的点的重合定位。单击"点到线"按钮，依次选择目标对象的边与特征元素的点并单击"确定"按钮即可，效果如图4-125所示。

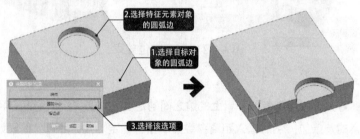

图 4-125 点到线定位效果

» 线到线

该按钮用于目标对象上的边与特征元素上的边之间的定位。单击"线到线"按钮，依次选择目标对象的边与特征元素的边并单击"确定"按钮即可，效果如图4-126所示。

图 4-126 线到线定位效果

4.4.3 孔特征

孔主要指圆柱形的内表面，也包括非圆柱形的内表面（由平行平面或切面形成的包容面），而孔特征指实体模型中去除圆柱、圆锥或同时存在的两种特征的实体而形成的实体特征，主要用于零件的配合与固定。NX中可创建多种类型的孔，包括常规孔、钻形孔、螺钉间隙孔、螺纹孔和孔系列，这些孔类型又包含多种成形形状，如沉头、埋头及锥形等。

1. 孔的创建方法

要创建孔特征，可以选择"主页"→"特征"→"孔"选项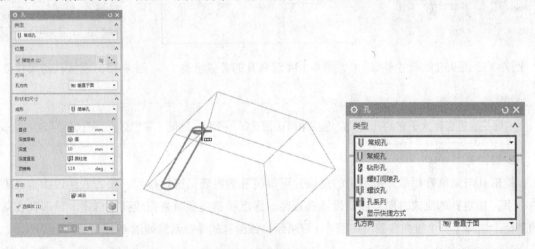，或者选择"菜单"按钮中的"插入"→"设计特征"→"孔"选项，打开"孔"对话框，如图 4-127 所示；然后根据提示确定孔的位置和尺寸参数即可完成创建。对话框中包含以下几个选项组。

- ◆ "类型"：该选项组用于选择不同的孔类型。
- ◆ "位置"：该选项组用于指定孔的定位点。首先单击选择一个模型平面，系统以该平面作为草图平面；然后单击绘制草图点，可以为草图点添加尺寸和几何约束以精确定位，该草图点将作为孔的中心位置。可以绘制多个点，从而一次性创建多个孔。
- ◆ "方向"：该选项组用于设置孔的方向，系统默认的方向是垂直于定位点所在的平面。如果需要创建斜孔，则可以选择"矢量"方式，然后选择一个方向参考矢量，创建的斜孔如图 4-128 所示。
- ◆ "形状和尺寸"：该选项组用于设置孔的形状和尺寸参数。选择不同类型的孔，所对应的参数也不相同，具体参数将在"2. 常规孔"中分别讲解。
- ◆ "布尔"：该选项组用于设置孔的布尔运算，系统默认为"减去"运算。如果选择"无"，则只能创建具有孔形状的实体特征。

2. 常规孔

在"孔"对话框中打开"类型"下拉列表，其中提供了几种常见孔的加工类型，如图 4-129 所示。

图 4-127 "孔"对话框　　　　图 4-128 创建的斜孔　　　　图 4-129 "类型"下拉列表

"常规孔"是孔径参数完全由用户定义的孔，选择"常规孔"类型时，其"形状和尺寸"选项组如图 4-130 所示。在"成形"下拉列表中可选择 4 种不同的孔形状类型。

选择不同的形状所需输入的参数也不同。各种类型分别介绍如下。

》简单孔

该方式通过指定孔表面的中心点、指定孔的生成方向及设置孔的参数来完成孔的创建。简单孔只需设置孔径、深度和顶锥角，如图 4-131 所示。"简单孔"的参数示意如图 4-132 所示。

》沉头孔

沉头孔指使紧固件的头部完全沉入的阶梯孔。该方式通过指定孔表面的中心点、指定孔的生成方向及设置孔的参数来完成孔的创建。沉头孔在简单孔的基础上增加了一个沉头，因此增加了沉头直径和沉头深度两个参数,如图 4-133 所示。"沉头孔"的参数示意如图 4-134 所示。

图 4-130 "形状和尺寸"选项组   图 4-131 简单孔的尺寸参数   图 4-132 "简单孔"示意

>> 埋头孔

埋头孔指使紧固件的头部不完全沉入的阶梯孔。该方式通过指定孔表面的中心点、指定孔的生成方向及设置孔的参数来完成孔的创建。埋头孔在简单孔的基础上增加了埋头直径和埋头角度两个参数,如图 4-135 所示。埋头孔的参数示意如图 4-136 所示。

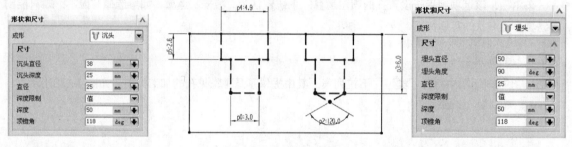

图 4-133 沉头孔的尺寸参数   图 4-134 沉头孔的参数示意   图 4-135 埋头孔的尺寸参数

> 提 示

埋头直径必须大于它的孔直径,埋头角度必须在 0°~180°之间,顶锥角必须在 0°~180°之间。

>> 锥形孔

锥形孔与简单孔相似,所不同的是该孔可以将孔的内表面进行拔模。该方式通过指定孔表面的中心点,指定孔的生成方向,以及设置孔直径、深度和锥角参数来完成孔的创建。锥形孔在简单孔的基础上增加了一个锥角参数,如图 4-137 所示。锥形孔的参数示意如图 4-138 所示。

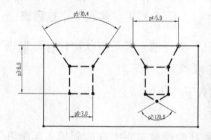
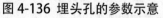

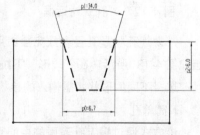

图 4-136 埋头孔的参数示意   图 4-137 锥形孔的尺寸参数   图 4-138 锥形孔的参数示意

3. 钻形孔

钻形孔是钻床加工孔的模型,其孔径从一个系列列表中选择,无法手动输入。选择钻形孔时,

"形状和尺寸"选项组如图 4-139 所示。在"大小"下拉列表中选择孔的规格，在"拟合"下拉列表选择拟合方式：如果选择 Exact，孔径将与所选孔规格完全相同，因此不能修改；如果选择 Custom，则孔径可由户定义。

4. 螺钉间隙孔

螺钉间隙孔的形状与常规孔并没有不同，但只包括简单、沉头和埋头三种类型。与常规孔不同的是，螺钉间隙孔是一种与螺钉配合的孔，因此其尺寸由要配合的螺钉规格确定，孔的尺寸总是大于螺钉的尺寸，因此称为间隙孔。间隙的大小由螺钉大小和配合的公差决定。

选择螺钉间隙孔时，"形状和尺寸"选项组如图 4-140 所示。各选项的具体含义如下。

◆ "成形"：在该下拉列表中选择一种孔形状，有简单孔、沉头和埋头三种类型供选择。

◆ "螺丝规格"：在该下拉列表中选择螺钉类型，不同的孔形状对应不同的螺钉类型。

◆ "螺钉尺寸"：在该下拉列表中选择螺钉尺寸。

◆ "等尺寸配合"：在该下拉列表中选择孔与螺钉的配合公差，包括 Close(紧)、Normal（普通）和 Loose(松)三种配合公差，如果选择 Custom，则孔的尺寸由用户定义。

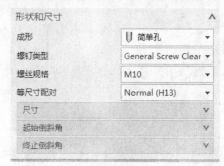

图 4-139 钻形孔的"形状和尺寸"选项组　　图 4-140 螺钉间隙孔的"形状和尺寸"选项组　　图 4-141 螺纹孔的"形状和尺寸"选项组

5. 螺纹孔

螺纹孔是表面含有螺纹的孔，因此其直径包含大径和小径两个参数。选择螺纹孔时，"形状和尺寸"选项组如图 4-141 所示。各选项的具体含义如下。

◆ "大小"：在该下拉列表中选择孔的规格。

◆ "径向进刀"：在该下拉列表中选择径向进刀量，系统给出 0.75 和 0.5 两个选项，选择不同的进刀量，孔径会有细微差别。如果选择"Custom"可由用户定义丝锥直径。

◆ "丝锥直径"：该文本框用于定义钻孔的丝锥直径，只有选择用户定义径向进刀量时，该文本框才可用。

◆ "深度类型"：该下拉列表用于选择螺纹的深度定义方法，可选择用孔径的一定倍数定义螺纹深度，也可以选择"定制"选项，然后输入深度值。

◆ "螺纹深度"：用于输入螺纹深度，只有选择深度类型为"定制"时，才有此文本框。

◆ "旋向"：用于选择螺纹的旋向，指定螺纹为右手（顺时针方向）或是左手（逆时针方向），由于实际中的螺栓一般是顺时针拧紧，因此螺纹的旋向一般选择右旋。

6. 孔系列

孔系列是在多个相连实体上创建的配合孔，因为在不同的实体上，相当于同时创建了多个孔。

UGNX 12.0中最多可在三个相连实体上创建孔系列，创建起始、中间和端点三段孔，如图 4-142所示。在"起始""中间"和"端点"3个选项卡中分别设置每段孔的参数。其中，起始孔和中间孔将贯穿实体，因此没有深度参数设置，只有端点孔可以设置孔深。也可以在两个相连实体上创建孔系列，此时只有起始和终止两段孔。

【案例 4-12】： 创建简单孔 ●

01 打开素材文件"第4章/4-12 创建简单孔.prt"。

02 选择"主页"→"特征"→"孔"选项 ⊚，打开"孔"对话框。

03 在"类型"下拉列表中选择"常规孔"，在"成形"下拉列表中选择"简单孔"选项。

04 选择连杆一端圆柱的端面中心为孔的中心点，指定孔的生成方向为垂直于圆柱端面。

05 设置孔的参数。设置"布尔"运算方式为"减去"，即可创建简单孔，如图 4-143所示。

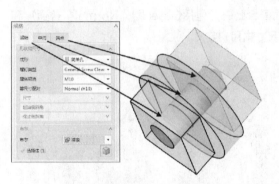

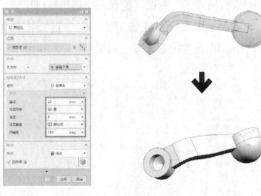

图 4-142 创建的孔系列　　　　　　　图 4-143 创建简单孔

4.4.4 抽壳特征

该工具用于从指定的平面向下移除一部分材料而形成具有一定厚度的薄壁体。它常用于将成形的实体零件掏空，使零件厚度变薄，从而大大节省了材料。选择"主页"→"特征"→"抽壳"选项 ⊚，或者选择"菜单"按钮中的"插入"→"偏置/缩放"→"抽壳"选项，打开"抽壳"对话框，其中提供了以下两种抽壳的方式。

1. 移除面，然后抽壳

该方式是以选择实体的一个面为开口的面，其他表面通过设置厚度参数形成具有一定壁厚的薄壁体。选择"类型"下拉列表中的"移除面，然后抽壳"选项，并选择实体中的一个面为移除面，然后设置抽壳厚度参数，即可完成创建，如图4-144所示。

2. 对所有面抽壳

该方式是按照某个指定的厚度抽空实体，创建中空的实体。该方式与"移除面，然后抽壳"的不同之处在于："移除面，然后抽壳"是选择移除面进行抽壳操作，而该方式是选取实体直接进行抽壳操作。选择"类型"下拉列表中的"对所有面抽壳"选项，并选择图中的实体特征，然后设置厚度参数，如图4-145所示。

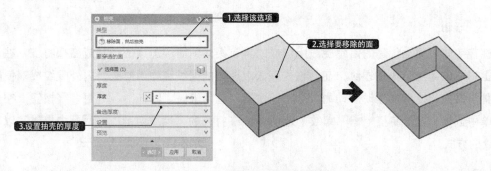

图4-144 移除面抽壳

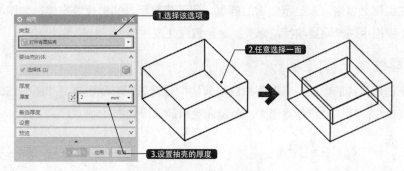

图4-145 对所有面抽壳

【案例 4–13】：创建不同厚度的抽壳特征

01 打开光盘素材"第4章/4-13 创建不同厚度的抽壳特征.prt"文件，如图4-146所示。

02 选择抽壳命令。选择"主页"→"特征"→"抽壳"选项 ，或者选择"菜单"按钮中的"插入"→"偏置/缩放"→"抽壳"选项，打开"抽壳"对话框。

03 定义抽壳类型。在"抽壳"对话框的"类型"下拉列表中选择"移除面，然后抽壳"选项。

图4-146 素材文件

04 定义抽壳对象。选择长方体的端面为要抽壳的面。

05 定义抽壳厚度。在"厚度"文本框中输入10，如图4-147所示。

06 创建变厚度抽壳。在"抽壳"对话框中的"备选厚度"选项组中单击"选择面"按钮 ，选择图4-151所示的面为抽壳备选厚度面，在"厚度"文本框中输入80，如图4-148所示。

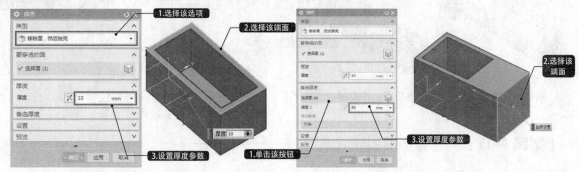

图4-147 设置厚度参数　　　　　　　　图4-148 创建变厚度抽壳

4.4.5 螺纹特征

螺纹指在旋转实体表面上创建的沿螺旋线所形成的具有相同剖面的连续的凸起或凹槽特征。在圆柱体外表面上形成的螺纹称为外螺纹；在圆柱内表面上形成的螺纹称为内螺纹。内外螺纹成对使用，可用于各种机械连接，传递运动和动力。单击"主页"选项卡→"特征"→"更多"按钮，在弹出的下拉菜单中选择"设计特征"→"螺纹"选项■，在打开的"螺纹切削"对话框中提供了以下两种创建螺纹的方式。

1. 符号螺纹

该方式指在实体上以虚线来显示创建的螺纹，而不是显示真实的螺纹实体，如图4-149所示。符号螺纹常用在工程图中表示螺纹和标注螺纹。这种螺纹生成速度快，计算量小。

2. 详细螺纹

该方式用于创建真实的螺纹，可以将螺纹以真实的几何形状表现出来，如图4-150所示。由于螺纹几何形状的复杂性，使该操作计算量大，创建和更新的速度较慢。

【**案例 4–14**】：创建符号表示的螺纹 ────────────────

01 打开素材文件"第4章/4-14 创建螺纹.prt"。

02 选择"主页"→"特征"→"更多"选项，在弹出的下拉菜单中选择"设计特征"→"螺纹"选项■，系统弹出"螺纹"对话框。

03 选择"螺纹类型"选项组中的"符号"单选按钮，然后选择要创建螺纹的圆柱面，接着选择生成螺纹的起始平面。

04 "螺纹切削"对话框中的螺纹参数被激活，设置螺纹的参数和螺纹的旋转方向。

05 单击"确定"按钮，即可创建虚线表示的符号螺纹，如图4-151所示。

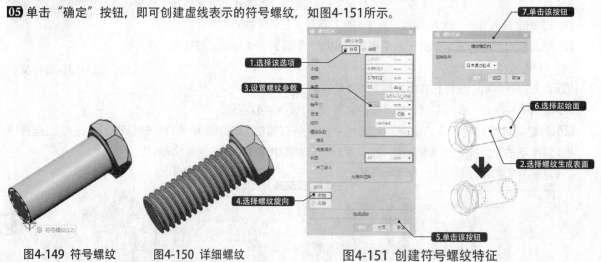

图4-149 符号螺纹　　　图4-150 详细螺纹　　　图4-151 创建符号螺纹特征

【**案例 4–15**】：创建真实的螺纹效果 ────────────────

01 打开素材文件"第4章/4-14 创建真实螺纹.prt"。

02 选择"主页"→"特征"→"更多"选项，在弹出的下拉菜单中选择"设计特征"→"螺纹"选项，系统弹出"螺纹切削"对话框。

03 选择"螺纹类型"选项中的"详细"单选按钮。

04 选择要创建螺纹的表面，接着选择生成螺纹的起始平面，并指定螺纹生成的方向。

05 在对话框中设置螺纹的参数和螺纹的旋转方向，单击"确定"按钮，即可创建详细螺纹，如图4-152所示。

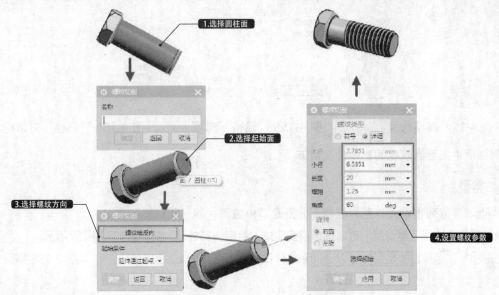

图4-152 创建详细螺纹特征

4.4.6 晶格特征

在先进的增材制造技术中，晶格几何形状正发挥着越来越重要的作用，它是有效进行轻量化的关键。经过晶格优化的零件重量可以减轻15%甚至更多，而且可以获得良好的刚度比以及更大的支撑能力。晶格结构与功能部件的设计结合已被证明是增材制造发挥潜力的优势领域，如图4-153所示。

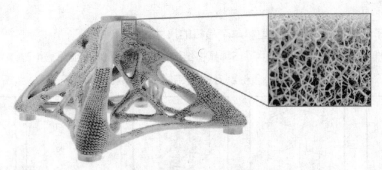

图 4-153 晶格体模型

"晶格"是UG NX 12.0新增的功能，可以将现有的实体模型转换为晶格体，如图 4-154所示。在菜单按钮中选择"插入"→"设计特征"→"晶格"选项，或者选择"主页"→"特征"→"更多"→"晶格"选项，即可执行此命令，如图 4-155所示。执行该命令后会打开"晶格"对话框，如图4-156所示。

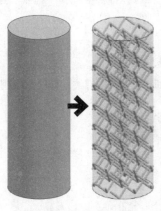

图 4-154 晶格示例

图 4-155 "晶格"选项

图 4-156 "晶格"对话框

该对话框中主要选项组的具体含义如下。

1. 类型

"类型"下拉列表中共有两种选项，分别是"单位图"和"正形图"。

◆ "单位图"：选择该类型后，可以选择模型实体，然后将其转化为晶格，如图 4-157 所示。

◆ "正形图"：选择该类型后，可以选择面或片体，然后在其之上创建新的晶格，如图 4-158 所示。

图 4-157 模型实体转化晶格

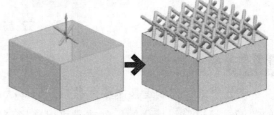

图 4-158 创建新的晶格

2. 单位晶格

该选项组用于设置晶格的结构类型和单个晶格的尺寸大小。

◆ "单元格类型"：该下拉列表中提供了 15 种晶格结构类型，其具体特征见表 4-2。

表 4-2 各晶格结构的具体特征

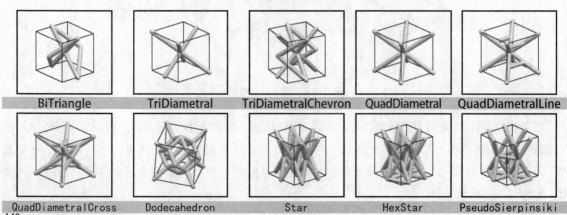

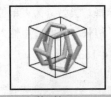

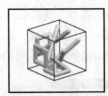

| HexVase | HexVaseMod | Cubeplex | Octapeak | Octahedroid |

◆ "均匀立方体"：该复选框为不勾选状态时，可以通过下方的"X尺寸""Y尺寸"和"Z尺寸"来分别控制晶格在X、Y、Z三个方向上的尺寸，如图4-159所示；当呈勾选状态时，晶格在X、Y、Z均相同，同时下方尺寸变为"边长"文本框，只可通过该文本框统一控制大小，如图 4-160所示。

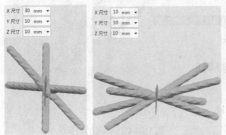

图 4-159 改变晶格单元的尺寸大小　　　　图 4-160 "均匀立方体模式下的晶格

3. 创建体

该选项组可以用于设置晶格上的杆径粗细以及构成面的细分程度。

◆ "杆径"：输入数值确定构成晶格的杆件直径。
◆ "细分因子"：此因子将乘以杆径以定义用于创建晶格体的细分公差。

4. 边界修剪

◆ "移除断开的晶格部分"：移除所有断开的小晶格部分，仅保留最大的体。
◆ "移除选定面上的悬杆"：从晶格图中移除所有仅一端与晶格相连且接触边界体的其中一个选定面的杆。

【案例 4-16】：转换为晶格结构

本案例通过将零件上的一部分转换为晶格结构，来达到减重、优化的效果，让读者理解晶格命令的应用的方法和步骤。

▣ 打开素材文件"第4章/4-16 转换为晶格结构.prt"，其中已经绘制好一个零件模型，如图4-161所示。
▣ 选择"分析"→"测量"→"更多"→"测量体"选项 ，打开"测量体"对话框，然后选择所有模型实体，得到体积值为609842.4633mm³，如图4-162所示。

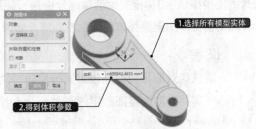

图 4-161 素材文件　　　　　　　　图 4-162 计算常规结构的体积

03 选择"主页"→"特征"→"更多"→"晶格"选项📦，打开"晶格"对话框。选择"类型"为"单位图"；然后选择"单元格类型"为TriDiametral，再勾选"均匀立方体"复选框，在"边长"文本框中输入10；最后设置"杆径"为3，接着选择模型中间的特征体，将其转换为晶格结构，如图4-163所示。

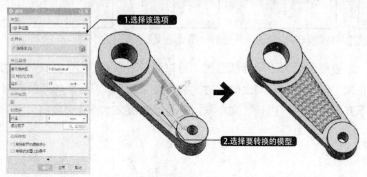

图 4-163 转换为晶格特征

提示

转换为晶格体之后的本体模型仍然会存在，为了不影响观看，可以将其手动隐藏。

---

04 选择"分析"→"测量"→"更多"→"测量体"选项📷，打开"测量体"对话框；然后选择所有模型实体进行测量，可以得到体积值为521048.8534mm^3，如图 4-164所示。可见相比原来的常规结构要轻15%左右。

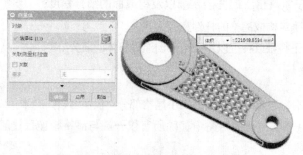

图 4-164 计算晶格结构时的体积

4.4.7 槽特征

用户可以使用"槽"命令在实体上创建一个沟槽，类似于车削加工，将一个成形工具在旋转部件上向内（从外部定位面）或者向外（从内部定位面）移动来形成沟槽。

要在实体模型上创建槽特征，可以选择"主页"→"特征"→"更多"→"槽"选项📦，或者选择"菜单"按钮中的"插入"→"设计特征"→"槽"选项，打开"槽"对话框，如图4-165所示。该对话框中提供了3种槽类型选项，分别是"矩形""球形端槽"和"U形槽"。槽只能放置在圆柱面或者圆锥面上，如果是外表面则生成外槽，如果是内表面则生成内槽，如图4-166所示。

提示

槽只能对圆柱面或圆锥面进行操作。旋转轴是选定面的轴。槽在选择该面的位置（选择点）附近创建并自动连接到选定的面上。

---

1. 矩形槽

该选项让实体生成一个周围为尖角的槽。在"槽"对话框中单击"矩形"按钮,选择要放置槽的面(只能是圆柱或者圆锥面,不能是平面),弹出"矩形槽"对话框,如图 4-167 所示,各参数的示意如图 4-168 所示。

图 4-165 "槽"对话框

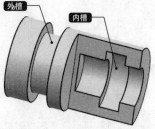

图 4-166 外槽、内槽示例

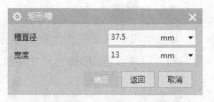

图 4-167 "矩形槽"对话框

该对话框中各选项的具体含义如下。

◆ "槽直径":创建外部槽时,指定的是槽的内径;而创建内部槽时,指定的是槽的外径。

◆ "宽度":槽的宽度,沿选定面的轴向测量。

在该对话框中设置槽的参数,单击"确定"按钮,弹出"定位槽"对话框,如图 4-169 所示。与腔体、垫块等特征的定位不同,"定位槽"对话框中没有尺寸类型选择,因为槽的定位只需一个尺寸,即槽沿圆柱轴向的定位尺寸。先选择实体目标上的边线,再选择槽特征的边线;然后在打开的"创建表达式"对话框中输入距离参数并单击"确定"按钮,即可完成槽的创建,如图 4-170 所示。

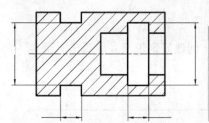

图 4-168 "矩形槽"示意

图 4-169 "定位槽"对话框

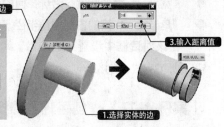

图 4-170 槽特征定位

2. 球形端槽

球形端槽用于创建底部具有完整半径的槽,与创建矩形槽的步骤一致,在此不多加赘述。"球形端槽"对话框中需要设置的尺寸参数与"矩形"有所差别,如图 4-171 所示,各参数的示意如图 4-172 所示。

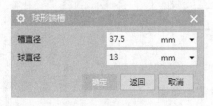

图 4-171 "球形端槽"对话框

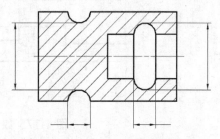

图 4-172 球形端槽的参数示意

该对话框中各选项的具体含义如下。

◆ "槽直径"：创建外部槽时，指定的是槽的内径；创建内部槽时，指定是槽的外径。

◆ "球直径"：即槽的宽度。

在该对话框中设置槽的参数，与创建矩形槽的方法一致，创建好定位尺寸后单击"确定"按钮，即可完成球形端槽的创建。

3. U形槽

U形槽用于创建在拐角处有半径的槽，与创建矩形槽的步骤一致，在此不多加赘述。在"U形槽"对话框中设置U形槽的尺寸参数，如图4-173所示。而各参数的示意如图4-174所示。

图4-173 "U形槽"对话框

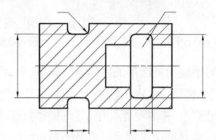

图4-174 U形槽的参数示意

该对话框中各选项的具体含义如下。

◆ "槽直径"：创建外部槽时，指定的是槽的内径；创建内部槽时，指定是槽的外径。

◆ "宽度"：槽的宽度，沿选择面的轴向测量。

◆ "角半径"：槽的内部圆角半径。

在该对话框中设置槽的参数，单与创建矩形槽的方法一致，创建好定位尺寸后单击"确定"按钮，即可完成U形槽的创建。

【案例4-17】：创建轴上的槽

本案例通过绘制一阶梯轴，并在其上创建键槽和槽特征，让读者理解相关命令的应用，也了解轴类产品所具备的一些基本特征。

01 启动UG NX 12.0软件，并新建一个空白文档。

02 绘制阶梯轴截面草图。选择"主页"→"直接草图"→"草图"选项，选择XC-YC平面为草图平面，绘制如图4-175所示的阶梯轴截面草图。

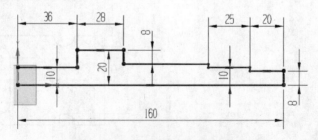

图4-175 绘制阶梯轴截面草图

03 旋转创建轴体。选择"主页"→"特征"→"旋转"选项，选择上一步骤绘制的截面，选择XC轴为旋转轴，草图原点为原点，在"限制"选项组中设置"开始"的"角度"为0，"结束"的"角度"为360，其余选项为默认值，单击"确定"按钮，如图4-176所示。

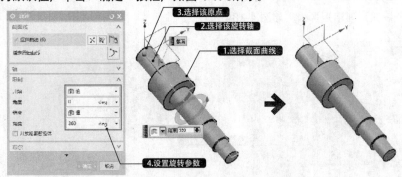

图 4-176 旋转创建轴体

04 创建U形槽。选择"主页"→"特征"→"更多"→"槽"选项 🔲，在"槽"对话框中单击"U形槽"按钮，选择Φ24的中间圆柱表面为放置面，如图4-177所示。

05 系统弹出"U形槽"对话框。在其中设置槽的参数，即"槽直径"为18，"宽度"为5，"角半径"为1，如图4-178所示。

06 尺寸参数设置完毕后单击"确定"按钮。选择Φ40圆的边线，再选择同侧槽特征的边，在打开的"创建表达式"对话框中输入0，如图4-179所示。

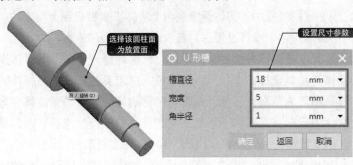

图 4-177 选择放置面　　　　　图 4-178 设置U形槽参数　　　　　图 4-179 定位U形槽

07 单击"确定"按钮，创建U形槽，如图4-180所示。

08 创建矩形槽。选择"主页"→"特征"→"更多"→"槽"选项 🔲，在"槽"对话框中单击"矩形"按钮，选择Φ16的圆柱表面为放置面，如图4-181所示。

09 弹出"矩形槽"对话框。在其中设置槽的参数，即"槽直径"为12，"宽度"为4，如图4-182所示。

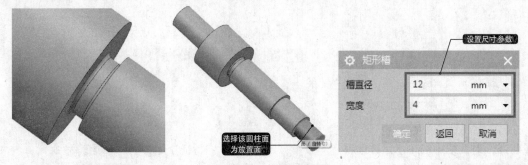

图 4-180 创建U型槽　　　　　图 4-181 选择放置面　　　　　图 4-182 设置矩形槽参数

10 尺寸参数设置完毕后单击"确定"按钮，选择Φ20圆的边线，再选择同侧槽特征的边，在打开的"创建表达式"对话框中输入0，如图 4-183 所示

11 单击"确定"按钮，创建矩形槽，如图 4-184 所示。

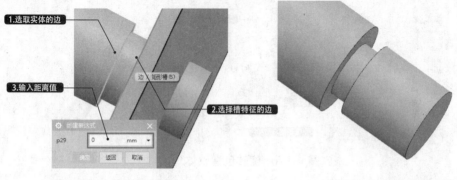

图 4-183 定位矩形槽　　　　　　　　　　图 4-184 创建矩形槽

4.5 │ 布尔运算

　　零件模型通常由单个实体组成，但在建模过程中，实体通常是单个实体或者特征组合而成的，于是要求把多个实体或特征组合成一个实体，这个操作过程称为布尔运算（或布尔操作）。

　　进行布尔运算时，首先选择目标体（即被执行布尔运算的实体，只能选择一个），然后选择工具体（即在目标体上执行操作的实体，可以选择多个），运算完成后，工具体即成为目标体的一部分。而且如果目标体和工具体具有不同的图层、颜色、线型等特性的话，产生的新实体将与目标体具有相同的特性。如果部件文件中已存在有实体，当建立新特征（如拉伸、旋转）时，新特征可以作为工具体，已存在的实体作为目标体，进行布尔运算，如图4-185所示。

　　在"主页"选项卡下的"特征"组中可以找到"布尔运算"命令，如图4-186所示。布尔操作主要有以下3种类型：合并、求差（减去）和相交，下面分别进行介绍。

图4-185 对话框中的布尔运算选项

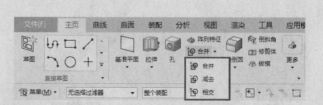

图4-186 "特征"组中的布尔运算命令

4.5.1 》合并

"合并"指将两个或者更多实体的体积合并为单个体。选择"主页"→"特征"→"合并"选项 ⬚，或者在"菜单"按钮中选择"插入"→"组合"→"合并"选项，打开"合并"对话框，如图 4-187 所示。按系统提示选择目标体和工具体，然后单击"确定"按钮，即可完成布尔合并运算，如图 4-188 所示。

需要注意的是，可以对实体和实体进行布尔合并运算，也可以对片体和片体（具有近似公共边缘线）进行合并运算，但不能对片体和实体、实体和片体进行合并运算。

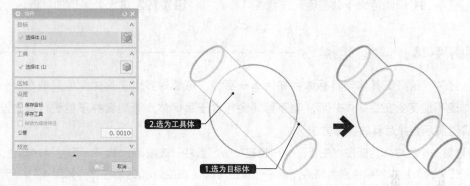

图 4-187 "合并"对话框　　　　　　　　图 4-188 布尔合并运算

该对话框中其余选项的具体含义如下。

◆ "目标"：进行布尔运算时第一个选择的体对象，运算的结果将加在目标体上，并修改目标体。在同一次布尔运算中，目标体只能有一个，布尔运算的结果体类型和目标体类型一致。

◆ "工具"：进行布尔运算时第二个及以后选择的体对象，这些对象将加在目标体上，并构成目标体的一部分。在同一次布尔运算中，工具体可以有多个。

◆ "保存目标"：勾选此复选框，可为合并操作保存目标体，如图 4-189 所示。如果需要在一个未修改的状态下保存所选目标体的副本，可以使用此选项。

◆ "保存工具"：勾选此复选框，可为合并操作保存工具体，如图 4-190 所示。如果需要在一个未修改的状态下保存所选工具体的副本，可以使用此选项。在对"合并"特征进行编辑时，"保存工具"选项不可用。

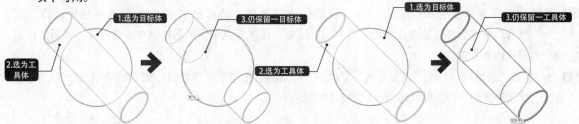

图 4-189 "保存目标"进行合并　　　　　　图 4-190 "保存工具"进行合并

◆ "公差"：默认的公差值为 0.001，即表示大于该数值的特征间隙均被视为非法特征，无法进行合并或其他的类似操作。因此，当遇到特征创建失败的时候，可试着增大公差值，如将 0.001 修改为 0.1，即小于 0.1 的间隙全部忽略不计，这样就能将一些原本不能创建的特征重新创建，如图 4-191 和图 4-192 所示。

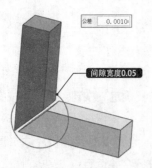

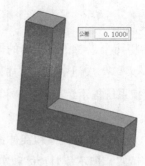

图 4-191 间隙值大于公差值无法合并　　　　图 4-192 增大公差值即可创建合并效果

【案例 4-18】：　合并创建轴

"合并"是将工具体与目标体合并为单一实体。可选择多个工具体，但只能选择一个目标体。工具体既不能完全在目标体外部，也不能完全包含于目标体，否则合并不能进行或者没有意义。以下用实例演示合并运算的操作方法。

01 创建第一个圆柱体。选择"主页"→"特征"→"圆柱"选项 🗔，打开"圆柱"对话框。在图形空间中选择YC轴为矢量，坐标原点为原点，创建一直径为80，高度为60的圆柱体，如图 4-193所示。

02 创建第二个圆柱体。选择"主页"→"特征"→"圆柱"选项 🗔，打开"圆柱"对话框。在图形空间中选择YC轴为矢量，以（0，-30,0）点为原点，创建一直径为40，高度为150的圆柱体，如图 4-194所示。

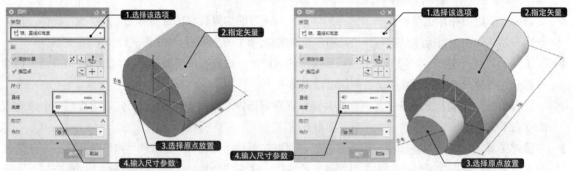

图 4-193 创建第一个圆柱体　　　　　　　图 4-194 创建第二个圆柱体

03 对圆柱进行合并。选择"主页"→"特征"→"合并"选项 🗔，或者在菜单按钮中选择"插入"→"组合"→"合并"选项，弹出"合并"对话框。选择直径较大的圆柱体作为目标体，然后选择直径较小的圆柱体为工具实体。

04 在"区域"选项组中勾选"定义区域"复选框，并选择"移除"单选按钮，如图4-195所示；然后单击工具体上露出较短的一段，将其移除，如图4-196所示。

图4-195 定义合并区域

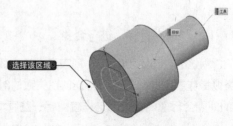

图4-196 移除某一区域

05 单击"合并"对话框中的"确定"按钮，完成实体的合并，效果如图4-197所示。

06 选择"分析"→"测量"→"更多"→"测量体"选项，打开"测量体"对话框，如图4-198所示。单击选择合并之后的实体，浮动文本框上显示测量结果，如图4-199所示。

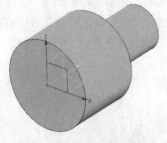  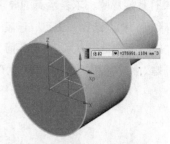

图4-197 合并的效果　　　　图4-198 "测量体"对话框　　　　图4-199 体积测量结果

> **提示**
>
> 合并运算之后的实体成为单一对象，因此在测量、抽壳等操作中可以整体选择。

4.5.2 求差

"求差"指从一个实体的体积中减去另一个实体的体积，留下一个空体。选择"主页"→"特征"→"减去"选项　，或者在菜单按钮中选择"插入"→"组合"→"求差"选项，打开"求差"对话框，如图 4-200所示。按系统提示选择目标体和工具体，然后单击"确定"按钮，即可完成布尔求差运算，如图 4-201所示。

 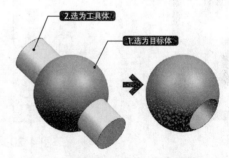

图 4-200 "求差"对话框　　　　　　图 4-201 布尔求差运算

该对话框中各选项与"合并"对话框操作中的一致，在此不再赘述，但关于"求差"操作还有以下需要注意的地方。

◆ 若目标体和工具体不相交或者相接，那运算结果保持为目标体不变。

◆ 实体与实体、片体与实体、实体与片体之间都可以进行求差运算，但片体和片体之间不能进行求差运算。实体与片体进行求差运算，其结果为非参数化实体。

◆ 进行布尔求差运算时，若目标体进行减去运算后的结果为两个或者多个实体，则目标体将丢失数据，也不能将一个片体变成两个或者多个片体。

◆ 求差运算的结果不允许产生0厚度，即不允许目标体和工具体的表面刚好相切。

【案例 4-19】：求差创建键槽

　　求差是从目标体中减去工具体的运算。不同于合并，减去的工具体和目标体互换之后，对运算结果有直接影响。求差运算的要求是工具实体与目标实体要有公共部分，否则不能减去。

01 绘制轴体。选择"主页"选项卡→"特征"→"旋转"选项 ，在"旋转"对话框中单击"绘制截面"按钮 ，选择YC-ZC基准平面为草图平面，绘制草图后返回"旋转"对话框。设置"限制"选项组中"开始"和"结束"角度值分别为0°和360°，如图 4-202 所示。

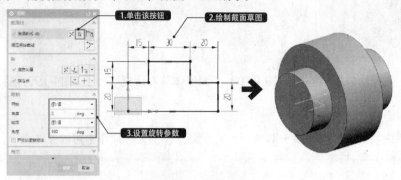

图 4-202 绘制轴体

02 绘制键槽体。选择"主页"→"特征"→"拉伸"选项 ，在"拉伸"对话框中单击"绘制截面"按钮 ，选择XC-YC基准平面为草图平面，绘制草图后返回"拉伸"对话框。设置"限制"选项组中"开始"和"结束"距离值分别为32和40，如图 4-203 所示。

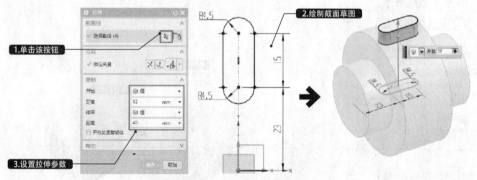

图 4-203 绘制键槽体

03 进行求差操作。选择"主页"选项卡→"特征"→"求差"选项 ，选择轴作为目标体，选择键槽拉伸体为工具体，单击对话框中的"确定"按钮，求差创建键槽如图 4-204 所示。

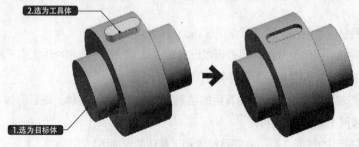

图 4-204 求差创建键槽

提示

在"设置"选项组中勾选"保存目标"和"保存工具"复选框，可以在求差的同时保留原有的目标体和工具体。在这种情况下，将工具体和目标体隐藏之后才可以看到求差的效果。

4.5.3 相交

"相交"指创建一个体，它包含两个不同的体共享的体积。该方式可以得到两个相交实体特征的共有部分或者重合部分，即求实体与实体间的交集。它与"求差"操作正好相反，得到的是去除材料的那一部分实体。选择"主页"→"特征"→"相交"选项，或者在菜单按钮中选择"插入"→"组合"→"相交"选项，打开"相交"对话框，如图 4-205 所示。按系统提示选择目标体和工具体，然后单击"确定"按钮，即可完成布尔相交运算，如图 4-206 所示。

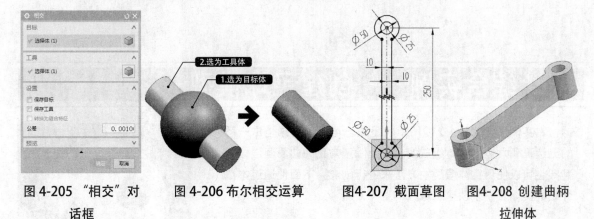

图 4-205 "相交"对　　图 4-206 布尔相交运算　　图 4-207 截面草图　　图 4-208 创建曲柄
　　　话框　　　　　　　　　　　　　　　　　　　　　　　　　　　　　　　　拉伸体

【案例 4-20】：相交创建曲柄

相交运算是由工具体和目标体的公共部分创建新的实体。

01 创建曲柄拉伸体。选择"主页"→"特征"→"拉伸"选项，在"拉伸"对话框中单击"绘制截面"按钮，选择 XC-YC 基准平面为草图平面，绘制如图 4-207 所示的草图后返回"拉伸"对话框，设置"限制"选项组中"开始"和"结束"距离值分别为 0 和 50，如图 4-208 所示。

02 创建修剪拉伸体。选择"主页"→"特征"→"拉伸"选项，在"拉伸"对话框中单击"绘制截面"按钮，选择 YC-ZC 基准平面为草图平面，绘制如图 4-209 所示的草图后返回"拉伸"对话框，在"限制"选项组中"结束"的下拉列表中选择"对称值"选项，输入"距离"为 50，如图 4-210 所示。

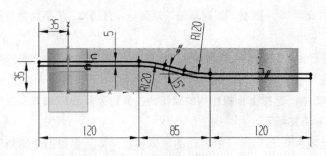

图 4-209 选择修剪截面草图

图 4-210 创建修剪拉伸体

03 进行相交操作。选择"主页"→"特征"→"相交"选项 ，选择曲柄拉伸体作为目标体，选择修剪拉伸体为工具体，单击对话框中的"确定"按钮，相交创建曲柄如图 4-211 所示。

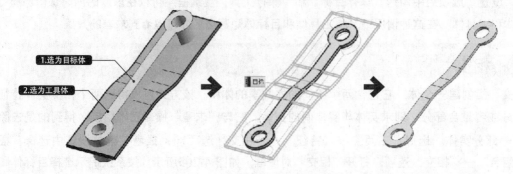

1.选为目标体
2.选为工具体

图 4-211 相交创建曲柄

4.6 │ 综合实例——创建足球模型

　　本实例创建如图4-212所示的足球。可见，足球是由一系列的五边形和六边形实体组成的，因此除了常见的曲面画法之外，其实也可以使用实体造型的方法来进行创建。下面便通过本章所介绍的实体知识来创建足球。

图4-212 足球

1. 创建足球上的六边形部分

01 选择"主页"→"特征"→"更多"选项，在弹出的下拉菜单中选择"设计特征"→"球"选项 ，系统弹出"球"对话框。

02 在"类型"下拉列表中选择"中心点和直径"选项。选择坐标原点为球心，输入"直径"为300，如图4-213所示。单击"确定"按钮完成创建。

03 选择"主页"→"直接草图"→"草图"选项 ，弹出"创建草图"对话框。选择XC-YC平面为草图平面，单击"确定"按钮进入草图环境。

04 在"直接草图"面板中单击"多边形"按钮 ，以草图原点为中心，绘制边长为60.53的正六边形，如图4-214所示。单击 完成草图 按钮退出草图绘制环境。

05 选择"主页"→"特征"→"拉伸"选项 ，选择上步骤绘制的草图为拉伸对象，沿+Z轴方向拉伸180，单击"确定"按钮，创建拉伸体，如图4-215所示。

06 选择"主页"→"特征"→"相交"选项 ，然后选择所创建的球体和拉伸体，得到相交体如图4-216所示。

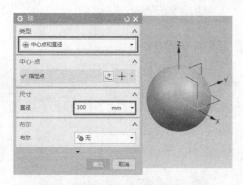

图4-213 创建直径300的球体

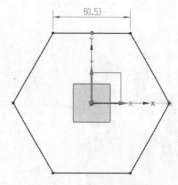

图4-214 绘制正六边形

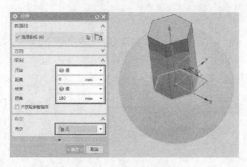

图4-215 创建拉伸体

图4-216 得到相交体

07 单击"球"按钮◯，同样在坐标原点处创建一直径为294的球体，但是在"布尔"选项组中选择"减去"选项，同时选择上步骤剩下的实体为减去对象，单击"确定"按钮，即可得到六边形实体，如图4-217所示。

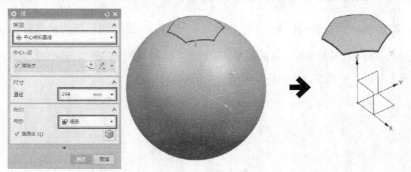

图4-217 创建直径294的球体并进行减去操作

08 选择"主页"→"特征"→"基准平面"选项□，分别指定六边形实体顶面上一条边的两个端点以及坐标原点，通过这三点创建基准平面，如图4-218所示。

09 选择"主页"→"特征"→"阵列特征"选项◈，选择上步骤创建的基准平面，选择阵列"布局"方式为"圆形"，+Z轴为旋转轴，阵列数量为6，圆形阵列基准平面如图4-219所示。

10 在菜单按钮中选择"插入"→"偏置/缩放"→"偏置面"选项，打开"偏置面"对话框。将六边形实体的六个侧面向外偏移5mm，如图4-220所示。

11 选择"主页"→"特征"→"修剪体"选项▣，选择六边形实体为目标体，然后选择上步骤创建的基准平面为修剪面，修剪六边形实体，如图4-221所示。

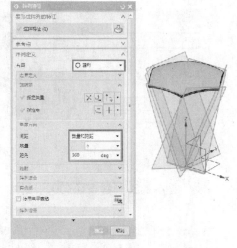

图4-218 创建基准平面 　　　　　　　 图4-219 圆形阵列基准平面

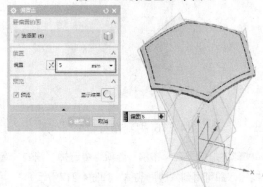

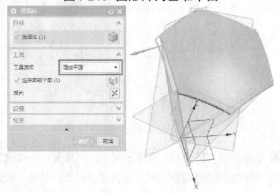

图4-220 偏移六边形的侧面 　　　　　　　 图4-221 修剪六边形实体

12 重复执行5次修剪体操作，分别使用其余的基准平面对六边形实体进行修剪，如图4-222所示。

13 选择所有的基准平面，然后按Ctrl+B将其隐藏，如图4-223所示。

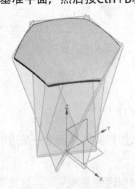

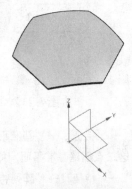

图4-222 完整修剪后的六边形实体 　　　　　　　 图4-223 隐藏基准平面

14 选择"主页"→"特征"→"边倒圆"选项 ⬡，设置边倒圆"半径1"为0.5，对所得六边形实体的上表面的各六条边进行倒圆，如图4-224所示。

15 选择"主页"→"特征"→"更多"→"镜像几何体"选项 ⬡，选择六边形实体为要镜像的对象，然后选择六边形实体的一个侧面作为镜像平面，如图4-225所示。

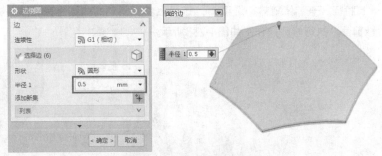

图4-224 对各边进行倒圆

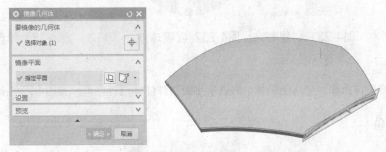

图4-225 指定镜像平面

16 单击"确定"按钮，即可创建六边形实体的一个镜像几何体，如图4-226所示。

17 参考足球的六边形面分布规律，分别选择间隔面作为镜像面，创建其他的两个镜像几何体，如图4-227所示。

18 依次对得到的镜像六边形重复执行镜像几何体操作，确保每一个六边形都有互相隔开的三个面与另外的实体相接，最后即可得到如图4-228所示的效果。足球的所有六边形面即创建完毕，同时得到了所有的五边形区域。

19 此时可以框选中所有六边形实体，然后按Ctrl+J键自动打开"编辑对象显示"对话框，单击其中的颜色图块 ▭ ，进入"颜色"对话框后将其颜色修改为灰白色（参考颜色ID：44），如图4-229所示。

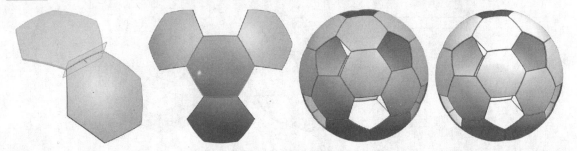

图4-226 创建镜像几何体　图4-227 创建其他的镜　图4-228 六边形实体的　图4-229 改变实体颜色
　　　　　　　　　　　　　　像几何体　　　　　　　　镜像效果

2. 创建足球上的五边形部分

01 选择"主页"→"特征"→"基准平面"选项 ▱ ，选择五边形区域的实体侧面创建基准平面，如图4-230所示。

02 重复执行基准平面操作，在五边形区域处创建5个基准平面，如图4-231所示。

03 单击"球"按钮 ◯ ，在坐标原点处创建一直径为300的球体，如图4-232所示。

04 选择"主页"→"特征"→"修剪体"选项 ⬚，选择上步骤创建的球体为目标体，然后选择步骤02所得到的基准平面为修剪面，执行修剪操作，如图4-233所示。

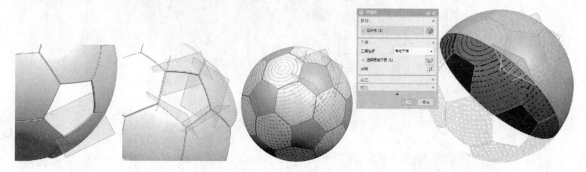

图4-230 创建基准　　图4-231 创建其余　　图4-232 创建球体　　　图4-233 修剪球体
　　　　　平面　　　　　　　　的基准平面

05 重复执行5次修剪体操作，分别使用其余的基准平面对球体体进行修剪，如图4-234所示。

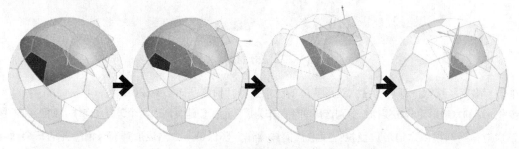

图4-234 使用其他基准平面依次修剪球体

06 再单击"球"按钮 ⬤，同样在坐标原点处创建一直径为294的球体，但是在"布尔"选项组中选择"减去"选项，同时选择上步骤剩下的实体为减去对象，单击"确定"按钮，即可得到五边形实体，如图4-235所示。

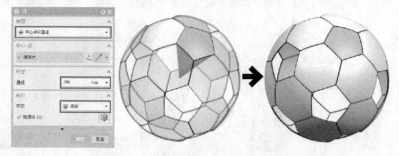

图4-235 创建球体并进行减去操作

07 选择"主页"→"特征"→"边倒圆"选项 ⬚，设置边倒圆"半径1"为0.5，对所得五边形实体的上表面的各五条边进行倒圆，如图4-236所示。

3. 调整足球各部分颜色

01 此时可以选择五边形实体，然后按Ctrl+J键自动打开"编辑对象显示"对话框，单击其中的颜色图块 ▢ ，进入"颜色"对话框后将其颜色修改为黑色（参考颜色ID：210），如图4-237所示。

02 选择"主页"→"特征"→"更多"→"镜像几何体"选项 ⬚，选择五边形实体为要镜像的对象，然后在指定镜像平面时选择相邻六边形上的一条侧边，可以是倒圆边，如图4-238所示。

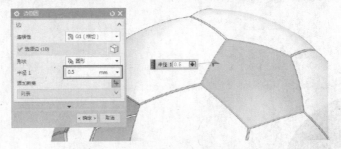

图4-236 对五边形实体的边进行倒圆

图4-237 改变实体颜色

图4-238 选择六边形实体上的一边来定义镜像平面

03 选择该侧边后，系统即可自动定义基准平面的创建方式为"曲线上"，这时只需输入平面在曲线上的位置参数，即可创建一个基准平面。此处设置位置的定义方式为"弧长百分比"，然后输入50，即可在曲线的中点处创建一个平面，同时得到镜像后的五边形实体，如图4-239所示。

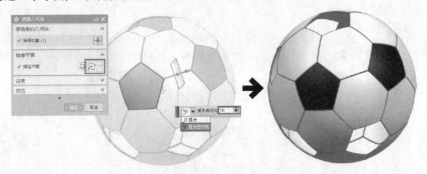

图4-239 创建五边形实体的镜像几何体

04 使用相同的方法，创建其他的五边形镜像几何体，即可得到最终的足球模型，如图4-240所示。

图4-240 足球模型

第 2 篇
曲面建模篇

第 5 章

三维曲线设计

学习重点：

三维空间的曲线设计

曲线的相关编辑

创建曲面线框

流畅的曲面外形已经成为现代产品设计发展的趋势。利用UG软件完成曲线式流畅造型设计是现代产品设计迫在眉睫的市场需要，也是本书的核心内容和写作目的。

工业产品的设计水平是一个国家科学技术、文化素质水平的标志。要在工业产品设计中立于不败之地，必须具备适应产品变革的设计理念，并有效利用设计软件快速将理念转换为模拟产品，然后将其加工制造形成真实的产品。在现代CAD应用软件中，对3D曲面建模的精确描述和灵活操作能力已经是评定三维CAD辅助设计功能是否强大的重要标志。UG作为当今世界极为流行的CAD/CAM/CAE软件之一，由于其功能强大，可对产品进行建模、加工、分析设计，能够快速、准确地获得工业造型设计方案。特别是使用UG建模功能不仅能进行实体模型创建，对于形状复杂的曲面产品设计也得心应手，充分体现了在产品设计方面的极大优越性。

本章主要介绍UG曲线造型的基础知识，并从数学的角度介绍曲线和曲面的结构特征和连续性，此外还介绍了曲面设计的主要思路和构建曲面的方法和技巧。

5.1 曲线设计

在所有3D软件中，构造和编辑曲线是最重要、最基础的操作，不管是简单的实体模型，还是复杂多变的曲面造型，一般都是从绘制曲线开始的，只有成功的曲线才能创建出各类靓丽的曲面模型。在工业产品设计过程中，由于大多数曲线属于非参数性曲线类型，在绘制过程中具有较大的随意性和不确定性，因此在利用曲线构建曲面时，一次性构建出符合设计要求的曲线特征比较困难，中间还需要通过各种编辑曲线特征的工具进行编辑操作，这样才能创建出符合设计要求的曲线。

在UG NX 12.0中，与曲线设计有关的命令都集中在"曲线"选项卡中，如图5-1所示。

图5-1 "曲线"选项卡

5.1.1 创建直线

在UG NX中，直线是通过空间中的两点创建的一条线段。直线作为组成平面图形或截面的最小图元，在空间中无处不在。例如，在两个平面相交时可以产生一条直线，通过棱角实体模型的边线也可以创建一条边线直线。直线在空间中的位置由它经过的点以及它的一个方向向量来确定。

在UG NX软件中可以通过以下3种方法创建直线。

◆ 使用第3章的方法，在草图中创建直线。
◆ 选择"曲线"→"曲线"→"直线"选项✐，或选择"菜单"→"插入"→"曲线"→"直线"选项，打开如图5-2所示的"直线"对话框。通过指定直线的起点和终点来创建直线。
◆ 选择"菜单"→"插入"→"曲线"→"直线和圆弧"选项，在子菜单中包含了多种直线命令，如图5-3所示。

其中前两种创建方法相对比较简单，只需指定直线的起点和终点即可创建直线，也只能创建一般位置的直线，第3种方法包含多种特殊位置的直线创建功能，以下分别介绍。

 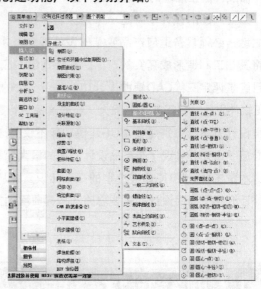

图5-2 "直线"对话框   图5-3 "菜单"按钮中的"直线"命令

1. 直线（点-点）

通过两点创建直线是最常用的创建直线的方法。选择"菜单"→"插入"→"曲线"→"直线和圆弧"→"直线（点-点）"选项，弹出"直线（点-点）"对话框。在绘图区中选择起点和终点，创建的直线如图5-4所示。

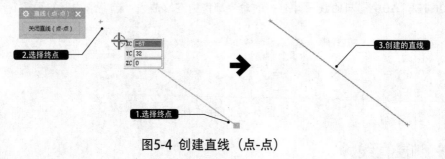

图5-4 创建直线（点-点）

2. 直线（点-XYZ）

"点-XYZ"创建直线是指定一点作为直线的起点，然后选择XC、YC、ZC坐标轴中的任意一个方向作为直线延伸的方向，如图5-5所示。

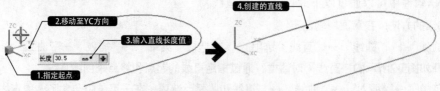

图5-5 创建直线（点-XYZ）

3. 直线（点-平行）

"点-平行"方式创建直线是指定一点作为直线的起点，与选择的平行参考线平行，并指定直线的长度，如图5-6所示。

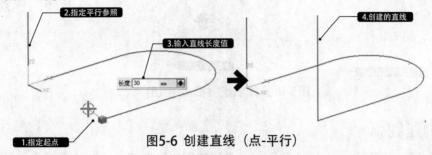

图5-6 创建直线（点-平行）

4. 直线（点-垂直）

"点-垂直"方式创建直线是指定一点作为直线的起点，再定义直线沿与指定的参考直线垂直的方向延伸，如图5-7所示。

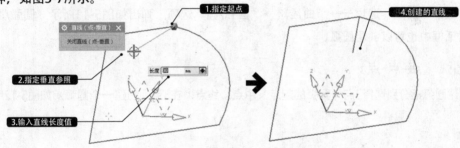

图5-7 创建直线（点-垂直）

5. 直线（点-相切）

"点-相切"方式创建直线指首先指定一点作为直线的起点，然后选择一相切的圆或圆弧，在起点与切点间创建一直线，如图5-8所示。

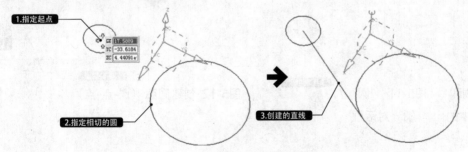

图5-8 创建直线（点-相切）

6. 直线（相切-相切）

通过"相切-相切"方式可以在两相切参照（圆弧、圆）间创建直线，如图5-9所示。

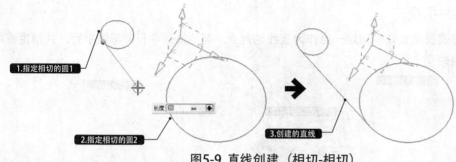

图5-9 直线创建（相切-相切）

5.1.2 创建圆弧

选择"菜单"→"插入"→"曲线"→"直线和圆弧"选项，子菜单中包含"圆弧（点-点-点）""圆弧（点-点-相切）""圆弧（相切-相切-相切）"和"圆弧（相切-相切-半径）"共4种创建圆弧的方式，通过子菜单中的"关联"选项 可以切换圆弧与圆的关联与非关联特性，如图5-10所示。

另外，选择"曲线"选项卡→"曲线"→"圆弧/圆"选项，弹出如图5-11所示"圆弧/圆"对话框，在该对话框中也可以创建圆弧。

1. 圆弧（点-点-点）

三点创建圆弧指分别选择3点为圆弧的起点、中点、终点，在3点间创建一个圆弧，如图5-12所示。

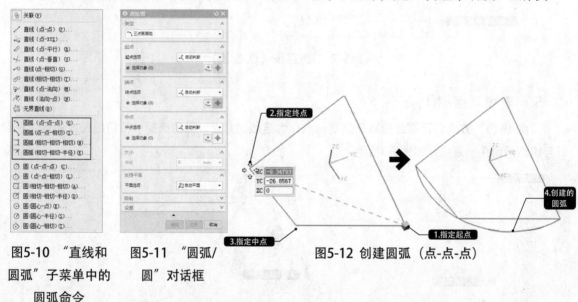

图5-10 "直线和 图5-11 "圆弧/ 图5-12 创建圆弧（点-点-点）
圆弧"子菜单中的 圆"对话框
圆弧命令

2. 圆弧（点-点-相切）

"点-点-相切"创建圆弧指经过两点，然后与一直线相切创建一个圆弧，如图5-13所示。

3. 圆弧（相切-相切-相切）

"相切-相切-相切"创建圆弧指通过与3条直线相切创建一个圆弧，如图5-14所示。

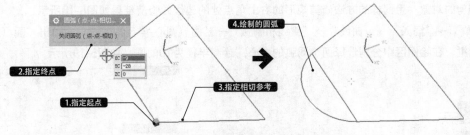

图5-13 创建圆弧（点-点-相切）

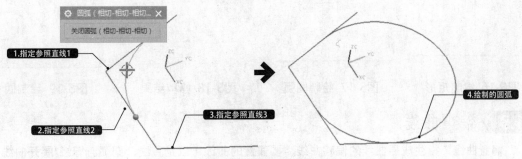

图5-14 创建圆弧（相切-相切-相切）

4. 圆弧（相切-相切-半径）

"相切-相切-半径"创建圆弧指创建与2条直线相切并指定半径的圆弧，如图5-15所示。

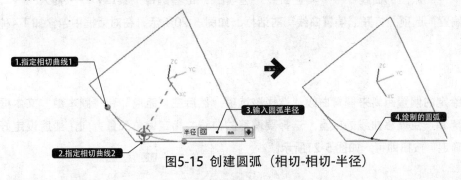

图5-15 创建圆弧（相切-相切-半径）

【案例 5-1】：绘制底座平面轮廓

01 启动UG NX 12.0，新建一个模型文件。在上边框条中打开"定向视图"下拉菜单，在下拉菜单中单击 "俯视图"按钮 （快捷键为Ctrl+Alt+T），将XC-YC平面设置为工作的视图平面。

02 选择"曲线"→"更多"选项，在弹出的下拉菜单中选择"曲线"→"矩形"选项 ，或者选择"菜 单"→"插入"→"曲线"→"矩形"选项，弹出"点"对话框。在工作区中创建如图5-16所示的A、B 两点，单击"确定"按钮，即可完成矩形的创建。

03 选择"菜单"→"插入"→"曲线"→"直线和圆弧"→"圆弧（相切-相切-半径）"选项，选择矩形 的边线为相切对象，输入"半径"为10，创建的圆弧如图5-17所示。

04 用同样的方法在矩形右上角点处创建半径为10的相切圆弧。

05 选择"曲线"→"编辑曲线"→"修剪曲线"选项，选择左边的圆弧为边界对象，选择圆弧之外的矩形边线为要修剪的对象。用同样的方法修剪矩形的右上角点处的边线，修剪结果如图5-18所示。

06 选择"菜单"→"插入"→"曲线"→"直线和圆弧"→"圆（圆心-半径）"选项，弹出"圆（圆心-半径）"对话框。在绘图区中分别选择两个圆弧的中心，绘制半径为10的圆，如图5-19所示。

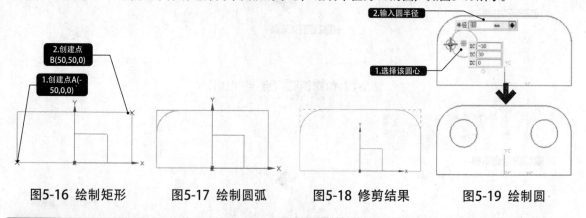

图5-16 绘制矩形　　　图5-17 绘制圆弧　　　图5-18 修剪结果　　　图5-19 绘制圆

5.1.3 偏置曲线

"偏置曲线"指生成原曲线的偏移曲线。要偏置的曲线可以是直线、圆弧、缠绕/展开曲线等。偏置曲线可以针对直线、圆弧、艺术样条和边界线等特征，按照特征原有的方向，向内或向外偏置指定的距离而创建曲线。可选取的偏置对象包括共面或共空间的各类曲线和实体边，但主要用于对共面曲线（开口或闭口的）进行偏置。

选择"曲线"→"派生的曲线"→"偏置曲线"选项 📳，或者选择"菜单"→"插入"→"派生的曲线"→"偏置"选项，打开"偏置曲线"对话框，如图 5-20所示。在对话框中包含如下4种偏置曲线的方式。

1. 距离

该方式是按给定的偏置距离来偏置曲线。选择该选项，然后在"距离"和"副本数"文本框中分别输入偏移距离和产生偏移曲线的数量，选择要偏移的曲线并指定偏置矢量方向，最后设定好其他参数并单击"确定"按钮即可，如图 5-21所示。

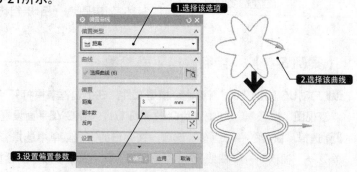

图 5-20 "偏置曲线"对话框　　　图 5-21 利用距离偏置曲线

2. 拔模

该方式是将曲线按指定的拔模角度偏移到与曲线所在平面相距拔模高度的平面上。拔模高度为原曲线所在平面和偏移后所在平面的距离，拔模角度为偏移方向与原曲线所在平面的法线的夹角。

选择该选项，然后在"高度"和"角度"文本框中分别输入拔模高度和拔模角度，选择要偏置的曲线并指定偏置矢量方向，最后设置好其他参数并单击"确定"按钮即可，方法如图5-22所示。

3. 规律控制

该方式是按照规律控制偏移距离来偏置曲线。选择该选项，从"规律类型"下拉列表中选择相应的偏移距离的规律控制方式，然后选择要偏置的曲线并指定偏置的矢量方向即可，如图5-23所示。

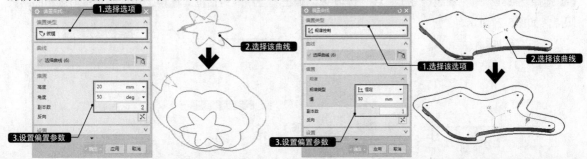

图 5-22 利用"拔模"偏置曲线　　　　　图 5-23 利用"规律控制"偏置曲线

4. 3D轴向

该方式是以轴矢量为偏置方向偏置曲线。选择该选项，然后选择要偏置的曲线并指定偏置矢量方向，在"距离"文本框中输入需要偏置的距离，最后单击"确定"按钮，即可创建相应的偏置曲线，如图5-24所示。

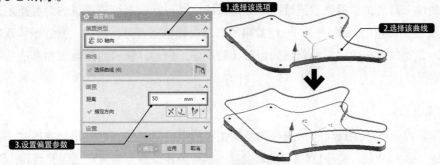

图 5-24 利用"3D轴向"偏置曲线

【案例 5–2】：绘制底座立体轮廓

本例延续【案例5-1】所完成的图形进行绘制。

01 选择"曲线"→"派生的曲线"→"偏置曲线"选项📎，弹出"偏置曲线"对话框。在"偏置类型"下拉列表中选择"3D轴向"选项，在工作区中选择底座外轮廓线，并设置偏置"距离"为10，指定偏置方向为ZC轴方向，如图5-25所示。

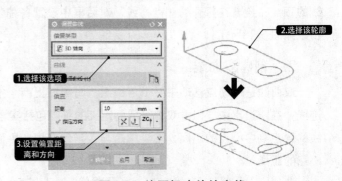

图5-25 偏置机座外轮廓线

> **提示**
>
> "偏置曲线"功能只能对一个闭合曲线偏置,所以外轮廓和两个圆要分三次偏置才能完成。选择"菜单"→"编辑"→"移动对象"选项,可以移动多个封闭曲线,在下面的操作中将会介绍。

02 用同样的方法,将两个圆向ZC轴方向偏置10mm,对话框设置参数同上一步,偏置圆如图5-26所示。

03 选择"曲线"→"曲线"→"直线"选项 ╱,弹出"直线"对话框,连接上、下两直角顶点和圆的象限点,如图5-27所示。

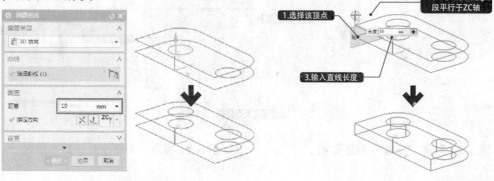

图5-26 偏置圆　　　　　　　　图5-27 连接上、下轮廓线

5.1.4 创建二次曲线

二次曲线是平面直角坐标系中x、y的二次方程所表示的图形的统称,是一种比较特殊的、复杂的曲线。二次曲线一般是由截面截取圆锥所形成的截线,其形状由截面与圆锥的角度而定,平行于XY平面的二次曲线由设定的点来定位。一般常用的二次曲线包括圆形、椭圆、抛物线和双曲线以及一般二次曲线。二次曲线在建筑工程领域的运用比较广泛,例如,预应力混凝土布肋往往采用正反抛物线方式来进行。

1. 创建抛物线

抛物线是平面内到一个定点和一条直线的距离相等的点的轨迹线。在创建抛物线时,需要定义的参数包括焦距、最大DY值、最小DY值和旋转角度。其中焦距是焦点与顶点之间的距离;DY值是抛物线端点到顶点的切线方向上的投影距离。

选择"曲线"选项卡→"更多"→"曲线"→"抛物线"选项 ⋐,或者选择"菜单"→"插入"→"曲线"→"抛物线"选项,然后根据打开的"点"对话框中的提示,在工作区中指定抛物线的顶点,接着在打开的"抛物线"对话框中设置各种参数,最后单击"确定"按钮,即可创建抛物线如图 5-28所示。

2. 创建双曲线

双曲线是一动点移动于一个平面上,与平面上两个定点的距离的差始终为一定值时所形成的轨迹线。在UG NX中,创建双曲线需要定义的参数包括实半轴、虚半轴、DY值等。其中实半轴是双曲线的顶点到中心点的距离;虚半轴是与实半轴在同一平面内且在与实半轴垂直的方向上的虚点到中心点的距离。

选择 "曲线"→"更多"→"曲线"→"双曲线"选项 ⋌,或者选择"菜单"→"插入"→"曲线"→"双曲线"选项，根据打开的"点"对话框中的提示，在工作区中指定一点作为双曲线的顶点；然后在打开的"双曲线"对话框中设置双曲线的参数；最后单击"确定"按钮，即可创建双曲线，如图 5-29 所示。

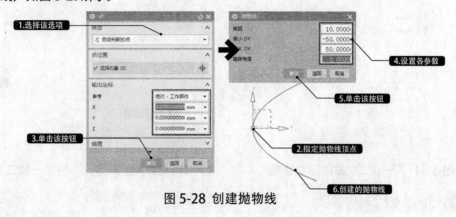

图 5-28 创建抛物线

3. 创建椭圆

椭圆是机械设计过程中常用的曲线对象之一。与上面介绍的曲线的不同之处在于，该类曲线在 X、Y 轴方向对应的圆弧直径有差异，如果直径完全相同则形成规则的圆轮廓线，因此可以说圆是椭圆的特殊形式。

选择"曲线"→"更多"→"曲线"→"椭圆"选项，或者选择"菜单"→"插入"→"曲线"→ ⊙ "椭圆"选项，根据打开的"点"对话框中的提示，在工作区中指定一点作为椭圆的圆心；然后在打开的"椭圆"对话框中设置椭圆参数并单击"确定"按钮，即可创建椭圆，如图 5-30 所示。

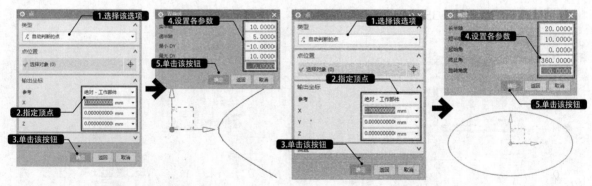

图 5-29 创建双曲线

图 5-30 创建椭圆

4. 创建一般二次曲线

一般二次曲线指使用各种放样方法或者一般二次曲线公式建立的二次曲线。根据输入数据的不同，曲线的构造结果可以为圆、椭圆、抛物线和双曲线。一般二次曲线比椭圆、抛物线和双曲线更加灵活。选择"曲线"→"曲线"→"一般二次曲线"选项，或者选择"菜单"→"插入"→"曲线"→"一般二次曲线"选项，打开"一般二次曲线"对话框，如图 5-31 所示。

"5点"方式是利用5个点来创建二次曲线。选择该选项，然后根据"点"对话框中的提示依次在工作区中选择5个点，最后单击"确定"按钮即可，如图5-32所示。

图5-31 "一般二次曲线"对话框　　　　图5-32 利用"5点"创建一般二次曲线

5.1.5 创建螺旋线

螺旋线是由一些特殊的运动所产生的轨迹。螺旋线是一种特殊的规律曲线，它是具有指定圈数、螺距、弧度、旋转方向和方位的曲线。它的应用比较广泛，主要用于螺旋槽特征的扫描轨迹线，如机械上的螺杆、螺帽、螺钉和弹簧等零件，都是典型的螺旋线形状。

选择"曲线"→"曲线"→"螺旋线"选项 ，或者选择"菜单"→"插入"→"曲线"→"螺旋线"选项，打开"螺旋线"对话框，如图5-33所示。对话框中各选项组含义分别介绍如下。

1. "类型"选项组

该选项组用于选择螺旋线的类型，即定义螺旋线的轴线。选择"沿矢量"，则使用参考坐标系的Z轴作为轴线，生成直螺旋线，如图5-34所示。选择"沿脊线"，则选择一条曲线作为螺旋线的轴线，创建的螺旋线如图5-35所示。

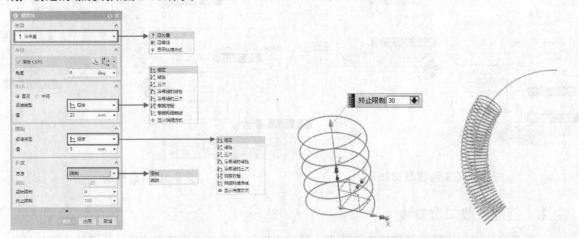

图5-33 "螺旋线"对话框　　　图5-34 "沿矢量"创建螺　图5-35 "沿脊线"创建螺
　　　　　　　　　　　　　　　　　　　旋线　　　　　　　　旋线

2. "方位"选项组

选择螺旋线类型为"沿矢量"时，需要在此选项组中选择一个基准坐标系作为螺旋线的参考，螺旋线轴线与坐标系Z轴重合，并可在"角度"文本框中输入螺旋线的起始角度，角度为0表示从X轴起始。选择螺旋线类型为"沿脊线"时，该选项组如图 5-36 所示，可以选择"自动判断"，使螺旋线起始面垂直于脊线，也可选择"指定的"，选择一个基准坐标系作为方位参考，此时螺旋线从基准坐标系的XY平面开始，但螺旋线的形状仍按照脊线的形状变化。

3. "脊线"选项组

选择螺旋线类型为"沿脊线"时，对话框中出现此选项组。选择一条曲线作为螺旋线参考。单击"反向"按钮可以由曲线的另一端开始创建螺旋线。

4. "大小"选项组

该选项组用于控制螺旋线的直径大小，可选择恒定大小，也可选择脊线参考，创建直径变化的螺旋线，如图 5-37 所示。

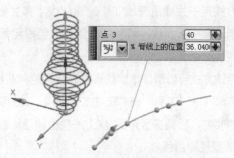

图 5-36 选择"沿脊线"时的"方位"选项组　　图 5-37 创建直径变化的螺旋线

在"规律类型"下拉列表中包含了7种变化规律方式，用来控制螺旋线半径沿轴线方向的变化规律。

» 恒定

此方式用于创建固定半径的螺旋线。选择"恒定"选项，在"值"文本框中输入规律值的参数，接着在对话框中的相应文本框中输入螺旋线的螺距和圈数，最后单击"确定"按钮，即可创建螺旋线，如图 5-38 所示。

» 线性

此方式用于设置螺旋线的旋转半径为线性变化。选择"线性"选项，在对话框中的"起始值"及"终止值"文本框中输入参数值，并在对话框中的相应文本框中输入螺旋线的圈数及螺距，然后单击"确定"按钮，即可创建螺旋线，如图 5-39 所示。

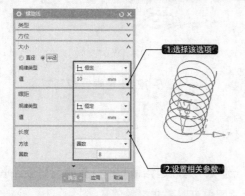

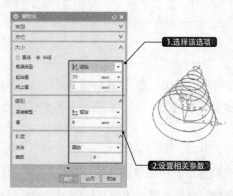

图 5-38 利用"恒定"方式创建螺旋线　　图 5-39 利用"线性"方式创建螺旋线

» 三次 📐

此方式用于设置螺旋线的旋转半径为三次方变化。选择"三次"选项📐，在对话框中的"起始值"及"终止值"文本框中输入参数值，然后在对话框中的相应文本框中输入螺旋线的相关参数即可。这种方式创建的螺旋线与线性方式比较相似，只是在螺旋线形式上有所不同，利用"三次"方式创建的螺旋线，如图5-40所示。

» 沿脊线的三次 📐

此方式是以脊线和变化规律值来创建螺旋线，与后面的沿脊线的线性方式类似。选择"沿脊线的三次"选项📐后，首先选择脊线，让螺旋线沿此线变化；再选择脊线上的点并输入相应的半径值即可。这种方式和后一种创建方式最大的差异就是螺旋线旋转半径变化方式按三次方变化，利用"沿脊线的三次"方式创建的螺旋线，如图5-41所示，而后一种是按线性变化。

» 沿着脊线的线性 📐

此方式用于生成沿脊线变化的螺旋线，其变化形式为线性。选择 📐 "沿脊线的线性"选项，根据系统提示选取一条脊线，再利用点创建功能指定脊线上的点，并确定螺旋线在该点处的半径值即可。

» 根据方程 📐

利用该方式可以创建指定的运算表达式控制的螺旋线。在利用该方式之前，首先要定义参数表达式。选择"菜单"→"工具"→"表达式"选项，在打开的"表达式"对话框中可以定义表达式。选择"根据方程"选项📐，根据提示先指定X上的变量和运算表达式，同理依次完成Y和Z上的设置即可。

» 根据规律曲线 📐

此方式是利用规律曲线来决定螺旋线的旋转半径，从而创建螺旋的曲线。选择"根据规律曲线"选项📐，首先选择一条规律曲线，然后选择一条脊线来确定螺旋线的方向。产生螺旋线的旋转半径将会依照所选的规律曲线，并且由工作坐标原点的位置确定。

5. "螺距"选项组

设置螺旋线螺距值，可选择恒定螺距，也可使用脊线参考，创建螺距变化螺旋线，如图5-42所示。

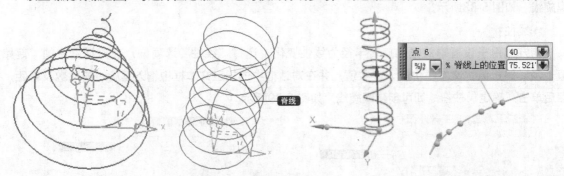

图5-40 利用"三次"方　图5-41 利用"沿脊线的　图5-42 使用脊线控制螺距
　　式的螺旋线　　　　　三次"方式螺旋线

6. "长度"选项组

该选项组用于控制螺旋线的长度。选择"限制"选项，则以起始值和终止值定义螺旋线长度，选择"圈数"选项，则以圈数和螺距定义螺旋线长度，圈数可以是非整数值。

【案例 5-3】：扫掠法创建弹簧

01 启动 UG NX 12.0，新建一空白模型文件。

02 绘制截面草图。选择"主页"→"草图"选项，打开"创建草图"对话框。在工作区中选择 XC-ZC 平面为草图平面，绘制如图 5-43 所示的截面草图。

03 创建螺旋线。选择"曲线"→"曲线"→"螺旋线"选项，打开"螺旋线"对话框。以坐标原点为螺旋线的起始点，+ZC 轴为方向矢量，然后在对话框中设置圈数、螺距和半径，如图 5-44 所示。

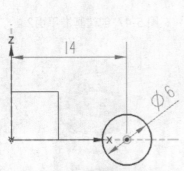

图 5-43 绘制截面草图

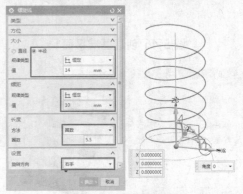

图 5-44 创建螺旋线

04 创建扫掠特征。选择"主页"→"特征"→"更多"→"扫掠"选项，打开"扫掠"对话框。选择所绘制的草图为截面曲线，然后选择螺旋线为引导线，单击"确定"按钮，创建如图 5-45 所示的弹簧本体。

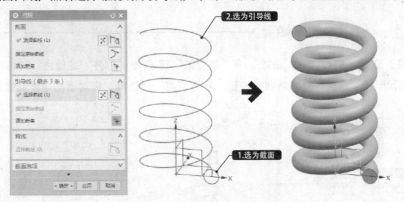

图 5-45 扫掠创建弹簧本体

05 创建基准平面1。选择"主页"→"特征"→"基准平面"选项，打开"基准平面"对话框。在"类型"下拉列表中选择"点和方向"选项，然后在工作区中选择弹簧本体下方的圆截面圆心为通过点，基准轴 ZC 轴为法向，单击"确定"按钮，创建如图 5-46 所示的基准平面1。

06 创建基准平面2。使用相同方法，在工作区中选择弹簧本体上方的圆截面圆心为通过点，基准轴 ZC 轴为法向，创建如图 5-47 所示的基准平面2。

07 修剪下方端面圆。选择"主页"→"特征"→"修剪体"选项，弹出"修剪体"对话框。在"目标"选项组中选取弹簧本体为要修剪的实体对象，在"工具"选项组中选择基准平面1为工具面，单击"确定"按钮，修剪下方端面圆，如图 5-48 所示。

08 修剪上方端面圆。使用相同方法，以基准平面2为工具面，修剪弹簧的上方端面圆，如图 5-49 所示。

图 5-46 创建基准平面1

图 5-47 创建基准平面2

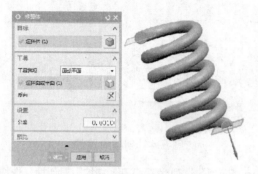

图 5-48 修剪下方端面圆

图 5-49 修剪上方端面圆

【案例 5-4】：管道法创建弹簧

01 创建螺旋线1。选择"曲线"→"曲线"→"螺旋线"选项 ，打开"螺旋线"对话框。在对话框中设置圈数、螺距和半径。单击"点构造器"按钮，打开"点"对话框。在对话框中设置螺旋线起始坐标，如图5-50所示。

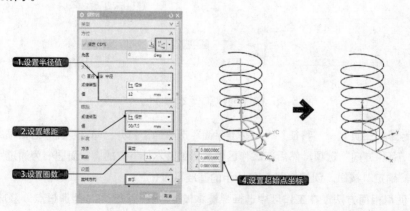

图5-50 创建螺旋线1

02 创建基准平面。选择"主页"→"特征"→"基准平面"选项 ，打开"基准平面"对话框。在"类型"下拉列表中选择"按某一距离"选项，在工作区中选择XC-YC基准平面，并设置偏置距离为25，如图5-51所示。

03 创建螺旋线2。选择"曲线"→"曲线"→"螺旋线"选项，打开"螺旋线"对话框。在对话框中设置圈数、螺距和半径。单击"点构造器"按钮，打开"点"对话框。在对话框中设置螺旋线起始坐标为（0，0，53），如图5-52所示。

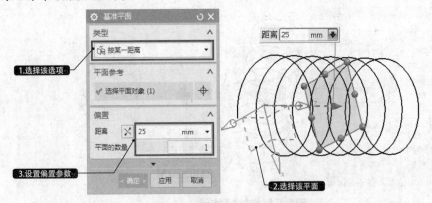

图5-51 创建基准平面

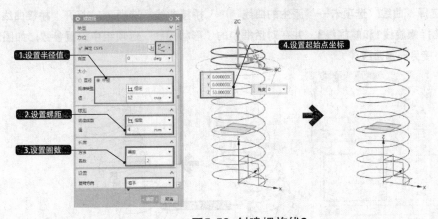

图5-52 创建螺旋线2

04 创建螺旋线3。选择"曲线"→"曲线"→"螺旋线"选项，打开"螺旋线"对话框。在对话框中设置圈数、螺距和半径，单击"点构造器"按钮，打开"点"对话框。在对话框中设置螺旋线起始坐标为（0，0，-11），如图5-53所示。

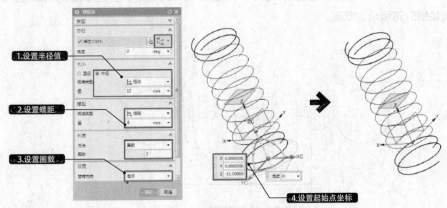

图5-53 创建螺旋线3

05 旋转螺旋线。在菜单按钮中选择"编辑"→"移动对象"选项，打开"移动对象"对话框。在"运

动"下拉列表中选择"角度"选项,在工作区中选择Z轴为指定矢量,并设置旋转角度为180°,选中 "移
动原先的"单选按钮,如图5-54所示。

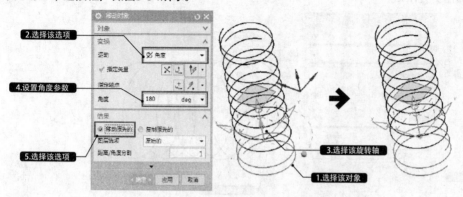

图5-54 旋转螺旋线

06 桥接曲线1。选择"曲线"选项卡→"派生的曲线"→"桥接曲线"选项 ,打开"桥接曲线"对话
框。在工作区中选择螺旋线1和螺旋线3,并在对话框中的"形状控制"选项组中设置参数,如图5-55所
示。按同样方法桥接另一端曲线。

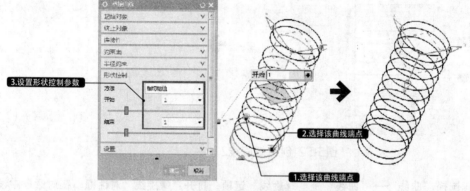

图5-55 桥接曲线1

07 绘制草图。选择"主页"→"草图"选项 ,打开"创建草图"对话框。在工作区中选择XZ基准平面
为草图平面,绘制如图5-56所示的草图。

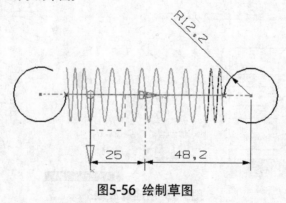

图5-56 绘制草图

08 缩短曲线1。选择"曲线"→"编辑曲线"→"曲线长度"选项 ,打开"曲线长度"对话框。在工

作区中选择上一步骤绘制的草图，并设置"限制"选项组中的参数，如图5-57所示。按同样方法缩短另一端钩环曲线长度。

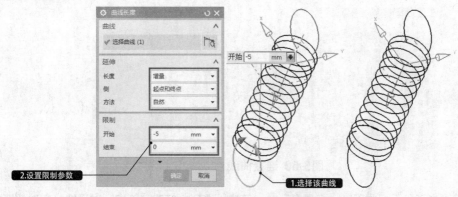

图5-57 缩短曲线1

09 缩短曲线2。选择"曲线"→"编辑曲线"→"曲线长度"选项，打开"曲线长度"对话框，在工作区中选择螺旋线3，并设置"限制"选项组中的参数，如图5-58所示。按同样方法缩短另一端的螺旋线2。

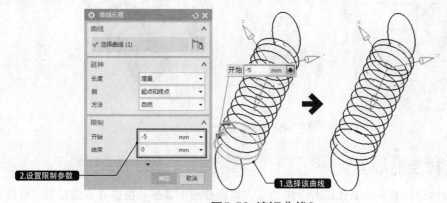

图5-58 缩短曲线2

10 桥接曲线2。选择"曲线"→"派生的曲线"→"桥接曲线"选项，打开"桥接曲线"对话框，在工作区中选择螺旋线3和钩环曲线，并在对话框中的"形状控制"选项组中设置参数，如图5-59所示。按同样方法桥接另一端的螺旋线1和钩环曲线。

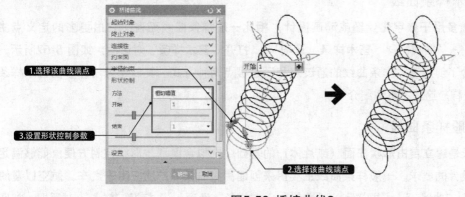

图5-59 桥接曲线2

11 连接曲线。选择菜单按钮中的"插入"→"派生的曲线"→"连结"选项，打开"连结曲线"对话框。在工作区中选择步骤1、步骤6、步骤8、步骤9和步骤10所创建的曲线，将这些曲线连接起来，如图5-60所示。

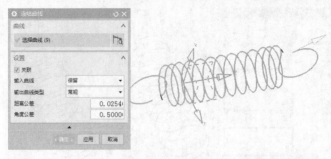

图5-60 连接曲线

12 创建管道。选择"主页"→"曲面"→"更多"→"管道"选项，打开"管道"对话框。在对话框中设置"外径"为3.5，"内径"为0，并在工作区中选择上一步骤创建的连接曲线，如图5-61所示。

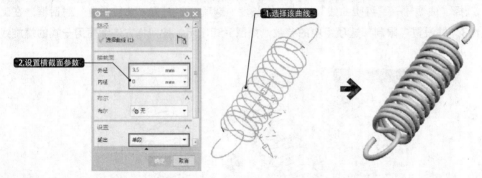

图5-61 创建管道

5.1.6 创建样条曲线

"样条曲线"指通过多项式曲线和所设定的点来拟合曲线，其形状由这些点来控制。样条曲线采用的是近似的创建方法，很好地满足了设计的需求，是一种用途广泛的曲线。它不仅能够创建自由曲线和曲面，而且还能精确表达包括圆锥曲面在内的各种几何体的统一表达式。在UG NX中，样条曲线包括艺术样条曲线和一般样条曲线两种类型。

1. 创建艺术样条曲线

艺术样条曲线多用于数字化绘图或动画设计，相比一般样条曲线而言，它由更多的定义点生成。选择"曲线"→"曲线"→"艺术样条"选项，打开"艺术样条"对话框，如图 5-62所示。在该对话框中包含了创建艺术样条曲线的通过点和通过极点两种方式。其创建方法和草图艺术样条曲线的创建方法一样，这里不再详细介绍。

2. 创建一般样条曲线

一般样条曲线是建立自由形状曲面（或片体）的基础。它拟合逼真，形状控制方便，能够满足很大一部分产品设计的要求。一般样条曲线主要用来创建高级曲面，广泛应用于汽车、航空以及船舶等制造业。选择"曲线"→"更多"→"曲线"→"样条"选项，打开"样条"对话框，如图

5-63所示。在该对话框中提供了以下4种创建一般样条曲线的方式。

图 5-62　创建艺术样条曲线

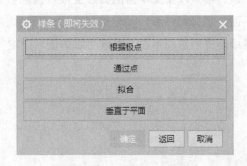

图 5-63　"样条"对话框

》根据极点

该选项是利用极点创建样条曲线，即用选定点建立的控制多边形来控制样条的形状，创建的样条曲线只通过两个端点，不通过中间的控制点。

选择"根据极点"选项，在打开的对话框中选择生成曲线的类型为"多段"，并在"曲线阶次"文本框中输入曲线的阶次，然后根据"点"对话框，在绘图区中指定点使其生成样条曲线，最后单击"确定"按钮即可，如图 5-64所示。

》通过点

该选项是通过设置样条曲线的各定义点，生成一条通过各点的样条曲线。它与"根据极点"生成样条曲线的最大区别在于生成的样条曲线通过各个控制点。"通过点"创建样条曲线和根据极点创建样条曲线的操作方法类似，其中需要选择样条曲线控制点的成链方式，如图 5-65所示。

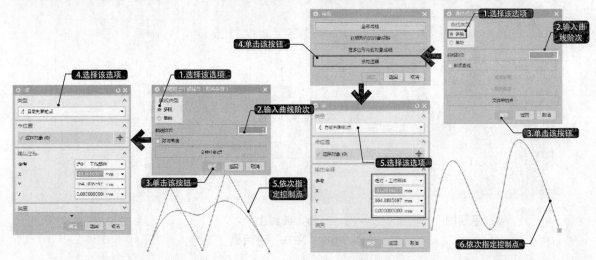

图 5-64通过"根据极点"创建样条曲线　　图 5-65 利用"通过点"创建样条曲线

》拟合

该选项是利用曲线拟合的方式确定样条曲线的各中间点，只精确地通过曲线的端点，对于其他点则在给定的误差范围内尽量逼近。其操作步骤与前两种方法类似，这里不再详细介绍。利用"拟合"创建的样条曲线如图 5-66所示。

》垂直于平面

该选项是以正交平面的曲线生成样条曲线。选择该选项后，首先选择或通过面创建功能定义起始平面，选择起始点，接着选择或通过面创建功能定义下一个平面且定义建立样条曲线的方向；然后继续选择所需的平面，完成之后单击"确定"按钮，系统会自动生成一条样条曲线，如图 5-67所示。

图 5-66 利用"拟合"创建样条曲线　　　　图 5-67 利用"垂直于平面"创建样条曲线

5.1.7 》 创建文本

在"曲线"选项卡中单击"曲线"组中的"文本"按钮 **A**，弹出"文本"对话框，如图 5-68所示。在"类型"下拉列表中选择文本的创建方式，UG NX 12.0提供了3种创建文本的方式，分别是"平面""曲线上"和"面上"。

　　　a）平面的　　　　　　　　b）曲线上　　　　　　　c）面上
图 5-68 "文本"对话框

1. 平面上创建文本

在"类型"下拉列表中选择"平面的"选项，如图 5-68a所示。在对话框"文本属性"选项组的文本框中输入文字内容，并设置字体等其他属性；在"文本框"选项组中指定坐标系，系统将以所选坐标系的XC-YC平面作为文本放置面；在绘图区中拖动文本锚点（坐标系原点），在需要的位置单击即可放置该文本。

【案例 5-5】： 指定平面创建文本

01 启动UG NX 12.0，新建一空白文件。

02 选择"曲线"→"曲线"→"文本"选项，弹出"文本"对话框。

03 在"类型"下拉列表中选择"平面的"选项，在对话框"文本属性"选项组的文本框中输入文字内容，并设置字体等其他属性；在绘图区中拖动文本锚点（坐标系原点），在需要的位置放置该文本，如图5-69所示。

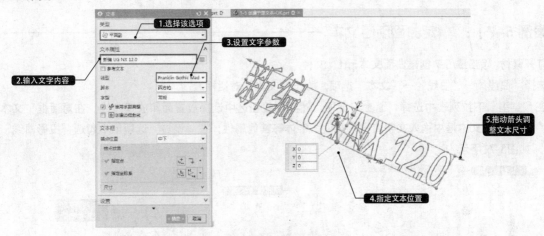

图 5-69 创建平面文本

2. 曲线上创建文本

在"类型"下拉列表中选择"曲线上"选项，如图 5-68b所示。在"文本放置曲线"选项组中激活"选择曲线"按钮，然后在绘图区中选择放置曲线，在对话框中设置文本的各项参数，单击"确定"按钮，即可在曲线上创建文本。

【案例 5-6】： 指定曲线创建文本

01 打开素材"第5章/5-6 指定曲线创建文本.prt"文件。

02 选择"曲线"→"曲线"→"文本"选项，弹出"文本"对话框。

03 在"类型"下拉列表中选择"曲线上"选项，然后在绘图区中选择放置曲线，在对话框中设置文本的各项参数，如图5-70所示。

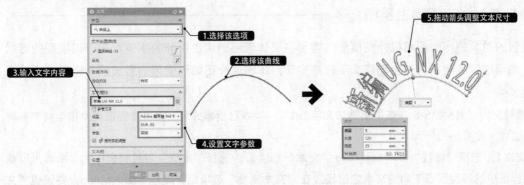

图5-70 创建曲线上的文本

3. 面上创建文本

在"类型"下拉列表中选择"面上"选项，如图 5-68c所示。在"文本放置面"选项组中激活"选择面"按钮，然后在绘图区中选择文本放置面，在"面上的位置"选项组中可选择文本在面上的定位方式：一是"面上的曲线"，需要选择一条面上的曲线，二是"剖切平面"，需要选择一个剖切平面，平面与放置面的交线将作为放置曲线。在对话框"文本属性"选项组的文本框中输入文字内容，并设置字体等其他属性。单击对话框中的"确定"，即可在指定面上创建文本。

【案例 5-7】： 指定曲面创建文本

01 打开素材"第5章/5-7 创建曲面文本.prt"文件。

02 选择"曲线"→"曲线"→"文本"选项，弹出"文本"对话框。

03 在"类型"下拉列表中选择"面上"选项，然后在绘图区中选择放置面和放置曲线；在对话框"文本属性"选项组的文本框中输入文字内容，并设置字体等其他属性；在"设置"选项组中勾选"投影曲线"选项，如图5-71所示。

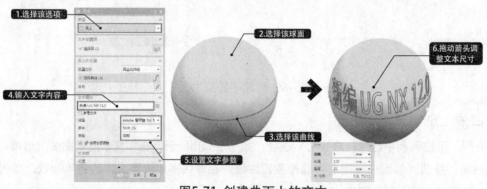

图5-71 创建曲面上的文本

> 提示
>
> UG NX中创建的文本均为曲线对象，因此可以进行拉伸、旋转等建模操作，会生成相应的实体。如果要在产品表面上标注文本，则可以先创建文本，再创建文本的拉伸实体，接着采用偏置面的方法进行修剪得到。

【案例 5-8】： 在模型上添加文字

本案例的对象是一个照相机外壳模型，需要在壳体表面创建出拉伸的字体。由于该模型的形状不规则，如果按照常规的方法来创建文字较难实现，本例便介绍如何使用偏置面配合修剪的方法来进行创建。

01 打开素材文件"第5章\5-8 在模型上添加文字.prt"，其中已创建好了一相机外壳模型，模型两侧各有一文本定位线，如图 5-72所示。

02 创建文本1。选择"曲线"→"曲线"→"文本"选项 A，选择"类型"下拉列表中的"曲线上"选项，在工作区中选择模型右下角的文本定位线，在"文本属性"选项组文本框中输入Maco，并设置"文本框"选项组中的尺寸参数，如图5-73所示。

图 5-72 相机外壳模型

图5-73 创建文本1

03 创建文本拉伸体1。选择"主页"→"特征"→"拉伸"选项 ，在工作区中选择上一步骤创建的文本为截面，选择拉伸方向为Y轴方向，设置"开始"和"结束"的距离分别为0和"直至选定"，如图5-74所示。

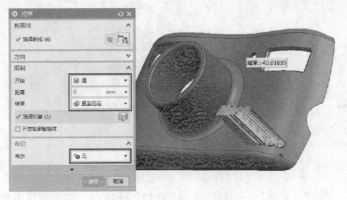

图5-74 创建文本拉伸体1

04 创建偏置曲面。选择"曲面"→"曲面工序"→"偏置曲面"选项 ，打开"偏置曲面"对话框。在工作区中选择壳体的外侧表面，设置"偏置1"为1，如图5-75所示。

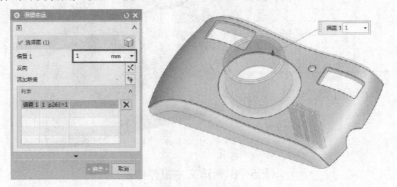

图5-75 创建偏置曲面

05 修剪文本拉伸体1。选择"主页"→"特征"→"修剪体"选项 ，打开"修剪体"对话框。在工作区中选择文本拉伸体1为目标体，选择偏置曲面为工具面，如图5-76所示。

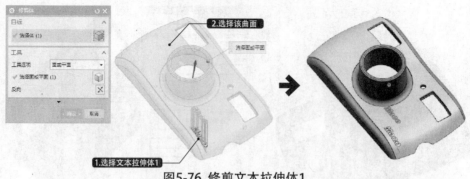

图5-76 修剪文本拉伸体1

06 创建文本2。选择"曲线"→"曲线"→"文本"选项 A，选择"类型"下拉列表中的"曲线上"选项，在工作区中选择模型左侧的文本定位线，在"文本属性"选项组的文本框中输入ZOOM，并设置"文本框"选项组中的尺寸参数，如图5-77所示。

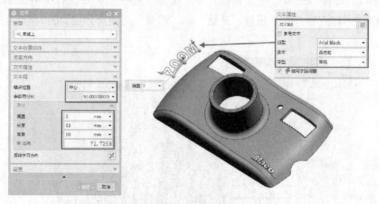

图5-77 创建文本2

07 创建文本拉伸体2。选择"主页"→"特征"→"拉伸"选项 ，在工作区中选择上一步骤创建的文本为截面，选择拉伸方向为Y轴方向，设置"开始"和"结束"的"距离"分别为0和"直至选定"，如图5-78所示。

图5-78 创建文本拉伸体2

08 修剪文本拉伸体2。选择"主页"→"特征"→"修剪体"选项 ，打开"修剪体"对话框。在工作区中选择文本拉伸体2为目标体，选择步骤4创建的偏置曲面为工具面，如图5-79所示。至此，照相机外壳模型上的文字创建完成。

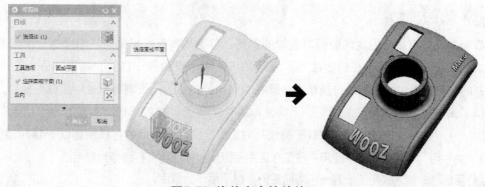

图5-79　修剪文本拉伸体2

5.1.8　缠绕/展开曲线

"缠绕/展开曲线"可以将曲线从一个平面缠绕到一个圆锥面或圆柱面上，或从圆锥面和圆柱面展开到一个平面上。使用"缠绕/展开曲线"工具输出的曲线是三次B样条曲线，并且与其输入曲线、定义面和定义平面相关联。

选择"曲线"→"派生的曲线"→"缠绕/展开曲线"选项 ，或者选择"菜单"→"插入"→"派生的曲线"→"缠绕/展开曲线"选项，打开"缠绕/展开曲线"对话框。该对话框中包括缠绕/展开曲线操作的选择方法和常用选项。

◆　"缠绕"：选择该选项，系统将设置曲线为缠绕形式。

◆　"展开"：选择该选项，系统将设置曲线为展开形式。

◆　"曲线或点"：该选项组用于选择要缠绕或展开的曲线。

◆　"面"：该选项组用于选择缠绕对象的表面，在选择时，系统只允许选择圆锥或圆柱的实体表面。

◆　"平面"：该选项组用于确定缠绕的平面。在选择时，系统要求缠绕平面与被缠绕表面相切，否则将会提示错误信息。

◆　"切割线角度"：该文本框用于设置实体在缠绕面上旋转时的起始角度，它直接影响缠绕或展开曲线的形态。

下面以缠绕曲线为例介绍其操作方法。首先选择"缠绕"选项，然后在工作区中选择要缠绕的曲线并单击"选择面"按钮 ，选择曲线要缠绕的面；然后单击"指定平面"按钮 ，确定产生缠绕的平面，最后单击"确定"按钮，即可创建缠绕曲线，如图 5-80所示。

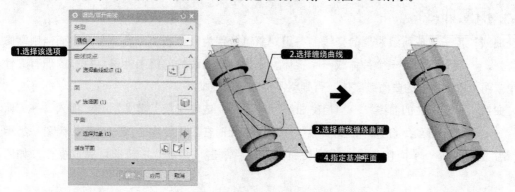

图 5-80 创建缠绕曲线

5.1.9 >> 截面曲线

"截面曲线"可以用设定的截面与选定的实体、平面或表面等相交，从而产生与平面或表面的交线，或者实体的轮廓线。在创建截面曲线时，与创建相交曲线一样，也需要打开一个现有的文件。打开的现有文件中的被剖面与剖切面必须在空间中是相交的，否则将不能创建截面曲线。

选择"曲线"→"派生的曲线"→"截面曲线"选项 ，或者选择"菜单"→"插入"→"派生的曲线"→"截面"选项，打开"截面曲线"对话框。在该对话框中可以创建以下4种截面曲线。

◆ "选定的平面"：该方式用于让用户在工作区中用鼠标直接点选某平面作为截面。
◆ "平行平面"：该方式用于设置一组等间距的平行平面作为截面。
◆ "径向平面"：该方式用于设定一组等角度扇形展开的放射平面作为截面。
◆ "垂直于曲线的平面"：该方式用于设定一个或一组与选定曲线垂直的平面作为截面。

下面以"选定的平面"为例介绍其操作方法。首先选择现有文件中要剖切的对象，然后根据提示选择剖切平面，最后单击"确定"按钮即可，如图5-81所示。

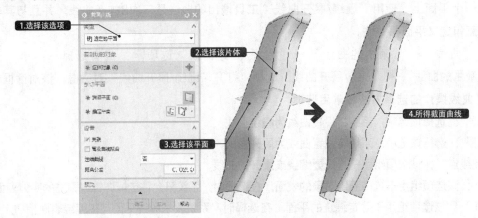

图 5-81 创建截面曲线

> **提示**
>
> 如果剖切面为平面、解析平面或有界平面，则将创建解析截面曲线（直线、圆弧或二次曲线）。另外，截面曲线在边界或孔处被修剪。

5.1.10 >> 相交曲线

"相交曲线"用于生成两组对象的交线，各组对象可分别为一个表面（若为多个表面，则需属于同一实体）、一个参考面、一个片体或一个实体。创建相交曲线的前提条件是：打开的现有文件必须是两个或两个以上相交的曲面或实体，否则将不能创建相交曲线。

选择"曲线"→"派生的曲线"→"相交曲线"选项 ，或者选择"菜单"→"插入"→"派生的曲线"→"相交"选项，打开"相交曲线"对话框。此时在工作区中选择一个面作为第一组相交曲面，然后选择另外一个面作为第二组相交曲面，最后单击"确定"按钮即可完成操作，如图5-82所示。

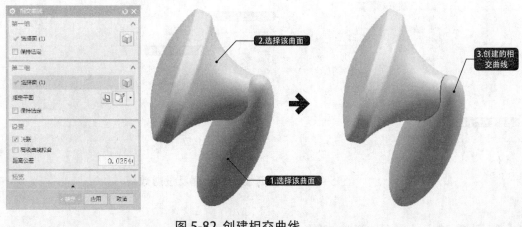

图 5-82 创建相交曲线

【案例 5-9】：管道上创建相交曲线

01 打开素材文件"素材/第5章/5-9管道上创建相交曲线.prt"，如图 5-83所示。

02 选择"曲线"→"派生的曲线"→"相交曲线"选项，打开"相交曲线"对话框。

03 单击激活"第一组"选项组中的"选择面"按钮，选择管道的圆周面作为第一组相交面。

04 单击激活"第二组"选项组中的"选择面"按钮，选择拉伸曲面作为第二组相交面。

05 单击对话框中的"确定"按钮，完成相交曲线的创建，如图 5-84所示。将拉伸曲面隐藏后可查看相交曲线。

图 5-83 素材文件

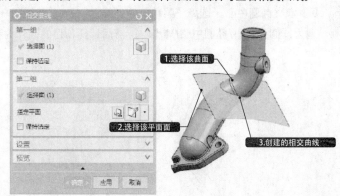

图 5-84 创建的相交曲线

5.1.11 投影曲线

"投影曲线"可以将曲线、边和点投影到片体、面和基准平面上。在投影曲线时可以指定投影方向、点或面的法向等。投影曲线在孔或面边缘处都要进行修剪，投影之后可以自动将输出的曲线连接成一条曲线。

选择"曲线"→"派生的曲线"→"投影曲线"选项，或者选择"菜单"→"插入"→"派生的曲线"→"投影"选项，打开"投影曲线"对话框。此时在工作区中选择要投影的曲线，然后选择要将曲线投影到其上的面（平面或基准平面）并指定投影方向，最后单击"确定"按钮即可，如图 5-85所示。

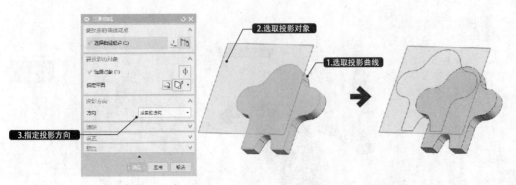

图 5-85 "投影曲线"对话框及投影效果

【案例 5-10】： 创建篮球纹路

01 绘制圆弧草图。选择"主页"→"直接草图"→"草图"▦选项，以XC-YC平面为草图平面，在草图原点绘制半径为184的半圆弧，如图 5-86所示。

02 旋转创建球体。选择"主页"→"特征"→"旋转"选项，由绘制的半圆创建一个球体。

03 创建圆弧。选择"曲线"→"曲线"→"圆弧/圆"选项，选择圆弧方式为"从中心开始的圆弧/圆"，在"支持平面"选项组中设置XC-YC平面为圆弧平面，并设置等距离为400；在"限制"选项组中勾选"整圆"复选框，定义坐标原点为中心点，设置半径值为184；单击"确定"按钮，创建的圆弧如图 5-87所示。

04 定义椭圆中心。选择"菜单"→"插入"→"曲线"→"椭圆"选项，弹出"点"对话框。设置点类型为"圆弧中心/椭圆中心/球心"，然后选择创建的圆作为参考对象，定义椭圆中心，如图 5-88所示。

图 5-86 绘制圆弧草图　　　　图 5-87 创建的圆弧　　　　图 5-88定义椭圆中心

05 系统返回"椭圆"对话框，设置椭圆参数，如图 5-89所示。单击对话框中的"确定"按钮，完成椭圆的创建。

06 选择"曲线"→"派生的曲线"→"投影曲线"选项 ，选择创建的椭圆和圆作为要投影的曲线，选择球面作为投影对象，设置投影方向为沿ZC方向，如图 5-90所示。

07 单击对话框中的"确定"按钮，创建的投影曲线如图 5-91所示。

08 选择"曲线"→"派生的曲线"→"相交曲线"选项 ，选择球面作为第一组面，选择YC-ZC平面作为第二组面，如图 5-92所示。单击对话框中的"确定"按钮，创建的相交曲线如图 5-93所示。

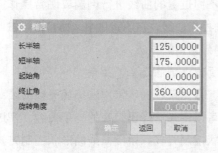

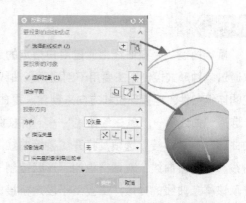

图 5-89 设置椭圆参数　　　　　图 5-90 选择投影曲线、投影面和投影方向

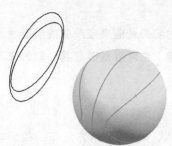

图 5-91 创建的投影曲线　　　　图 5-92 选择两组相交面　　　　图 5-93 创建的相交曲线

5.1.12 组合投影

"组合投影"是组合两条现有曲线的投影交集，以创建新的曲线。在"曲线"选项卡中，单击"派生的曲线"组右侧的下三角按钮，在打开的下拉菜单中单击"组合投影"按钮，打开"组合投影"对话框，如图 5-94 所示。

在"曲线1"和"曲线2"选项组中分别指定两条投影曲线，在"投影方向1"和"投影方向2"选项组中分别指定两曲线投影的方向，单击对话框中的"确定"按钮，即可创建组合投影，如图 5-95 所示。创建的曲线在方向1（X轴方向）上的投影即为曲线1，在方向2（Z方向）上的投影即为曲线2。

在UG中，有很多命令其实都可以看作某几个命令的合集，像"孔"命令就可以看成是"拉伸"＋"减去"命令的组合，本节中的组合投影也是如此。组合投影可以理解为两曲线在指定方向的拉伸曲面生成的交线，如图 5-96 所示。

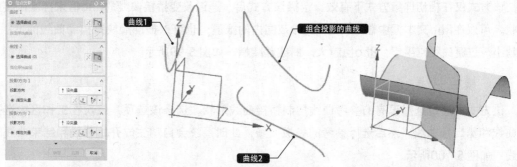

图 5-94 "组合投影"对话框　　　图 5-95 创建组合投影　　　图 5-96 "组合投影"原理示意

5.1.13 》桥接曲线

"桥接曲线"是在曲线上通过用户指定的点对两条不同位置的曲线进行倒圆或融合操作，曲线可以通过各种形式控制，主要用于创建两条曲线间的圆角相切曲线。在UG NX中，桥接曲线按照用户指定的连续条件、连接部位和方向来创建，是曲线连接中最常用的方法。

选择"曲线"→"派生的曲线"→"桥接曲线"选项 🖳，或者选择"菜单"→"插入"→"派生的曲线"→"桥接"选项，打开"桥接曲线"对话框。根据系统提示依次选择第一条曲线、第二条曲线。"桥接曲线"对话框中的"形状控制"选项组可以用来选择已存在的样条曲线，使过滤曲线继承该样条曲线的外形，主要用于设定桥接曲线的形状控制方式。桥接曲线的形状控制方式有以下4种，选择不同的方式，其下方的参数设置选项也有所不同。

1. 相切幅值

该方式是通过改变桥接曲线与第一条曲线或第二条曲线连接点的切矢量值来控制曲线的形状。要改变切矢量值，可以通过拖动"开始"或"结束"选项组中的滑块，也可以直接在其右侧的文本框中分别输入切矢量值，如图5-97所示。

2. 深度和歪斜度

该方式用于通过改变曲线峰值的深度和倾斜度值来控制曲线形状。它的使用方法与"相切幅值"方式一样，可以通过输入深度值或拖动滑块来改变曲线形状，如图5-98所示。

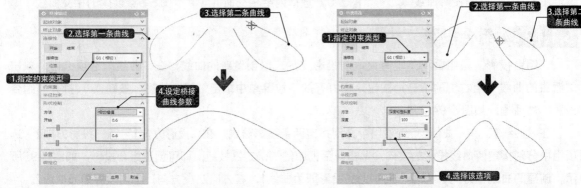

图 5-97 利用"相切幅值"桥接曲线　　　　　　图 5-98 利用"深度和歪斜度"桥接曲线

3. 二次曲线

该方式仅在相切连续方式下有效。选择该方式后，通过改变桥接曲线的Rho值来控制桥接曲线的形状。可以在Rho文本框中输入0.01~0.99范围内的数值，也可以拖动滑块来控制曲线的形状。Rho值越小，过渡曲线越平坦；Rho值越大，曲线越陡峭，如图5-99所示。

4. 模板曲线

该方式是通过选择已有的参考曲线控制桥接曲线形状。选择该选项，依次在工作区中选择第一条曲线和第二条曲线，然后选择参考的模板曲线，此时系统会自动生成开始曲线和结束曲线的桥接曲线，如图5-100所示。

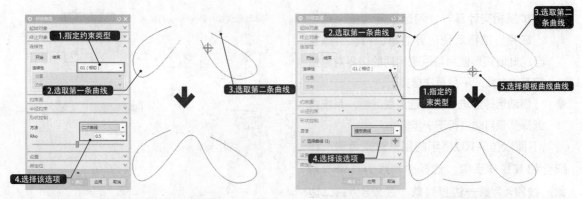

图 5-99 利用"二次曲线"桥接曲线　　　　图 5-100 利用"模板曲线"桥接曲线

5.2 曲线的编辑

　　在创建曲线过程中，由于大多数曲线属于非参数化的自由曲线，所以在空间中具有较大的随意性和不确定性。利用绘制曲线工具不能一次性创建出符合设计要求的曲线，这就需要利用本节介绍的编辑曲线工具，通过编辑曲线以创建出符合设计要求的曲线，具体包括修剪曲线、修剪拐角和分割曲线以及编辑曲线参数等。

5.2.1 修剪曲线和修剪拐角

　　修剪曲线和修剪拐角是曲线的两种修剪方式，但是它们的修剪效果却不同。修剪曲线是修剪或延伸曲线到选定的边界对象，根据选择的边界实体（如曲线、边、平面、点或光标位置）和要修剪的曲线调整曲线的端点。修剪拐角是把两条曲线裁剪到它们的交点从而形成一个拐角，生成的拐角依附于选择的对象。

1. 修剪曲线

　　"修剪曲线"指可以通过曲线、边、平面、表面、点或屏幕位置等工具调整曲线的端点，可延长或修剪直线、圆弧、二次曲线或样条曲线等。选择"曲线"→"编辑曲线"→"修剪曲线"选项，打开"修剪曲线"对话框，如图5-101所示。该对话框中主要选项的含义如下所述。

◆ "方向"：该下拉列表用于确定边界对象与待修剪曲线交点的判断方式。具体包括"最短的3D距离"和"沿方向"两种方式。

◆ "关联"：若勾选该复选框，则修剪后的曲线与原曲线具有关联性；若改变原曲线的参数，则修剪后的曲线与边界之间的关系自动更新。

◆ "输入曲线"：该选项用于控制修剪后的原曲线保留的方式，包括"保持""隐藏""删除"和"替换"4种保留方式。

◆ "曲线延伸"：如果要修剪的曲线是样条曲线并且需要延伸到边界，则利用该选项设置其延伸方式。包括"自认""线性""圆形"和"无"4种方式。

◆ "修剪边界曲线"：若勾选该复选框，则在对修剪对象进行修剪的同时，边界对象也被修剪。

◆ "扩展相交计算"：勾选该复选框，单击
"应用"按钮后使边界对象保持被选择状
态，此时如果使用与原来相同的边界对象修
剪其他曲线，不用再次选择。

◆ "自动选择递进"：勾选该复选框，系统按
选择步骤自动进行下一步操作。

下面以图5-102所示的图形对象为例，详
细介绍其操作步骤。选择轮廓线为要修剪对
象，线段A为第一边界对象，线段B为第二边
界对象。接受系统默认的其他设置，最后单击
"确定"按钮即可。

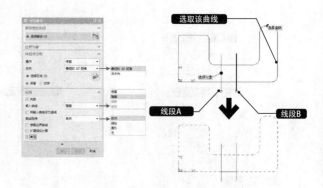

图5-101 "修剪曲线" 图5-102 修剪曲线操作
对话框 示意

提 示

在利用"修剪曲线"工具修剪曲线时，选择边界线的顺序不同，修剪结果也不同。

2. 修剪拐角

"修剪拐角"主要用于修剪两不平行曲线，在其交点处形成拐角，包括已相交的或将来相交的
两曲线。选择"曲线"→"更多"选项，在弹出的下拉菜单中选择"编辑曲线"→"修剪拐角"选
项 。在打开的"修剪拐角"对话框中会提示用户选择要修剪的拐角。在修剪拐角时，若移动鼠标
使选择球同时选中欲修剪的两曲线，且选择球中心位于欲修剪的角部位，单击鼠标左键确认，两曲
线的选中拐角部分会被修剪；若选择的曲线中包含样条曲线，系统会打开警告信息，提示该操作将
删除样条曲线的定义数据，需要用户给与确认。修剪拐角如图5-103所示。

提 示

修剪特征曲线时软件会发出警告，提示高亮显示的曲线的创建参数将被移除。单击"是"继
续修剪操作，或者单击"否"取消修剪操作。

5.2.2 分割曲线

分割曲线是指将曲线分割成多个节段，各节段都是一个独立的实体，并赋予和原来的曲线相同
的线型。选择"曲线"→"更多"→"编辑曲线"→"分割曲线"选项 ，打开"分割曲线"对话
框，如图5-104所示。该对话框提供以下5种分割曲线的方式。

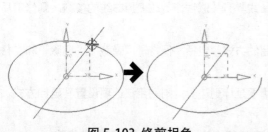

图5-103 修剪拐角

图5-104 "分割曲线"对话框

1. 等分段

该方式是以等长或等参数的方法将曲线分割成相同的节段。选择"等分段"选项后，选择要分割的曲线，然后在相应的文本框中设置等分参数并单击"确定"按钮即可，如图5-105所示。

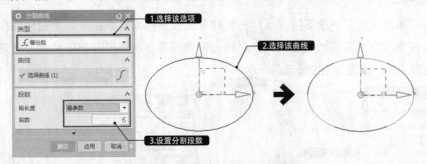

图 5-105 按"等分段"分割曲线

2. 按边界对象

该方式是利用边界对象来分割曲线。选择"按边界对象"选项，然后选择要分割的曲线并根据系统提示选择边界对象，最后单击"确定"按钮即可完成操作，如图5-106所示。

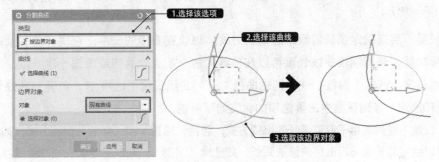

图 5-106 按"边界对象"分割曲线

3. 弧长段数

该方式是通过分别定义各节段的弧长来分割曲线。选择"弧长段数"选项，然后选择要分割的曲线，最后在"弧长"文本框中设置弧长并单击"确定"按钮即可，如图5-107所示。

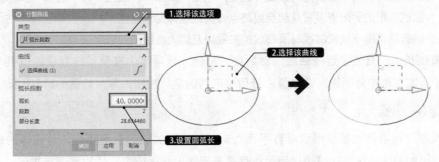

图 5-107 按"弧长段数"分割曲线

4. 在结点处

利用该方式只能分割样条曲线，在曲线的定义点处将曲线分割成多个节段。选择该选项后，选择要分割的曲线，然后在"方法"下拉列表中选择分割曲线的方法，最后单击"确定"按钮即可，如图5-108所示。

5. 在拐角上

该方式是在拐角处（即一阶不连续点）分割样条曲线（拐角点是由于样条曲线节段的结束点方向和下一节段开始点方向不同而产生的点）。选择该选项后，选择要分割的曲线，系统会在样条曲线的拐角处分割曲线，如图5-109所示。

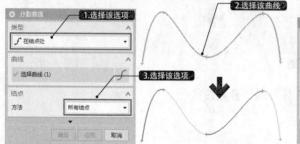

图 5-108 按"在结点处"分割曲线　　　　图 5-109 按"在拐角"上分割曲线

5.2.3 曲线长度

"曲线长度"用来指定弧长增量或总弧长方式，以改变曲线的长度，它同样具有延伸弧长或修剪弧长的双重功能。利用编辑曲线长度可以在曲线的每个端点处延伸或缩短一段长度，或使其达到一个双重曲线长度。选择"曲线"→"编辑曲线"→"曲线长度"选项 ，打开"曲线长度"对话框，如图5-110所示。该对话框中主要选项的含义如下所述。

◆ "长度"：该下拉列表用于设置弧长的编辑方式，包括"增量"和"全部"两种方式。如果选择"全部"，则以给定总长来编辑选择曲线的弧长；如选择"增量"，则以给定弧长增加量或减少量来编辑选择曲线的弧长。

◆ "侧"：该下拉列表用来设置修剪或延伸的方式，包括"起点和终点"和"对称"两种方式。"起点和终点"是从选择曲线的起点或终点开始修剪或延伸；"对称"是从选择曲线的起点和终点同时对称修剪或延伸。

◆ "方法"：该下拉列表用于设置修剪或延伸类型，包括"自然""线性"和"圆形"3种类型。

◆ "限制"：该选项组主要用于设置从起点或终点修剪或延伸的增量值。

◆ "设置"：该选项组用于设置曲线与原曲线的关联以及输入曲线的处理和公差。

要编辑曲线长度，首先要选择曲线，然后在"延伸"选项组中接受系统默认的设置，并在"开始"和"结束"文本框中分别输入增量值，最后单击"确定"按钮即可，如图5-111所示。

5.2.4 镜像曲线

"镜像曲线"可以通过基准平面或者平面复制关联或非关联的曲线和边。可镜像的曲线包括任何封闭或非封闭的曲线，选择的镜像平面可以是基准平面、平面或者实体的表面等类型。

选择"曲线"→"派生的曲线"→"镜像曲线"选项 ，或者选择"菜单"→"插入"→"派生的曲线"→"镜像"选项，打开"镜像曲线"对话框；然后选择要镜像的曲线并选择镜像平面即可，如图5-112所示。

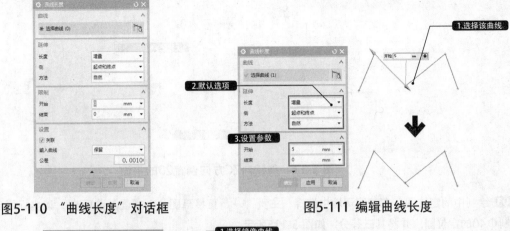

图5-110 "曲线长度"对话框　　　　　　　　图5-111 编辑曲线长度

图 5-112 镜像曲线

5.3 综合实例——创建时尚碗的曲面线框

　　本综合实例绘制一时尚碗曲面线框，通过对该曲面线框的创建，可以让读者加深对曲线设计的认识，从而更好地理解曲面的创建方法和规则。

01 绘制碗底圆。在建模环境中选择"主页"→"草图"选项🖼，进入草图环境后，以坐标原点为圆心绘制Φ60的圆，然后单击按钮🖼完成草图，返回建模环境，如图5-113所示。

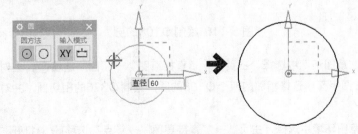

图 5-113 绘制碗底圆

02 创建偏置平面。在建模环境中选择"主页"→"特征"→"基准平面"选项⬜，在工作区中选择XC-YC平面，创建向ZC方向偏置20的平面，如图5-114所示。

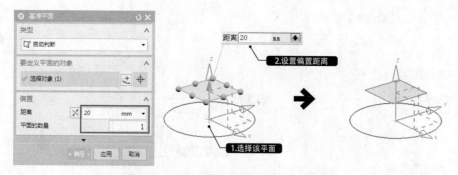

图 5-114 创建向ZC方向偏置20的平面

03 绘制中间定位圆。在草图环境中选择"主页"→"直接草图"→"圆"选项 ⊙，以坐标原点为圆心绘制Φ40的定位圆，并将其三等分，如图 5-115所示。

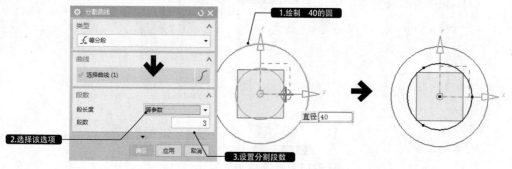

图 5-115 绘制Φ40的圆并三等分

04 绘制中间外轮廓圆。在草图环境中选择"主页"→"直接草图"→"圆"选项 ⊙，分别以分割点为圆心绘制3个Φ108的圆，如图 5-116所示。

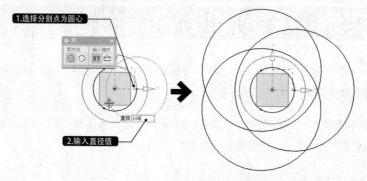

图 5-116 绘制Φ108的圆

05 绘制相切轮廓。在草图环境中选择"主页"→"直接草图"→"圆"选项 ⊙，在对话框中单击"三点定圆"按钮 ⊙，在草图平面中选择相邻的两个Φ108的圆，绘制Φ326的相切圆，并对其进行修剪，如图 5-117所示。

06 绘制定位点。在草图环境中选择"主页"→"直接草图"→"点"选项 ╋，打开"点"对话框，在草图平面中依次选择R54的圆弧的中点，创建3个点并返回建模环境，如图 5-118所示。

07 绘制碗口曲线。在建模环境中，选择XC-YC平面，创建向ZC方向偏置50的基准平面，以此平面为草图平面绘制Φ125的圆，并将其三等分，如图 5-119所示。

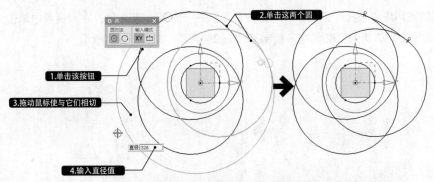

图 5-117　绘制Φ326的圆并对其进行修剪

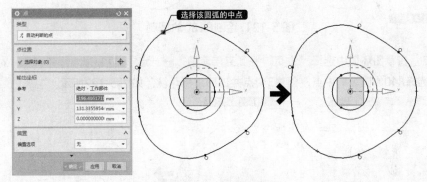

图 5-118　创建定位点

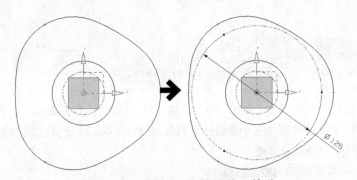

图 5-119　绘制Φ125的圆并三等分

08 绘制碗口外轮廓圆。在草图环境中选择"主页"→"直接草图"→"圆"选项 ⚪，分别以分割点为圆心绘制3个Φ80的圆，如图 5-120所示。

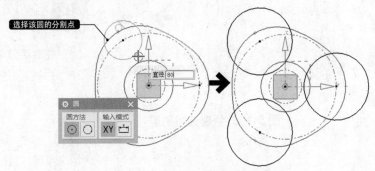

图 5-120　绘制Φ80的圆

09 绘制圆弧轮廓。在草图环境中选择"主页"→"直接草图"→"圆弧"选项 ，在对话框中单击"三点定圆弧"按钮 ，选择相邻的两个Φ80的圆，绘制3个R180的圆弧，如图 5-121所示。

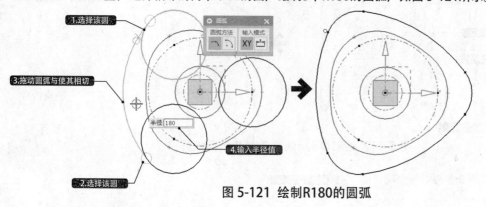

图 5-121 绘制R180的圆弧

10 创建定位点。在草图环境中选择"主页"→"直接草图"→"点"选项 ，打开"点"对话框。在草图平面中依次选择R40的圆弧的中点，创建3个点并返回建模环境，如图 5-122所示。

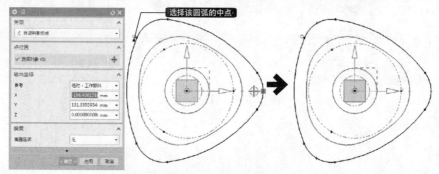

图 5-122 创建定位点

11 连接碗面曲线。选择"曲线"→"曲线"→"圆弧/圆"选项 ，在对话框"类型"下拉列表中选择"三点画圆弧"选项，选择工作区中三个曲线的分割点和创建的点，依次创建3个连接圆弧，如图 5-123所示。至此，时尚碗曲面线框绘制完成。

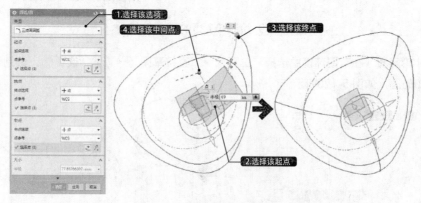

图 5-123 创建连接圆弧

第 6 章

曲面设计

上一章已经学习了基本的曲面知识和简单的曲面创建方法。而在生产实际中，很多产品，诸如汽车外壳、空调外壳、矿泉水瓶等都是由复杂的曲面构成的。而这些复杂的曲面造型仅仅通过上一章所述的命令很难创建，故本章主要介绍较为复杂的曲面设计命令。这些方法比较特殊，技巧性也很强，掌握起来不太容易，但如果要作成一个优秀的造型师，则必须精通更深层次的曲面造型。

6.1 曲面设计概述

在现代工业设计中，三维CAD软件已经随着社会的发展不断地革新和转变，特别是在曲面造型技术的发展和突变中更是取得了日新月异的飞跃。小至一款简单的日用小饰品，大到电器以及汽车等工业品，都体现了这方面的变化和发展。

在这些工业设计中，强大的三维软件UG等是用来创建此类曲面的主要应用软件，使不同的产品能够更快速准确地解决自由曲面造型的问题。工程三维软件共同的特点是能够供工业设计师进行概念设计、创意建模和渲染出不同的真实效果。它们不仅能够满足工业设计的要求，而且具有功能强大的结构建模能力，为整个工程的制造生产提供了强大的支持。

6.1.1 曲面的常用术语

在创建曲面的过程中，许多操作都会用到一些专业性概念及术语，为了能够更准确地理解、创建和规则曲面的设计过程，了解常用曲面的术语及功能是非常必要的。

1. 曲面和片体

在UG NX中，片体是常用的术语，主要指厚度为零的实体，即只有表面，没有重量和体积。片体是相对于实体而言的，一个曲面可以包含一个或多个片体，并且每个片体都是独立的几何体，可以包含一个特征，也可以包含多个特征。在UG NX中，任何片体、片体的组合以及实体上的所有表面都是曲面，实体与片体如图6-1所示。

曲面从数学上可分为基本曲面（平面、圆柱面、圆锥面、球面及环面等）、贝塞尔曲面和B样条曲面等。贝塞尔曲面与B样条曲面通常用来描述各种不规则曲面，目前在工业设计过程中，非均匀有理B样条曲面已成为工业标准。

2. 曲面的行与列

在UG NX中，很多曲面都是由不同方向的点或曲线来定义的。通常把U方向称为行，V方向称为列。曲面也因此可以看作是U方向的轨迹引导线对很多V方向的截面线做的一个扫描。可以通过网格显示来查看U、V方向曲面的走向，如图6-2所示。

3. 曲面的阶次

阶次属于一个数学概念，它类似于曲线的阶次。由于曲面具有U、V两个方向，所以每个曲面片体均包含U、V两个方向的阶次。

在常规的三维软件中，阶次必须介于1~24之间，但最好采用3次，因为曲线的阶次用于判断曲线的复杂程度，而不是精确程度。简单地说，曲线的阶次越高，曲线就越复杂，计算量就越大。一般来讲，最好使用低阶次多项式的曲线。

图 6-1 实体与片体　　　　　　　　　图 6-2 曲面的行与列

4. 曲面片体类型

实体的外曲面一般都是由曲面片体构成的，根据曲面片体的数量可分为单片和多片两种类型。单片指所建立的曲面包含一个单一的曲面实体，而多片则是由一系列的单片组成。曲面片越多，越能在更小的范围内控制曲面片体的曲率半径，但一般情况下，应尽量减少曲面片体的数量，这样可以使所创建的曲面更加光滑完整。

5. 栅格线

在UGNX中，栅格线仅仅是一组显示特征，对曲面特征没有影响。在"静态线框"显示模式下，曲面形状难以观察，因此栅格线主要用于曲面的显示，如图6-3所示。

6.1.2 曲面的分类

在工程设计软件中，曲面概念是一个广义的范畴，包含曲面体、曲面片以及实体表面和其他自由曲面等，这里不再细致介绍此类名称上面的一些分类方法，而是根据工艺属性和构造特点来分类并介绍曲面的类型。

1. 根据曲面的构造方法分类

在计算机辅助绘图过程中，曲面是通过指定内部和外部边界曲线来创建的，而曲线的创建又是通过单个或多个点作为参照来完成的，因此可以说曲面是由点、线和面构成的，分别介绍如下。

》点生成曲面

点构造方法生成的曲面是非参数的，即生成的曲面与构造点没有关联性。当对构造点进行编辑、修改后，曲面将不会产生关联性的更新，所以这种方法一般情况下不多用，如在设计时最常见的极点和点云，如图6-4所示。

》线生成曲面

曲线构造方法与点构造方法不同，通过曲线可生成全参数化的曲面特征，即对构造曲面的曲线进行编辑、修改后，曲面会自动更新，这种方法是常用的曲面构造方法，如有界平面、拉伸曲面、网格曲面或曲面扫描，如图6-5所示。

》已有曲面生成曲面

这种方法又叫派生曲面构造方法，指通过对已有的曲面进行桥接、延伸或偏置等来创建新的曲面。对于特别复杂的曲面，仅仅利用曲线的构造方法有时很难完成，此时借助于该方法非常有用。另外，这种方法创建的曲面基本都是参数化的，当参考曲面被编辑时，生成的曲面会自动更新，如汽车车身的曲面设计，如图6-6所示。

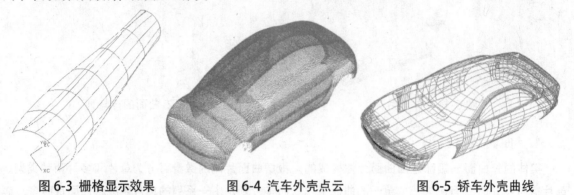

图6-3 栅格显示效果　　　　　图6-4 汽车外壳点云　　　　　图6-5 轿车外壳曲线

> **提示**
>
> "曲面是由曲线构成的""要做曲面，先画曲线"，这是UG NX进行曲面建模的基本原则。关于将曲线转换为曲面的方法请参见本章的第6.2节。

2. 根据工艺属性分类

随着科学技术的不断发展，UG、CATIA和SolidWorks等三维软件广泛应用于工业产品的设计领域。随着美学和舒适性要求的日益提高，对各个工业性产品，如汽车外壳等提出了A级曲面的概念，相对于A级曲面从而衍生出了B级曲面和C级曲面等不同的品质要求。

》A级曲面

A级曲面并不是曲面质量的度量，而是产品表面曲面的品质，其标准通常起源于客户工程的需求及要求。A级曲面不只是一般意义上的曲面质量的等级，也是伴随工业设计的发展而产生的一种通称。

A级曲面最重要的一个特性就是光顺，即避免在光滑表面上出现突然的凸起、凹陷等。除了局部细节，需要曲率逐渐变化的过渡曲面，这样的设计足以使产品外形摆脱机械产品生硬的过渡连接。另一个特性是除了细节特征，一般来讲趋向于采用大的曲率半径和一致的曲率变化，即无多余的拐点，体现完美柔和的曲面效果。例如，轿车、汽车或其他电动设备外壳曲面对光顺度、美学要求比较高，属于特优质的曲面特征。该类曲面采用曲率逐渐过渡的方式，从而避免了突然的凸起、凹陷等缺陷，如图6-7所示。

》B级曲面

一般汽车内部钣金件、结构件大部分都是由初等解析几何面构成的，这部分曲面与A级曲面设计的立足点完全不同，它注重性能和工艺要求，而不必过于考虑人性化的设计。在满足性能及工艺要求后就可以认为达到要求，这一类曲面通常被称为B级曲面。

对于一个产品来说，从外观上看不到的地方都可做成B级曲面，如底板等大型不可见的曲面零部件，如图6-8所示。这样无论对于结构性能，还是加工成本来说，都是有益的。

》 C级曲面或要求更低的曲面

　　这种曲面在CAD工程中比较少用，如用于汽车内部结构支撑件（如内部支架）等，一般是使用者或客户不能直视的部分。大多情况下用作雕塑和快速成型等方法创建而成的曲面，在CAD工程中一般做成B级曲面。

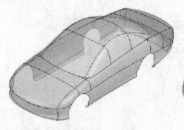
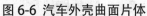

图 6-6 汽车外壳曲面片体

图 6-7 A级曲面创建轿车壳体

图 6-8 B级曲面创建越野车底盘

6.2 创建基本曲面

　　创建曲线后，便可以利用曲线构建曲面骨架从而获得曲面，这是最常用的曲面构造方法。UG NX提供包括直纹曲面、通过曲线组、通过曲线网格、扫掠以及截面体等多种曲线构造曲面工具，所获得的曲面全参数化，并且曲面与曲线之间有关联性，即当对构造曲面的曲线进行编辑、修改后，曲面会自动更新，主要适用于大面积的曲面构造。

6.2.1 直纹曲面

　　直纹曲面是通过两条截面曲线串生成的片体或实体。其中通过的曲线轮廓就称为截面线串，它可以由多条连续的曲线、体边界或多个体表面组成（这里的体可以是实体也可以是片体），也可以选择曲线的点或端点作为第一个截面曲线串。

　　选择"主页"→"曲面"→"更多"→"直纹"选项 ，也可以选择"曲面"→"曲面"→"更多"→"直纹"选项 ，或者选择"菜单"→"插入"→"网格曲面"→"直纹"选项，打开"直纹"对话框。在该对话框的"对齐"下拉列表中可以选择直纹曲面的创建方式，其中常用的有以下两种。

1. 参数

　　"参数"方式是将截面线串要通过的点以相等的参数间隔隔开，使每条曲线的整个长度完全被等分，此时创建的曲面在等分的间隔点处对齐。如果整个剖面线上包含直线，则用等弧长的方式间隔点；如果包含曲线，则用等角度的方式间隔点，如图6-9所示。

2. 根据点

　　"根据点"是将不同外形的截面线串间的点对齐，如果下周的截面线串包含任何尖锐的拐角，则有必要在拐角处使用该方式将其对齐，如图6-10所示。

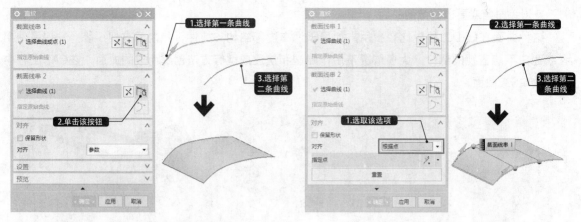

图 6-9 利用"参数"创建曲面　　　　　　　图 6-10 利用"根据点"创建曲面

在选择曲线串时，一定要注意两条曲线串的方向保持一致，否则创建的直纹面将呈现交错，如图 6-11 所示。

6.2.2 通过曲线组

"通过曲线组"方法可以在一系列截面线串（大致在同一方向）间创建片体或者实体。截面线串定义了曲面的 U 方向，截面线可以是曲线、体边界或体表面等几何体。此时直纹形状改变为穿过各截面，所生成的特征与截面线串相关联，当截面线串被编辑修改后，特征自动更新。"通过曲线组"创建曲面与"直纹"曲面的创建方法相似，区别在于："直纹"曲面只使用两条截面线串，并且两条线串之间总是相连的，而"通过曲线组"最多允许使用150条截面线串。

选择"主页"→"曲面"→"通过曲线组"选项 ，也可以选择"曲面"→"曲面"→"通过曲线组"选项 ，或者选择"菜单"→"插入"→"网格曲面"→"通过曲线组"选项，打开"通过曲线组"对话框，如图 6-12 所示。该对话框中常用选项组及选项的功能如下所述。

1. 连续性

在该选项组中，可以根据生成片体的实际意义来定义边界约束条件，以让它在第一条截面线串处和一个或多个被选择的体表面相切或者等曲率过渡。

2. 输出曲面选项

在"输出曲面选项"选项组中可设置补片类型、构造、V 向封闭和其他参数设置。

◆ "补片类型"：用来设置生成单面片、多面片或者匹配类型的片体。选择"单个"类型，则系统会自动计算 V 向阶次，其数值等于截面线数量减1；选择"多个"类型，则用户可以自己定义 V 向阶次，但所选择的截面数量至少比 V 向的阶次多一组。

◆ "构造"：该选项用来设置生成的曲面符合各条曲线的程度，具体包括"法向""样条点"和"简单"3种类型，其中"简单"是通过对曲线的数学方程进行简化，以提高曲线的连续性。

◆ "V 向封闭"：勾选该复选框，并且选择封闭的截面线，则系统自动创建出封闭的实体。

◆ "垂直于终止截面"：勾选该复选框，所创建的曲面会垂直于终止截面。

◆ "设置"：该选项组如图 6-13 所示，用来设置生成曲面的调整方式，与直纹面基本一样。

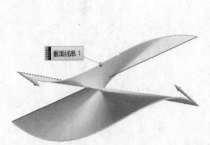

图 6-11 交错的直纹曲面　　　图 6-12 "通过曲线组"对话框　　　图 6-13 "设置"选项组

3. 公差

该选项组主要用于控制重建曲面相对于输入曲线的精度的连续性公差。其中G0（位置）表示用于建模预设置的距离公差，G1（相切）表示用于建模预设置的角度公差，G2（曲率）表示相对公差的0.1倍或10%。

4. 对齐

这里以"参数"对齐方式为例，介绍创建曲面的步骤。在绘图区中依次选择第一条截面线串和其他截面线串，并选择"参数"对齐方式，接受默认的其他设置，单击"确定"按钮，即可创建曲面，如图6-14所示。

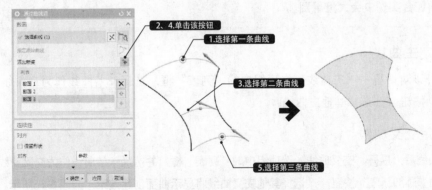

图 6-14 通过曲线组创建曲面

6.2.3 通过曲线网格

使用"通过曲线网格"工具可以使一系列在两个方向上的截面线串建立片体或实体。截面线串可以由多段连续的曲线组成，这些线串可以是曲线、体边界或体表面等几何体。其中，构造曲面时，应该将一组同方向的截面线串定义为主曲线，而另一组大致垂直于主曲线的截面线串则为形成曲面的交叉线。由"通过曲线网格"创建的体相关联（这里的体可以是实体也可以是片体），当截面线边界修改后，特征会自动更新。

选择"主页"→"曲面"→"通过曲线网格"选项，也可以选择"曲面"→"曲面"→"艺术曲面"→"通过曲线网格"选项 ，打开"通过曲线网格"对话框，如图 6-15所示。该对话框中主要选项的含义及功能如下。

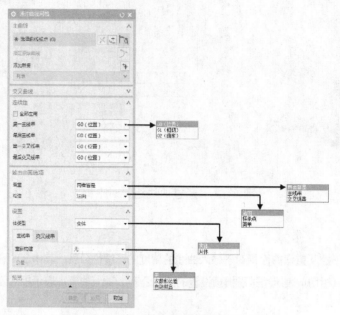

图 6-15 "通过曲线网格"对话框

> 提 示
>
> "通过曲线网格"是UG NX系列软件中使用率最高的命令之一，是创建曲面的主要命令。在本书后面的综合实例中会大量用到。

1. 指定主曲线

首先展开该对话框中"主曲线"选项组中的"列表"框，选择一条曲线作为主曲线；然后单击"添加新集"按钮 ，选择其他主曲线。

2. 指定交叉曲线

选择主曲线后，展开"交叉曲线"选项组中的"列表"框，并选择一条曲线作为交叉曲线；然后单击该选项组中的"添加新集"按钮 ，选择其他交叉曲线将显示曲面创建效果，如图6-16所示。

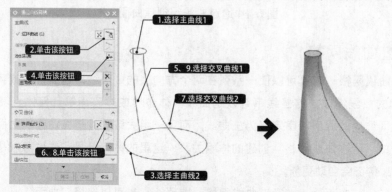

图 6-16 选择主曲线与交叉曲线创建曲面

提示

　　如果要创建封闭的曲线网格，只需要在选择最后一条交叉曲线时选择第一条交叉曲线即可，即重复选择第一条交叉曲线两次。

3. 着重

　　该选项用来控制系统在创建曲面时是靠近主曲线还是交叉曲线，或者在两者中间，它只有在主曲线和交叉曲线不相交的情况下才有意义，具体包括以下3种方式。

◆　"两者皆是"：完成主曲线、交叉曲线的选择后，如果选择该方式，则创建的曲面会位于主曲线和交叉曲线之间，如图6-17所示。

◆　"主线串"：如果选择"主线串"方式创建曲面，则创建的曲面仅通过主曲线，如图6-18所示。

◆　"交叉线串"：如果选择"交叉线串"方式创建曲面，则创建的曲面仅通过交叉曲线，如图6-19所示。

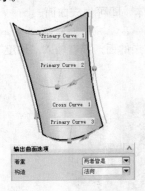 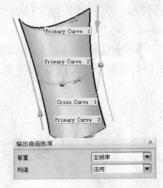 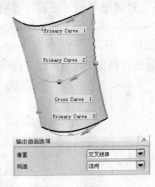

图6-17 "两者皆是"创建曲面　　图6-18 "主线串"创建曲面　　图6-19 "交叉线串"创建曲面

4. 重新构建

　　该选项用于重新定义主曲线和交叉曲线的次数，从而构建与周围曲面光顺连接的曲面，包括以下3种方式。

◆　"无"：在创建曲面时不为曲面指定次数。

◆　"次数和公差"：在创建曲面时为曲面指定次数。如果是主曲线，则指定主曲线方向的次数；如果是横向，则指定横向线串方向的次数。

◆　"自动拟合"：在创建曲面时系统对曲面进行自动计算，指定最佳次数。如果是主曲线，则指定主曲线方向的次数；如果是横向，则指定横向线串方向的次数。

【案例6-1】： 根据线框创建时尚碗的曲面

01 打开素材文件"6-1 绘制时尚碗的曲面线框-OK.prt"。

02 选择"主页"→"曲面"→"通过曲线网格"选项 ，打开"通过曲线网格"对话框。激活"主曲线"选项组中的"选择曲线"选项，然后分别选择线框中的3条环形线为主曲线，如图6-20所示。

03 激活"交叉曲线"选项组中的"选择曲线"选项，分别选择中间的3条连接圆弧为交叉曲线，如图6-21所示。

04 选择3条交叉曲线后，可见模型没有达到所需的封闭曲面效果，这时需要重复选择第一条交叉曲线一次，即可得到封闭的曲面模型，如图6-22所示。

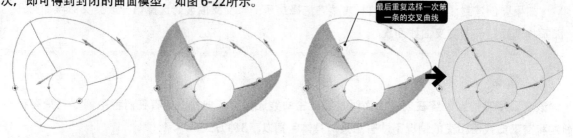

最后重复选择一次第一条的交叉曲线

图 6-20 分别选择3条环　图 6-21 分别选择3条连　图 6-22 重复选择第一条交叉曲线得到封闭的曲
　　　形线为主曲线　　　　　接圆弧为交叉曲线　　　　　　　　面模型

💡 提示

如果通过此法创建的曲面是封闭的，则默认最终的效果为实体模型。可以在"通过曲线网格"对话框中的"设置"选项中进行修改，将"体类型"修改为"片体"即可生成曲面。

05 选择"主页"→"特征"→"抽壳"选项 🔲，选择碗的上平面为要穿透的面，接着输入"厚度"为3，单击"确定"按钮，即可得到最终的时尚碗模型，如图6-23所示。

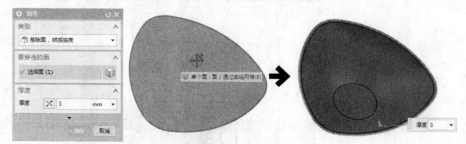

图 6-23 对碗面进行抽壳

【案例 6-2】： 创建鼠标曲面

本案例通过创建一个鼠标的曲面模型，让读者更直观地了解曲面在建模过程中的应用。

01 打开素材文件"第6章/6-2 创建鼠标曲面.prt"，模型中已经创建了鼠标的主要轮廓线，另外还创建了两个基准平面，如图6-24所示。

02 创建基准点。选择"主页"→"特征"→"点"选项，打开"点"对话框。选择点"类型"为"交点"，然后分别选择图6-25所示的基准平面和单条曲线作为相交对象，单击对话框中的"应用"按钮，创建一个交点。

03 创建其他基准点。用同样的方法分别选择基准面和另外2条相交的轮廓线，创建2个点；然后选择另一基准面，分别与3条曲线创建3个点，总共创建的6个基准点如图6-26所示。

04 约束艺术样条曲线到平面上。选择"曲线"→"曲线"→"艺术样条"选项 ✏，打开"艺术样条"对话框；然后在"制图平面"选项组中勾选"约束到平面"复选框，在列表框中选择"指定CSYS"选项，选择图6-27所示的基准平面作为约束平面。

05 指定艺术样条曲线的起点。在"点位置"选项组中单击"指定点"按钮，选择点"类型"为"现有点"，然后选择图 6-28所示的基准点作为样条曲线的起点，单击对话框中的"确定"按钮返回"艺术样条"对话框。在平面上合适位置单击，指定3个通过点，如图 6-29所示。

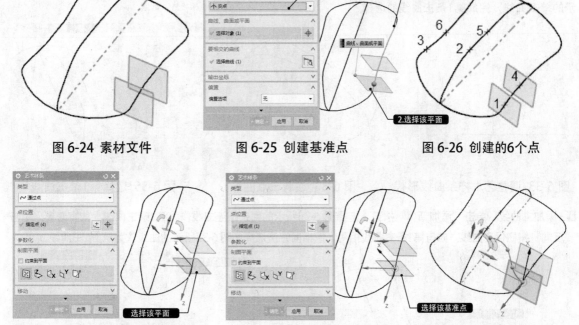

图 6-24 素材文件　　　　图 6-25 创建基准点　　　　图 6-26 创建的6个点

图 6-27 约束艺术样条曲线到平面上　　图 6-28 指定艺术样条第1点　　图 6-29 指定其他通过点

06 再次单击"点对话框"按钮，用同样的方法，选择中间曲线上的基准点作为第5个通过点，如图 6-30所示。

07 继续添加更多的通过点，并以第9个参考点作为艺术样条曲线的终点，如图 6-31所示。

08 在对话框点"列表"中选择艺术样条第1点，然后指定第1点的相切方向为ZC方向，如图 6-32所示。单击"反向"按钮，保证相切方向向上。用同样的方法，选择艺术样条曲线的终点，将其相切方向设置为ZC方向。

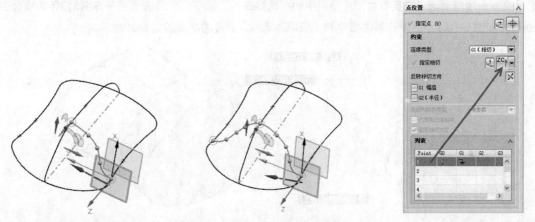

图 6-30 指定艺术样条第5个点　　图 6-31 艺术样条的全部通过点　　图 6-32 指定第1点的相切方向

09 调整艺术样条曲线形状。适当调整艺术样条曲线中间点的位置，其截面形状如图 6-33所示。单击对话框中的"确定"按钮，创建此艺术样条曲线。

10 绘制三点圆弧。形状"曲线"→"曲线"→"圆弧/圆"选项 ⌒，打开"圆弧/圆"对话框。选择圆弧创建方式为"三点画圆弧"，以另一基准面上的3个基准点作为3个参考点，如图6-34所示。

11 选择第1条主曲线。先将基准点和基准面隐藏，然后形状"主页"→"曲面"→"通过曲线网格"选项 ⊞，打开"通过曲线网格"对话框。激活"主曲线"选项组中的"选择曲线"选项，然后选择图6-35所示的单条曲线，完成第1条主曲线的选择。

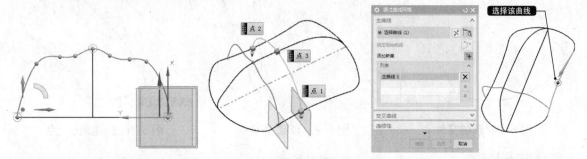

图 6-33 调整艺术样条曲线形状　　　图 6-34 绘制三点圆弧　　　图 6-35 选择第1条主曲线

12 添加主曲线。单击"添加新集"按钮，选择图6-36所示的两条相连曲线作为第2条主曲线，如有必要，单击"反向"按钮保证曲线方向与第1条主曲线相同。按相同方法选择如图6-37所示的曲线作为第3条主曲线。

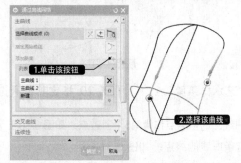 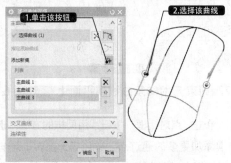

图 6-36 选择第2条主曲线　　　　　　　图 6-37 选择第3条主曲线

13 选择交叉曲线。激活"交叉曲线"选项组中的"选择曲线"选项，分别选择另一方向的3条曲线为3条交叉曲线，如图6-38所示。单击对话框中的"应用"选项，创建的曲面如图6-39所示。

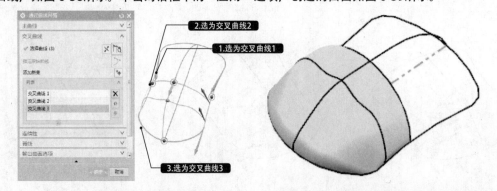

图 6-38 选择3条交叉曲线　　　　　图 6-39 "通过曲线网格"创建的曲面

14 继续创建通过曲线网格的曲面。选择3条主曲线和2条交叉曲线，如图6-40所示。单击对话框中的"确定"按钮，完成鼠标曲面的创建，如图6-41所示。

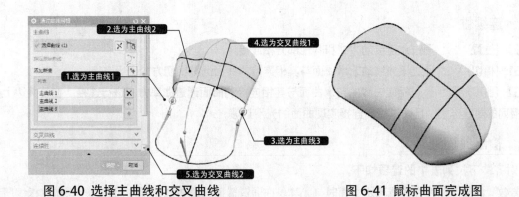

图 6-40 选择主曲线和交叉曲线　　　　　图 6-41 鼠标曲面完成图

6.2.4 艺术曲面

"艺术曲面"可以通过预先设置的曲面构造方式来生成曲面,从而快速简捷地创建曲面。在UG NX 12.0中, "艺术曲面"可以根据所选择的主线串自动创建符合要求的B曲面。在创建曲面之后,可以添加交叉线串或引导线串来更改原来曲面的形状和复杂程度。

选择"曲面"→"曲面"→"艺术曲面"选项 ,或者选择"菜单"→"插入"→"网格曲面"→"艺术曲面"选项,打开"艺术曲面"对话框。"艺术曲面"对话框的形式和"通过曲线网格"对话框基本一样,其操作方法也很相似。两者的不同点在于:艺术曲面不通过选择交叉曲线也可以自动生成曲面(功能类似"通过曲线组"工具),并且所选择的主曲线不能为点。相比之下,"艺术曲面"更适合用于自由曲面造型, "通过曲线网格"更适合在已有网格基础上或已存在的点、面的边上创建曲面。艺术曲面的创建方法如图 6-42 所示。

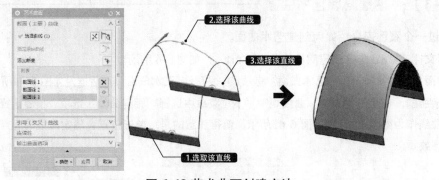

图 6-42 艺术曲面创建方法

该对话框中各选项组的功能含义说明如下。

1. 截面(主要)曲线

可以通过单击鼠标中键完成每组截面选择,如果方向相反,可以单击该选项组中的"反向"按钮完成方向的改变。

2. 引导(交叉)曲线

在选择交叉线串的过程中,如果选择的交叉曲线方向与已经选择的交叉线串的曲线方向相反,可以通过单击"反向"按钮将交叉曲线的方向变为反向。如果选择多组引导曲线,那么该选项组的"列表"中能够将所有选择的曲线表示出来。

3. 连续性

◆ "G0（位置）"：通过点连接的方式和其他部分相连接。

◆ "G1（相切）"：通过该曲线的艺术曲面与其相连接的曲面通过相切方式进行连接。

◆ "G2（曲率）"：通过相应曲线的艺术曲面与其相连接的曲面通过曲率方式进行连接，在公共边上具有相同的曲率半径，且通过相切连接实现曲面的光滑过渡。

4. 输出曲面选项

"对齐"下拉列表中的选项如下。

◆ "参数"：截面曲线在生成艺术曲面时（尤其是在通过截面曲线生成艺术曲面时），系统将根据所设置的参数来完成各截面曲线之间的连接过渡。

◆ "弧长"：截面曲线将根据各曲线的圆弧长度来计算曲面的连接过渡方式。

◆ "根据点"：可以在连接的几组截面曲线上指定若干点，两组截面曲线之间的曲面连接关系将会根据这些点来进行计算。

"过渡控制"下拉列表中的选项如下。

◆ "垂直于终止截面"：连接的平移曲线在终止截面处，将垂直于此处截面。

◆ "垂直于所有截面线串"：连接的平移曲线在每个截面处都将垂直于此处截面。

◆ "三次"：系统构造的这些平移曲线是三次曲线，所构造的艺术曲面即通过截面曲线组合这些平移曲线来连接和过渡。

◆ "线性和倒角"：系统将采用线性方式并对连接生成的曲面进行倒角。

【案例 6-3】：创建简易艺术曲面

下面通过一个案例来介绍如何创建艺术曲面。

01 打开素材文件"第6章/6-3 创建简易艺术曲面.prt"，如图 6-43所示。

02 选择"曲面"→"曲面"→"艺术曲面"选项 ，打开"艺术曲面"对话框，如图 6-44所示。

03 选择截面曲线1。在上边框条的"曲线规则"下拉菜单中选择"相连曲线"选项，接着选择模型文件中底部的闭合曲线作为截面曲线1，如图 6-45所示。值得注意的是，单击位置会确定曲线的起点，将直接影响最后的模型效果。

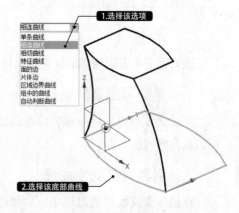

图 6-43 素材文件　　　　图 6-44 "艺术曲面"对话框　　　　图 6-45 选择截面曲线

04 添加截面曲线2。单击鼠标中键或者在"截面
（主要）曲线"选项组中单击"添加新集"按钮
，接着选择模型文件中顶部的闭合曲线作为截面曲
线2，如图6-46所示。

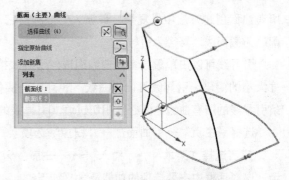

图 6-46 指定截面曲线

如果发现两条截面曲线起点位置不一致，可在"截面（主要）曲线"选项组的"列表"中选
择要编辑的截面曲线集，接着单击"指定原始曲线"按钮，重新在合适位置处指定原点曲线。

05 选择引导线1。展开"引导（交叉）曲线"选项组，单击"选择曲线"按钮，接着在图形空间选择
如图6-47所示的圆弧线作为引导线1。

06 设置参数。分别在"连续性"选项组和"输出曲面选项"选项组中设置相应的选项，如图6-48所示。

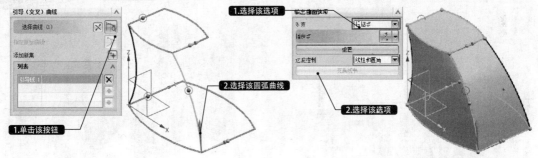

图 6-47 选择引导线

图 6-48 设置输出曲面选项参数

07 设置体类型。展开"设置"选项组，在"体类型"下拉列表中选择"片体"选项，其余选项为默认，
如图6-49所示。

08 完成创建。单击"艺术曲面"对话框中的"确定"按钮，完成艺术曲面的创建，如图6-50所示。

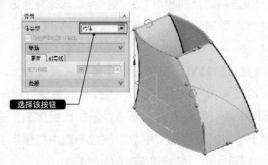

图 6-49 设置体类型

图 6-50 完成艺术曲面的创建

6.2.5 ▶ 曲面的扫掠

扫掠曲面是通过将曲线轮廓以预先描述的方式沿空间路径延伸，从而形成新的曲面。该方式是

所有曲面创建方法中最复杂、最强大的一种，它需要使用引导线串和截面线串两种线串。延伸的轮廓线为截面线，路径为引导线。

引导线可以由单段或多段曲线组成，引导线控制了扫描特征沿着V方向（扫描方向）的方位和尺寸大小的变化。引导线可以是曲线，也可以是实体的边或面。在利用"扫掠"创建曲面时，组成每条引导线的所有曲线之间必须相切过渡，引导线的数量最多为3条。

选择"主页"→"曲面"→"扫掠"选项 ，也可以选择 "曲面"→"曲面"→"扫掠"选项 ，或者选择"菜单"→"插入"→"扫掠"→"扫掠"选项，打开"扫掠"对话框，如图6-51所示。该对话框中主要选项的功能及含义如下。

1. 选择截面线

截面线可以由单段或多段曲线组成，截面线可以是曲线，也可以是实（片）体的边或面。组成每条截面线的所有曲线之间不一定是相切过渡（一阶导数连续G1），但必须是G0连续。截面线控制着U方向的方位和尺寸变化。截面线不必光顺，而且每条截面线内的曲线数量可以不同，一般最多可以选择150条，具体包括闭口和开口两种类型，如图6-52所示。

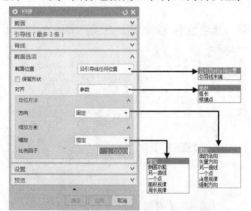

图6-51 "扫掠"对话框

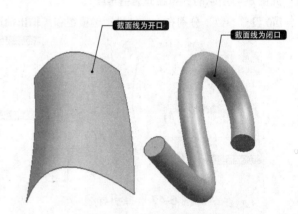

图6-52 开口和闭口的截面线

2. 选择引导线

引导线可以由多个或者单个曲线组成，控制曲面V方向的范围和尺寸变化，可以选择样条曲线、实体边缘和面的边缘等。引导线最多可选择3条，并且需要G1连续，可以分为以下3种情况。

» 一条引导线

一条引导线不能完全控制截面线的大小和方向变化的趋势，需要进一步指定截面线变化的方向。在"方向"下拉列表中提供了"固定""面的法向""矢量方向""另一条曲线""一个点""角度规律"和"强制方向"7种方式。当选择一条引导线串时，还可以施加比例控制，这就允许沿引导线扫掠截面线时，截面线尺寸增大或缩小。在对话框的"缩放"下拉列表中提供了"恒定""倒圆功能""另一条曲线""一个点""面积规律"和"周长规律"6种方式。

对于上述的7种定位方式和6种缩放方式，其操作方法大致相似，都是在选择截面线或引导线的基础上，通过参数选项设置来实现其功能的。现以"固定"的定位方式和"恒定"的缩放方式（默认设置）为例来介绍创建扫掠曲面的操作方法：在"截面"和"引导线"选项组中依次选择截面线和一条引导线，然后单击"确定"按钮即可，如图6-53所示。

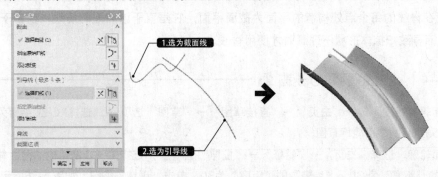

图 6-53 利用一条引导线创建扫掠曲面

> **提 示**
>
> 引导线串控制扫掠方向上体的方位和比例。它可以由一个对象或多个对象组成，并且每个对象既可以是曲线、实体边，也可以是实体面。每条引导线串的所有对象都必须是光顺且连续的。如果所有的引导线串形成了闭环，则可以将第一个截面线串重新选择为最后一个截面线串。

》两条引导线

使用两条引导线可以确定截面线沿引导线扫掠的方向趋势，但是尺寸可以改变。首先在"截面"选项组中选择截面曲线，然后按照同样方法选择两条引导线，如图6-54所示。

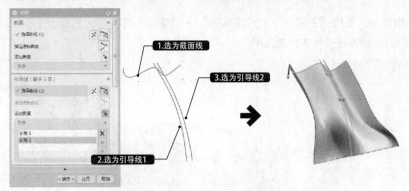

图 6-54 利用两条引导线创建扫掠曲面

》三条引导线

使用三条引导线完全确定了截面线被扫掠时的方位和尺寸变化，因而无须另外指定方向和比例。这种方式可以提供截面线的剪切和不独立的轴比例。这种效果是从3条彼此相关的引导线的关系中衍生出来的。

3. 选择脊线

使用脊线可以进一步控制截面线的扫掠方向。当使用一条截面线时，脊线会影响扫掠的长度。该方式多用于两条不均匀参数的曲线间的直纹曲面的创建，当脊柱线垂直于每条截面线时，使用的效果最好。

　　沿着脊线扫掠可以消除引导参数的影响，更好地定义曲面。通常构造脊线是在某个平行方向流动来引导，在脊线的每个点处构造的平面为截面平面，它垂直于该点处的切线。当由于引导线的不均匀参数化而导致扫掠体形状不理想时才使用脊线。

【案例6-4】: 扫掠创建勺子曲面

01 绘制截面轮廓草图。选择"主页"→"直接草图"→"草图"选项 📐，选择XC-ZC平面为草图平面，绘制如图6-55所示的截面轮廓草图。

02 拉伸截面轮廓。选择"主页"→"特征"→"拉伸"选项 📖，选择上一步骤绘制的截面轮廓，设置拉伸"开始"的"距离"为-30，"结束"的"距离"为30，单击"确定"按钮，如图6-56所示。

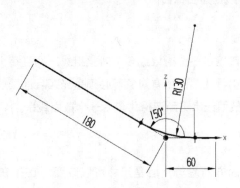

图 6-55 绘制截面轮廓草图

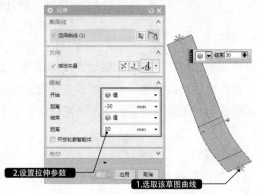

图 6-56 拉伸截面轮廓

03 绘制勺子轮廓草图。选择"主页"→"直接草图"→"草图"选项 📐，选择图6-57所示的片体表面为草图平面，绘制如图6-58所示勺子轮廓草图。

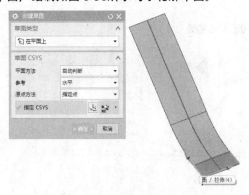

图 6-57 选择草图平面

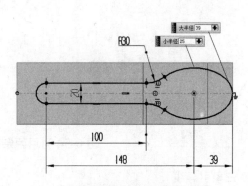

图 6-58 绘制勺子轮廓草图

04 拉伸勺子轮廓。选择"主页"→"特征"→"拉伸"选项 📖，选择上一步骤绘制的勺子轮廓，设置拉伸"开始"的"距离"为0，"结束"的"距离"为100；在"设置"选项组的"体类型"中选择"片体"选项，单击"确定"按钮，如图6-59所示。

05 创建相交曲线。选择"曲线"→"派生的曲线"→"相交曲线"选项 🔧，分别选择两个草图拉伸面为相交曲面，单击"确定"按钮即完成操作，如图6-60所示

06 创建基准平面。先将所有拉伸体和草图隐藏，图形空间中只留相交曲线。选择"主页"→"特征"→"基准平面"选项 🔲，弹出"基准平面"对话框。设置平面类型为"曲线上"，然后选择如图

6-61所示的直线创建基准平面。

07 创建圆弧曲线。选择"曲线"→"曲线"→"圆弧/圆"选项，选择圆弧创建方式为"三点画圆弧"；在"支持平面"选项组中选择上一步骤创建的基准平面作为圆弧平面，然后以两直线的端点为圆弧端点，绘制半径为10的圆弧，如图 6-62所示。

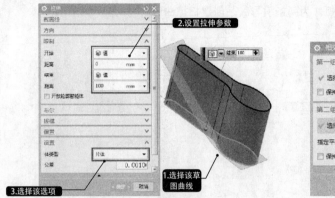

图 6-59 拉伸勺子轮廓

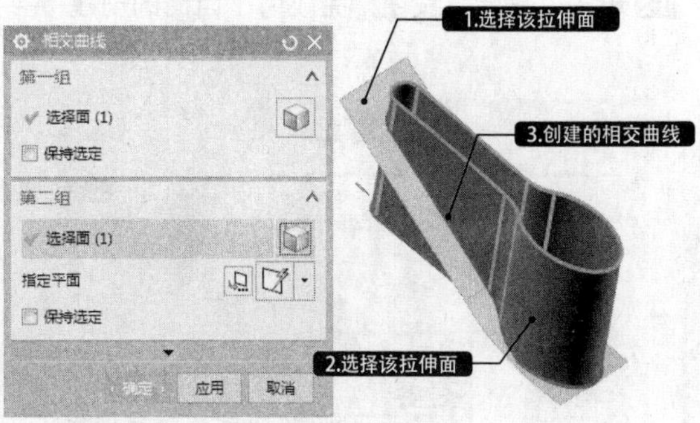

图 6-60 创建相交曲线

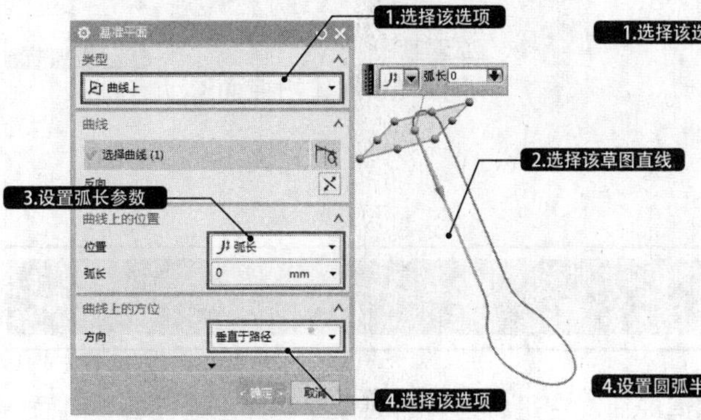

图 6-61 创建基准平面

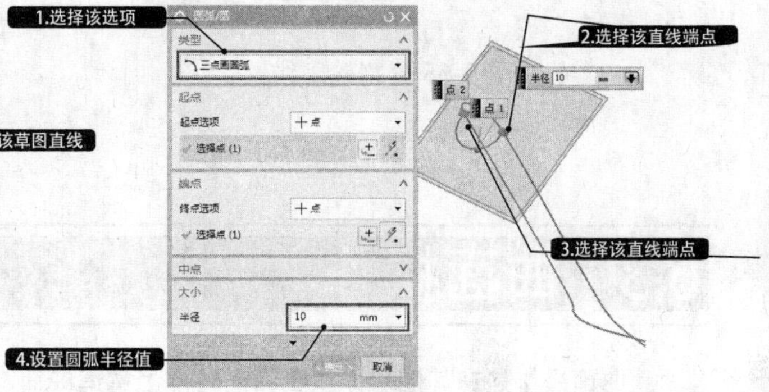

图 6-62 创建圆弧

08 创建扫掠曲面1。隐藏基准面，选择"主页"→"曲面"→"扫掠"选项，也可以选择"曲面"→"曲面"→"扫掠"选项，打开"扫掠"对话框。选择上一步创建的圆弧为截面曲线，然后选择相交曲线一侧的直线和样条线为第一条引导线，如图 6-63所示。

09 创建扫掠曲面2。单击"添加新集"按钮，完成第一条引导线的创建；按同样方法选择另一侧的直线和样条线作为第二条引导线，然后单击"确定"按钮，如图 6-64所示。

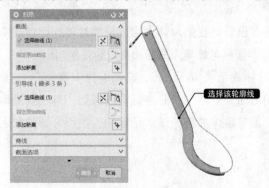

图 6-63 创建扫掠曲面1

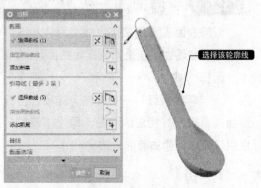

图 6-64 创建扫掠曲面2

🔟 分割曲线。选择"曲线"→"编辑曲线"→"分割曲线"选项，选择类型为"按边界对象"，选择相交曲线，然后在"边界对象"选项组中选择"按平面"选项，再选择XC-ZC平面，单击"确定"按钮完成分割，如图6-65所示。

1️⃣1️⃣ 创建扫掠曲面3。选择"主页"→"曲面"→"扫掠"选项，再次选择创建的三点圆弧作为扫掠截面线，选择相交曲线上的分割出的两段1/4圆弧作为两条引导线，创建扫掠曲面2，如图6-66所示。

1️⃣2️⃣ 单击"确定"按钮，完成勺子曲面的创建。

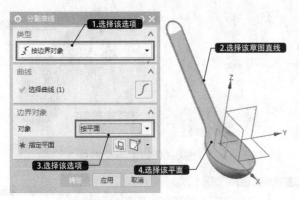

图 6-65 分割轮廓线

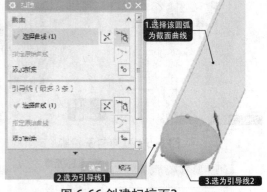

图 6-66 创建扫掠面3

6.3 | 曲面操作

曲面操作是在其他片体和曲面的基础上构造曲面。它是将已有的面作为基面，通过各种曲面操作再创建一个新的曲面。此类型的曲面大部分都是参数化的，通过参数化关联，创建的曲面随着基面改变而改变。

这种方法对于特别复杂的曲面非常有用，这是因为复杂曲面仅仅利用基于曲线的构造方法创建起来比较困难，而必须借助于曲面片体的构造方法才能够获得。曲面的操作方法主要包括延伸曲面、修剪曲面、偏置曲面等。

6.3.1 》延伸曲面

延伸曲面主要用来扩大曲面片体。该命令用于在已经存在的片体上建立延伸片体。延伸通常采用近似方法建立，但是如果原始曲面是B曲面，则延伸结果可能与原曲面相同，也是B曲面。

选择"曲面"→"曲面"→"更多"→"延伸曲面"选项，或者选择"菜单"→"插入"→"弯曲曲面"→"延伸"选项，打开"延伸曲面"对话框。选择延伸的类型，单击要延伸的曲面，再设置好相应的参数，单击"确定"按钮，即可延伸曲面。该对话框的"类型"下拉列表中提供了两种延伸曲面的方法。

1. 边

在"类型"下拉列表中选择"边"选项时，需要选择靠近边的待延伸曲面（系统自动判断要延伸的边），如图 6-67所示。

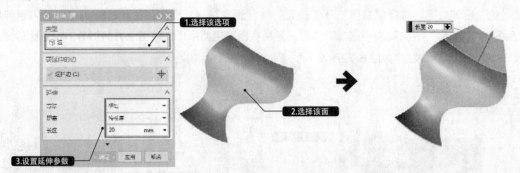

图 6-67 从曲面边开始延伸

该对话框中各选项组的含义说明如下。

◆ "要延伸的边"：用于选择要延伸的边。选择方法
是单击要延伸的面，靠近单击点的边线将作为要延
伸的边。

◆ "延伸"：用于设置延伸方法和延伸距离。"方法"
选项决定了延伸的方向，选择"相切"，则延伸曲面
与原曲面相切，如图 6-68所示。选择"圆形"，延伸
曲面延续原曲面的曲率变化，如图 6-69所示。

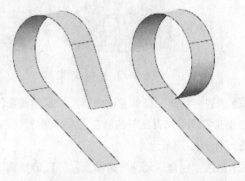

图 6-68 相切延伸　　图 6-69 圆形延伸

2. 拐角

延伸拐角是将曲面按拐角向U、V两个方向延伸，如图 6-70所示。

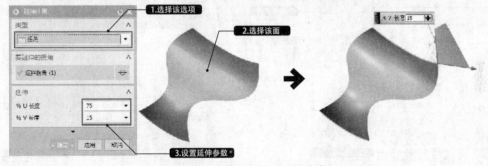

图 6-70 从曲面拐点开始延伸

该对话框中各选项组的含义说明如下。

◆ "要延伸的拐角"：用于选择要延伸的拐角。方法是单击要延伸的曲面，离单击点最近的拐角将作为
要延伸的拐角。

◆ "延伸"：用于设置U、V两个方向的延伸长度，其长度以占原边界长度的百分比来表示。拖动预览中
的箭头可以调整延伸的长度和方向。

【案例 6-5】：创建延伸曲面

下面通过一个案例来介绍如何运用延伸曲面。

01 打开素材文件"第6章/6-5创建延伸曲面.prt",如图 6-71 所示。

02 通过"边"延伸曲面。选择"曲面"→"曲面"→"更多"→"延伸曲面"选项◻,打开"延伸曲面"对话框。在"类型"下拉列表中选择"边",然后在图形空间中单击曲面上方的部分,设置延伸"长度"为5,单击"应用"按钮,如图 6-72 所示。

图 6-71 素材文件　　　　　　　　　图 6-72 通过"边"延伸曲面

03 通过"拐角"延伸左边曲面。"延伸曲面"对话框还没有退出,重新选择"类型"为"拐角",然后在图形空间中单击延伸曲面左上方的部分,设置"%U长度"为30,"%V长度"为-100,单击"应用"按钮,如图 6-73 所示。

04 通过"拐角"延伸右边曲面。"延伸曲面"对话框还没有退出,在图形空间中单击延伸曲面右上方的部分,然后设置"%U长度"为30,"%V长度"为-100,单击"确定"按钮,完成对曲面的延伸,如图 6-74 所示。

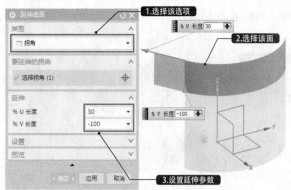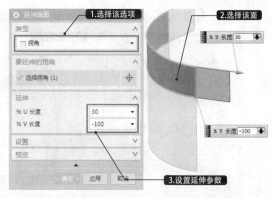

图 6-73 通过"拐角"延伸左边曲面　　　　图 6-74 通过"拐角"延伸右边曲面

6.3.2 规律延伸

"规律延伸"指动态地基于距离和角度规律,在基本片体上创建一个规律控制的延伸曲面。距离(长度)和角度规律既可以是恒定的,也可以是线性的,还可以是其他规律的,如三次、根据方程、根据规律曲线和多重过渡等。"规律延伸"用于建立凸缘或延伸。选择"曲面"→"曲面"→"规律延伸"选项▭,或者选择"菜单"→"插入"→"弯曲曲面"→"规律延伸"选项,打开"规律延伸"对话框,如图 6-75 所示。该对话框中主要选项组及选项的功能及含义如下。

◆ "矢量":用于定义延伸面的参考方向。

◆ "面":用于选择规律延伸的参考方式。选择该选项时,选择面将是激活的。

◆ "长度规律"：该选项组中的"规律类型"下拉列表用于选择一种控制延伸长度的方法，同时要在规律"值"文本框中输入大约的数值。

◆ "沿脊线的值"：用于在基准曲线的两边同时延伸曲面。

◆ "角度规律"：该选项组中的"规律类型"下拉列表用于选择一种控制延伸角度的方法，同时要在规律"值"文本框中输入大约的数值；

◆ "脊线"：选择一条曲线来定义局部用户坐标系的原点。

要利用"规律延伸"工具延伸曲面，首先选择曲线和基准面；然后单击"指定新的位置"选项⊞，并指定坐标；最后设置长度参数和角度参数即可，如图6-76所示。

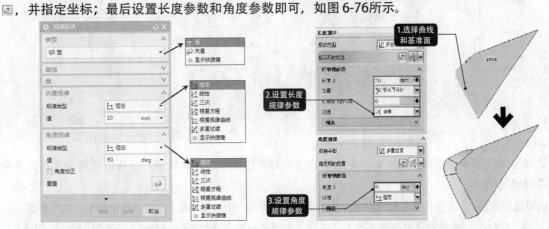

图 6-75 "规律延伸"对话框   图 6-76 规律延伸曲面

💡 提示

在特定的方向非常重要时，或是需要引用现有的面时，"规律延伸"可以创建弯边或延伸。例如，在冲模设计或模具设计中，拔模方向在创建分型面时起着非常重要的作用。

【案例 6-6】：创建锥螺纹

01 打开素材文件"第6章/6-6创建锥螺纹.prt"，如图6-77所示。

02 选择基本轮廓和参考面1。选择"曲面"→"曲面"→"规律延伸"选项 ⬚，打开"规律延伸"对话框，在"类型"下拉列表中选择"面"选项，然后选择其中一条螺旋边线作为延伸的基本轮廓，选择锥面作为参考面，如图6-78所示。

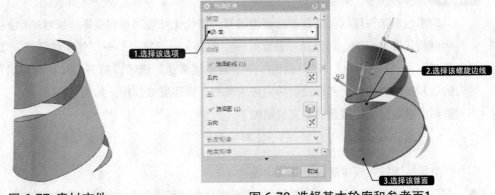

图 6-77 素材文件   图 6-78 选择基本轮廓和参考面1

03 创建延伸曲面1。设置长度"规律类型"为"恒定",长度"值"为0.8,"角度规律"选择类型为"恒定",角度"值"为120°,单击对话框中的"应用"按钮,创建延伸曲面1,如图6-79所示。

04 创建延伸曲面2。选择另一条螺旋线作为延伸轮廓,同样选择圆锥面作为参考面;"长度规律"保持不变,设置"角度规律"为"恒定",角度"值"为60°,单击"应用"按钮,创建延伸曲面2,如图6-80所示。

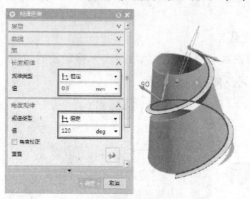

图 6-79 创建延伸曲面1

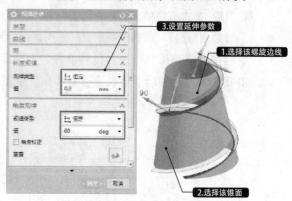

图 6-80 创建延伸曲面2

05 选择基本轮廓和参考面2。选择第一个延伸曲面的螺旋边线作为基本轮廓,选择该延伸曲面作为参考面,如图6-81所示。

06 创建延伸曲面3。设置长度"规律类型"为"恒定",长度"值"为0.8,角度"规律类型"为"恒定",角度"值"为60°,单击对话框在的"确定"按钮,创建的延伸曲面3如图6-82所示。完成锥螺纹的创建。

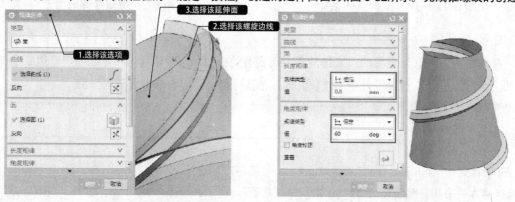

图 6-81 选择基本轮廓和参考面2　　　　　　　图 6-82 创建延伸曲面3

6.3.3 轮廓线弯边

"轮廓线弯边"可以创建具备光顺边细节、最优化外观形状和斜率连续性的A级曲面。

要创建轮廓线弯边,可选择"曲面"→"曲面"→"更多"→"轮廓线弯边"选项🗋,或者选择"菜单"→"插入"→"弯曲曲面"→"轮廓线弯边"选项,打开"轮廓线弯边"对话框。选择要弯的边和所附着的面,然后设置好相应的参数,即可完成创建,如图6-83所示。

该对话框中主要选项组的含义说明如下。

1. 类型

"类型"下拉列表中有以下三种选项。

◆ "基本尺寸":创建第一条弯边和第一个圆角方向,而不需要现有的轮廓线弯边。

◆ "绝对差"：相对于现有弯边创建第一弯边，但采用恒定缝隙来分隔弯边元素。

◆ "视觉差"：相对于现有弯边创建第一条弯边，但通过视觉差属性来分隔弯边元素。

2. 参考方向

该选项组用于定义弯边相对于基本面的方向。

◆ "面法向"：生成垂直于所选面的管道曲面和弯边延伸段。

◆ "矢量"：根据指定的矢量，生成管道曲面和弯边延伸段。

◆ "垂直拔模"：沿基本面的法向在弯边和基本面之间创建管道，同时将指定的矢量用于弯边方向。

◆ "矢量拔模"：根据指定的矢量确定管道的位置，并垂直于曲面构建管道。

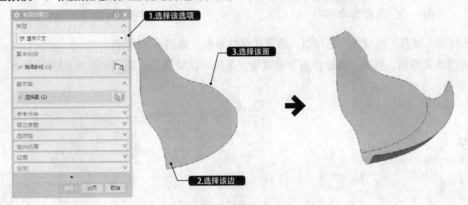

图 6-83 轮廓线弯边

【案例 6-7】：创建平板的弯边

01 打开素材文件"第6章/6-7创建平板的弯边.prt"，如图 6-84 所示。

02 选择要弯曲的边和基本面。选择"曲面"→"曲面"→"更多"→"轮廓线弯边"选项 ，选择平面的边线为弯曲边，平面本身为基本面，如图 6-85 所示。

图 6-84 素材文件

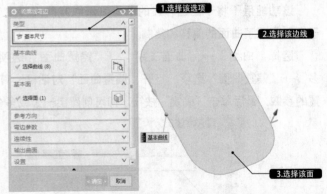

图 6-85 选择要弯曲的边和基本面

03 设置参考方向。展开"参考方向"选项组，在"方向"下拉列表中选择"面法向"选项。注意，给出的默认方向，如果此时系统弹出警报信息"管道侧可能错误，尝试反转侧"，则需要在"参考方向"选项组中单击"反转弯边侧"按钮 ，即可解除警报。设置参考方向，如图 6-86 所示。

04 设置弯边参数。展开"弯边参数"选项组，设置如图 6-87 所示的弯边参数。

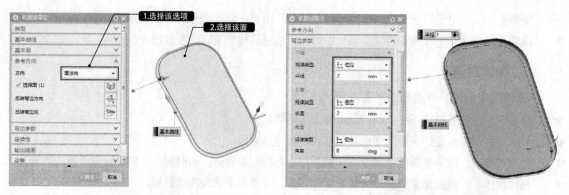

图 6-86 设置参考方向　　　　　　　　　图 6-87 设置弯边参数

05 设置连续性。展开"连续性"选项组，设置连续性参数，如图 6-88 所示。

06 设置输出曲面选项。展开"输出曲面"选项组，选择"仅管道"选项，如图 6-89 所示单击"确定"选项，完成创建。

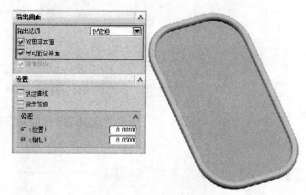

图 6-88 设置连续性参数　　　　　　　　图 6-89 设置输出曲面参数

6.3.4 偏置曲面

该功能用于将一些已存在的曲面沿法线方向偏移生成新的曲面，并且原曲面位置不变，即相当于同时实现了曲面的偏移和复制。

选择"曲面"→"曲面工序"→"偏置曲面"选项，或者选择"主页"→"曲面"→"更多"→"偏置曲面"选项，打开"偏置曲面"对话框。首先选择一个或多个欲偏置的曲面，并设置偏置的参数，最后单击"确定"按钮，即可创建出一个或多个偏置曲面，如图 6-90 所示。

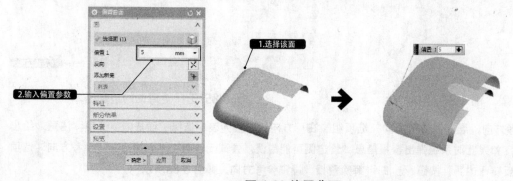

图 6-90 偏置曲面

该对话框中主要选项组的含义说明如下。

◆ "面"：激活"选择面"选项，然后选择一组要偏置的面。在"偏置1"文本框中输入偏置的距离，单击"反向"按钮，可以反转偏置的方向。单击"添加新集"按钮，可以创建另一组面的偏置。

◆ "特征"：该选项组中的"输出"下拉列表用于设置偏置结果的输出类型。选择"每个面对应一个特征"，则每个曲面的偏置结果单独作为一个"偏置曲面"特征，在"部件导航器"中列出；如果选择"所有面对应一个特征"，则所有曲面的偏置结果合并为一个"偏置曲面"特征，在"部件导航器"中列出。"面的法向"下拉列表只有选择"每个面对应一个特征"时才会出现，用于选择面的法向参考。当曲面的法向不统一时，如图 6-91 所示，就应该使用"从内部点"选项，将曲面的法向设为一致，如图 6-92 所示。

◆ "设置"：该选项组用于设置偏置的公差。

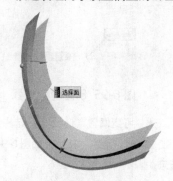

图 6-91 不统一的法向

图 6-92 统一的法向

偏置一个偏置曲面时完全与第一个偏置曲面相关联。如果第一个偏置距离发生更改，则第二个偏置将为第一个偏置保留其原始距离。删除原始选定的曲面时，将会删除这两个偏置曲面，因为已经删除了它们的父项。如果变换原始选定的曲面，则偏置曲面将更新到新的位置以保持关联性。

6.3.5 可变偏置

"可变偏置"命令可以使面偏置一个距离，该距离可能在4个点处有所变化。

单击"曲面"选项卡→"曲面工序"→"更多"→"可变偏置"选项，或者选择"主页"→"曲面"→"更多"→"可变偏置"选项，打开"可变偏置"对话框。选择要偏置的曲面，然后便可在4个角点处分别输入偏置的参数，最后单击"确定"按钮，即可创建出一个变量偏置片体，如图 6-93 所示。

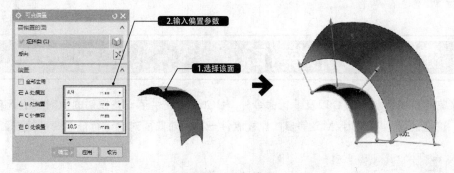

图 6-93 可变偏置

【**案例 6-8**】：创建针树叶曲面

01 打开素材文件"素材/第6章/6-8创建针树叶曲面.prt"，如图 6-94所示。

02 创建可变偏置。选择"曲面"→"曲面工序"→"更多"→"可变偏置"选项，打开"可变偏置"对话框.选择模型空间中的平面，设置"偏置"选项组中的参数，单击"确定"按钮，如图 6-95所示。

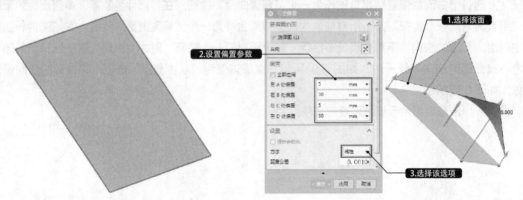

图 6-94 素材文件　　　　　　　　图 6-95 创建可变偏置

03 再次创建可变偏置。选择"曲面"→"曲面工序"→"更多"→"可变偏置"选项，选择上一步骤创建出来的变量偏置片体为要偏置的面，设置"偏置"选项组中的参数，单击"确定"按钮，如图 6-96所示。

04 完成创建。隐藏其余平面，创建的树叶状曲面如图 6-97所示。

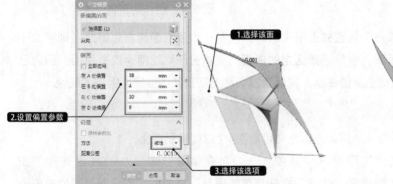

图 6-96 在上一次偏置的基础上再次创建可变偏置　　　　图 6-97 创建的树叶状曲面

6.4 | 曲面的变形操作

　　除了常规的曲面创建命令以及编辑命令外，UGNX还提供了一些仅对曲面对象进行有效修改的命令。这些命令可以像3ds Max等自由建模软件一样，对曲面对象进行任意变形处理。

6.4.1 ▶ 整体突变

　　"整体突变"命令用于通过拉长、折弯、倾斜、扭转和移位操作动态创建曲面。选择"曲面"→"曲面"→"更多"→"整体突变"选项 🖫，打开"点"对话框。通过"点构造器"在工作区中指定两点作为初始矩形曲面的两个对角点，指定完毕后系统会自动创建如图 6-98所示的初始矩形曲面，同时也会打开"整体突变形状控制"对话框。在其中通过对"拉长""折弯""歪斜度""扭转"和"移位"滑块的调节即可改变初始矩形曲面的形状。

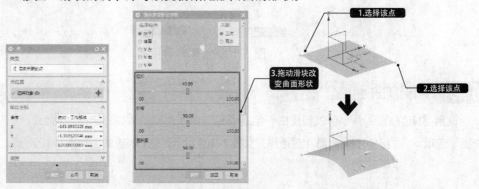

图 6-98 整体突变创建曲面

如果对整体突变形状不满意，可以单击对话框中下方的"重置"按钮，以重新进行整体突变形状的操作。

6.4.2 四点曲面

"四点曲面"命令通过指定4个角点来创建曲面，其创建的曲面通常被称为"四点曲面"，点的定义顺序决定了创建的曲面形状。选择"曲面"→"曲面"→"四点曲面"选项 ▱，其快捷键为Ctrl+4，打开"四点曲面"对话框；然后在模型中依次选择四点，单击"确定"按钮，便可创建自由曲面。改变点的选择顺序，所创建的曲面将不同，如图 6-99所示。

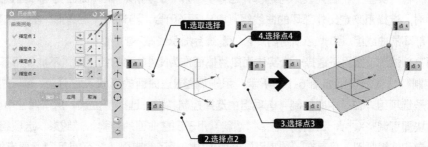

图 6-99 利用"四点曲面"创建曲面

创建四点曲面时应该注意如下三点。
◆ 在同一条直线上不能存在三个选定点。
◆ 不能存在两个相同的或在空间中处于完全相同位置的选定点。
◆ 必须指定四点才能创建曲面。如果指定三个点或不到三个点，则会显示出错信息提示。

6.4.3 有界平面

有界平面是由一组封闭的平面曲线创建的平面片体。选择"曲面"→"曲面"→"更多"→"有界平面"选项 ◰，打开"有界平面"对话框。在"平截面"选项组中选择一组封闭平面曲线，单击"确定"按钮，即可创建有界平面，如图 6-100所示。

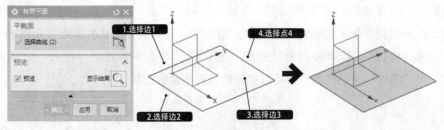

图 6-100 创建有界平面

6.4.4 N边曲面

使用"N边曲面"命令可以创建由一组端点相连曲线封闭的曲面。选择"曲面"→"曲面"→"N边曲面"选项 ⬡，打开"N边曲面"对话框，如图6-101所示。创建N边曲面如图6-102所示。

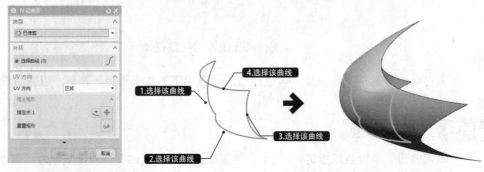

图 6-101　"N边曲线"对话框　　　　　　　图 6-102 创建N边曲面

该对话框中各选项组的功能介绍如下。

◆　"类型"：在"类型"下拉列表中可选择"已修剪"和"三角形"两种曲面类型。当选择"已修剪"类型选项时，选择用来定义外部环的曲线组（串）不必闭合；当选择"三角形"类型选项时，选择用来定义外部环的曲线组（串）必须封闭，否则系统会提示线串不封闭。

◆　"约束面"：该选项组用于选择一个实体面或片体面作为N边曲面的约束面，不能使用基准平面。

◆　"形状控制"：该选项组如图6-103所示，用于调整N边曲面的形状。它分为"中心控制"和"约束"两个子选项组，在"中心控制"选项组中选择控制类型，选择"位置"用于调整中心点的位置，拖动滑动块即可调整X、Y、Z坐标；选择"倾斜"用于调整曲面的倾斜。"约束"选项组用于设置N边曲面的流向和连续级别，只有在"约束面"选项组中选择了约束面，才可使用G1及更高的连续级别。

◆　"设置"：该选项组如图6-104所示，用于设置曲面的合并选项以及连续性公差。

> 🛈 提示
>
> 　　"N边曲面"命令对于想要光顺地修补曲面之间的缝隙而无须修剪、取消修剪或改变外部曲面的边的设计师、新式样设计师和产品设计师是极其有用的。

【案例 6-9】：创建雨棚曲面 ————————————●

01 绘制平面草图。选择"主页"→"直接草图"→"草图"信息 ⬚，选择XC-YC平面为草图平面，绘制如图6-105所示平面草图。

02 创建有界平面。选择"曲面"→"曲面"→"更多"→"有界平面"信息 ▦，打开"有界平面"对话框。选择上一步绘制的平面草图轮廓作为曲面的边界，创建的有界平面如图6-106所示。

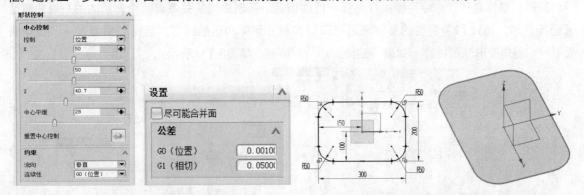

图 6-103 "形状控制"　　图 6-104 "设置"选　　图 6-105 绘制平面草图　　图 6-106 创建的有界
选项组　　　　　　　　项组　　　　　　　　　　　　　　　　　　　　平面

03 创建N边曲面。选择"曲面"→"曲面"→"N边曲面"选项 ▦，打开"N边曲面"对话框。选择曲面的类型为"三角形"，选择有界平面的边线作为外环曲线，选择有界平面作为约束面，如图6-107所示。

04 设置形状控制参数。在"中心控制"选项组中，选择控制类型为"位置"，设置中心点的位置参数；然后更换控制类型为"倾斜"，设置中心点的倾斜参数，如图6-108所示。

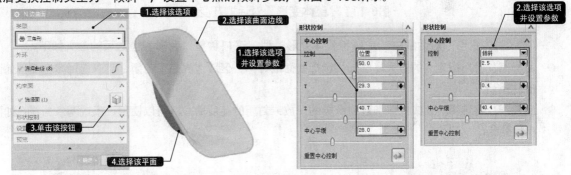

图 6-107 创建N边曲面　　　　　　　　图 6-108 设置形状控制参数

05 N边曲面预览。在"中心控制"中的"约束"选项组中设置"流向"为"未指定"，"连续性"为G1（相切），N边曲面的预览如图6-109所示。

06 在"设置"选项组中选择"尽可能合并面"复选框，单击对话框上"确定"按钮，完成N边曲面的创建。将有界平面隐藏之后，创建的雨棚曲面如图6-110所示。

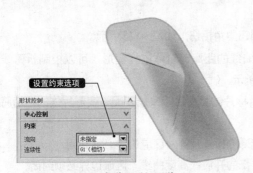

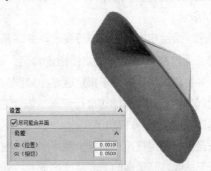

图 6-109 N边曲面的预览　　　　　　　　图 6-110 创建的雨棚曲面

6.4.5 整体变形

通过"整体变形"命令可使用几何体和值的组合、两条曲线的关系或两个曲面的关系对曲面区域进行变形。通过11种类型的整体变形可获得多种几何体和值的组合。选择"曲面"→"编辑曲面"→"整体变形"选项 ，弹出"整体变形"对话框，如图6-111所示。

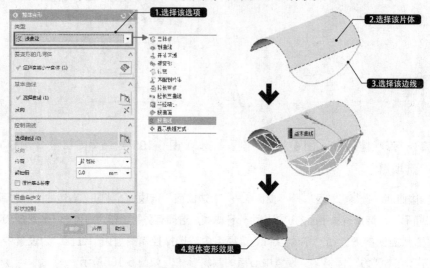

图6-111 "整体变形"对话框及变形效果

在"整体变形"对话框中，有11种整体变形类型，这11种整体变形类型选项的含义如下。

◆ 目标点：使用指定点的最大高度加冠选择的面或片体。区域边界必须封闭。可以选择多个点，如图6-112所示。

◆ 到曲线：将选择的面或片体加冠到选择的开放或封闭的高度曲线。可以使用一条或两条曲线，如图6-113所示。

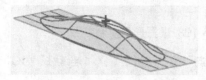
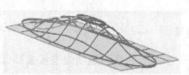
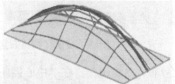

图6-112 "目标点"类型　　　　图6-113 "到曲线"类型　　　　图6-114 "开放区域"类型

◆ 开放区域：将选择的面或片体加冠到选择的开放式高度曲线。两个区域边界曲线都是开放的，如图6-114所示。

◆ 壁变形：沿给定方向对壁进行变形，并保持与相邻圆角相切，如图6-115所示。

◆ 过弯：通过绕指定折弯线旋转指定角度，或沿曲线的距离值对体进行变形。可以控制折弯线处的相切，并将旋转和变形限于指定区域，如图6-116所示。

◆ 匹配到片体：对片体的边进行变形，以便它与目标片体上的目标曲线匹配。变形片体的相切将与目标片体匹配，如图6-117所示。

◆ 拉长至点：使用指定点的最大高度加冠并拉长选择的面或片体。区域边界必须封闭。

◆ 拉长至曲线：将选择的面或片体加冠并拉长到选择的开放式高度曲线。区域边界必须封闭。

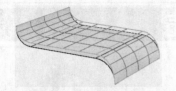
图6-115 "壁变形"对话框

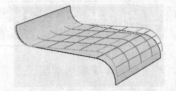
图6-116 "折弯"类型

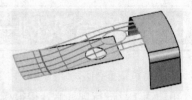
图6-117 "匹配到片体"类型

◆ 半径减小：减小钣金体中自由成形圆角的半径，以考虑切削函数的间隙与材料流，如图6-118所示。

◆ 按曲面：通过编辑参考曲面对片体或小平面体进行变形。需选择基本曲面和可选的控制曲面。基本曲面与控制曲面间的偏差决定着应用到新片体的在任何给定点处的法向偏置量，如图6-119所示。

◆ 按曲线：通过编辑参考曲线对片体或小平面体进行变形。需选择基本曲线和可选的控制曲线。基本曲线与控制曲线间的偏差决定着应用到新片体的在任何给定点处的法向偏置量，如图6-120所示。

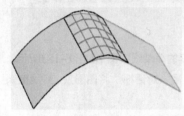
图6-118 "半径减小"类型

图6-119 "按曲面"类型

图6-120 "按曲线"类型

提示

整体变形用于以可预测的方式对曲面进行具有完全关联性的变形。既可以使用它修改现有曲面，同时保留其美学属性，也可以使用它修改曲面，以便考虑金属成形时回弹的影响。

【案例6-10】：整体变形创建回形针

01 打开素材文件"第6章/6-10 整体变形创建回形针.prt"。

02 选择"曲面"→"编辑曲面"→"整体变形"选项 ，系统弹出"整体变形"对话框。

03 在"类型"下拉列表中选择"按曲线"选项，然后在图形空间中选择要变形的几何体、基本曲线和控制曲线，单击"确定"按钮，即可完成创建，如图6-121所示。

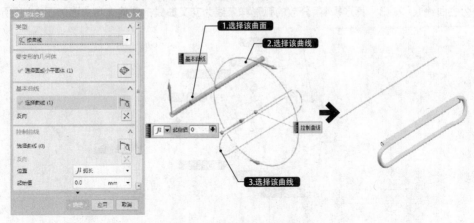
图6-121 整体变形创建回形针

6.5 综合实例——创建乌龟茶壶

乌龟茶壶的形状很不规则，如果使用实体建模很难实现，使用曲面工具进行创建会变得很简单。创建本例的乌龟茶壶曲面，不仅使用到通过曲线网格、拉伸片体等建模方法，还将使用到一些曲面编辑工具，如修剪、缝合等。当曲面制作完成后，又需要将其加厚，使其变成实体，从而制作出茶壶的最终形状，如图6-122所示。

图6-122 乌龟茶壶模型

1. 创建壶身

01 打开素材文件"第6章\6.5 综合实例——创建乌龟茶壶.prt"，创建茶壶的简单线框图形如图6-123所示。

02 在上边框条中选择"图层设置"选项，或者按Ctrl+L键打开"图层设置"对话框，将图层2、3、4取消勾选，即可设为不可见，如图6-124所示。

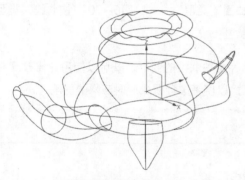

图6-123 素材文件

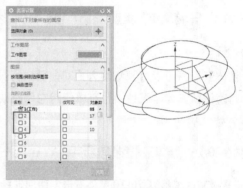

图6-124 隐藏图层

03 单击"关闭"按钮回到图形空间，然后选择"曲面"→"曲面"→"艺术曲面"选项下的下三角按钮，在下拉菜单中选择"通过曲线网格"选项，打开"通过曲线网格"对话框。在绘图区中依次选择3条环形线为主曲线1、2、3，再选择4条分散的弧形样条线为交叉曲线，创建壶身曲面如图6-125所示。

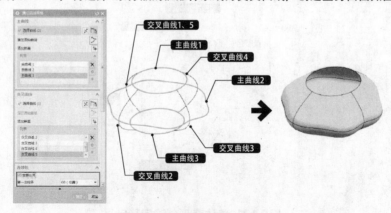

图6-125 创建壶身曲面

04 创建四点曲面。选择"曲面"→"曲面"→"四点曲面"选项 ，分别捕捉弧形样条线的端点，单击"确定"按钮，创建四点曲面如图6-126所示。

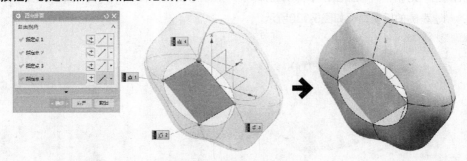

图6-126 创建四点曲面

05 选择"曲面"→"曲面操作"→"延伸片体"选项 ，选择上步骤所创建四点曲面的四条边，向外偏置40，延伸四点曲面如图6-127所示。

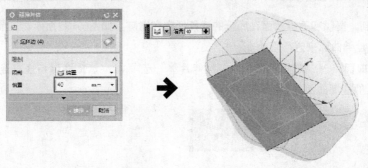

图6-127 延伸四点曲面

06 选择"曲面"→"曲面"→"面倒圆"选项 ，选择延伸后的四点曲面为第一组面，壶身曲面为第二组面；然后设定倒圆"半径"为60，其余参数如图6-128所示；最后单击"确定"按钮，对此两组面创建面倒圆。

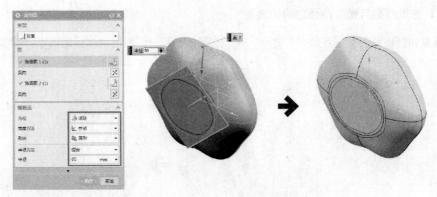

图6-128 创建面倒圆

2. 创建壶嘴和壶尾

01 在上边框条中选择"图层设置"选项，或者按Ctrl+L键打开"图层设置"对话框。勾选图层2，即可将图层2上的对象设为可见，如图6-129所示。

02 单击"关闭"按钮回到图形空间，然后选择"曲面"→"曲面"→"通过曲线网格"选项◈，打开"通过曲线网格"对话框。在绘图区中依次选择3条环形线为主曲线1、2、3，再选择周边的4条样条线为交叉曲线，创建壶嘴的网格曲面如图6-130所示。

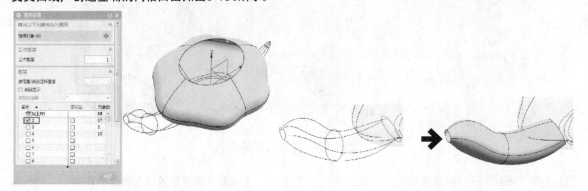

图6-129 显示图层2　　　　　　　　　　图6-130 创建壶嘴的网格曲面

03 此时可以注意到，壶嘴和壶身曲面在底端的连接处存在缝隙，如图6-131所示。这会阻碍后续特征的创建，因此可以通过延伸曲面来进行修补。

04 单击选项卡"曲面"→"曲面操作"→"延伸片体"选项◈，选择壶嘴与壶身连接端的边界，设置"偏置"为30，延伸壶嘴曲面，如图6-132所示。

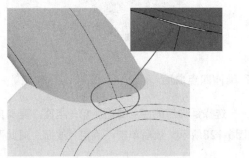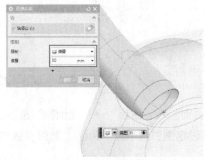

图6-131 壶嘴曲面与壶身曲面之间的缝隙　　　　　　图6-132 延伸壶嘴曲面

05 创建好壶身和壶嘴曲面后，可选择"曲面"→"曲面操作"→"修剪片体"选项◈，修剪壶嘴超于壶身的曲面，如图6-133所示。

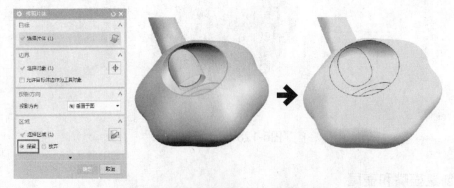

图6-133 修剪壶嘴超于壶身的曲面

06 按相同的方法，再次执行修剪命令。选择壶身曲面为目标片体，壶嘴曲面为修剪边界（也可以选择壶嘴与壶身的相交曲线），即可打通壶身在壶嘴处的封闭部分，如图6-134所示。

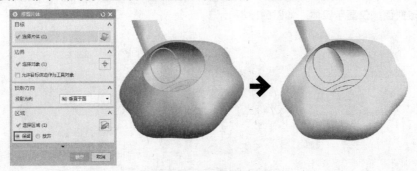

图6-134 修剪壶身曲面

07 创建网格。选择"曲面"→"曲面"→"通过曲线网格"选项 ，在壶尾处选择2条环形线为主曲线1、2，另外选择尾部端点即主曲线3，如图6-135所示。

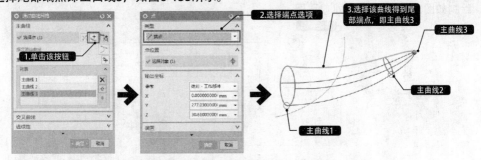

图6-135 创建网格曲面

08 再依次选择周边的4条样条线为交叉曲线，单击"确定"按钮，创建壶尾如图6-136所示。

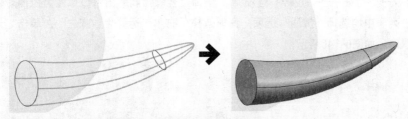

图6-136 创建壶尾

09 选择"曲面"→"曲面操作"→"修剪体"选项 ，修剪壶尾超于壶身的实体部分，如图6-137所示。

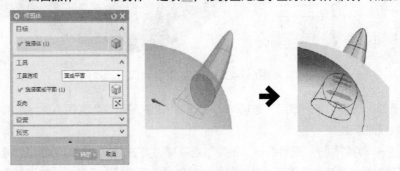

图6-137 修剪壶尾

🔟 选择"曲面"→"曲面操作"→"加厚"选项🔳，选择壶身和壶嘴的曲面，向内偏移5，单击"确定"按钮后隐藏曲面，仅显示实体，如图6-138所示。

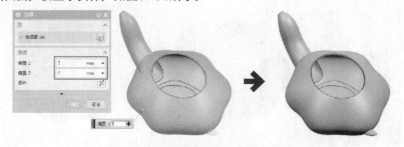

图6-138 加厚壶身与壶嘴曲面

1️⃣1️⃣ 选择"主页"→"特征"→"合并"选项🔳，将上步骤所创建的壶身和壶嘴合并。

1️⃣2️⃣ 创建茶壶的出水口。选择"主页"→"草图"选项🔳，选择基准YC-ZC平面为草图平面，进入草绘环境，绘制如图6-139所示的出水口草图。

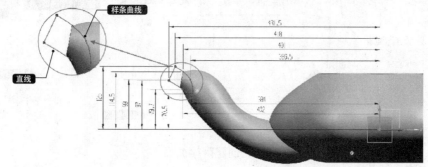

图6-139 绘制出水口草图

1️⃣3️⃣ 选择"主页"→"特征"→"拉伸"选项🔳，选择上步骤绘制的出水口草图为拉伸对象，在"开始"和"结束"下拉列表中均选择"贯通"选项，同时选择"布尔"运算为"减去"，单击"确定"按钮，即可得到壶嘴出水口，如图6-140所示。

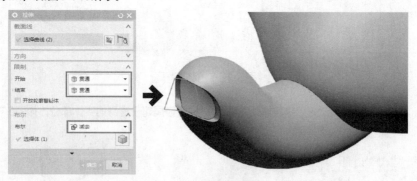

图6-140 拉伸创建出水口

1️⃣4️⃣ 创建眼部。选择"主页"→"草图"选项🔳，选择基准YC-ZC平面为草图平面，进入草绘环境，绘制如图6-141所示的眼部草图。

1️⃣5️⃣ 选择"主页"→"特征"→"更多"→"垫块"选项🔳，打开"垫块"对话框。选择其中的"常规"选项，然后选择壶嘴的外表面为放置面，单击鼠标中键确认；再选择上步骤绘制的眼部草图为垫块轮廓，同样单击鼠标中键确认；接着在"从放置面起"文本框中输入"3"，单击"确定"按钮，创建垫块如图6-142所示。

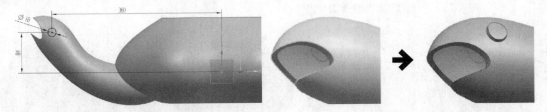

图6-141 绘制眼部草图　　　　图6-142 创建垫块

16 按相同方法创建对侧的眼部图形，如图6-143所示。

17 对壶身盖口边进行倒圆，圆角半径为7.5，如图6-144所示。

18 创建壶身背面修饰。选择"曲线"→"派生曲线"→"等参数曲线"选项，打开"等参数曲线"对话框。选择壶身曲面，然后设置"方向"为V，"位置"为均匀，"数量"为2、"间距"为35，单击"确定"按钮，即可得到等参数曲线，如图6-145所示。

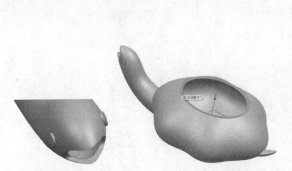
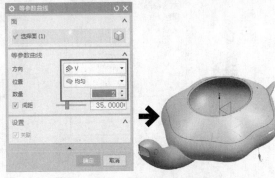

图6-143 创建对侧眼部　　图6-144 边倒圆　　　　图6-145 创建等参数曲线

19 选择"曲面"→"曲面"→"更多"→"管道"选项，选择上步骤创建的间距为35的等参数曲线，创建直径为8的实心管道，并在"布尔"中选择"合并"选项，"输出"模式为"单段"，如图6-146所示。

20 按相同方法，再创建间距为20的等参数曲线，然后根据此曲线创建直径为8的实心管道，如图6-147所示。

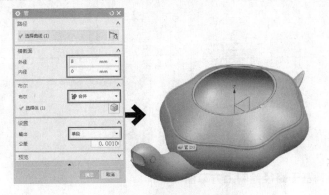

图6-146 创建修饰纹路　　　　图6-147 创建实心管道

21 选择"主页"→"草图"选项，选择基准XC-YC平面为草图平面，进入草绘环境，绘制如图6-148所示的辅助草图。

22 选择"曲线"→"派生曲线"→"投影曲线"选项 ，选择上步骤绘制的辅助草图为要投影的对象，然后选择两段管道之间的壶身外表面为投影面，选择+ZC轴为投影方向，创建三条投影曲线，如图6-149所示。

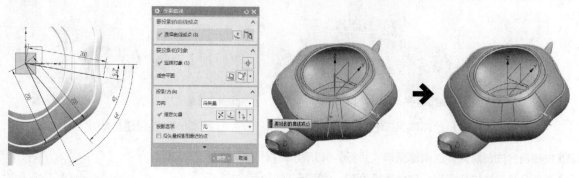

图6-148 绘制辅助草图

图6-149 创建投影曲线

23 选择"曲线"→"编辑曲线"→"曲线长度"选项 ，打开"曲线长度"对话框。选择一条投影曲线，将其首尾两端各延长3，如图6-150所示。

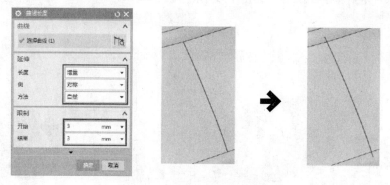

图6-150 延长投影曲线

24 按相同方法，延伸其余的两条投影曲线。

25 选择"草图"选项 ，打开"创建草图"对话框。选择"草图类型"为"基于路径"，然后选择最右侧的投影曲线，在其上方端点处绘制草图，如图6-151所示。

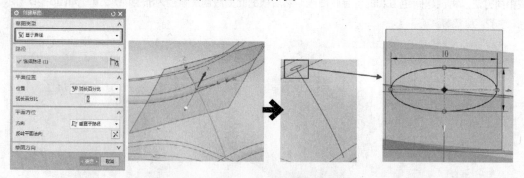

图6-151 基于路径绘制上方草图

26 按相同方法，在其下方端点处绘制草图如图6-152所示。

27 单击选项卡"曲面"→"曲面"→"扫掠"选项 ，打开"扫掠"对话框。选择步骤25和26所绘制的两个草图分别为截面1和截面2，投影曲线（含延伸）为引导线，创建扫掠特征，如图6-153所示。

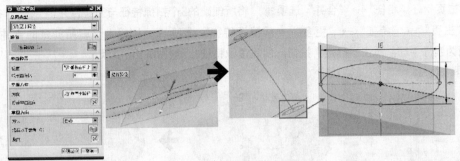

图6-152 绘制下方草图

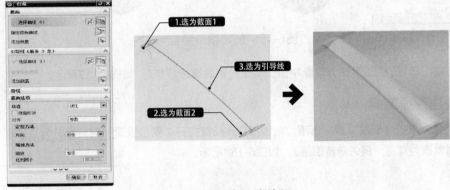

图6-153 创建扫掠特征1

28 按相同方法，绘制投影曲线上的草图，并创建扫掠特征2和3如图6-154和图6-155所示。

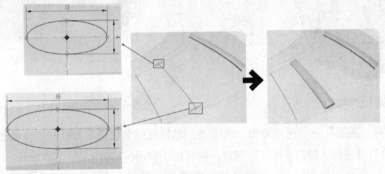

图6-154 创建扫掠特征2

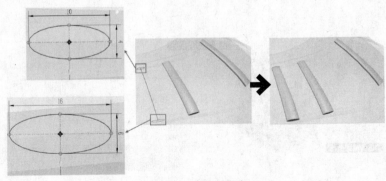

图6-155 创建扫掠特征3

29 选择"主页"→"特征"→"合并"选项 🔵，将所创建的3个扫掠特征与壶身合并。

30 选择"主页"→"特征"→"更多"→"镜像特征"选项 🔧，选择上步骤所创建的合并特征，以XC-ZC平面为镜像平面，单击"确定"按钮，创建镜像特征1，如图6-156所示。

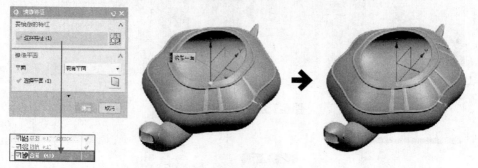

图6-156 创建镜像特征1

31 按相同方法，再以YC-ZC平面为镜像平面，创建对侧的镜像特征2，如图6-157所示。

3. 创建茶壶支腿

01 在上边框条中单击"图层设置"选项，或者按Ctrl+L键打开"图层设置"对话框。勾选图层3，即可将图层3上的对象设为可见，同时隐藏图层2，如图6-158所示。

图6-157 创建镜像特征2   图6-158 显示图层3

02 选择"曲面"→"曲面"→"艺术曲面"选项 🔵，选择支腿曲线最下方的一段样条曲线为截面曲线，同时选择另一条为引导曲线，单击"确定"按钮，即可创建如图6-159所示的艺术曲面。

03 选择"曲面"→"曲面操作"→"延伸片体"选项 🔵，选择上步骤创建的艺术曲面边界，设置"偏置"为2，延伸艺术曲面，如图6-160所示。

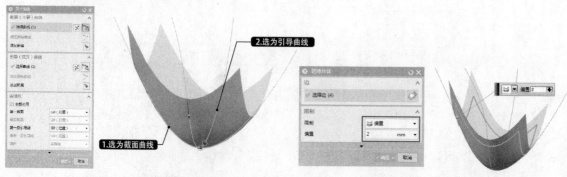

图6-159 创建艺术曲面   图6-160 延伸艺术曲面

04 选择"曲面"→"曲面"→"四点曲面"选项 □，分别捕捉艺术曲面样条线的4个端点，单击"确定"按钮，创建四点曲面，如图6-161所示。

05 选择"曲面"→"曲面操作"→"延伸片体"选项 □，选择上步骤所创建四点曲面的四条边，向外偏置5，延伸四点曲面，如图6-162所示。

06 选择"曲面"→"曲面操作"→"修剪片体"选项 □，修剪艺术曲面超出四点曲面的部分，得到结果如图6-163所示。

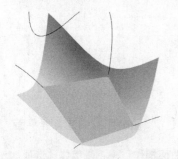

图6-161 创建四点曲面

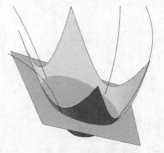

图6-162 延伸四点曲面

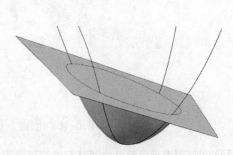

图6-163 修剪艺术曲面

07 隐藏四点曲面部分，然后选择"曲面"→"曲面"→"通过曲线网格"选项 □，打开"通过曲线网格"对话框。在绘图区中选择艺术曲面的修剪边界为主曲线1，上方环形线为主曲线2，再选择周边的4条样条线为交叉曲线，创建曲线网格曲面1，如图6-164所示。

08 调整曲面的光顺性。通过这种方法创建的曲面在光顺性上稍差，因此接下来可用"修剪-补面"的方法对其修补，这也是UG曲面造型时必备的技能之一。

09 选择"主页"→"草图"选项 □，选择基准YC-ZC平面为草图平面，进入草绘环境，绘制如图6-165所示的辅助草图。

10 选择"曲面"→"曲面操作"→"修剪片体"选项 □，以上步骤绘制的辅助草图直线为边界，+XC轴方向为投影方向，单击"确定"按钮，即可得到修剪片体如图6-166所示。

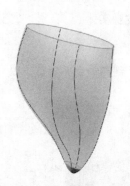

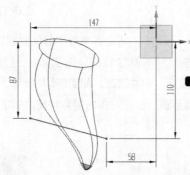

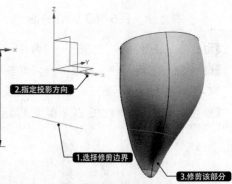

图6-164 创建曲线网格曲面1

图6-165 绘制辅助草图

图6-166 修剪片体

11 选择"曲面"→"曲面"→"通过曲线网格"选项 □，打开"通过曲线网格"对话框。在绘图区中选择艺术曲面的边界为主曲线1，步骤10得到的修剪边界为主曲线2，再选择周边的4条样条线为交叉曲线，创建曲线网格曲面2，如图6-167所示。

12 选择"曲面"→"曲面"→"更多"→"有界平面"选项 □，选择最上方的曲面边缘，单击"确定"按钮，创建有界平面，如图6-168所示。

13 选择"曲面"→"曲面操作"→"缝合"选项 🕮，选择曲线网格曲面为目标片体，其余曲面为工具片体，单击"确定"按钮，即可将封闭的片体转换为一个实体，如图6-169所示。

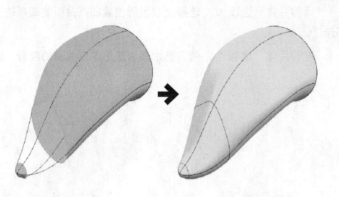

图6-167 创建剪网格曲面2　　　　　图6-168 创建有界平面

14 调整视图可见壶身内部有超出的支腿实体，因此可选择"曲面"→"曲面操作"→"修剪体"选项 🔲，修剪支腿超于壶身的实体部分，如图6-170所示。

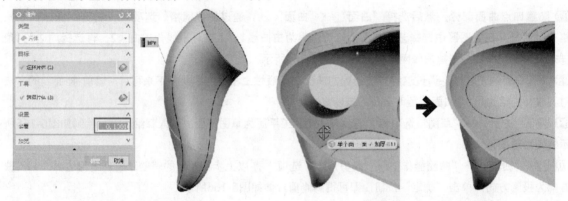

图6-169 缝合曲面　　　　　图6-170 修剪支腿实体

15 选择"主页"→"特征"→"合并"选项 🔟，将壶身与修剪后的支腿实体合并。

16 选择"主页"→"特征"→"更多"→"镜像特征"选项 🔧，选择上步骤所创建的合并特征，以XC-ZC平面为镜像平面，单击"确定"按钮，镜像支腿，如图6-171所示。

17 按相同方法，再以YC-ZC平面为镜像平面，创建对侧的镜像特征，如图6-172所示。

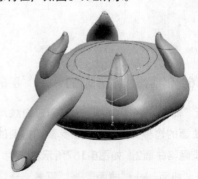

图6-171 镜像支腿　　　　　图6-172 创建对侧的镜像特征

4. 创建茶壶提手

01 选择"主页"→"草图"选项，选择基准YC-ZC平面为草图平面，进入草绘环境，绘制如图6-173所示的提手轮廓曲线1。

02 退出草图环境，然后再次选择"草图"选项，选择基准XC-ZC平面为草图平面，进入草绘环境，绘制如图6-174所示的提手轮廓曲线2。

03 选择"曲线"→"派生曲线"→"组合投影"选项，弹出"组合投影"对话框.选择提手轮廓曲线1为曲线1、提手轮廓曲线2为曲线2，其余选项保持默认，单击"确定"按钮，创建如图6-175所示的组合投影曲线。

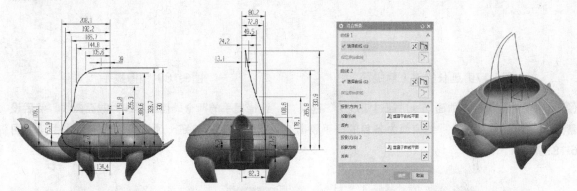

图6-173 绘制提手轮廓曲　　图6-174 绘制提手轮廓曲　　　　图6-175 创建组合投影曲线
线1　　　　　　　　　　线2

04 选择"主页"→"草图"选项，打开"创建草图"对话框。选择草图类型为"基于路径"，然后选择上步骤创建的组合投影曲线，在其下方端点处绘制草图，如图6-176所示。

05 按相同方法，在组合投影曲线的上方端点处绘制草图，如图6-177所示。

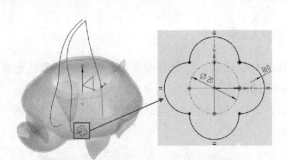

图6-176 绘制提手下端轮廓草图

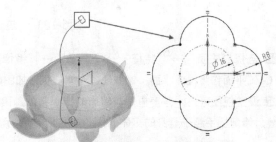

图6-177 绘制提手上端轮廓草图

06 选择"曲面"→"曲面"→"扫掠"选项，打开"扫掠"对话框。选择步骤5、6所绘制的两个草图分别为截面1和截面2，组合投影曲线（含延伸）为引导线，通过扫掠创建提手，如图6-178所示。

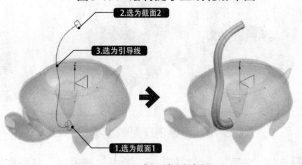

图6-178 通过扫掠创建提手

07 选择"菜单"→"插入"→"偏置/缩放"→"偏置面"选项，将提手的上侧端面向内偏移30，延长提手上侧端面，如图6-179所示。

08 选择"主页"→"特征"→"更多"→"镜像几何体"选项 ，选择提手为要镜像的对象；然后选择XC-ZC平面为镜像平面，镜像提手，如图6-180所示。

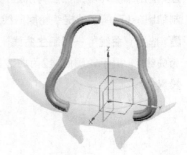

图6-179 延长提手上侧端面　　　　　　　　　　图6-180 镜像提手

09 选择"曲面"→"曲面"→"通过曲线组"选项 ，选择提手的两个端面边界线为截面曲线，然后设置连续性均为"相切"，约束面为各自的提手表面，单击"确定"按钮，通过曲线组连接提手，如图6-181所示。

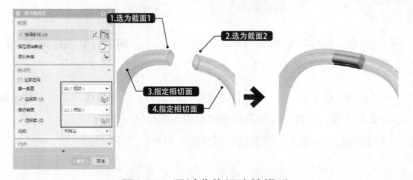

图6-181 通过曲线组连接提手

10 选择"主页"→"特征"→"更多"→"镜像几何体"选项 ，选择提手为要镜像的对象，选择YC-ZC平面作为镜像平面，镜像创建对侧提手，如图6-182所示。

11 调整视图可见，茶壶内部有超出的提手实体，因此可选择"曲面"→"曲面操作"→"修剪体"选项 ，修剪提手超于壶身的实体部分，如图6-183所示。

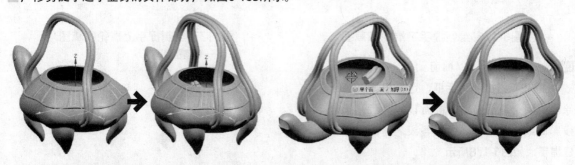

图6-182 镜像创建对侧提手　　　　　　　　　　图6-183 修剪提手

12 选择"主页"→"特征"→"合并"选项 ，将壶身与修剪后的提手实体合并。

5. 修缮细节

至此,乌龟茶壶的所有主体部分均已创建完毕,接下来只需对各个细节部分进行修缮处理即可。

01 壶尾处倒圆。选择"主页"→"特征"→"边倒圆"选项 📦,设置圆角半径为5,对壶尾与壶身的连接处进行倒圆,如图6-184所示。

02 支腿处倒圆。按相同方法执行"边倒圆"命令,设置圆角半径为8,对每条支腿与壶身的连接处进行倒圆,如图6-185所示。

03 壶嘴处倒圆。按相同方法执行"边倒圆"命令,设置圆角半径为15,对壶嘴与壶身的连接处进行倒圆,如图6-186所示。

04 按相同方法对壶嘴内部与壶身相连的部分进行倒圆,圆角半径仍为15,如图6-187所示。

 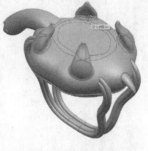  

图6-184 壶尾处倒圆　　图6-185 支腿处倒圆　　图6-186 壶嘴与壶身连接处外侧倒圆　　图6-187 壶嘴与壶身连接处内侧倒圆

05 眼部倒圆。执行"边倒圆"命令,设置圆角半径为3,对眼部与壶身的连接处进行倒圆,如图6-188所示。

06 出水口倒圆。执行"边倒圆"命令,设置圆角半径为1,对壶嘴出水口的外侧边进行倒圆,如6-189所示。

图6-188 眼部倒圆　　　　6-189 出水口处倒圆

07 再次执行"边倒圆"命令,设置圆角半径为1,同时展开"变半径"选项组,按提示设置倒圆半径参数和弧长参数,定义倒圆位置,最后单击"确定"按钮,完成倒圆操作,如图6-190所示。

08 最终创建的乌龟茶壶模型即如图6-191所示。

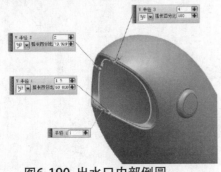 

图6-190 出水口内部倒圆　　　　图6-191 乌龟茶壶模型

第7章

实体与
曲面编辑

学习重点：

实体模型的编辑方法

曲面模型的进阶编辑方法

特征的编辑与表达式设计

在UG NX 12.0中，特征的操作基于同步建模技术之上，这在交互式三维实体建模中是一个成熟的、突破性的飞跃。该技术在参数化、基于历史记录建模的基础上前进了一大步，设计人员能够由尺寸或几何驱动直接修改模型，而不用像以前那样必须考虑相关性及约束等情况，因而可以花更多的时间用来进行创新。

这样所创建的特征绝大多数也是参数化的，设计者便随时对其进行修改和编辑。通过对特征进行编辑，可以改变已经生成的特征的形状、大小、位置和生成顺序，这些操作不仅可以实现特征的重定义，避免了人为误操作产生的错误特征，还可以通过修改特征参数以满足新的设计要求。

本章讲解多种同步特征操作和编辑的使用方法，包括修改工具、重用工具、约束工具等，掌握这些工具之后，用户可以更加灵活地修改模型。

7.1 实体编辑

实体编辑是在特征建模基础之上的进一步细化。其中大部分的命令都可以在"菜单"选项中找到，而在UG NX 12.0中，广泛分散在功能区中的各个选项下的子菜单命令中。

7.1.1 边倒圆

边倒圆是作为常用的边操作类型，可以对选定面之间的锐边进行倒圆处理，其半径可以是常数也可以是变量。对于凹边，边倒圆操作会添加材料；对于凸边，边倒圆操作会减少材料。在实体模型中的边倒圆效果如图 7-1所示。

要创建边倒圆特征，可以选择"主页"→"特征"→"边倒圆"选项 ◎，或者选择"菜单"→"插入"→"细节特征"→"边倒圆"选项，打开"边倒圆"对话框，如图 7-2所示。然后在图形窗口选择边，并设置圆角"形状"选项（"圆形"和"二次曲线"）及其尺寸参数；然后在"边倒圆"对话框中分别设置其他的选项和参数，如变半径、拐角倒角及拐角突然停止等；最后单击"确定"或者"应用"按钮，便可以创建倒圆特征。

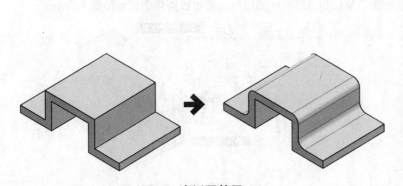

图 7-1 边倒圆效果

图 7-2 "边倒圆"对话框

此外，如果在"边"选项组中单击处于激活状态的"添加新集"按钮 ⊞，那么便可新建一个倒圆集，当在"列表"中选择此倒圆集时，可为该集选择一条边或者多条边。不同的倒圆集，其倒圆半径可以不同，如图 7-3 所示。在实际设计中，可以通过巧妙地利用倒圆集来管理边倒圆，可以给以后的更改设计带来便利。例如，以后若修改了某倒圆集的半径，则该集的所有边倒圆均发生一致变化，而其他集则不受影响。如果要删除在倒圆集列表中选定的某倒圆角集，则单击"移除"按钮⊠即可。

该对话框中各选项组和选项命令的具体含义介绍如下。

1. "边"选项组

该选项组用于选择倒圆的边线对象，以及设置圆角形状和半径参数。

◆ "选择边"：激活此选项后，然后选择边线，可选择多条相连或不相连的边线。

◆ "形状"：该下拉列表中包含"圆形"和"二次曲线"两个选项。"圆形"的断面形状即为一圆弧，如图 7-4 所示；"二次曲线"圆角的断面形状是一条二次曲线。选择"二次曲线"时，可由边界半径和中心半径定义曲线形状，如图 7-5 所示，也可使用"边界和Rho"或"中心和Rho"定义二次曲线。

◆ "半径"：输入圆角的半径值。

图 7-3 添加新集

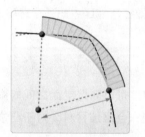

图 7-4 "圆形"边倒圆示意

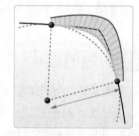

图 7-5 "二次曲线"边倒圆示意

2. "变半径"选项组

该选项组如图 7-6 所示。用于在倒圆的边线上添加若干可变半径的点，在这些点设置不同的圆角半径，从而生成圆角变化的效果。首先激活"指定半径点"选项，然后选择边线上已有的点，或者单击"点对话框"按钮，在"点"对话框中输入点。定义的点将在"列表"中列出，选择该点，模型上弹出该点的浮动文本框，可修改该点的圆角半径和该点所处的位置。变半径圆角的效果如图 7-7 所示。

图 7-6 "变半径"选项组

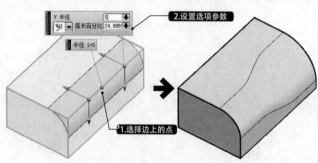

图 7-7 变半径圆角的效果

3. "拐角倒角"选项组

该选项组如图 7-8所示，用于创建三条圆角线拐角处的倒圆。首先激活"选择端点"选项，然后选择倒角线的角点，可以设置不同方向上过渡面的距离，如图 7-9所示。

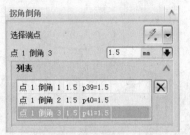

图 7-8 "拐角倒角"选项组

图 7-9 创建拐角倒角半径

4. "拐角突然停止"选项组

该选项组如图 7-10所示，用于设置在圆角线交点处停止圆角。首先激活"选择端点"选项，然后选择圆角线的拐角，可选择在交点处停止圆角，此时停止的距离取决于圆角半径，如图 7-11所示。也可选择按某一距离停止，此时可设置一个停止距离，如图 7-12所示。

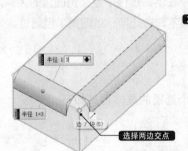

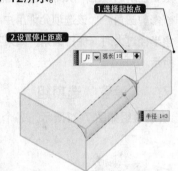

图 7-10 "拐角突然停止"选项组　　图 7-11 在交点处停止圆角　　图 7-12 在某一距离停止圆角

5. "长度限制"选项组

该选项组用于设置圆角边之后，控制圆角的长度范围。在不使用此选项组的情况下，系统是自动修剪圆角面之外的实体。通过勾选"启用长度限制"复选框，该选项组变为可用，如图 7-13所示；然后可以定义限制平面，通过单击"指定平面"选项，可以选择更多的平面。通过平面修剪圆角如图 7-14所示。

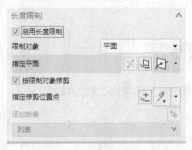

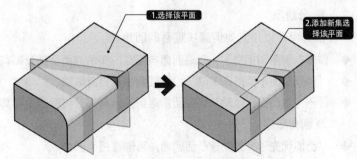

图 7-13 "长度限制"选项组

图 7-14 通过平面修剪圆角

6. "溢出"选项组

该选项组如图7-15所示，用于设置对溢出的处理，包含以下三个复选框。

◆ "跨光顺边滚动"：该选项允许用户在倒圆遇到另一表面时，实现光滑倒圆过渡。如不勾选，效果如图7-16所示；勾选效果如图7-17所示。

 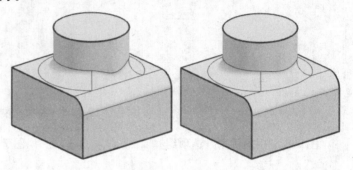

图7-15 "溢出"选项组　　图7-16 不勾选"跨光顺边滚　图7-17 勾选"跨光顺边滚
动"效果　　　　　　　动"效果

◆ "沿边滚动"：该选项即以前版本中的允许陡峭边缘溢出，当圆角不能终止时，选择此项，可将滚边限制在所选边上，从而终止圆角。不勾选效果如图7-18所示，勾选效果如图7-19所示。

◆ "修剪圆角"：该选项允许用户在倒圆过程中定义倒圆边的面保持相切，并移除阻碍的边。用于在圆角半径过大时，保持圆角。如果不勾选此项，当圆角半径超过实体尺寸时，无法创建圆角，如图7-20所示。

7. "设置"选项组

该选项组如图7-21所示，各个选项的具体含义如下。

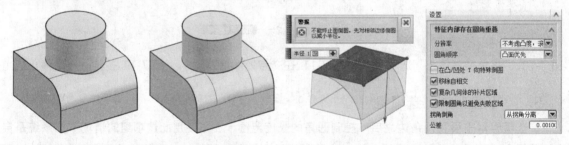

图7-18 不勾选"沿边滚　图7-19 勾选"沿边滚　图7-20 不能创建的圆角　图7-21 "设置"选项组
动"效果　　　　　动"效果

》分辨率

该选项可以指定如何解决重叠的圆角。

◆ "保存圆角和相交"：忽略圆角自相交，圆角的两个部分都有相交曲线修剪。

◆ "如果凸面不同，则滚动"：使圆角在其自身滚动。

◆ "不考虑凸面，滚动"：在圆角遇到其自身部分时使圆角在其自身滚动，无须考虑凸面的情况。

》圆角顺序

◆ "凸面优先"：先创建凸面圆角，再创建凹面圆角。

◆ "凹面优先"：先创建凹面圆角，再创建凸面圆角。

>> 在凸/凹Y处特殊圆角

该选项即以前版本中的柔化圆角顶点选项，允许Y形圆角。当相对凸面的邻近边上的两个圆角相交三次以上或者更多时，边缘顶点的圆角的默认外形将从一个圆角滚动到另一个圆角上，Y形顶点圆角提供在顶点处可选的圆角形状。

>> 移除自相交

由于圆角的创建精度等原因从而导致了自相交面，该选项允许系统自动利用多边形曲面来替换自相交曲面。

【案例7–1】： 创建倒圆长方体

本案例通过对一标准长方体进行倒圆处理，让其在一侧得到光滑圆润的表面，从而让读者能够更好的理解倒圆命令的应用。

01 创建长方体。选择"主页"→"特征"→"块"选项 🧊，创建一长为100、宽为45和高220的长方体，如图7-22所示。

02 棱边倒圆。选择"主页"→"特征"→"边倒圆" 🧊 选项，打开"边倒圆"对话框。在"边"选项组中设置"形状"为"圆形"、"半径1"为10，接着选择长方体的4条竖直棱边，如图7-23所示。

03 侧边倒圆。单击"应用"按钮，完成棱边倒圆，"边倒圆"对话框没有关闭，设置圆角"形状"为"圆形"，将新集的默认圆角半径设置为3，接着选择长方体面的边线作为边，如图7-24所示。

04 添加变半径。在"边倒圆"对话框中展开"变半径"选项组，从"指定半径点"右侧的下拉列表框中选择"点在曲线/边上"选项 🖊，如图7-25所示。

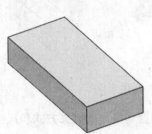

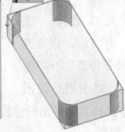
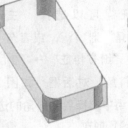

图 7-22 创建长方体　　　　　图 7-23 选择边　　　　　图 7-24 选择边线

05 设置可变半径参数。在边线上单击，设置可变的"V半径1"为6，在"位置"下拉列表中选择"弧长百分比"选项，输入"弧长百分比"为50，如图7-26所示。

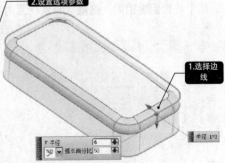

图 7-25 为圆角控制点指定位置　　　　　图 7-26 指定一个变半径

> **提示**
>
> 在"变半径"选项组的"位置"下拉列表中,可供选择的"位置"选项有"弧长""弧长百分比"和"通过点"。选择不同的"位置"选项,将设置不同的位置参数和半径参数等。

06 设置其他边的可变半径参数。使用同样的方法,在模型中指定其他3条边的3个变半径,设置相应的参数,如图7-27所示。

07 在"边倒圆"对话框中单击"确定"按钮,完成创建,如图7-28所示。

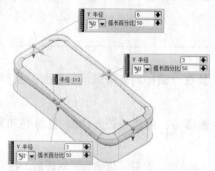

图7-27 指定其他3个变半径和设置相应参数

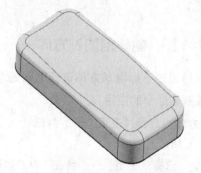

图7-28 创建的可变倒圆

7.1.2 边倒角

即倒斜角,指对实体面之间的锐边进行倾斜的倒角处理,是一种常见的边特征操作。边倒角的效果如图7-29所示。

要创建边倒角特征,可以选择"主页"→"特征"→"倒斜角"选项 ,或者选择"菜单"→"插入"→"细节特征"→"倒斜角"选项,打开"倒斜角"对话框,如图

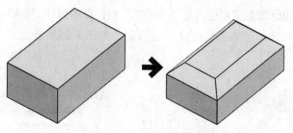

图7-29 边倒角示例

7-30所示。在"边"选项组中选择要倒斜角的边线,在"偏置"选项组设置倒斜角的定义方式和尺寸参数(包括三种定义方式)即可。

1. 对称

在"偏置"选项组的"横截面"下拉列表中选择"对称"选项时,只需设置一个距离参数,从边开始的两个偏置距离相同,这就意味着在互为垂直的相邻两面间建立的斜角为45°,如图7-31所示。

图7-30 "倒斜角"对话框

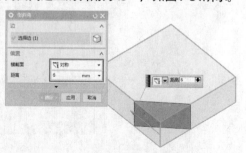

图7-31 "对称"偏置的倒斜角

2. 非对称

在"偏置"选项组的"横截面"下拉列表中选择"非对称"选项时,需要分别定义距离1和距离2,两边的偏置距离可以不一样,如图 7-32 所示。如果发现设置的距离1和距离2偏置方位不对,可以单击"反向"按钮来切换。

3. 偏置和角度

在"偏置"选项组的"横截面"下拉列表中选择"偏置和角度"选项时,需要分别指定一个偏置距离和一个角度参数,如图 7-33 所示。如果需要,则可以单击"反向"按钮来切换该倒斜角的另一个解。当将倒斜角斜度设置为45°时,则得到的倒斜角效果可能和"对称"倒斜角的效果相同。

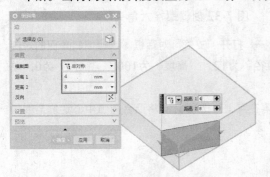

图 7-32 "非对称"偏置的倒斜角

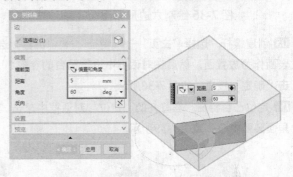

图 7-33 设置"偏置和角度"的倒斜角

【案例 7-2】: 创建 M12 螺栓毛坯

本案例绘制一螺栓毛坯,让读者具体理解"倒斜角"命令在实体建模当中的应用。

01 创建圆柱体。选择"主页"→"特征"→"圆柱"选项 ⬡,打开"圆柱"对话框。选择ZC轴为圆柱中心轴方向,草图原点为圆柱底面中心点,创建一直径为20、高度为7.5的圆柱体,如图 7-34 所示。

02 创建倒斜角。选择"主页"→"特征"→"倒斜角"选项 ◈,打开"倒斜角"对话框。在"偏置"选项组中设置"横截面"为"非对称","距离1"为0.6,"距离2"为1.715,选择圆柱体的边线,如图 7-35 所示。

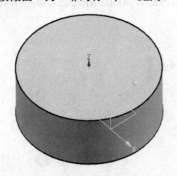

图 7-34 创建圆柱体

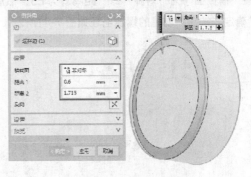

图 7-35 创建倒斜角

03 绘制六边形草图。单击功能区"主页"→"特征"→"拉伸"选项 ⬡,在"拉伸"对话框中单击按钮 ⬚,选择上一步骤倒斜角的端面为草图平面,绘制如图 7-36 所示的六边形草图。

04 创建螺栓六角头。单击"完成草图"按钮返回"拉伸"对话框。在"限制"选项组下的"结束"下拉列表中选择"直至下一个"选项,"布尔"选项组中选择"相交"选项,如图 7-37 所示。

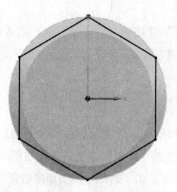

图 7-36 绘制六边形草图

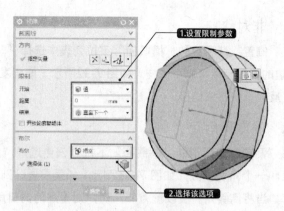

1.设置限制参数

2.选择该选项

图 7-37 创建螺栓六角头

05 创建螺杆。选择"主页"→"特征"→"凸台"选项 🔲，打开"支管"对话框。选择倒斜角面的对侧表面作为放置面，然后在对话框中设置凸台的参数："直径"为12，"高度"为100，"锥角"为0，单击"确定"按钮，如图 7-38所示。

06 定位凸台特征。在打开的"定位"对话框中单击"点落在点上"选项 🔲，将凸台圆弧中心定位至倒斜角面圆弧中心，如图 7-39所示。

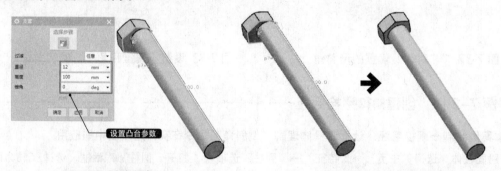

设置凸台参数

图 7-38 创建螺杆　　　　　　　　　　　图 7-39 对凸台进行定位

07 创建倒斜角。选择"主页"→"特征"→"倒斜角"选项 🔲，打开"倒斜角"对话框。在"偏置"选项组中设置"横截面"为"对称"，"距离"为1.5；然后选择凸台最外侧的端面边线，如图 7-40所示。

08 单击"确定"按钮，创建的螺栓毛坯如图 7-41所示。

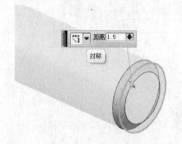

对称

图 7-40 选择倒斜角的边　　　　　　　　图 7-41 创建的螺栓毛坯

7.1.3 面倒圆

　　面倒圆指在选定面组（实体或片体的两组表面）之间添加相切圆角面，其圆角形状可以是圆形、二次曲线或规律控制。与边倒圆相比，面倒圆的形状控制更为灵活，倒圆处理能力更强大。选择"主页"→"特征"→"更多"→"面倒圆"选项 ，或者选择"菜单"→"插入"→"细节特征"→"面倒圆"选项，打开"面倒圆"对话框，如图 7-42 所示。该对话框中各选项组的功能和含义介绍如下。

1. "类型"选项组

该选项组用于设置面倒圆的面链数量。普通面圆角使用两个定义的面链，如果使用三个面链，需要定义两组侧面和一组中间面，圆角的结果是中间面完全被圆角替代，如图 7-43 所示。使用三个面链时圆角半径也无须输入，因为圆角面与三组面相切，其半径是定值。

图 7-42 "面倒圆"对话框

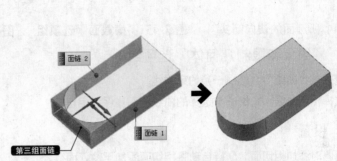

图 7-43 三组面定义的圆角

2. "面"选项组

该选项组用于选择创建圆角的两组或三组面，每一个面链可选择多个面。选择面链后，模型上出现该面的法向箭头，如图 7-44 所示。单击该选项组的"反向"按钮，可以反转此方向，但不合适的法向可能不能创建圆角。

3. "横截面"选项组

该选项组如图 7-45 所示，用于设置圆角面的横断面形状，包括以下选项。

》方位

◆ "滚球"：它的横截面位于垂直于选定的两组面的平面上。

◆ "扫掠截面"：和滚动球不同的是在倒圆横截面中多了脊曲线。

》形状

◆ "圆形"：用定义好的圆盘与倒圆面相切来进行倒圆。

◆ "对称二次曲线"：二次曲线面倒圆具有二次曲线横截面。

◆ "不对称二次曲线"：用两个偏置和一个 rho 来控制截面，还必须定义一个脊线线串来定义二次曲线截面的平面。

》半径方法

◆ "恒定"：对于恒定半径的圆角，只允许使用正值。

◆ "规律控制"：让用户依照规律子功能在沿着脊线曲线的单个点处定义可变的半径，在脊线上添加脊线点并设置不同的半径值，如图7-46所示。

◆ "相切约束"：通过指定位于一面墙上的曲线来控制圆角半径。在这些墙上，圆角曲面和曲线被约束为保持相切。

◆ "半径"：用于设置圆角的半径值。只有选择"恒定"半径方法时才有此项。

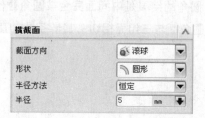

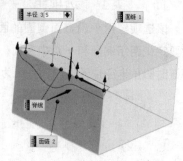

图 7-44 所选面的法向箭头　　　图 7-45 "横截面"选项组　　　图 7-46 使用"规律控制"的圆角

4. "约束和限制几何体"选项组

◆ "选择重合曲线"：选择一条约束曲线。

◆ "选择相切曲线"：倒圆与选择的曲线和面集保持相切。

5. 设置

◆ "相遇时添加相切面"：链自动将相切面添加至输入面链。

◆ "在锐边终止"：允许面倒圆延伸穿过倒圆中间或端部的凹口。

◆ "移除自相交"：用补片替换倒圆中导致自相交的面链。

◆ "跨锐边倒圆"：延伸面倒圆以跨过稍稍不相切的边。

7.1.4 拔模

铸造时为了从砂型中更好地取出模样而不破坏砂型，往往要在模样上设计有上大下小的锥度，这便形成了所谓的"拔模斜度"。在模具设计中，拔模是为了保证模具在生产零件的过程中能够使零件顺利脱模。当然在高精度零件中，只要模具型腔和型芯的表面粗糙度很小（用精密抛光或工艺磨床），不用拔模或者拔模斜度很小也能顺利脱模，这通常要合理设计顶杆。

在创建拉伸体时，可在"拉伸"对话框中设置一定的拔模，生成一定锥角的拉伸体，而"拔模"命令的适用范围更广，可以对任何面进行拔模。选择"主页"→"特征"→"拔模" ◈ 选项，或者选择"菜单"→"插入"→"细节特征"→"拔模"选项，打开"拔模"对话框，如图7-47所示。"拔模"对话框的"类型"下拉列表中包括以下几个选项。

◆ "面"：选择一个平面或曲面作为拔模的起始面，选择此选项的对话框如图7-47所示，需要选择的对象包括由脱模方向、拔模参考和要拔模的面。"拔模方法"包括"固定面"和"分型面"两种："固定面"是在拔模过程中边线不变的面，如图7-48所示。在固定面两侧的拔模倾斜方向相同，但斜面的形成方法不同，一侧是去除材料生成斜面，另一侧是添加材料生成斜面。"分型面"是模型不同拔模方向的分界面，其两侧的斜面方向相反，如图7-49所示。

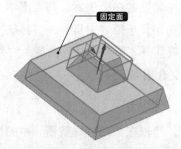

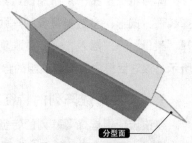

图 7-47 "拔模"对话框　　　　图 7-48 "固定面"拔模　　　　图 7-49 "分型面"拔模

◆ "边"：选择一条或多条边线作为拔模的起始位置。选择此选项的对话框如图 7-50所示。可以在"可变拔模点"选项组中添加可变点并设置不同的拔模角度，同一条边线上设置不同的拔模角度会生成面的扭曲效果，如图 7-51所示。

◆ "与面相切"：选择此项的对话框如图 7-52所示。需要选择一个相切面，拔模将根据角度调整在相切圆弧面上的位置，如图 7-53所示。

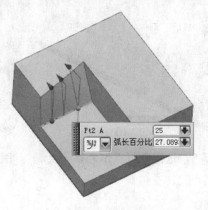

图 7-50 选择"边"选项的对　　　图 7-51 变角度拔模示意　　　图 7-52 选择"与面相切"选
话框　　　　　　　　　　　　　　　　　　　　　　　　　　项的对话框

◆ "分型边"：选择此项的对话框如图 7-54所示。需要选择一个固定面和分型边，可选择草图曲线作为分型边，拔模将从固定面开始，到分型边终止，如图 7-55所示。

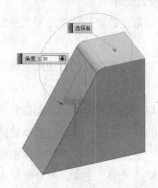

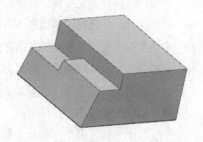

图 7-53 "面相切"拔模　　　图 7-54 选择"分型边"选项　　　图 7-55 "分型边"拔模
的对话框

255

7.1.5 阵列特征

阵列特征是按一定布局创建某个特征的多个副本。与草图中"阵列曲线"类似，阵列特征可选择线性、圆形、多边形等多种阵列布局。选择"主页"→"特征"→"阵列特征"选项 ，或者选择"菜单"→"插入"→"关联复制"→"阵列特征"选项，打开"阵列特征"对话框，如图 7-56 所示。该对话框中主要选项组的含义介绍如下。

1. "要形成阵列的特征"选项组

在该选项组选择要阵列的特征，可以在"部件导航器"中的模型历史记录中选择，也可以在模型上选择。可选择实体特征，也可选整个实体，还可选基准特征作为阵列对象。

2. "参考点"选项组

该选项组用于选择一个点作为阵列的参考点，该选项一般由系统自动选择特征的几何中心，无须用户设置。不同的参考点对阵列效果没有影响，只对阵列参数的测量基准有影响，如图 7-57 和图 7-58 所示。

图 7-56 "阵列特征"
　　　　对话框

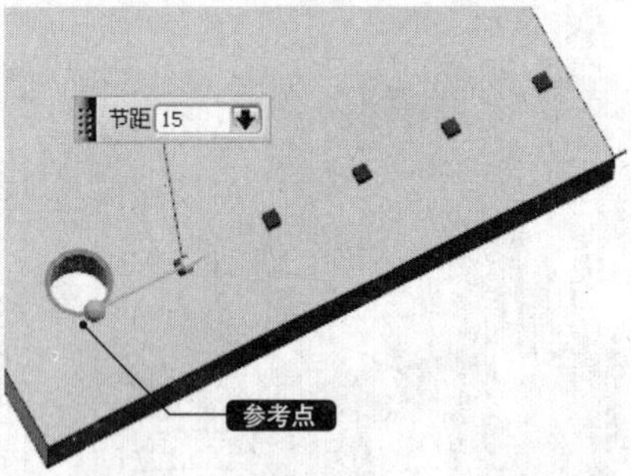

图 7-57 选择象限点作为参考点

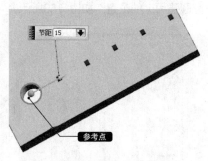

图 7-58 选择圆心作为参考点

3. "阵列定义"选项组

该选项组如图 7-59 所示。先在"布局"下拉列表中选择布局方式，选择不同的布局方式，所需输入的参数也就不同。各种阵列布局方式介绍如下。

◆ "线性"：选择"线性"布局方式可以沿两个线性方向生成多个实例，其中方向2是可选方向。"线性"阵列需要选择线性对象作为方向参考，如坐标轴、草图直线、直线边线等。

◆ "圆形"：选择"圆形"布局方式如图 7-60 所示，"圆形"阵列是沿着指定的旋转轴在圆周上生成多个实例，需要定义旋转轴方向和轴的通过点。

◆ "多边形"：选择"多边形"布局方式如图 7-61 所示，"多边形"阵列是沿着定义的多边形边线生成多个实例，也需要定义旋转轴方向和通过点。

◆ "螺旋式"："螺旋式"布局方式如图 7-62 所示，"螺旋式"阵列是以所选实例为中心，向四周沿平面螺旋路径生成多个实例。定义一个"螺旋"阵列需要指定螺旋所在的平面法向，然后设置螺旋的参数。螺旋的密度由"径向节距"定义，实例间的距离由"螺旋向节距"定义，螺旋的旋转方向由选择的"左手"或"右手"和一个参考矢量确定。阵列的范围由"圈数"或"总角"定义，此外也可以使用"边界定义"控制阵列的范围，如图 7-63 所示。

图 7-59 "阵列定
义"选项组

图 7-60 "圆形"布
局方式

图 7-61 "多边形"布
局方式

图 7-62 "螺旋式"布
局方式

◆ "沿"：此方式用于沿选定的曲线边线或草图曲线生成多个实例。

◆ "常规"：此方式用于在平面上任意指定点创建实例，先选择阵列的出发点（基准点），然后选择阵列的平面，单击进入草图模式，绘制草图点之后退出草图，草图点位置将作为阵列实例点，如图7-64所示。

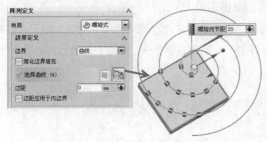

图 7-63 螺旋式阵列的边界

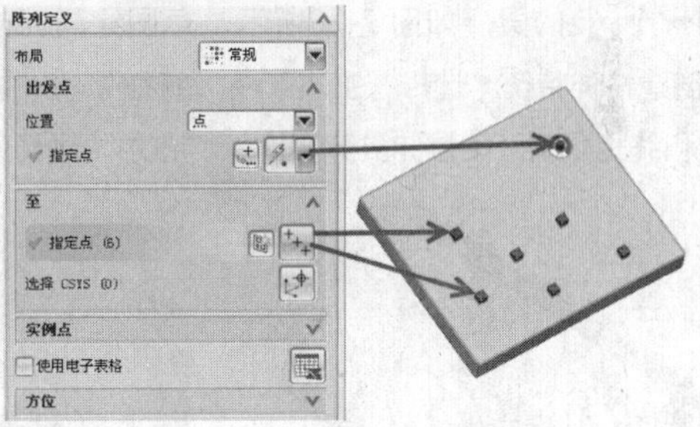

图 7-64 "常规"布局方式

◆ "参考"：此方式以模型中已创建的阵列作为参考创建特征的阵列，阵列的布局与参考阵列相同。除了选择一个参考阵列，还需要选择参考阵列中的一个实例点作为特征所处的位置参考，如图 7-65 所示。

【案例 7-3】：创建收音机上的播音孔

01 打开素材文件"第7章/7-3 收音机后盖上的特征阵列.prt"，如图 7-66 所示。

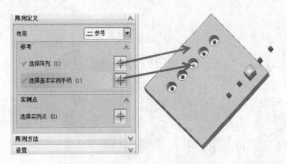 

图 7-65 "参考"布局方式

图 7-66 素材文件

02 选择要阵列的特征。选择"主页"→"特征"→"阵列特征"选项 ，选择模型中的拉伸凸台作为要阵列的特征。在"阵列定义"选项组中设置阵列"布局"为"线性"，单击激活"方向1"中的"指定矢量"选项；然后选择X轴方向作为阵列方向，设置"方向1"的"数量"为2，"节距"为150，如图7-67所示。

03 设置方向2。勾选"使用方向2"复选框，选择Y轴作为方向2的参考，可单击"反向"按钮确保阵列指向盒盖另一边角，设置方向2的"数量"为2，"节距"为68，如图7-68所示。

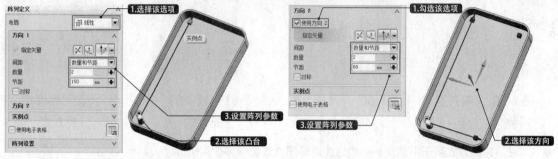

图 7-67 选择要阵列的特征   图 7-68 设置方向2

04 单击对话框上"确定"按钮，线性阵列的效果如图7-69所示。

05 绘制阵列草图。选择"主页"→"草图"选项，以盒底面为草图平面，绘制一个矩形，并在矩形中心绘制一个⊘2的圆，如图7-70所示。草图绘制完成之后退出草图环境。

06 创建拉伸特征。选择"主页"→"特征"→"拉伸"选项，选择草图中的⊘2圆为拉伸截面，设置合适的起始和终止限制，使拉伸贯穿实体，"布尔"运算设置为"求差"，创建拉伸特征，如图7-71所示。

 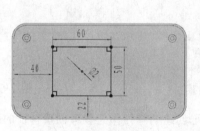 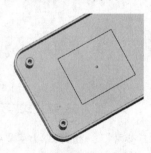

图 7-69 线性阵列的效果   图 7-70 绘制草图   图 7-71 创建拉伸特征

07 定义阵列布局和边界。选择"主页"→"特征"→"阵列特征"选项 ，选择创建的拉伸特征为要阵列的特征。在"阵列定义"选项组中设置阵列"布局"为"螺旋式"，并选择"边界"为"曲线"；然后选择绘制的矩形轮廓作为阵列边界，设置"边距"为5，如图7-72所示。

08 指定螺旋阵列的方向。在"螺旋式"选项组中选择Z轴方向作为螺旋平面的法向参考，选择X轴作为螺旋的方向参考，如图7-73所示。

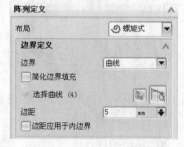 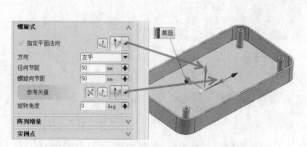

图 7-72 定义阵列布局和边界   图 7-73 指定螺旋平面方向和旋转方向

09 设置阵列"径向节距"为5，"螺旋向节距"为5，阵列预览如图 7-74所示。单击对话框中的"确定"按钮，阵列的效果如图 7-75所示。

图 7-74 阵列预览 　　　　　　图 7-75 "螺旋式"阵列的效果

7.1.6 镜像特征

镜像特征就是复制指定的一个或多个特征，并根据平面（基准平面或实体表面）将其镜像到该平面的另一侧。

要执行"镜像特征"命令，可选择"主页"→"特征"→"更多"选项，在弹出的下拉菜单中选择"关联复制"→"镜像特征"选项 ，系统弹出"镜像特征"对话框；然后在部件导航器中选择"块""边倒圆"和"拔模"三个特征为镜像对象，并选择基准平面为镜像平面，单击对话框中的"确定"按钮，即可完成镜像特征的创建，如图7-76所示。

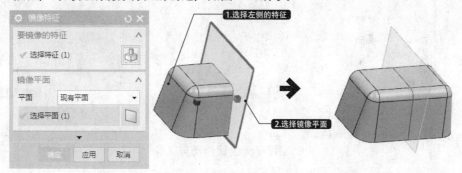

图7-76 创建镜像特征

7.1.7 镜像几何体

该工具可以以基准平面为镜像平面，镜像所选的实体或片体。其镜像后的实体或片体与原实体或片体相关联，但其本身没有可编辑的特征参数。与镜像特征不同的是，镜像几何体不能以自身的表面作为镜像平面，只能以基准平面作为镜像平面。

选择"主页"→"特征"→"更多"选项，在弹出的下拉菜单中单击"关联复制"→"镜像几何体"选项 ，打开"镜像几何体"对话框。选择任意实体为镜像对象，并选择基准平面为镜像平面，单击对话框中的"确定"按钮，即可创建镜像几何体特征，如图7-77所示。

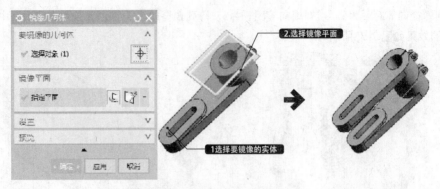

图7-77 创建镜像几何体特征

7.1.8 修剪体

该工具是利用平面、曲面或基准平面对实体进行修剪操作。其中，这些修剪面必须完全通过实体，否则无法完成修剪操作。修剪后仍然是参数化实体，并保留实体创建时的所有参数。

选择"主页"→"特征"→"修剪体"选项 ，弹出"修剪体"对话框。在"目标"选项组选择要修剪的实体对象，在"工具"选项组利用"选择面或平面"工具指定基准面和曲面。所选的工具基准面或曲面上将显示矢量箭头，矢量所指的方向就是要移除的部分，可单击"反向"按钮 ，反向选择要移除的实体。单击对话框上"确定"按钮，即可完成实体的修剪，创建修剪体如图7-78所示。

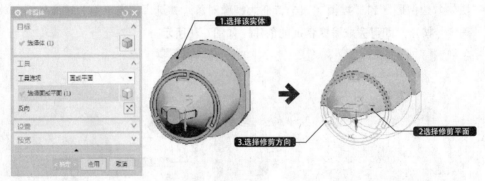

图7-78 创建修剪体

关于修剪体的目标体需要注意以下三点。

◆ 在选择目标体时，所选择的部位为要保留的部分。
◆ 当目标是一个或多个实体时，面修剪工具必须使用所有选定体形成一个完整的交点。
◆ 当目标是一个或多个片体时，面修剪工具将自动沿线性切线延伸，并且完整修剪与其相交的所有选定片体，而不考虑这些交点是完整的还是部分的。

7.1.9 拆分体

该工具是利用曲面、基准平面或几何体将一个实体分割为多个实体。该工具与修剪体不同的是：修剪体修剪实体后形成的实体保持原来的参数不变；拆分体对实体进行拆分后，实体分割后变为非参数化的实体，并且创建实体时的所有参数全部丢失。

选择"主页"→"特征"→"更多"选项，在弹出的下拉菜单中选择"修剪"→"拆分体"选项，系统弹出"拆分体"对话框。在"目标"选项组选择目标实体，在"工具"选项组选择用来分割实体的平面或基准平面，单击对话框上"确定"按钮，即可创建拆分体，如图7-79所示。

图7-79 创建拆分体

执行"拆分体"命令时要注意以下几点。
◆ 当使用面拆分实体时，面的大小必须足以完全切过实体。
◆ 当用作拆分体的面与该体的面相切及体的面与分割片体相邻面的任何接合处重合时，拆分操作将可能失败。
◆ 为避免操作失败，在操作时，应尽量从实体中抽取片体，用曲线和/或平面修剪此片体，创建任何必要的端盖并将片体缝合到实体中。

7.1.10 抽取几何体

抽取几何体是复制实体的体、面、曲线或点等对象，在这些对象的原位置创建副本，也可为体创建镜像副本。选择"主页"→"特征"→"更多"→"抽取几何体"选项，或者选择"菜单"→"插入"→"关联复制"→"抽取几何体"选项，打开"抽取几何体"对话框，如图7-80所示。在"类型"下拉列表中选择要抽取的对象类型，然后选择该类型的对象，单击"确定"按钮，即可完成该对象的抽取。选择不同的对象类型，其"设置"选项组有所不同，例如，抽取"面"时，"设置"选项组如图7-81所示。去掉勾选"关联"复选框，可以断开复制的对象与源对象的关联；勾选"删除孔"复选框，可以选择删除面上的孔。

图7-80 "抽取几何体"对话框

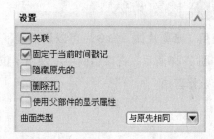

图7-81 抽取"面"的"设置"选项组

【案例7-4】：抽取压块的表面

01 打开素材文件"第7章/7-4 抽取压块的表面.prt"，如图7-82所示。
02 选择"主页"→"特征"→"更多"→"抽取几何体"选项，选择抽取的类型为"面"，然后选择图7-83所示的面作为抽取的对象，
03 在"设置"选项组中勾选"隐藏原先的"和"删除孔"复选框，如图7-84所示。单击对话框上"确

定"按钮，抽取的"面"如图7-85所示。

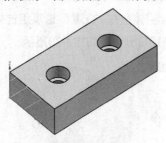

图 7-82 素材文件

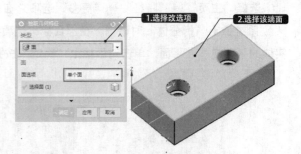

1.选择改选项　2.选择该端面

图 7-83 选择要抽取的面

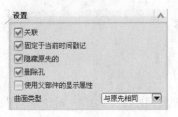

图 7-84 "设置"选项组

图 7-85 抽取"面"的效果

7.2 曲面进阶编辑

编辑曲面是对已经存在的曲面进行修改。在建模过程中，当曲面被创建后，往往需要对曲面进行相关的编辑才能符合设计的要求。利用UG NX中的编辑曲面功能可重新编辑曲面特征的参数，也可以通过变形和再生工具对曲面直接进行编辑操作，从而创建出风格多变的自由曲面造型，以满足不同的产品设计需求。

7.2.1 修剪片体

使用"修剪片体"命令，可以用曲线、面或基准平面修剪片体的一部分。"修剪片体"的典型示例如图 7-86所示。在该示例中，使用了位于曲面上的一条曲线来修剪曲面片体，该曲线一侧的曲面部分被修剪掉。

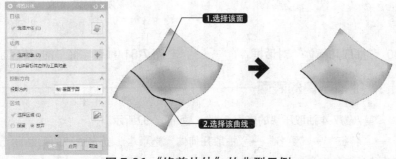

1.选择该面

2.选择该曲线

图 7-86 "修剪片体"的典型示例

　　要用曲线、面或者基准平面修剪片体的一部分，可谢谢"曲面"→"曲面工序"→"修剪片体"选项 ⬡ ，或者选择"主页"→"曲面"→"更多"→"修剪片体"选项，打开"修剪片体"对话框，按提示分别定义目标、边界对象、投影方向、区域和其他设置等，最后单击"确定"按钮，即可获得所需的曲面。该对话框中各选项组的含义说明如下。

◆　"目标"：选择要修剪的片体对象。

◆　"边界"：选择修剪的边界工具，该工具可以是与修剪目标相交的片体或基准平面，也可以是一组能够在修剪目标体上生成投影的曲线。如果勾选"允许目标边作为工具对象"，可以将目标片体的边作为修剪对象过滤掉。

◆　"投影方向"：可以定义修剪边界工具曲面/边的投影方向。"垂直于面"选项是通过曲面法向投影选定的曲线或边；"垂直于曲线平面"选项将选定的曲线或边投影到曲面上，该曲面将修剪为垂直于这些曲线或边的平面；"沿矢量"即按指定矢量方向投影选定的曲线或边。

◆　"区域"：可以定义在修剪曲面时选定的区域是保留还是舍弃。

【案例 7-5】：　修剪水杯曲面

01 打开素材文件"第7章/7-5 修剪水杯曲面.prt"，该模型是一个没有修剪的水杯，如图 7-87 所示。

02 修剪手柄。选择"曲面"→"曲面工序"→"修剪片体"选项 ⬡ ，打开"修剪片体"对话框。选择杯柄曲面为修剪的目标片体，选择杯体曲面为边界对象，如图 7-88 所示。

图 7-87 素材文件　　　　　　　　图 7-88 选择目标片体和边界对象

03 调整修剪区域。在"区域"选项组中选择"选择区域"选项，系统自动选择的区域在绘图区高亮显示，如图 7-89 所示。选择"保留"单选按钮，单击对话框上"应用"按钮，修剪杯柄的效果如图 7-90 所示。

04 修剪杯体。选择杯体的曲面作为修剪目标，选择杯柄的曲面为边界对象，单击"选择区域"选项，查看杯体选择的区域，如图 7-91 所示。选择"保留"单选按钮，单击对话框中的"应用"按钮，修剪杯体的效果如图 7-92 所示。

图 7-89 高亮显示选择　　图 7-90 修剪杯柄的效　　图 7-91 查看杯体的　　图 7-92 修剪杯体的
　　　　区域　　　　　　　　　　果　　　　　　　　选择区域　　　　　　效果

7.2.2 >> 缝合

缝合是将多个片体修补从而获得新的片体或实体特征。该工具是将具有公共边的多个片体缝合在一起，组成一个整体的片体。全封闭的片体经过缝合能够变成实体。

选择"曲面"→"曲面工序"→"更多"→"缝合"选项 🔟，在打开的"缝合"对话框中提供了创建缝合特征的两种方式，具体介绍如下。

1. 片体

该方式指将具有公共边或具有一定缝隙的两个片体缝合在一起组成一个整体的片体。当对具有一定缝隙的两个片体进行缝合时，两个片体间的最短距离必须小于缝合的公差值。选择"类型"下拉列表中"片体"选项，然后依次选择目标片体和工具片体进行缝合操作，如图 7-93 所示。

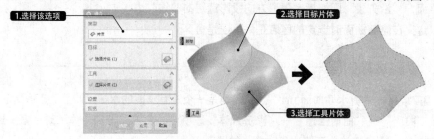

图 7-93 利用"片体"创建缝合特征

2. 实体

该方式用于缝合选择的实体。要缝合的实体必须是具有相同形状、面积相近的表面。该方式尤其适用于无法用"求和"工具进行布尔运算的实体。选择"类型"下拉列表中的"实体"选项，然后依次选择目标平面和工具面进行缝合操作，如图 7-94 所示。

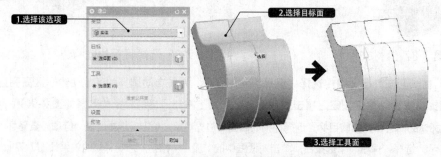

图 7-94 利用"实体"创建缝合特征

7.2.3 >> 加厚

由曲面创建实体的一个典型命令就是"加厚"。使用"加厚"命令，可以通过对一组面增加厚度来创建实体。

选择"曲面"→"曲面工序"→"更多"→"加厚"选项 🔟，或者选择"菜单"→"插入"→"偏置/缩放"→"加厚"选项，打开"加厚"对话框。选择要加厚的曲面，然后设置好厚度参数，即可完成创建，如图 7-95 所示。

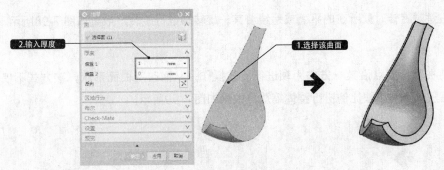

图 7-95 加厚创建实体

> **提示**
>
> 在加厚创建实体的过程中，如果将"偏置1"和"偏置2"的厚度设置为相等，会无法创建，
> 系统会弹出"指定的偏置值会产生零厚度的体，请更改值将厚度设为非零"。偏置值可为负值。

7.2.4 X型

X型用于编辑样条和曲面的极点（控制点）来改变曲面的形状，包括平移、旋转、缩放、垂直于曲面移动以及极点平面化等变换类型，常用于复杂曲面的局部变形操作。

选择"曲面"→"编辑曲面"→"X型"选项，打开"X型"对话框，如图7-96所示。该对话框中的"方法"选项组中包含了以下4种X型的方式。

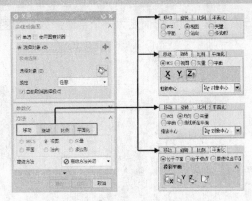

图 7-96 "X型"对话框

1. 移动

移动是通过控制曲面中的点沿一定方向平移，从而改变曲面形状的一种方式。曲面上的每一点代表一个控制手柄，通过手柄来改变控制点沿某个方向的位置，创建方法如图7-97所示。

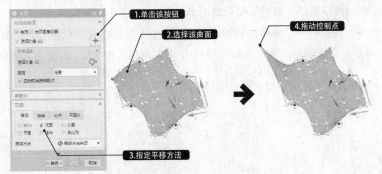

图 7-97 沿视图方向平移效果

2. 旋转

旋转指绕指定的枢轴点和矢量旋转单个或多个点或极点，可用的选项和约束因用户选择的对象

的类型而异。一般是对旋转对象所在的平面或是绕着某一旋转轴进行旋转，效果如图 7-98 所示。

3. 比例

比例是通过将曲面控制点沿某一方向为轴进行旋转操作，从而改变曲面形状。该方式不仅可以沿某个方向进行缩放，还可以按比例进行整体缩放，效果如图 7-99 所示。

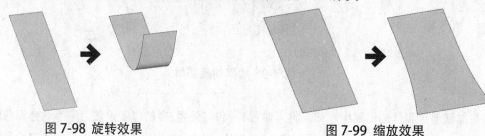

图 7-98 旋转效果   图 7-99 缩放效果

4. 平面化

该选项指通过选择各极点所在的折线，将该极点用一条直线连续在一起，如果将所有的折线进行该操作，则该曲面变为一个平面，效果如图 7-100 所示。

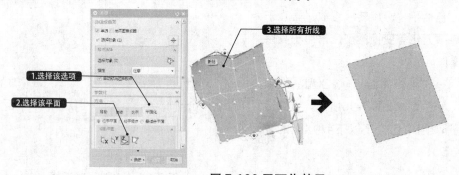

图 7-100 平面化效果

【案例 7-6】： 创建降落伞曲面 ───────────

01 打开素材文件 "素材/第7章/7-6 创建降落伞曲面.prt"，如图 7-101 所示。

02 添加控制点。选择 "曲面" → "编辑曲面" → "X型" 选项 ，打开 "X型" 对话框。选择对象平面，展开对话框中的 "参数化" 选项组，将 "次数" 中的 U、V 方向都设置为5，如图 7-102 所示。

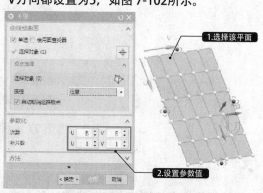

图 7-101 素材文件   图 7-102 添加控制点

03 扩展曲面边线。在"方法"选项组中选择"比例"，勾选"均匀"单选按钮；然后选择曲面上下的两条折线，用鼠标进行拖动扩展至合适位置，如图 7-103 所示。

04 弯曲平面。在"方法"选项组中选择"旋转"，勾选"WCS"单选按钮，选择YC轴为旋转轴；然后选择曲面上下的两条折线，选择用鼠标进行拖动扩展至合适位置，如图 7-104 所示。

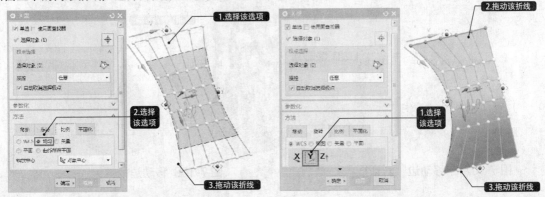

图 7-103 扩展曲面边线   图 7-104 弯曲平面

05 拉伸各角点。在"方法"选项组中选择"移动"，勾选"视图"单选按钮，选择4个角点分别进行拖动，拖至合适位置，如图 7-105 所示。

06 单击"确定"按钮，完成降落伞的创建，最终效果如图 7-106 所示。

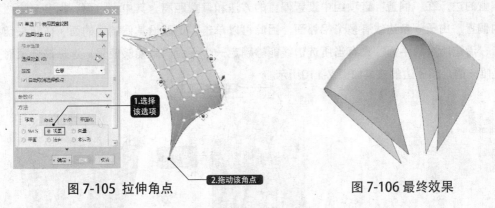

图 7-105 拉伸角点   图 7-106 最终效果

7.3 同步建模

前面所学过的曲线建模，曲面建模以及实体建模，都是在参数化的基础上进行建模操作；相对于这几种建模方法，同步建模技术在参数化、基于历史记录建模的基础上前进了一大步，它与这几种建模方法能参数共存。

7.3.1 移动边

移动边是将实体的边线按一定的方式运动，达到修改实体的目的。小子"主页"→"同步建模"→"更多"→"移动边"选项 ，打开"移动边"对话框，如图 7-107 所示。在"边"选项组中选择要移动的边，在"变换"选项组中指定移动方向和参数，单击对话框中的"确定"按钮，即完成边的移动。与该边相邻的面将自动变化以适应边线移动，移动边的效果如图7-108所示。

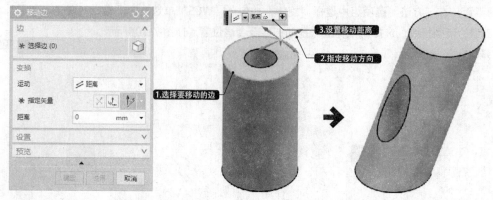

图 7-107 "移动边"对话框   图 7-108 移动边的效果

7.3.2 偏置边

偏置边是将实体边线沿指定方向偏置，以修改实体的形状。小子"主页"→"同步建模"→"更多"→"偏置边"选项，打开"偏置边"对话框，如图7-109所示。在"边"选项组中选择要偏置的边，在"偏置"选项组中设置偏置的方法和偏置距离。其中"沿面"指在与边线相连的平面内偏置，由于一条边线有多个相邻面，因此可以单击"更改沿其偏置边的面"按钮来切换偏置平面；"沿边所在的平面"只有当所选边线能够确定一个平面时才能够使用，选择该选项时，偏置平面是唯一的，偏置边的效果如图7-110所示。

 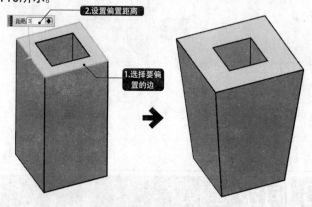

图 7-109 "偏置边"对话框   图 7-110 偏置边的效果

7.3.3 移动面

移动面是将实体表面沿某一方向移动一定距离，并且可以旋转一定角度，从而修改实体形状，如图 7-111所示。选择"主页"→"同步建模"→"移动面"选项，或者选择"菜单"→"插入"→"同步建模"→"移动面"选项，打开"移动面"对话框，如图 7-112所示。

图 7-111 移动面的效果

首先选择要移动的面,其选择方式可在"面"选项组中的"设置"选项卡中设置,如图7-113所示。选择移动的对象之后,在"变换"选项组设置运动和旋转的参数,如图7-114所示。

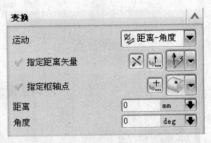

图 7-112 "移动面"对话框　　　图 7-113 面的选择设置　　　图 7-114 "变换"选项组

7.3.4 偏置区域

偏置区域是将一组面偏置一定距离,从而修改实体形状,如图7-115所示。选择"主页"→"同步建模"→"偏置区域"选项 🖸,或者选择"菜单"→"插入"→"同步建模"→"偏置区域"选项,打开"偏置区域"对话框,如图7-116所示。在"面"选项组中选择要偏置的一组面,在"偏置"选项组中设置偏置的距离,单击"反向"按钮,可以更换偏置的方向。

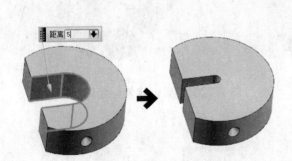

图 7-115 偏置区域的效果　　　　　　　图 7-116 "偏置区域"对话框

7.3.5 调整面大小

调整面大小用于修改圆柱面的直径,从而修改实体的形状,如图7-117所示。选择"主页"→"同步建模"→"更多"→"调整面大小"选项 🖸,或者选择"菜单"→"插入"→"同步建模"→"调整面大小"选项,打开"调整面大小"对话框,如图7-118所示。选择一个圆柱面之后,在"大小"选项组中将显示该圆柱面的当前直径,修改直径值之后,单击"确定"或"应用"按钮,完成面的修改。

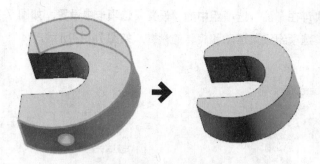

图 7-117 调整面大小的效果　　　　　图 7-118 "调整面大小"对话框

7.3.6 替换面

替换面是将要替换的面延伸至替换面，以替换面的位置和形状重建模型，如图 7-119所示。如果设置一定的偏置距离，还可以在替换对象和目标面之间保留一定距离，如图 7-120所示。选择"主页"→"同步建模"→"替换面"选项🔲，或者选择"菜单"→"插入"→"同步建模"→"替换面"选项，打开"替换面"对话框。选择要替换的面（替换对象）和替换面（目标面），然后设置一定的偏置距离，单击对话框上"确定"按钮，即完成面的替换。

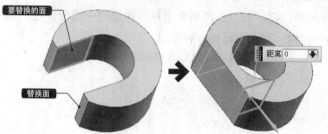
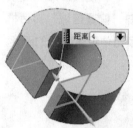

图 7-119 替换面的效果　　　　　图 7-120 设置一定偏移距离的替换面

7.3.7 删除面

删除面是删除实体上的某一个面，其相邻面自动延伸以闭合实体，如图 7-121所示。选择"主页"→"同步建模"→"删除面"选项🔲，或者选择"菜单"→"插入"→"同步建模"→"删除面"选项，打开"删除面"对话框，如图 7-122所示。在"类型"下拉列表可以选择删除面或删除孔，如果选择删除孔，则选择孔的圆柱面，对于沉头孔等包含多个面的孔，只需选择一个面，系统将自动选择该孔的所有面。

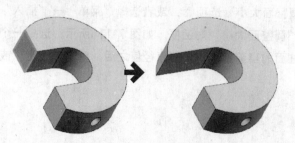

图 7-121 删除面的效果　　　　　图 7-122 "删除面"对话框

在"截断面"选项组中可以设置一个截断面，相邻面的延伸将在截断面终止，如图 7-123 所示。如果截面选项设置为"面或平面"，需要选择已有面或平面；如果设置为"新平面"可以即时创建一个基准平面。

并非实体上的所有面都可以被删除，如果删除某个面之后，相邻面的延伸无法闭合实体，则该面不能删除。如图 7-124 所示的圆柱面就不能被删除。

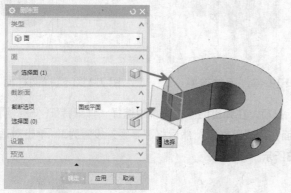

图 7-123 使用截断面　　　　　　　　　　　　　图 7-124 无法删除的面

【案例 7–7】：修改油塞模型

本案例通过修改图 7-125 所示的发动机油塞模型，综合演练本章所学的同步建模知识，包括移动面、调整面大小、调整圆角大小、删除面、替换面及设为对称等同步建模工具。修改之后的油塞模型如图 7-126 所示。

01 打开素材"第7章\7-7 修改油塞模型.prt"，如图 7-127 所示。

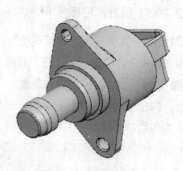

图 7-125 油塞模型　　　　图 7-126 修改之后的油塞模型　　　　图 7-127 素材文件

02 选择"主页"→"同步建模"→"移动面"选项，选择图 7-128 所示的端面作为移动的对象，然后设置"运动"方式为"距离-角度"，设置移动"距离"为5，旋转"角度"为30，单击对话框中的"确定"按钮，移动面的效果如图 7-129 所示。

03 选择"主页"→"同步建模"→"更多"选项，在弹出的下拉菜单中选择"移动"→"调整面大小"选项，选择图 7-130 所示的圆柱面作为要调整的面，在"直径"文本框输入8，单击对话框中的"确定"按钮，调整圆柱面大小的效果如图 7-131 所示。

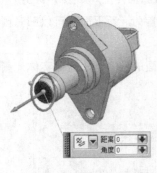

图 7-128 选择要移动的面

图 7-129 移动面的效果

图 7-130 选择圆柱面

04 选择"主页"→"同步建模"→"更多"选项，在弹出的下拉菜单中选择"详细特征"→"调整圆角大小"选项，选择图 7-132所示的两个圆角面作为调整对象，然后将"半径"设置为3，单击对话框中的"确定"按钮，整圆角大小的效果如图 7-133所示。

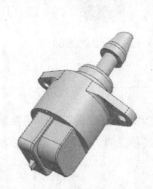

图 7-131 调整圆柱面大小的效果

图 7-132 选择圆角面

图 7-133 调整圆角大小的效果

05 选择"主页"→"同步建模"→"删除面"选项，选择图 7-134所示的孔内两平面作为删除对象，单击对话框中的"确定"按钮，删除面的效果如图 7-135所示。

06 选择"主页"→"同步建模"→"更多"选项，在弹出的下拉菜单中选择"关联"→"设为相切"选项，弹出"设为相切"对话框。选择运动面和固定面，如图 7-136所示。单击对话框中的"确定"按钮，设为相切的效果如图 7-137所示。

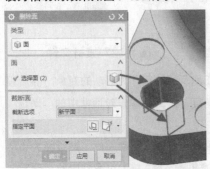

图 7-134 选择两个平面

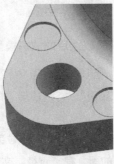

图 7-135 删除面的效果

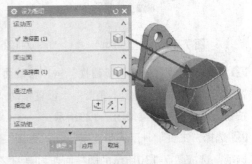

图 7-136 选择平面和圆柱面

07 选择"主页"→"草图"选项，选择图 7-138所示的平面为草图平面，绘制圆弧，如图 7-139所示。

08 选择"主页""特征"→"拉伸"选项，设置拉伸深度为20，拉伸创建的曲面如图 7-140所示。

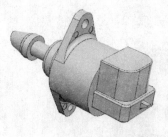

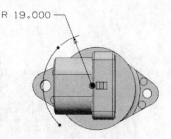

图 7-137 设为相切的效果　　　　图 7-138 选择草图平面　　　　图 7-139 绘制圆弧

09 选择"主页"→"同步建模"→"替换面"选项，打开"替换面"对话框。选择油塞底面作为要替换的面，选择拉伸曲面为替换面，设置偏置"距离"为0，如图 7-141所示。单击对话框中的"确定"按钮，将拉伸曲面隐藏之后，替换面的效果如图 7-142所示。

10 选择"主页"→"同步建模"→"更多"选项，在弹出的下拉菜单中选择"关联"→"线性尺寸"选项，打开"线性尺寸"对话框。选择油槽的直线边线作为原始对象，选择圆弧中心作为测量对象，创建线性尺寸如图 7-143所示。将尺寸值修改为3，单击对话框中的"确定"按钮，添加线性尺寸的效果如图 7-144所示。

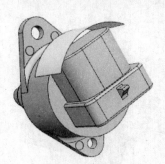

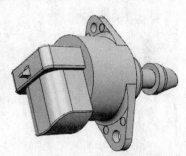

图 7-140 拉伸创建的曲面　　　　图 7-141 选择替换对象　　　　图 7-142 替换面的效果

11 选择"主页"→"特征"→"基准平面"选项，选择平面"类型"为"二等分"，选择油槽的两个侧面作为参考面。单击对话框中的"确定"按钮，创建此基准平面，如图 7-145所示。

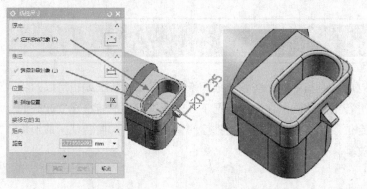

图 7-143 创建线性尺寸　　　图 7-144 添加线性尺寸的效果　　　图 7-145 创建二等分的基准平面

12 选择"主页"→"同步建模"→"更多"选项，在弹出的下拉菜单中选择"关联"→"设为对称"选项，打开"设为对称"对话框。选择油槽一侧的圆柱面作为运动面，选择另一段的圆柱面作为固定面，选择上一步创建的基准平面作为对称平面，如图 7-146所示。

13 单击对话框中的"确定"按钮，设为对称的效果如图 7-147所示。

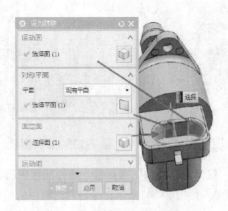
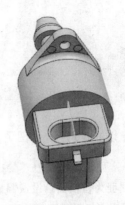

图 7-146 选择对称对象　　　　　　　图 7-147 设为对称的效果

14 选择"主页"→"同步建模"→"更多"选项，在弹出的下拉菜单中选择"边"→"移动边"选项，打开"移动边"对话框。选择图 7-148 所示的边线作为要移动的边，设置移动"距离"为 4。单击对话框中的"确定"按钮，移动边的效果如图 7-149 所示。

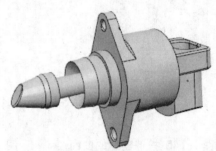

图 7-148 选择要移动的边　　　　　　　图 7-149 移动边的效果

7.4 特征编辑

　　特征编辑是在完成特征的创建以后，对其中的一些参数进行修改的操作。特征编辑可以对特征的尺寸、位置和先后次序等参数进行重新编辑，在一般情况下，保留其与别的特征建立起来的关联性质。它包括编辑参数、编辑定位、特征移动、特征重排序、替换特征、抑制特征、取消抑制特征、去除特征参数以及特征回放等。

7.4.1 编辑参数

　　编辑特征参数指通过重新定义创建特征的参数来编辑特征，生成修改后的新的特征。通过编辑特征参数可以随时对实体特征进行更新，而不用重新创建实体，可以大大提高工作效率和建模的准确性。选择"主页"→"编辑特征"→"编辑特征参数"选项 ，或者选择"菜单"→"编辑"→"特征"→"编辑参数"选项，打开"编辑参数"对话框，如图 7-150 所示，其中包含了当前活动模型的所有特征。选择要编辑的特征，即可打开相应的"编辑参数"对话框进行编辑。下面主要介绍一下 3 种特征参数的编辑方式。

1. 特征对话框

该方式是通过在特征对话框中重新定义特征的参数，从而生成新特征的一种方式。选择要编辑的特征，打开"编辑参数"对话框，然后输入新的参数值，即可重新生成该特征。图 7-151 所示为编辑实体模型孔特征的效果。

2. 重新附着

重新附着用于重新定义特征的参考平面。通过指定特征的附着平面来改变特征的生成位置或者方向，包括草绘平面、特征放置面、特征位置参照等附着元素。选择要编辑的特征并选择"重新附着"选项，打开"重新附着"对话框，在该对话框中选择"目标放置面"选项，并选择特征新的放置面，然后选择"重新定义定位尺寸"选项，并依次选择参照尺寸定义新的尺寸。

图 7-150 "编辑参数"对话框

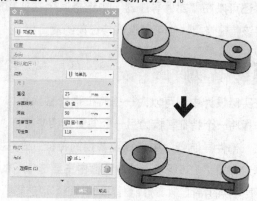

图 7-151 编辑孔特征的效果

3. 更改类型

该方式用来改变所选特征的类型，它可以将孔（包括钣金孔）或槽特征变成其他类型的孔特征或槽特征。选择要编辑的特征并选择"更改类型"选项，打开相应的特征类型对话框，然后选择所需要的类型，则原特征类型更新为新的类型。

当编辑阵列或者镜像特征时，选择实例特征的源特征，在打开的"编辑参数"对话框中有一个"实例阵列对话框"选项。该选项用于编辑阵列的创建模式、阵列的数量和偏置距离，编辑的方法与创建阵列的方法相同。

7.4.2 抑制特征和取消抑制特征

1. 抑制特征

抑制特征指取消实体模型上的一个或多个特征的显示状态，而且与该特征存在关联性的其他特征将会被一同去除。抑制特征与隐藏特征的区别是：隐藏特征可以任意隐藏一个特征，与之相关的特征不受影响；而抑制某一特征，与该特征存在关联性的其他特征将被一起隐藏。抑制特征的主要作用是编辑模型中实体特征的显示状态，使实体模型中一些非关键性的特征，如一些小特征、孔和圆角特征等，以加快有限元分析，避免创建实体特征时对其他实体特征产生的冲突。

在"部件导航器"中选择某个特征，单击右键，弹出快捷菜单如图 7-152 所示。选择"抑制"选项，即可将该特征抑制，也可取消选择该特征前的复选框 ☑，同样可以将该特征抑制。

另外，也可使用专门的特征抑制命令，进行批量特征的抑制。选择"菜单"→"编辑"→"特征"→"抑制"选项，打开"抑制特征"对话框，如图 7-153 所示。在列表框中选择要抑制的特征（按住Ctrl键选择多个），然后单击对话框中的"确定"按钮，即可将所选的特征抑制。

2. 取消抑制特征

取消抑制特征是将模型恢复到原来的状态，将抑制的特征根据需要恢复到特征原来的状态。选择"菜单"→"编辑"→"特征"→"取消抑制"选项，打开"取消抑制特征"对话框，如图 7-154 所示，在列表中列出了当前被抑制的特征，选择要取消抑制的特征，单击"确定"选项，即可取消抑制，还可以在"部件导航器"中选择某个被抑制的特征，在快捷菜单中选择"取消抑制"选项，即可将该特征恢复，也可勾选该特征前的复选框 ☑，同样可以取消该特征的抑制。

7.4.3 ▶ 替换特征

在实际设计中，可以对一些特征进行替换操作，而不必将其删除后再重新设计。所谓的替换特征操作指将一个特征替换为另一个并更新相关特征。

在"部件导航器"中选择要替换的特征，在快捷菜单中选择"替换"选项，弹出"替换特征"对话框，如图 7-155 所示。该对话框中主要选项组的功能介绍如下。

◆ "要替换的特征"：选择要替换的特征。可选择同一实体上的多个特征，或基准轴、基准平面等。

◆ "替换特征"：选择替换的特征。替换特征可以是同一零件中不同实体上的多个特征。

◆ "映射"：为替换后的特征建立新的父子关系。

图 7-152 特征的快捷菜单　　图 7-153 "抑制特征"对话框　　图 7-154 "取消抑制特征"对话框　　图 7-155 "替换特征"对话框

7.4.4 特征重排序

特征重排序主要用于改变模型上特征创建的顺序，编辑后的特征可以在所选特征之前或之后。特征重排序后，时间戳记自动更新。当特征间有父子关系和依赖关系时，不能进行特征间的重排序操作。

在"部件导航器"中选择要重排序的特征，打开快捷菜单，选择"重排在前"选项，如图 7-156 所示。其子菜单中列出了当前该特征之前的特征，选择要重排的位置，即可将特征重排。例如，选择"边倒圆"，特征重排的效果如图 7-157 所示。

7.4.5 编辑实体密度

使用"实体密度"命令可以更改实体密度和密度单位，选择"菜单"→"编辑"→"特征"→"实体密度"选项 ▲，打开"指派实体密度"对话框，如图 7-158 所示。在"体"选项组中选择要指派密度的实体对象，在"密度"选项组中设置实体密度和密度单位，然后单击"确定"按钮，完成实体密度的编辑。

图 7-156 选择"重排在前"选项　　图 7-157 特征重排的效果　　图 7-158 "指派实体密度"
对话框

7.4.6 移动特征

移动特征就是将没有任何定位的特征移动到指定位置，该操作不能对存在定位尺寸的特征进行编辑。选择"菜单"→"编辑"→"特征"→"移动"选项 ，打开"移动特征"对话框，如图 7-159 所示。对话框中列出了可以被移动的特征（即没有定位的特征），选择要移动的特征，单击"确定"按钮，弹出的新对话框如图 7-160 所示。该对话框包括 4 种移动特征的方式，如下所述。

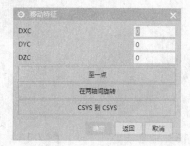

图 7-159 "移动特征"对话框　　　图 7-160 选择对象之后的对话框

1. DXC、DYC、DZC

该方式是基于当前工作坐标，通过在 DXC、DYC、DZC 文本框中输入增量值来移动所指定的特征。图7-161所示为按DXC增量移动所选特征的效果。

2. 至一点

该方式是利用"点构造器"对话框分别指定参考点和目标点，将所选实体特征移动到目标点。图7-162所示为将实体特征重新定位到新的点。

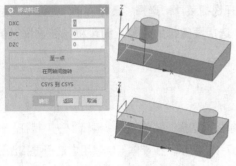
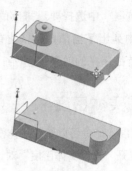

图 7-161 按DXC增量移动特征　　　　图 7-162 移动特征到新点

3. 在两轴间旋转

该方式是将特征从一个参照轴旋转到目标轴。首先使用"点构造器"工具捕捉旋转点，然后在"矢量构成器"对话框中指定参考轴方向和目标轴方向即可。

4. CSYS到CSYS

该方式是将特征从一个参考坐标系重新定位到目标坐标系。通过在CSYS对话框定义新的坐标系，系统将实体特征从参考坐标系移动到目标坐标系。

【案例7-8】：编辑轴套上的特征 ●

01 打开素材文件"素材/第7章/7-8 编辑轴套上的特征.prt"文件，轴套模型如图7-163所示。

02 在"部件导航器"中选择"简单孔"特征，单击右键，在快捷菜单中选择"编辑参数"选项，打开"编辑参数"对话框，如图7-164所示。

03 单击"更改类型"按钮，在新对话框中选择孔类型为"埋头切削"，如图7-165所示。

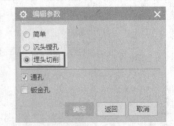

图 7-163 轴套模型　　　图 7-164 "编辑参数"对话框　　　图 7-165 选择孔类型

04 单击"确定"按钮，在新对话框中输入埋头孔参数，如图7-166所示。

05 单击"确定"按钮，编辑孔参数的效果如图7-167所示。在"部件导航器"中，"简单孔"特征也相应地转换为"埋头孔"，如图7-168所示。

图 7-166 输入埋头孔参数　　图 7-167 编辑孔参数的效果　　图 7-168 生成埋头孔特征

06 在"部件导航器"中选择"矩形键槽"特征，单击右键弹出快捷菜单，选择"编辑位置"选项，打开"编辑位置"对话框，如图 7-169 所示。

07 单击"编辑尺寸值"按钮，打开"编辑表达式"对话框，将键槽的定位尺寸值由 130 修改为 80，如图 7-170 所示。

08 单击"编辑表达式"对话框上的"确定"选项，返回"编辑位置"对话框，单击"确定"按钮，编辑键槽位置的效果如图 7-171 所示。

图 7-169 "编辑位置"对话框　　图 7-170 修改定位尺寸　　图 7-171 编辑键槽位置的效果

09 在"部件导航器"中选择"球形端槽"特征，单击右键弹出快捷菜单，选择"编辑位置"选项，打开"编辑位置"对话框。

10 单击"删除尺寸"按钮，打开"移除定位"对话框，删除球形端槽的定位尺寸，如图 7-172 所示。

11 选择"菜单"→"编辑"→"特征"→"移动"选项，打开"移动特征"对话框，如图 7-173 所示。

图 7-172 移除定位尺寸　　图 7-173 "移动特征"对话框　　图 7-174 输入移动参数

12 选择"球形端槽"作为要移动的特征，单击"确定"按钮，对话框中弹出移动选项，将 WCS 显示，然后输入移动参数，如图 7-174 所示。单击对话框中的"确定"按钮，移动特征的效果如图 7-175 所示。

13 选择"主页"→"特征"→"修剪体"选项，打开"修剪体"对话框。选择轴套作为修剪的目标体，选择XC-ZC平面作为修剪工具，如图7-176所示。单击对话框中的"确定"按钮，修剪体的效果如图7-177所示。

14 在"部件导航器"中选择"修剪体"特征，单击右键弹出快捷菜单，选择"抑制"选项，或者取消选择该特征前的复选框 ☑ ，将该特征抑制，零件恢复到修剪体之前的状态。

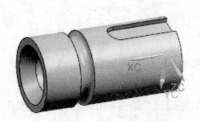

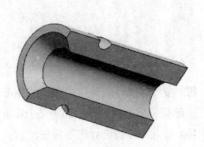

图 7-175 移动球形端槽的效果　　　图 7-176 设置修剪参数　　　图 7-177 修剪体的效果

7.5 特征表达式设计

　　表达式是UG的一个工具，可用于多个模块中。通过算术和条件表达式，用户可以控制部件的特性，如控制部件中的特征或对象的尺寸。表达式是参数化设计的重要工具，通过表达式不仅可以控制部件中特征与特征之间、对象与对象之间、特征与对象之间的相互尺寸与位置关系，而且可以控制装配中的部件与部件之间的尺寸与位置关系。

7.5.1　表达式的概念

　　表达式是可以用来控制部件特性的算术或条件语句，它可以定义和控制模型的许多尺寸，如特征或草图的尺寸。表达式在参数化设计中是十分有意义的，它可以用来控制同一个零件上的不同特征之间的关系或者一个装配体中不同零件之间的关系。例如，如果一个立方体的高度可以用它与长度的关系来表达，那么当立方体的长度发生变化时，则其高度也随之自动更新。

　　表达式是定义关系的语句。所有表达式都有一个赋给表达式左侧的值（一个可能有、也可能没有小数部分的数）。表达式关系式包括表达式等式的左侧和右侧部分（即a=b+c形式）。要得出该值，系统就计算表达式的右侧，它可以是算术语句或者条件语句。表达式的左侧必须是单个的变量。

　　在表达式关系式的左侧，"a"是a=b+c中的表达式变量。表达式的左侧也是此表达式的名称。在表达式右侧，"b+c"是a=b+c中的表达式字符串。

1. 变量名

　　在UG NX中，变量名是字母数字型的字符串，但第一个元素必须是字母，允许在变量名中使用下划线"_"，变量名的最大长度为32个字符。表达式的字符区分大小写，如x1和X1是两个不同的变量名。所有的表达式（表达式的左侧）都是变量名，必须遵守变量名的所有约定，并且在所有变量名用于其他表达式之前，必须以表达式名的形式出现。

2. 运算符

UG NX表达式的运算符可以分为算术运算符（+、-、*、/）、关系运算符（>、<、>=）和连接运算符（^），这些运算符同其他程序设计语言中的内容完全一样，在此不多加赘述。

3. 内置函数

当建立表达式时，可以使用UG NX的任一内置函数。允许使用的内置函数见表 7-1。

表 7-1 UG NX内置函数

内置函数	含义	内置函数	含义
abs	绝对值	sin	正弦
asin	反正弦	cos	余弦
acos	反余弦	tan	正切
atan	反正切	exp	幂（以e为底）
ceil	向上取整	log	自然对数
floor	向下取整	Log10	对数（以10为底）
Tprd	平方根	deg	弧度转换为角度
Pi	常数 π	rad	角度转换为弧度

4. 条件表达式

条件表达式是利用if else语法结构创建的表达式，其语法是："VAR=if（exp1）（exp2）else（exp3）"，其中，VAR为变量名，exp1为判断条件表达式，exp2为判断条件表达式为真时所执行的表达式，exp3为判断条件表达式为假时所执行的表达式。

例如，执行的条件表达式"Radius=if（Delta<10）（3）else（4）"，其含义是：如果Delta的值小于10，则Radius的值为3；如果Radius的值大于或者等于10，则Radius的值为4.

7.5.2 创建表达式

在UG NX中，通过"表达式"对话框可以使对象与对象之间、特征与特征之间存在关联，修改一个特征或对象，将引起其他对象或特征按照表达式进行相应的改变。

在创建表达式的时候，必须注意以下几点。

◆ 表达式左侧必须是一个简单变量，等式右侧是一个数学语句或者一条件语句。

◆ 所有表达式均有一个值（实数或者整数），该值被赋给表达式的左侧变量。

◆ 表达式等式的右侧可以是变量、数字、运算符和符号的组合或者常数。

1. 自动创建表达式

在UG NX 12.0的建模过程中，当用户进行如下操作时，系统会自动建立各类必要的表达式。

◆ 在特征建模时，当创建一个特征，系统会为特征的各个尺寸参数和定位参数建立各自独立的表达式。

◆ 在绘制草图时，创建一个草图平面，系统将对定义草图基准的XC和YC坐标建立两个表达式。

◆ 在标注草图时，标注某个尺寸，系统会对该尺寸建立相应的表达式。

◆ 在装配建模时，设置一个装配条件，系统将自动建立相应的表达式。

2. 手动创建表达式

除了系统自动创建的表达式外，还可以根据设计需要手动创建表达式。选择"菜单"→"工具"→"表达式"选项 ≡（快捷键Ctrl+E），打开"表达式"对话框，如图 7-178所示。对话框中提供了当前部件中表达式的列表、编辑表达式的各种选项和控制与其他部件中表达式链接的选项。

图 7-178 "表达式"对话框

该对话框中主要选项的含义说明如下。

》 显示

该下拉列表定义了在"表达式"对话框中的表达式，用户可以从下拉列表中选择一种方式列出表达式，如图 7-179 所示。

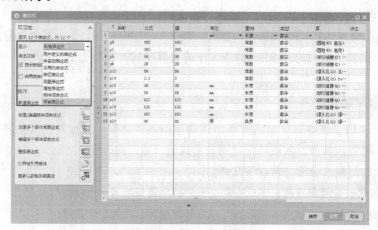

图 7-179 "显示"下拉列表

- ◆ "用户定义的表达式"：列出用户通过对话框创建的表达式。
- ◆ "命名的表达式"：列出用户创建和那些没有创建只是重命名的表达式，包括系统自动生成的名字如p0或p5.
- ◆ "未用的表达式"：没有被任何特征或其他表达式引用的表达式。
- ◆ "特征表达式"：列出和所选特征相符的表达式。
- ◆ "测量表达式"：列出值和过滤器中匹配的表达式。
- ◆ "属性表达式"：列出属性和过滤器中匹配的表达式。
- ◆ "所有的表达式"：列出零件中的所有表达式。

  》 选项功能

对话框中各选项功能介绍如下。

◆ "电子表格编辑▦"：将控制转换到可用于编辑表达式的UG电子表格功能。当控制转换到电子表格功能时，UG会被闲置直至从电子表格退出。

◆ "从文件中导入表达式▦"：将指定包含表达式的文本文件读取到当前部件文件中。

◆ "导出表达式到文件▦"：允许将部件中的表达式写到文本文件中。

◆ "函数 *f(x)*"：可以在公式栏中光标所在处插入函数到表达式中。

◆ "测量距离▦▾"：图形显示窗口中对象由用户表达式公式得到的测量值。这是一个下拉菜单式的选项，有多种测量值，包括测量距离、测量长度、测量角度、测量体积、测量面积等。

◆ "删除▨"：允许删除选的表达式。

》公式选项

◆ "名称"：可以给一个新的表达式命名，重新命名一个已经存在的表达式，表达式命名要符合前面提到的规则。

◆ "公式"：可以编辑一个在表达式列表框中选择的表达式，也可以给新的表达式输入公式，还可以给部件间的表达式创建引用。

◆ "量纲"：指定一个新表达式的的量纲，但不可以改变已存在的表达式量纲，它是一个下拉式可选项，如图7-180所示。

◆ "单位"：对于选定的量纲，指定相应的单位，如图7-181所示。

图 7-180 公式选项中的量纲   图 7-181 公式选项中的单位

◆ "接受编辑☑"：在创建一个新的或编辑一个已经存在的表达式时，自动激活。单击该按钮接受创建或者修改，并更新表达式列表框。

◆ "拒绝编辑▨"：删除选定或者将要创建的名称和公式。

7.5.3 》 编辑表达式

1. 通过电子表格进行编辑

当需要修改的表达式较大时，可以在Microsoft Excel中编辑表达式，其设置方法是：单击"表达式"对话框中的"电子表格编辑"按钮▦，打开Excel窗口进行编辑。

在电子表格的第一列为表达式名称，列出所有表达式的变量名称；第二列为公式，列出驱动该变量的代数式；第三列为数值，列出公式代数式的值。通过修改表中各个变量对应的公式，可实现表达式的修改。

2. 从文件导入表达式进行编辑

在UG NX 12.0建模过程中，对于模型已经建立的表达式，可将其导入当前模型的表达式中，并根据需要对该表达式进行再编辑。

要执行该操作，可单击"表达式"对话框中的"从文件中导入表达式"按钮，在列表框中选择读入的表达式文件（后缀名为*.exp），单击"OK"按钮，即可完成该表达式文件的导入。根据设计需要，也可将创建好的表达式导出，其方法是：单击"导出表达式到文件"按钮，在弹出的对话框中输入要保存的名称，单击"OK"选项即可。

【案例 7-9】： 对轴套模型进行编辑

本案例通过创建一简单轴套，然后在其上创建表达式，并通过更改相应的尺寸数值来观察到模型自动更新的情况，从而让读者对表达式的操作有一个直观而完整的印象。

01 打开素材文件"素材/第7章/7-9 对轴套模型进行编辑.prt"文件，如图 7-182所示。

02 选择"菜单"→"工具"→"表达式"选项 ＝（快捷键Ctrl+E），打开"表达式"对话框。在"显示"下拉列表中选择"所有表达式"选项，如图 7-183所示。

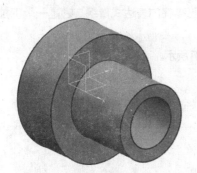

图 7-182 素材文件

图 7-183 显示所有表达式

03 设置支管直径为圆柱体直径的一半。单击列表框中的"支管直径"，在"公式"文本框中输入"p0/2"，单击右侧的"接受编辑"按钮，完成修改，如图 7-184所示。

	名称	公式	值	单位	量纲	类型	源
1				mm ▼	长度 ▼	数字 ▼	
2	p0	50	50	mm	长度	数字	圆柱 (4) 直径)
3	p1	20	20	mm	长度	数字	圆柱 (4) 高度)
4	p2	p0/2	25	mm	长度	数字	支管 (5) 直径)
5	p3	30	30	mm	长度	数字	支管 (5) 高度)
6	p4	0	0	度	角度	数字	支管 (5) 锥角)
7	p5	0.0	0	mm	长度	数字	支管 (5) Posi…
8	p54	20	20	mm	长度	数字	简单孔 (6) 直…

图 7-184 编辑支管直径

04 设置简单孔直径为凸台直径的一半。单击列表框中的"简单孔"，在"公式"文本框中输入"p2/2"，单击右侧的"接受编辑"按钮，完成修改，如图 7-185所示。

05 设置支管高度为圆柱体高度的3倍。单击列表框中的"支管高度"，在"公式"文本框中输入"p1*3"，单击右侧的"接受编辑"按钮，完成修改，如图 7-186所示。

↑ 名称	公式	值	单位	量纲	类型	源
1			mm ▼	长度 ▼	数字 ▼	
2 p0	50	50	mm	长度	数字	(圆柱(4)直径)
3 p1	20	20	mm	长度	数字	(圆柱(4)高度)
4 p2	p0/2	25	mm	长度	数字	(支管(5)直径)
5 p3	30	30	mm	长度	数字	(支管(5)高度)
6 p4	0	0	度	角度	数字	(支管(5)锥角)
7 p5	0.0	0	mm	长度	数字	(支管(5)Posi…
8 p54	p2/2	12.5	mm	长度	数字	(简单孔(6)直…

图 7-185 编辑孔直径

↑ 名称	公式	值	单位	量纲	类型	源
1			mm ▼	长度 ▼	数字 ▼	
2 p0	50	50	mm	长度	数字	(圆柱(4)直径)
3 p1	20	20	mm	长度	数字	(圆柱(4)高度)
4 p2	p0/2	25	mm	长度	数字	(支管(5)直径)
5 p3	p1*3	60	mm	长度	数字	(支管(5)高度)
6 p4	0	0	度	角度	数字	(支管(5)锥角)
7 p5	0.0	0	mm	长度	数字	(支管(5)Posi…
8 p54	p2/2	12.5	mm	长度	数字	(简单孔(6)直…

图 7-186 设置支管高度

06 单击"确定"按钮，关闭对话框。在图形空间中双击圆柱体进行编辑，只要修改其相应的直径和高度值，支管和简单孔的尺寸也会随着调整，如图 7-187 所示。

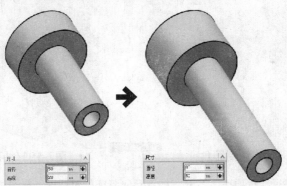

图 7-187 随圆柱体尺寸变化而变化

7.6 综合实例——创建骰子模型

本实例创建骰子模型，如图7-188所示。骰子模型看似简单，实则为了取得光滑的手感，便由复杂的曲面进行创建。创建该骰子的实体模型时，可以按照先总后分的思路创建。

先利用"长方体"工具创建出骰子的整体模型，然后利用"桥接曲线""等参数曲线""网格曲面"等工具依次创建骰子上的拐角特征；然后再次利用"阵列特征"工具创建出骰子上的主体模型；最后利用"球"工具完成骰子模型上各点数的创建。

图7-188 骰子模型

1. 创建骰子主体模型

01 选择"主页"→"特征"→"更多"选项，在弹出下拉菜单中选择"设计特征"→"长方体"选项🗔，在"类型"下拉列表中选择"原点和边长"选项，单击指定点按钮⊞，输入原点坐标为（-8.25，-8.25，-8.25），然后输入长、宽、高均为16.5，单击"确定"按钮，完成长方体的创建，如图7-189所示。

图7-189 创建长方体

02 选择"主页"→"特征"→"边倒圆"选项🗔，打开"边倒圆"对话框。在绘图区中选择长方体的所有边线，设置倒圆"半径1"为1.5，单击"确定"按钮，如图7-190所示。

03 选择"曲面"→"曲面操作"→"抽取几何特征"选项🗔，打开"抽取几何特征"对话框。在"类型"下拉列表中选择"面"选项，然后选择图7-191所示的6个面。抽取完成后隐藏实体特征。

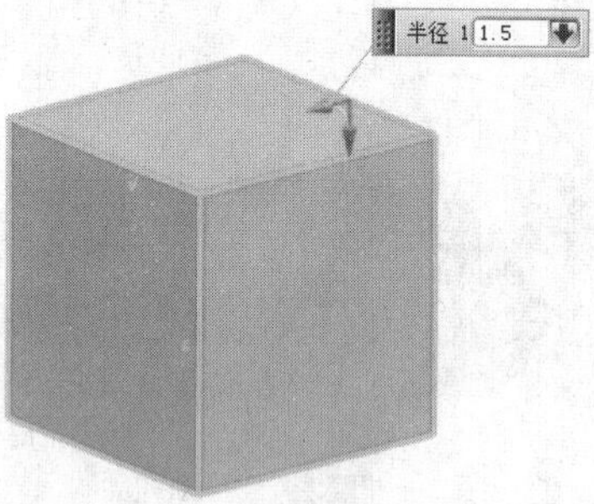

半径 1 1.5

图7-190 长方体倒圆角

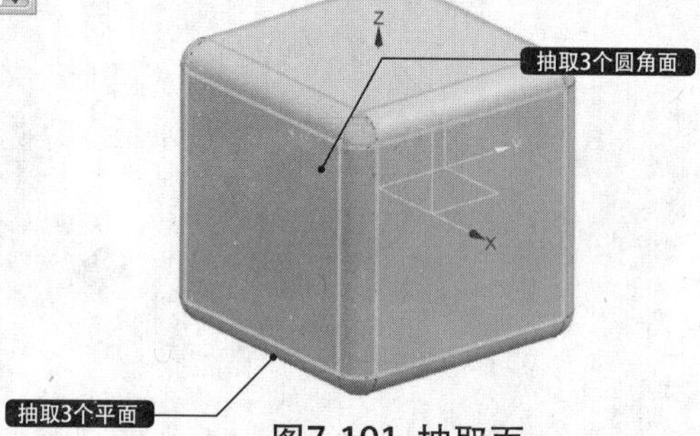

抽取3个圆角面

抽取3个平面

图7-191 抽取面

04 再次选择"抽取几何特征"选项🗔，打开"抽取几何特征"对话框，在"类型"下拉列表中选择"复合曲线"选项，然后选择上步骤所抽取3个圆角面的各2条直线边，共6条线，如图7-192所示。

05 选择"曲线"→"更多"→"分割曲线"选项↗，打开"分割曲线"对话框。选择类型为"等分段"，设置"段数"为2，然后选择一条上步骤所抽取的直线，单击"确定"按钮，分割曲线。如图7-193所示。

06 使用相同的方法对其他5条抽取的直线进行分割，效果如图7-194所示。

抽取6条直线

图7-192 抽取直线

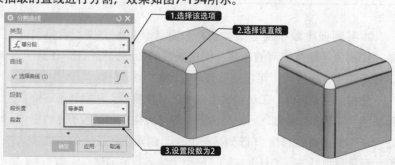

1.选择该选项

2.选择该直线

3.设置段数为2

图7-193 分割曲线

图7-194 分割曲线的效果

07 选择 "曲线" → "派生曲线" → "桥接曲线" 选项 🔗, 依次选择曲线1和曲线2, 然后单击 "确定" 按钮, 创建桥接曲线1, 如图7-195所示。

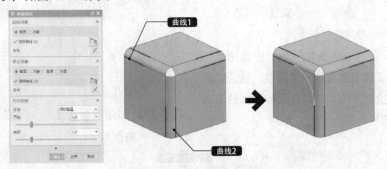

图7-195 创建桥接曲线1

08 使用相同方法, 创建其余的两条桥接曲线1, 如图7-196所示。

09 选择 "曲线" → "曲线" → "直线" 选项 ✏, 绘制如图7-197所示的三条直线, 连接桥接曲线。

10 选择 "曲线" → "派生曲线" → "投影曲线" 选项 🔗, 选择上步骤绘制的1条直线为要投影的曲线, 然后选择对应的圆角曲面为投影面, 调整投影方向, 单击 "确定" 按钮, 创建图7-198所示的投影曲线1。

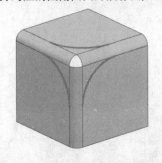

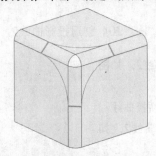

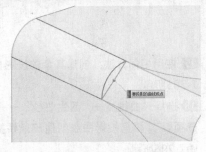

图7-196 创建其余的桥接曲线1　　图7-197 绘制直线连接桥接曲线　　图7-198 创建投影曲线1

11 使用相同方法, 创建其余的两条投影曲线1, 如图7-199所示。

12 选择 "曲面" → "曲面操作" → "修剪片体" 选项 🔗, 打开 "修剪片体" 对话框。以桥接曲线和上步骤创建的投影曲线为边界, 修剪曲面, 如图7-200所示。

13 选择 "曲线" → "曲线" → "点集" 选项 ✛, 打开 "点集" 对话框。选择 "曲线点" 选项, 然后选择片体的边缘, 接着在 "等弧长定义" 选项组中设置 "点数" 为10, 单击 "确定" 按钮, 创建点集, 如图7-201所示。

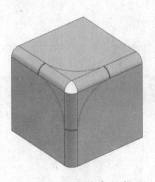

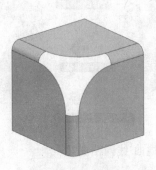

图7-199 创建其余的投影
曲线1

图7-200 修剪曲面

图7-201 创建点集

14 使用相同的方法在其他边上创建点集，如图7-202所示。

15 选择"曲线"→"曲线"→"直线"选项╱，绘制如图7-203所示的直线，长度均为30。

16 选择"曲线"→"派生曲线"→"投影曲线"选项⧈，选择上步骤所创建的一条直线，然后以其所在面的法向为投影方向，对所在面和垂直的面进行投影，如图7-204所示。

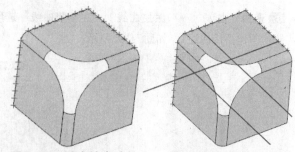

图7-202 创建其余边上的点集　　图7-203 绘制直线

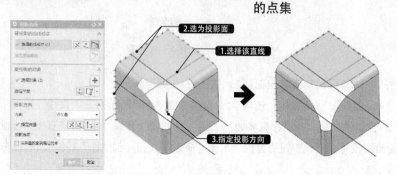

图7-204 创建投影曲线2

17 使用相同方法，创建其余的投影曲线2，如图7-205所示。

18 选择"曲线"→"派生曲线"→"桥接曲线"选项⧈，根据投影曲线创建三条桥接曲线2，如图7-206所示。

19 选择"曲面"→"曲面"→"艺术曲面"选项下的下三角按钮，在下拉菜单中选择"通过曲线网格"选项◪，打开"通过曲线网格"对话框。分别指定主曲线1、2和交叉曲线1、2，同时选择主曲线1和交叉曲线1、2的相切约束面，创建曲线网格曲面1，如图7-207所示。

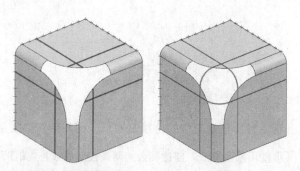

图7-205 创建其余的投影曲线　　图7-206 创建桥接曲线2

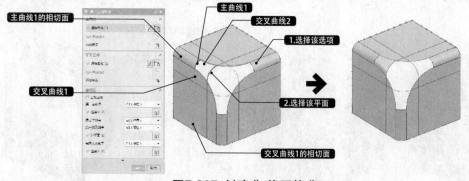

图7-207 创建曲线网格曲1

20 使用相同方法，创建其余的网格曲面1，如图7-208所示。

21 选择"曲线"→"派生曲线"→"等参数曲线"选项 ，打开"等参数曲线"对话框。选择一个上步骤所创建的网格曲面，设置"方向"为U，"数量"为3，单击"确定"按钮，创建等参数曲线，如图7-209所示。

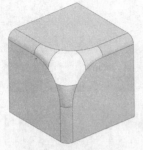

图7-208 创建其余的网格曲面1

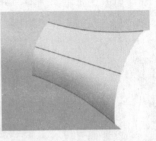

图7-209 创建等参数曲线

22 使用相同的方法创建网格曲面上的等参数曲线，如图7-210所示。

23 选择"曲线"→"派生曲线"→"桥接曲线"选项 ，依次选择中间的等参数曲线为曲线1和曲线2，然后单击"确定"按钮，通过桥接曲线连接等参数曲线，如图7-211所示。

图7-210 创建其余的等参数曲线

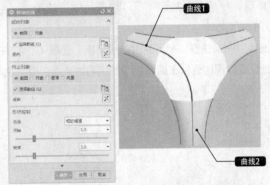

图7-211 通过桥接曲线连接等参数曲线

24 使用相同的方法创建其余的桥接曲线2，如图7-212所示。

25 选择"曲面"→"曲面"→"通过曲线网格"选项 ，打开"通过曲线网格"对话框。分别指定主曲线1、2和交叉曲线1、2，同时选择它们的相切约束面，创建曲线网格曲面2，如图7-213所示。

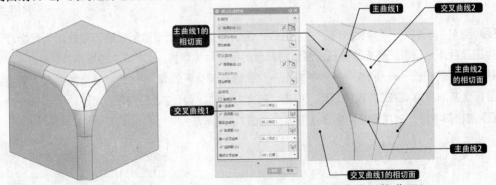

图7-212 创建其余的桥接曲2

图7-213 创建曲线网格曲面2

26 使用相同的方法创建其余的网格曲面2，如图7-214所示。

27 选择"主页"→"特征"→"基准平面"选项 ，选择类型为"两直线"，创建基准平面，如图7-215所示。

28 选择"主页"→"草图"选项 🔲，选择上步骤创建的基准平面为草图平面，进入草绘环境，绘制如图7-216所示的辅助草图。

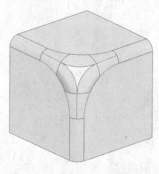
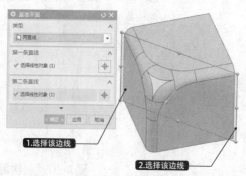
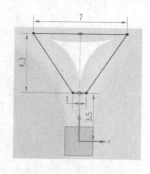

图7-214 创建其余的网格曲面2　　图7-215 通过两直线创建基准平面　　图7-216 绘制辅助草图

29 退出草图环境，然后选择"曲线"→"派生曲线"→"投影曲线"选项 🖉，选择上步骤所绘制的草图，然后以其所在基准平面的法向为投影方向，对步骤25、26创建的3个网格曲面进行投影，如图7-217所示。

30 选择"曲面"→"曲面操作"→"修剪片体"选项 🔲，以上步骤创建的投影曲线为边界，修剪网格曲面，如图7-218所示。

31 选择"曲面"→"曲面"→"通过曲线网格"选项 🔲，打开"通过曲线网格"对话框。分别指定主曲线1、2和交叉曲线1、2，同时选择主曲线1、2的相切约束面，交叉曲线为位置连接，如图7-219所示。

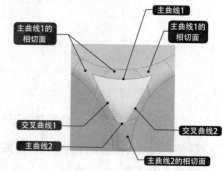

图7-217 创建投影曲线3　　图7-218 根据投影曲线修剪曲面　　图7-219 根据投影曲线创建
网格曲面

32 选择"曲面"→"曲面操作"→"缝合"选项 🔲，选择上步骤创建的网格曲面为目标片体，其余曲面为工具片体，单击"确定"按钮，然后将其余的平面片体隐藏，如图7-220所示。

33 选择"主页"→"特征"→"更多"→"镜像几何体"选项 🔲，选择缝合的曲面为要镜像的对象，然后指定基准平面XC-ZC为镜像平面，单击"确定"按钮，如图7-221所示。

34 按相同方法，创建其余的镜像几何体，如图7-222所示。

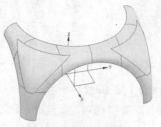
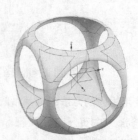

图7-220 缝合片体　　　图7-221 镜像曲面　　　图7-222 镜像创建其余曲面

35 选择"曲面"→"曲面"→"更多"→"有界平面"选项 ▣，选择圆孔处的曲面边缘，单击"确定"按钮，创建如图7-223所示的有界平面。

36 使用相同方法，创建其他的5个有界平面，如图7-224所示。

37 选择"曲面"→"曲面操作"→"缝合"选项 ▣，将所有曲面进行缝合，如图7-225所示。

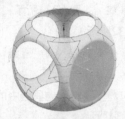 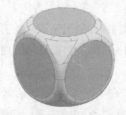  

图7-223 创建有界平面　　图7-224 创建其余的有　　图7-225 缝合所有曲面　　图7-226 创建新的长方体
　　　　　　　　　　　　　　　　界平面　　　　　　　　得到实体特征

2. 创建骰子点数

01 创建"点数6"的面。选择"主页"→"特征"→"更多"选项，在弹出的下拉菜单中选择"设计特征"→"长方体"选项 ▣，在"类型"下拉列表中选择"原点和边长"选项，单击"点构造器"按钮 ▣，输入原点坐标为（-8.25，-8.25，-8.25），然后输入长、宽、高均为16.5，单击"确定"按钮，完成新的长方体的创建，如图7-226所示。

02 选择"曲线"→"派生曲线"→"等参数曲线"选项 ▣，打开"等参数曲线"对话框。选择上步骤所创建的长方体顶面，设置"方向"为U，"数量"为4，单击"确定"按钮，创建U列等参数曲线，如图7-227所示。

03 重复执行"等参数曲线"命令，仍选择上步骤的长方体顶面，设置"方向"为V，"数量"为5，单击"确定"按钮，创建V列等参数曲线，如图7-228所示。

04 在上边框条中单击"WCS动态"按钮 ▣，调整坐标系1，如图7-229所示。

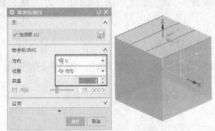 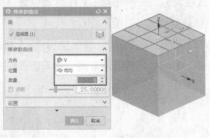 

图7-227 创建U列等参数曲线　　图7-228 创建V列等参数曲线　　图7-229 调整坐标系1

 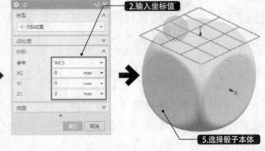

图7-230 创建球体1

05 选择"主页"→"特征"→"更多"→"球"选项⚪，弹出"球"对话框，在"类型"下拉列表中选择"中心点和直径"选项，单击"点构造器"按钮⊞，输入球的中心点坐标为（0，0，2），输入直径为5，"布尔"下拉列表中选择"减去"，选择骰子的主体模型为要减去的体，单击"确定"按钮，创建球体1，如图7-230所示。

06 选择"主页"→"特征"→"阵列特征"选项◈，弹出"阵列特征"对话框，选择上步骤"球"为要阵列的特征，然后选择"布局"类型为"线性"，设置"方向1"和"方向2"的参数，如图7-231所示。

07 单击"确定"按钮，隐藏等参数曲线，即可创建"点数6"的骰子面，如图7-232所示。

08 创建"点数5"的面。按Ctrl+Shift+K显示被隐藏的长方体，然后选择"曲线"→"曲线"→"直线"选项╱，绘制长方体侧面的对角线，如图7-233所示。

09 选择"曲线"→"曲线"→"圆弧和圆"选项┑，在"圆弧/圆"对话框中勾选"限制"选项组中的"整圆"复选框，以上步骤所绘直线的中点为圆心，绘制直径为9.2的圆，如图7-234所示。

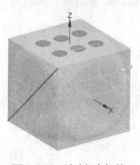

图7-231 线性阵列球体　图7-232 创建"点数6"　图7-233 绘制对角线　图7-234 于直线中点处
　　　特征　　　　　　　　的骰子面　　　　　　　　　　　　　　　　绘制圆

10 按Ctrl+B隐藏长方体，同时在上边框条中单击"WCS动态"按钮⬚，调整坐标系2，如图7-235所示。

11 选择"主页"→"特征"→"更多"→"球"选项⚪，进入"点构造器"，输入球的中心点坐标为（0，0，2），然后输入直径为5，在"布尔"下拉列表中选择"减去"，选择骰子的主体模型为要减去的体，单击"确定"按钮，创建球体2，如图7-236所示。

12 单击上边框条中的"WCS动态"按钮⬚，调整坐标系3，如图7-237所示。

13 按,同法创建坐标点为（0，0，2）、直径为5的球，并与骰子实体执行差集操作，创建球体3，如图7-238所示。

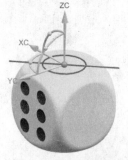

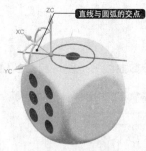

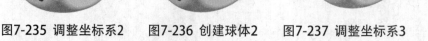

图7-235 调整坐标系2　图7-236 创建球体2　图7-237 调整坐标系3　图7-238 创建球体3

14 选择"主页"→"特征"→"阵列特征"选项◈，弹出"阵列特征"对话框。选择上步骤的"球"为要阵列的特征，然后选择"布局"类型为"圆形"，选择"间距"方式为"数量和跨距"，输入"数量"为4，"跨距"为360，圆形阵列球体，如图7-239所示。

15 在上边框条中单击"将WCS设为绝对"按钮⬚，调整坐标系为绝对坐标系。

16 创建"点数3"的面。再次执行"阵列特征"命令，选择"点数5"中的3点，设置"布局"方式为圆形，以+ZC轴为旋转轴，"间距"方式为"数量和跨距"，输入"数量"为2，"跨距"为90，如图7-240所示。

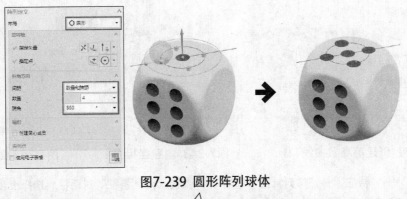

图7-239 圆形阵列球体

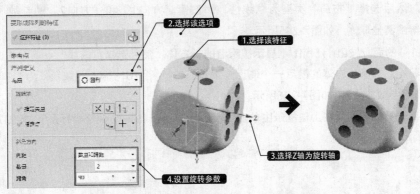

图7-240 选择3个球体特征进行阵列

17 创建"点数2"的面。再次执行"阵列特征"命令，选择"点数6"中的中间2点，设置"布局"方式为"圆形"，以+XC轴为旋转轴，"间距"方式为"数量和跨距"，输入"数量"为2，"跨距"为-90，如图7-241所示。

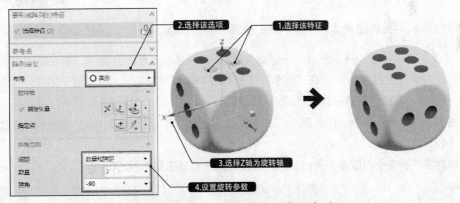

图7-241 选择2个球体特征进行阵列

18 创建"点数4"的面。按Ctrl+Shift+K显示被隐藏的长方体，然后选择"曲线"→"派生曲线"→"等参数曲线"选项 ，选择长方体的侧面，设置"方向"为U和V，输入"数量"为4，单击"确定"按钮，创建等参数曲线1，如图7-242所示。

19 在上边框条中单击"WCS动态"按钮 ，调整坐标系4如图7-243所示。

20 按Ctrl+B隐藏长方体，然后选择"主页"→"特征"→"更多"→"球"选项 ，进入"点构造器"，输入球的中心点坐标为（0，0，2），接着输入"直径"为5，在"布尔"下拉列表中选择"减去"，选择骰子的主体模型为要减去的体，单击"确定"按钮，创建球体4，如图7-244所示。

图7-242 创建等参数曲线1

图7-243 调整坐标系4

图7-244 创建球体4

21 选择"主页"→"特征"→"阵列特征"选项，弹出"阵列特征"对话框。选择上步骤的"球"为要阵列的特征，然后选择"布局"类型为"线性"，设置"方向1"和"方向2"的参数"节距"均为5.5，线性阵列得到其他球体，如图7-245所示。

22 创建"点数1"的面。按Ctrl+Shift+K显示被隐藏的长方体，然后选择"曲线"→"派生曲线"→"等参数曲线"选项，选择长方体的最后一个侧面，设置"方向"为U，输入"数量"为3，单击"确定"按钮，创建得到等参数曲线2，如图7-246所示。

23 按Ctrl+B隐藏长方体，同时在上边框条中单击"WCS动态"按钮，调整坐标系5，如图7-247所示。

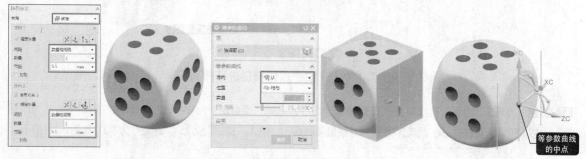

图7-245 线性阵列得到其他球体　　　图7-246 创建等参数曲线2　　　图7-247 调整坐标系5

24 选择"主页"→"特征"→"更多"→"球"选项，进入"点构造器"，输入球的中心点坐标为（0，0，4），输入"直径"为10，在"布尔"下拉列表中选择"减去"，选择骰子的主体模型为要减去的体，单击"确定"按钮，创建球体5，如图7-248所示。

25 选择"主页"→"特征"→"边倒圆"选项，设置圆角"半径"为0.2，对所得点数的各边缘进行倒圆，如图7-249所示。

26 可视情况对骰子的各个面赋予不同的颜色，得到的骰子模型即如图7-250所示。

图7-248 创建球体5

图7-249 边缘倒圆

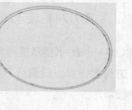

图7-250 骰子模型

创意塑型

本章主要介绍UG NX 12.0的重要功能——创意塑型。创意塑型命令主要用来创建一些外观不规则，或者很难通过常规曲面建模来创建的实体。本命令的添加丰富了UG建模的种类，也拓展了UG所能设计的外形的范围。

8.1 创意塑型概述

学习过UG的读者可能知道，UG具有强大的建模能力，只要使用熟练，日常生活中绝大部分的常见物体都能通过UG创建出模型，但仍然有些物体是无法通过建模得到模型的，如人体、动物、植物等。

这些物体所具备的一个共同特点就是外形不规则、不可控，而UG等工程类建模软件所侧重的却是参数化、可控的建模思路，因此在原则上就无法满足这类物体的建模条件（典型UG模型如图8-1所示），但其他偏视觉性的建模软件，如3ds max、Zbrush、Rhino等却可以满足，即使是精细复杂的人脸曲面也能极大地还原（3ds max如图8-2所示）。

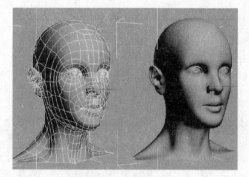

图8-1 典型UG模型　　　　　　　　图8-2 3ds Max模型

两类建模软件的差异，究其原因还是在于它们所各自服务的对象不同：UG主要的服务对象是工厂的技术人员和加工设备，所建立的模型要应用到加工（如数控、模具等）当中，因此它的建模能力就受限于当时大环境下的加工能力，不然就算能建立出复杂且美观的模型，也无法通过加工得到，这自然是不切实际的；而3ds Max主要应用于外观、影视等方面的动画建模，最终结果仍然存在于虚拟的网络空间中，因此就不需要考虑加工方面的问题，软件设计者可以全力开拓相关的自由建模功能，让设计师充分释放自己的想象力，并能得到随心所欲的模型。

但近年来，随着科技的不断进步和生产力水平的不断提高，一些新型的加工方法不断涌现，对于传统制造业的冲击正在一步步地加深，尤其是3D打印等技术的日渐成熟，已经让产品的快速成型成为可能，只要能在电脑上设计出所需的模型，便能得到所需的实物，这无疑是加工上的一个飞跃，而与传统加工相对应的的传统建模习惯自然也就无法满足设计人员的使用要求了。

因此，UG为了满足未来用户的使用需要，于2014年12月推出了UG NX 12.0，其中最大的一项改进就是新增了"创意塑型"命令，让UG建立自由形体变为可能，极大地提高了UG的建模能力。通过UG创意塑型得到的模型如图8-3所示。

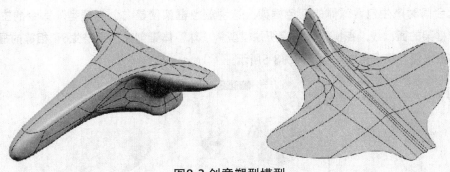

图8-3 创意塑型模型

8.2 创意塑型的创建

"创意塑型"是一项独立的命令种类，在创建创意塑型时，会与草图一样打开特有的工作环境，并通过其中的命令创建所需的图形。不管其中创建的图形有多复杂，返回建模空间后，都只会在"部件导航器"中留下一个特征种类——"分割体"。这点类似于草图绘制，无论草图图形绘制得多复杂，在"部件导航器"中都只会有一个草图特征。

UG NX 12.0的"创意塑型"命令分属在"曲面"选项卡中，选择"曲面"→"曲面"→"创意塑型"选项 ⬡，或者选择"菜单"→"插入"→"NX创意塑型"选项，都能进入创意塑型的工作环境，此时的功能区如图8-4所示。

图8-4 "创意塑型"的功能区

8.2.1 体素形状

"体素形状"命令可以创建创意塑型环境下的体素特征，一般用作塑型的第一道命令，类似于创建毛坯。该命令操作方法与建模环境中的一样。在创意塑型环境下选择"主页"→"创建"→"体素形状"选项 🔲，即可打开"体素形状"对话框，其中提供了6种体素类型，分别介绍如下。

1. 球

球体是三维空间中到一个点的距离小于或等于某一定值的所有点的集合所形成的实体，广泛应用于机械、家具等结构设计中，如创建球轴承的滚子、球头螺栓及家具拉手等。

在创意塑型模块中，"球"是最为常用的建模毛坯，任何复杂的模型都可以通过球体毛坯来得到。相对于建模环境下的球体命令，创意塑型模块下球体的创建方法只有一种，即"中心点和直径"，指定中心点，输入大小尺寸，即可创建球体。

创建后会同时产生包裹球体的蓝色框架，这种蓝色框架便是"创意塑型"命令的主要操作部分，通过对框架的面、线、点操作来创建所需模型。"球"体素创建后会产生6个相等的框架面，通过对框架的操作便可获得自由形状，如图8-5所示。

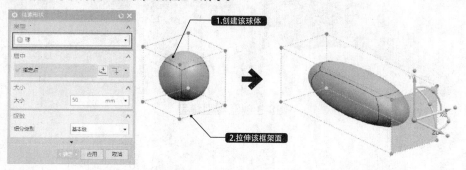

图8-5 "球"体素形状

> **提示**
>
> 这里需要明确指出的是，在"大小"文本框中所输入的数值并不是球体的直径大小，而是包裹球体的蓝色框架边长，下同。

2. 圆柱

圆柱体可以看作是以长方形的一条边为旋转中心线，并绕其旋转360°所形成的实体。此类实体特征比较常见，如机械传动中最常用的轴类、销钉类等零件。如果要创建这一类的模型，可以创建圆柱体毛坯。创建方法只保留了"轴、直径和高度"，创建完成后同样会生成六面体框架，如图8-6所示。

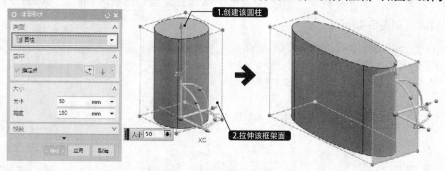

图8-6 "圆柱"体素形状

3. 块

"块"体素即长方体体素，利用该工具可直接在绘图区中创建长方体或正方体等一些具有规则形状特征的三维实体，并且其各边的边长通过具体参数来确定，在创建一些座体类零部件时可以用块体来作毛坯。创建方法只保留了"原点和边长"，创建完成后生成与块体面重合的框架，如图8-7所示。

4. 圆弧

与前三种体素特征有所不同，"圆弧"体素创建的不是实体，而是一个圆弧形的封闭平面，可以用来创建曲面塑型的毛坯。创建方法只保留了"圆心和直径"，创建后会自动生成平分该圆弧面的5个框架面，通过对这些框架面的操作便可以获得基于圆弧面的曲面图形，如图8-8所示。

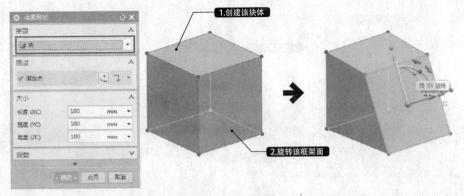

图8-7 "块"体素形状

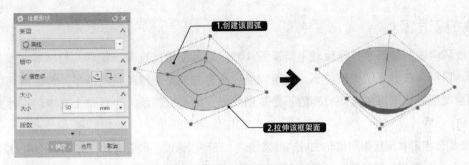

图8-8 "圆弧"体素形状

5. 矩形

"矩形"体素创建的同样不是实体,而是一个矩形的封闭平面,可以用来创建一些基于矩形的曲面塑型。创建方法只保留了"原点和边长",创建完成后,也只会生成一个与矩形面同样大小的框架面,如图8-9所示。

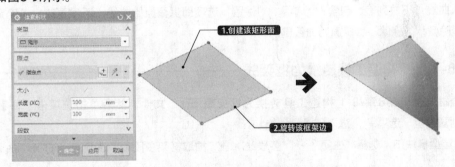

图8-9 "矩形"体素特征

6. 圆环

选择"圆环"的"体素形状"对话框如图8-10所示。"圆环"体素特征是创意塑型模块中独有的体素特征,可以输入外径和内径大小确定圆环形状,还可以在"径向"和"圆形"文本框中设置框架面的段数,段数越多,圆环面的可控框架就越多,模型效果也越接近正常体素,如图8-11所示。

任何内部带孔或者间隙的自由模型,都可以通过"圆环"体素特征来创建。

图8-10 选择"圆环"的"体素形状"对话框

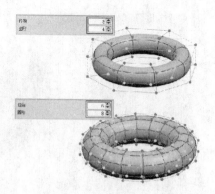

图8-11 段数与模型的关系

8.2.2 构造工具

在建模环境中，可以通过先绘制平面草图，然后对草图进行拉伸、旋转、扫掠等操作来得到所需的模型。同样，在创意塑型模块下，也可以通过这种方式来创建所需的模型。与建模环境所不同的是，创意塑型模块下可供拉伸旋转的不是草图元素，而是框架线，也就是上文中包裹体素模型的蓝色框架边。

除了创建体素形状间接得到自动生成的框架线外，还可以通过"构造工具"选项组绘制出草图形状。"构造工具"命令就相当于是创意塑型模块下的草图，但是却不如建模中的草图强大，操作与空间曲线的绘制方法一致，目前只能绘制点、线段、圆弧和多段线等基本线型，还无法进行编辑和其他操作。

通过"构造工具"命令绘制好图形后，可以选择"主页"→"多段线"→"抽取框架多段线"选项，打开"抽取框架多段线"对话框，如图8-12所示。该对话框中主要选项的含义说明如下。

◆ "段数"文本框：转换后生成的框架线段数。段数越多，生成的框架线与原曲线越接近，可供操作的线框也越多，模型越复杂。

◆ "输入曲线"下拉列表：包含3个选项。"保留"选项即保留原始曲线，不做更改；"隐藏"可将原始曲线隐藏；"删除"即将原始曲线删除。

【案例 8-1】： 构造工具转换为框架线

01 打开素材文件"第8章/8-1 构造工具转换为框架线.prt"文件。然后单击选项卡"曲面"→"曲面"→"创意塑型"选项，进入创意塑型模块。

02 在创意塑型模块下，选择"主页"→"多段线"→"抽取框架多段线"选项，打开"抽取框架多段线"对话框。

03 在图形空间中选择已存在的样条曲线和圆弧，在"段数"文本框中输入值4，在"输入曲线"下拉列表中选择"隐藏"选项。单击"确定"按钮，即可生成框架线，如图8-12所示。

> **提示**
>
> 由于在创意塑型模块下通过构造工具生成的曲线是无法被单独删除掉的，退出创意塑型模块时也不会被保留。因此，为了使图形空间保持整洁，通常在将其转换为框架线时选择"隐藏"或"删除"，而如果是在建模环境下创建的曲线，则无法被删除，只能选择"隐藏"将其消隐。

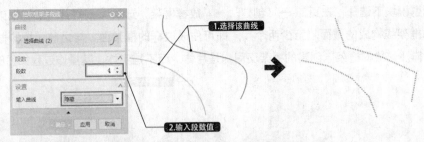

图8-12 构造工具转换为框架线

8.2.3 拉伸框架

绘制好框架线后，就可以通过拉伸、旋转等操作来获取所需的模型。在创意塑型模块中，拉伸命令被称为"拉伸框架"，操作方法与建模环境下的拉伸命令一致。

在创意塑型模块下选择"主页"→"创建"→"拉伸框架"选项 <img>，打开"拉伸框架"对话框，然后选择需要拉伸的框架线，指定拉伸方向，输入拉伸距离，设置好分段数，即可创建拉伸的框架面（无论被拉伸的框架边封不封闭，都只会生成片体）。其操作过程如图8-13所示。

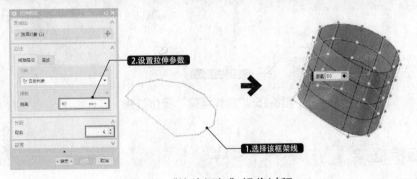

图8-13 "拉伸框架"操作过程

8.2.4 旋转框架

"旋转框架"是将框架线绕所指定的旋转轴线旋转一定的角度而形成的模型，如带轮、法兰盘和轴类等零件都可以通过"旋转框架"命令来获得近似模型。

在创意塑型模块下选择"主页"→"创建"→"拉伸框架"选项 <img> 旁边的按钮 ▼，弹出下拉菜单，选择其中的"旋转框架"选项 <img>，打开"旋转框架"对话框；然后选择需要旋转的框架线，指定旋转矢量和旋转原点，输入旋转角度，设置好分段数，即可创建旋转的框架面（无论被旋转的框架边封不封闭，都只会生成片体）。其操作过程如图8-14所示。

8.2.5 放样框架

"放样框架"可以在选定的面边和多段线集之间创建可控制框架面的放样。"放样框架"的操作类似于建模环境中的"通过曲线组"，需要指定两个或以上的框架线截面来创建放样框架，其余操作方法与建模环境中的一致。

在创意塑型模块下选择"主页"→"创建"→"放样框架"选项▣，打开"放样框架"对话框；然后依次选择框架线构成的截面（至少两个），即可生成放样的框架面。与之前"拉伸框架""旋转框架"操作一样，"放样框架"创建的框架面同样是片体，而不是实体。其操作过程如图8-15所示。

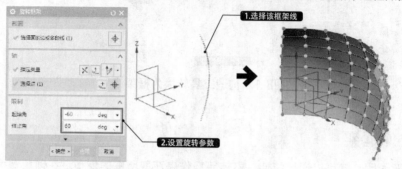

图8-14 "旋转框架"操作过程

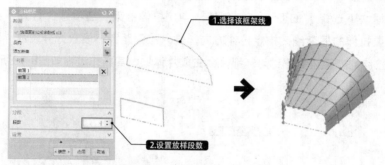

图8-15 "放样框架"操作过程

8.2.6 扫掠框架

"扫掠框架"是将一个截面框架沿指定的引导框架线运动，从而创建出三维框架片体，其引导线可以是直线、圆弧、样条曲线等曲线转换而来的框架线。在创建具有相同截面轮廓形状并具有曲线特征的框架模型时，可以先在两个互相垂直或成一定角度的基准平面内分别创建具有实体截面形状特征的草图轮廓线和具有实体曲率特征的扫掠路径曲线，然后进入到创意塑型模块中，利用"抽取框架多段线"命令▨将其转换为框架线，再选择"主页"→"创建"→"扫掠框架"选项▣，指定截面线和引导框架线，单击"确定"按钮，即可创建出所需的框架模型。这里需要指出的是，"扫掠框架"最多只能有两根引导线，而不是建模中的三根。其操作过程如图8-16所示。

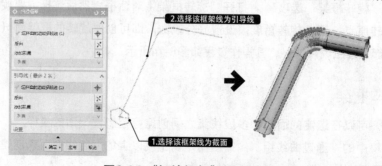

图8-16 "扫掠框架"操作过程

8.2.7 >> 管道框架

"管道框架"是沿曲线扫掠生成的空心圆面管道，创建管道时不需要扫掠截面，只需选择扫掠路径并输入管道框架的大小和段数即可。这里需要注意的是，"大小"指的是包裹管道模型的框架大小，而非管道的大小，具体可参考体素形状。另外，段数越多，所创建的管道框架越精细，模型也越复杂。在创意塑型模块下选择"主页"→"创建"→"管道框架"选项 ，打开"管道框架"对话框；然后选择要生成管道的框架线，单击"确定"按钮，即可创建管道框架。操作过程如图8-17所示。

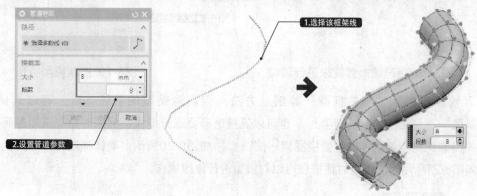

图8-17 "管道框架"操作过程

8.3 创意塑型的修改

通过构造工具和其他方法创建出创意塑型的毛坯体后，还要对毛坯体进行十分繁复的修改，才能得到最终理想的自由模型。本小节将介绍几种常用的创意塑型修改方法。

8.3.1 >> 变换框架

"变换框架"是创意塑型中最为常用的修改操作之一，也是用来构建理想自由模型的主要命令。先创建创意塑型的毛坯（如体素特征、旋转框架、拉伸框架等），然后再在该基础上选择框架面、线或者点，最后通过"变换框架"命令进行调整和修改，即可得到所需的模型。

"变换框架"是一个全新的命令，与建模环境下的各个命令都不相同，具体的差异如下。

◆ 无参数："变换框架"操作所生成的新特征是没有参数的，无法像建模环境下的命令那样有参数可控，"变换框架"操作完全靠设计者通过对活动坐标系的移动或旋转来完成，因此是不可控的。但可以通过单击活动坐标系的箭头或者旋转圆球并输入具体的移动参数，来达到一定的精确要求，如图8-18所示。

◆ 不可抑制："变换框架"操作产生的模型变化是不会记录在任何导航器中的，因此操作之后无法像建模环境那样可以在导航器中通过勾选特征前的复选框来进行抑制，如图8-19所示。如果对上一步骤操作不满意，只能通过按Ctrl+Z键来进行撤销，然后再重新操作一遍。

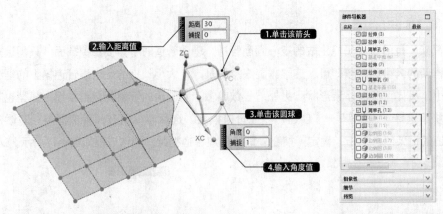

图8-18 精确输入数值来进行调整　　　　　　图8-19 抑制模型特征

通过"拉伸框架""旋转框架"等创建方法得到创意塑型的毛坯体后，可以选择 "主页"→"修改"→"变换框架"选项 ，也可以直接选择要进行操作的框架对象（只能是面、边、点），在弹出的快捷菜单中单击"变换框架"按钮 ，如图8-20所示，同样都能打开"变换框架"对话框，如图8-21所示。通过该对话框便可以对模型进行修改操作。

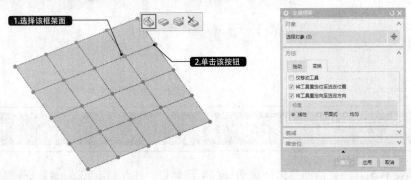

图8-20 快捷命令窗口　　　　　　　　　　图8-21 "变换框架"对话框

该对话框中的"方法"选项组中存在两个选项卡，分别介绍如下。

1. "拖动"选项卡

该选项卡如图8-22所示。此选项卡的作用是定位活动坐标系的位置，从而让创意塑型获得更好的变换操作。

它具体提供了6种定位方法，而最为常用的是第一种，即WCS。单击WCS"单选按钮，在上边框条中激活各种点的捕捉设置，在要放置的点处单击，即可将活动坐标系定位至该点，如图8-23所示。

2. "变换"选项卡

"变换"选项卡是默认的选项卡，如图8-21所示。它包含3个复选框，分别介绍如下。

◆ "仅移动工具"：勾选该复选框，活动坐标系颜色将加深，作用类似于"拖动"选项卡和建模操作中的"仅移动坐标系"，能对活动坐标系进行重新定位而不对框架对象产生作用。

◆ "将工具重定位至选定位置"：默认为勾选状态。当该复选框处于勾选状态时，每选择新的对象，活动坐标系都会自动移动至新对象，并与之匹配；如果没有勾选，则不会移动，活动坐标系始终停留在上一个位置或是坐标原点处（没有上一个对象时），如图8-24所示。

◆ "将工具重定位至选定方向"：默认为勾选状态。当该复选框处于勾选状态时，每选择新的对象，活动坐标系的3个轴方向都会自动更新，与新对象匹配；如果没有勾选，则活动坐标系始终保持固定的3个原始方向，如图8-25所示。

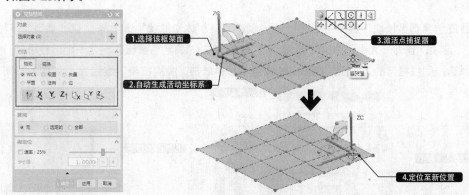

图8-22 "拖动"选项卡   图8-23 重新定位坐标系

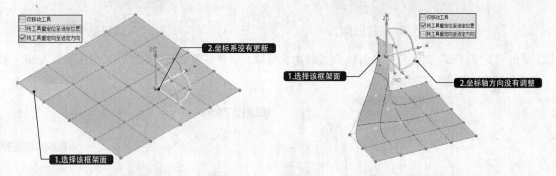

图8-24 取消勾选"将工具重定位至选定位置"   图8-25 取消勾选"将工具重定位至选定方向"

该对话框中其余选项的含义说明如下。

◆ "自动选择取消"复选框：默认为勾选状态。当勾选该复选框时，每选择一个新的对象，旧的对象都会被视为取消选择；当不勾选时，每选择新的对象，旧的选择对象仍然保留，因此就可以选择多个对象。

◆ "速率"复选框：默认为取消勾选状态。该复选框可通过对速率滑块的调整来对变换框架所产生的变形效果快慢进行控制，如图8-26所示，当速率小时，拖动框架所产生的变形就小，适用于微调模型框架；当速率大时，拖动框架产生的变形就大，适用于修改模型。没勾选此复选框时的效果如图8-27所示。

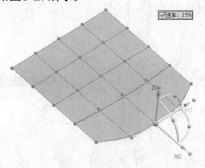   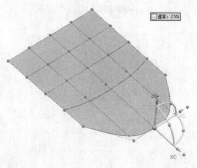

图8-26 勾选"速率"复选框时   图8-27 没勾选"速率"复选框时

【案例 8-2】: 变换框架操作

01 新建一个空白文件，进入建模环境。选择"曲面"→"曲面"→"创意塑型"选项 📦，进入创意塑型模块。

02 在创意塑型模块下选择"主页"→"创建"→"体素形状"选项 📷，在"类型"下拉列表中选择"圆柱"选项，输入"大小"为50"高度"为100，单击"确定"按钮，创建一个圆柱框架，如图8-28所示。

03 选择圆柱框架的上端面，在弹出的快捷菜单中单击"变换框架"按钮 📐，如图8-29所示。

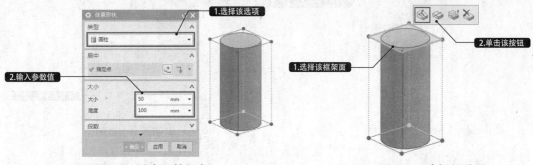

图8-28 创建圆柱框架　　　　　　图8-29 选择操作面

04 弹出"变换框架"对话框。单击绕XY旋转的坐标球，然后在弹出的"角度"文本框中输入90，单击"确定"按钮，如图8-30所示。

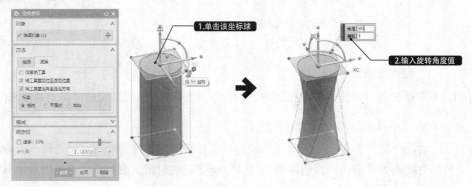

图8-30 旋转框架面

05 选择框架上端面的一个顶点，在弹出的快捷菜单中单击"变化框架"按钮 📐，打开"变换框架"对话框；然后单击Z轴平移箭头，在弹出的"距离"文本框中输入90，单击"确定"按钮，如图8-31所示。

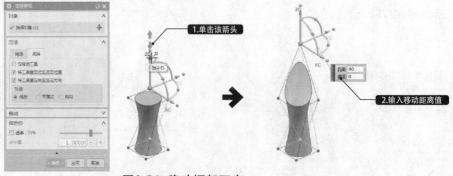

图8-31 移动框架顶点

8.3.2 拆分面

"拆分面"命令可以将框架面均匀地拆分或者通过线来拆分，能将一个大的框架面分割为众多的小框架面，从而可以进行更精细的操作，如图8-32所示。

要进行拆分面操作，可选择"主页"→"修改"→"拆分面"选项，也可以直接选择要拆分的面，然后在弹出的快捷菜单中单击"拆分面"按钮，都可以打开"拆分面"对话框，如图8-33所示。其中"类型"下拉列表中包括两种拆分方法，分别介绍如下。

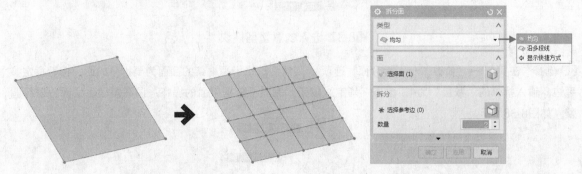

图8-32 拆分面示例　　　　　　　　图8-33 "拆分面"对话框

1. 均匀

"均匀"拆分方法能够将框架面按等分割线整齐地划分，用户只需要输入等分割线的数量和指定等分割线所垂直的边（参考边）即可。具体操作方法如图8-34所示。

2. 沿多段线

选择"沿多段线"类型如图8-35所示。"沿多段线"拆分方法可以将框架面以用户绘制的多段线为边界进行分割，不需要事先指定框架面，系统会自动判断需进行分割的框架面。具体操作方法如图8-36所示。

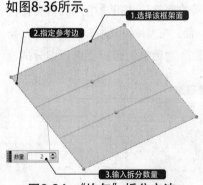

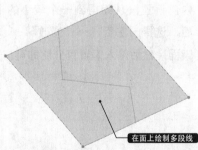

图8-34 "均匀"拆分方法　　　图8-35 "沿多段线"类型　　　图8-36 "沿多段线"拆分示例

【案例 8-3】：拆分框架面

01 打开素材文件"第8章/8-3拆分框架面.prt"文件，图形空间有一分割体。

02 双击图形中的模型，或者双击"部件导航器"中"分割体"特征，进入创意塑型模块，如图8-37所示。

03 以此种方式进入创意塑型模块时，会自动弹出"变换框架"对话框，如果不需更改可单击"取消"按钮。

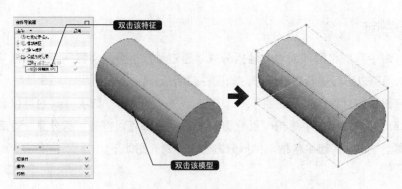

图8-37 进入创意塑型模块

04 选择"主页"→"修改"→"拆分面"选项 ◎，然后选择模型框架的顶面为要拆分的面，接着指定参考边，输入拆分的"数量"为4，单击"确定"按钮，完成拆分框架面的操作，同时模型也会部分进行调整，如图8-38所示。

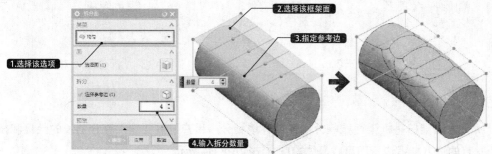

图8-38 拆分框架顶面

8.3.3 》 细分面

细分面可将选定的框架面缩小。它的成型机理是将构成框架面的框架边按用户指定的百分比向内侧偏置，从而得到一个较小的框架面，同时自动产生若干组成面，它们的和就等于原来的框架面。选择"主页"→"修改"→"细分面"选项 ◎，打开"细分面"对话框。选择要进行细分的框架面，然后输入偏置百分比即可，如图8-39所示。

图8-39 创建细分面

8.3.4 》 合并面

"合并面"命令可以用来将被拆分或细分的框架面还原，也可以将框架面和其他的框架面（可以在不同平面上，但一定要相连）合并，形成新的框架面。

选择"主页"→"修改"→"合并面"选项 ◎，打开"合并面"对话框；然后选择要合并的面，单击"确定"按钮即可。"合并面"的两种形式如图8-40和图8-41所示。

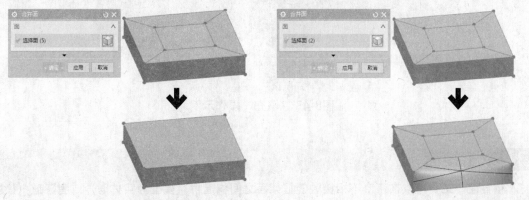

图8-40 共面时合并面情况   图8-41 不共面时合并面情况

8.3.5 》 删除框架

要进行"删除框架"操作，可选择"主页"→"修改"→"删除框架"选项 ✕，也可以直接选择要删除的框架对象，然后在弹出的快捷菜单中单击"删除框架"按钮 ✕，都可以完成删除操作。

通过"删除框架"命令可以将创意塑型操作中多余的框架面删除，如果是封闭实体上的框架面，则通过"删除框架"命令会生成开放的片体，如图8-42所示。

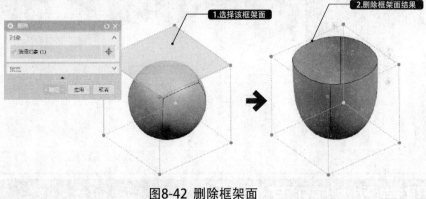

图8-42 删除框架面

8.3.6 》 填充

"删除框架"命令可以将模型的框架面删除，将实体转换为开放的片体，而"填充"命令能将开放的片体通过缝合框架转换为封闭的实体。

选择"主页"→"创建"→"填充"选项 ⬡，打开"填充"对话框。选择要封闭的框架边（至少两条），系统会根据选择所选框架边的数量和位置自动将其合并为一个新的框架面，如图8-43所示。

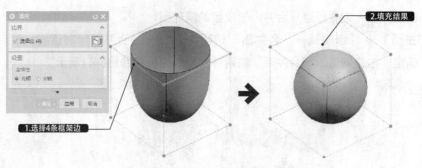

图8-43 "填充"操作示例

8.3.7 桥接面

"桥接面"工具可以在两个不相接触的框架面之间构建桥（模型为实体时）或者隧道（模型为片体时），同时还能指定所生成桥或隧道的段数。通过该命令，可以很方便地创建一些首尾相接的环形特征，如手柄、提手等。

选择"主页"→"创建"→"桥接面"选项 ◎，打开"桥接面"对话框；然后分别选择要桥接的两个框架面，设置好段数，单击"确定"按钮，即可创建桥接面，如图8-44所示。

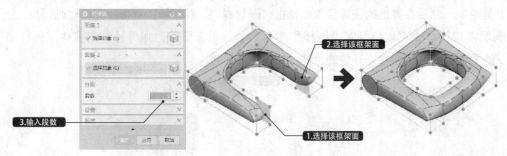

图8-44 创建桥接面

8.4 创意塑型的首选项

创意塑型首选项用来对该模块的默认控制参数进行设置，如定义新对象、可视化、调色板、背景等。

首选项下所做的设置只对当前文件有效，保存当前文件即会保存当前的环境设置到文件中。在退出NX后再打开其他文件时，将恢复到系统或用户默认设置的状态。如果需要永久保存，可以在"用户默认设置"中设置，其设置方法同首选项设置基本一样。下面对创意塑型首选项的一些常用设置进行介绍。

在创意塑型模块下选择"主页"→"首选项"→"NX创意塑型"选项 ◎，打开"NX创意塑型首选项"对话框，如图8-45所示。

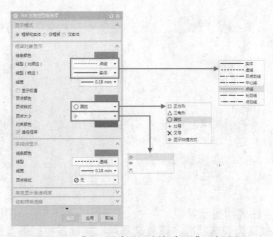

图8-45 "NX创意塑型首选项"对话框

8.4.1 ▷ 显示模式

"NX创意塑型首选项"对话框中"显示模式"选项组包括3个单选按钮，可用于设置创意塑型模型的外观显示方式。

◆ "框架和实体"：选择该单选按钮，在图形空间中不仅显示控制框架，还显示结果细分体，即模型效果，两者同时显示且同步更新，如图8-46所示。此方式为默认显示方式。

◆ "仅框架"：选择该单选按钮，在图形空间中仅显示由控制框架构成的体，模型本身被隐藏，如图8-47所示。此方式能提高框架的编辑效率，加快模型显示速度，减小所占CPU和内存。

◆ "仅实体"：仅显示模型，不显示控制框架，如图8-48所示。此方式能很好地观察设计完成后的模型。

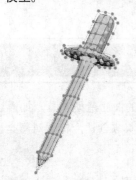

图8-46 "框架和实体"显示   图8-47 "仅框架"显示   图8-48 "仅实体"显示

8.4.2 ▷ 框架对象显示

"NX创意塑型首选项"对话框中"框架对象显示"选项组可用于设置框架的显示效果，包括线条颜色、线型、线宽以及框架顶点的大小和显示样式等。

◆ "顶点样式"下拉列表：该下拉列表提供了5种框架顶点的显示模式，一般默认为圆形，其余的显示效果如图8-49所示。

◆ "顶点大小"下拉列表：该下拉列表中有3种大小可选，默认为小，具体显示效果如图8-50所示。

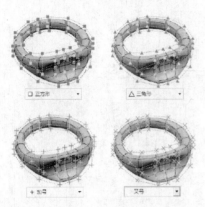

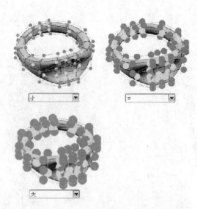

图8-49 "顶点样式"显示效果　　　　　　图8-50 "顶点大小"显示效果

◆ "透视框架"复选框：默认为勾选状态。该复选框可以控制被模型遮盖的框架显示效果，勾选则显示，否则不显示，效果如图8-51所示。用户也可以单击"首选项"选项组中的"透视框架"按钮⬚来进行控制。

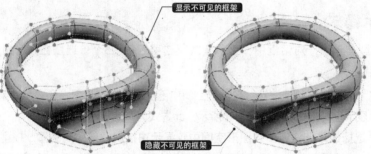

图8-51 "透视框架"的显示效果

8.5 综合实例——创建油壶模型

　　本实例创建油壶模型。之前同类模型的创建所用工具都是UG常规的曲面造型工具，如通过曲线网格、通过曲线组、修剪片体等，而本次实例我们通过创意塑型工具来创建，根据对同类模型的创建，读者可以好好对比这两种造型方法的差异。

01 新建一个空白文件，进入建模环境。选择"曲面"→"曲面"→"创意塑型"选项🔲，进入创意塑型模块。

02 选择"主页"→"创建"→"体素形状"选项🔲，打开"体素形状"对话框，在"类型"下拉列表中选择"圆柱"选项，输入"大小"为40，"高度"为80，其余保持默认位置，单击"应用"按钮，在图形空间中创建一圆柱体，如图8-52所示。

03 "体素形状"对话框没有退出，将"类型"改为"球"，然后输入"大小"为100，其余保持默认位置，单击"确定"按钮，创建一球体，如图8-53所示。

04 选择球体的一个框架面，在弹出的快捷菜单中单击"拉伸框架"按钮🔲，打开"拉伸框架"对话框。输入"距离"为90，其余为默认选项，单击"确定"按钮，如图8-54所示。

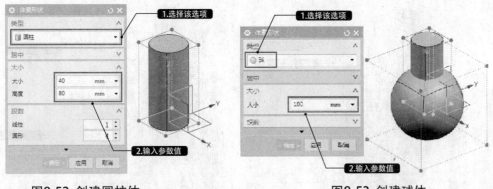

图8-52 创建圆柱体　　　　　　　　　　　图8-53 创建球体

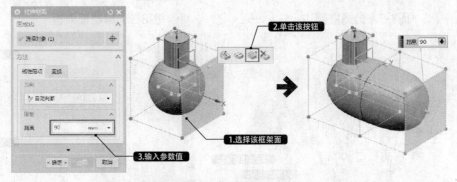

图8-54 拉伸球体的框架面

05 再选择球体底部的两个框架面，按同样的方法向下拉伸150，单击"应用"按钮，如图8-55所示。

06 "拉伸框架"对话框没有退出，选择的对象仍然为2个底部框架面，重新输入拉伸"距离"为100，单击"确定"按钮，创建两个新的拉伸框架，如图8-56所示。

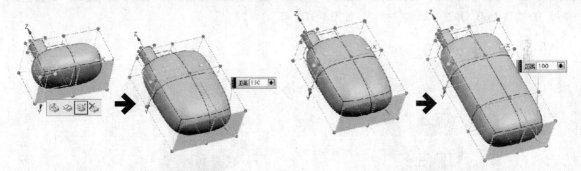

图8-55 拉伸球体底部框架面　　　　　　　图8-56 再次拉伸底部框架面

07 选择球体右上角的框架边，在弹出的快捷菜单中单击"变换框架"按钮 ，如图8-57所示。

08 弹出"变换框架"对话框，移动活动坐标系至合适的位置（图中参数可供参考，读者也可自由发挥），如图8-58所示。

09 选择"主页"→"修改"→"拆分面"选项 ，选择下方倾斜的框架面，指定参考边，输入拆分数量为3，单击"确定"按钮，完成该框架面的拆分，如图8-59所示。

10 选择"主页"→"修改"→"合并面"选项 ，打开"合并面"对话框。选择靠上的两个拆分面，单击"确定"按钮将其合并，如图8-60所示。

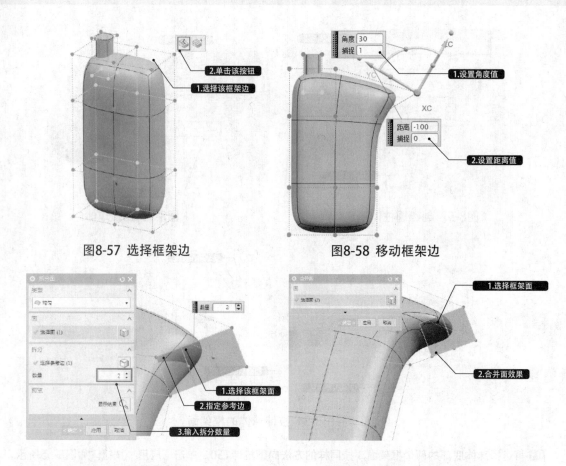

图8-57 选择框架边

图8-58 移动框架边

图8-59 拆分框架面

图8-60 合并框架面

11 选择底部侧面的框架面，在弹出的快捷菜单中单击"拉伸框架"按钮 ，打开"拉伸框架"对话框。输入"距离"为60，单击"确定"按钮，如图8-61所示。

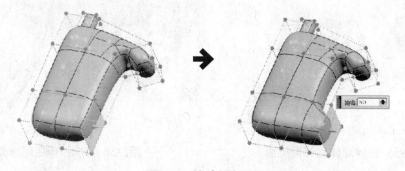

图8-61 拉伸框架面

12 选择拉伸后的底部侧面框架面，在弹出的快捷菜单中单击"变换框架"按钮 ，将该框架面调整至合适位置，如图8-62所示。

13 选择"主页"→"创建"→"桥接面"选项 ，打开"桥接面"对话框；然后分别选择上下两个框架面，在"段数"文本框中输入2，单击"确定"按钮，如图8-63所示。

14 选择"主页"→"首选项"→"框架和实体"下拉菜单，选择"仅框架"选项，将显示模式转换为仅显示框架。

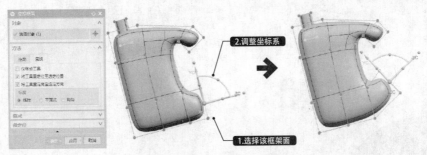

图8-62 变换后的框架面

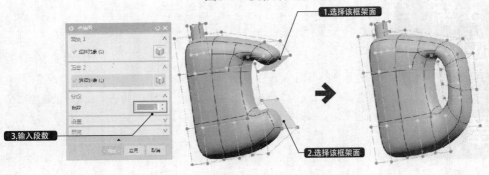

图8-63 桥接框架面

15 选取提手侧面的两组框架面（共6个），在弹出的快捷菜单中单击"变换框架"按钮 ，接着在活动坐标系中拖动"Y缩放"的圆球，将该提手面窄化至所需宽度，如图8-64所示。

16 按同样方法，选择壶身的两组侧面（共4个面），向外拖动"Y缩放"的圆球，将壶身面加宽至所需宽度，如图8-65所示。

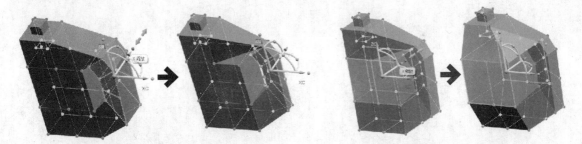

图8-64 缩放提手框架面　　　　　　　　图8-65 缩放壶身框架面

17 将显示模式转换为"框架和实体"，所得的机油壶框架模型如图8-66所示。

18 单击"完成"按钮 ，结束NX创意塑型，返回到建模环境，再对其进行合并、抽壳等建模操作，最终的油壶模型如图8-67所示。

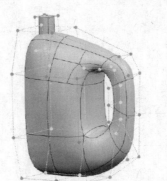

图8-66 框架模型　　　　　　图8-67 最终模型

第 3 篇
行业应用篇

第9章

工程图设计

学习目标:

工程图中的视图操作

工程图的相关编辑

工程图的标注

工程设计人员必须掌握工程图设计的相关知识。在UG NX 12.0中，可以根据设计好的三维模型来关联地进行其工程图设计。若关联的三维模型发生了设计变更，那么其相应的二维工程图也会自动变更。

本章的主要内容包括工程制图模块切换、工程制图参数预设置、工程图的管理操作、插入视图、编辑视图、视图操作、图样编辑和工程图实战案例等。

9.1 UG 工程图设计概述

UG NX 12.0的工程图主要是为了满足零件加工和制造出图的需要。在UG NX 12.0中，利用建模模块创建的三维实体模型都可以利用工程图模块投影生成二维工程图，并且所生成的工程图与该实体模型是完全关联的。当实体模型改变时，工程图尺寸会同步自动更新，缩短因三维模型的改变而引起的二维工程图更新所需的时间，从根本上避免了传统二维工程图设计尺寸之间的矛盾、丢线及漏线等常见错误，保证了二维工程图的正确性。

9.1.1 进入制图功能模块

工程图在实际生产中应用相当多，而UG NX 12.0的工程制图功能是比较强大的，使用该功能模块可以很方便地根据已有的三维模型来创建合格、准确的工程图。

在UG NX 12.0的初始界面中选择"主页"→"新建"选项，弹出"新建"对话框，切换到"图纸"选项卡，如图 9-1所示。在"模板""过滤器"的"关系"下拉列表中选择"引用现有部件"，在"模板"列表框中选择所需的图纸模板，不同的模板对应不同的图纸规格；然后在"要创建图纸的部件"选项组中单击"打开"按钮，系统弹出"选择主模型部件"对话框，如图 9-2所示。

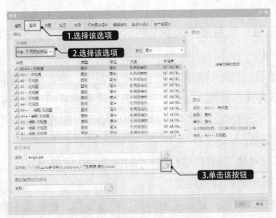

图 9-1 "新建"对话框中的"图纸"选项卡   图 9-2 "选择主模型部件"对话框

在列表框中选择已加载的部件或最近访问的部件，如果该部件没有被加载，可单击"打开"按钮，找到要生成图纸的部件并将其加载到对话框中；选择部件之后单击"确定"按钮，最后单击"新建"对话框中的"确定"选项，即可进入UG NX 12.0的制图工作界面，如图 9-3所示。

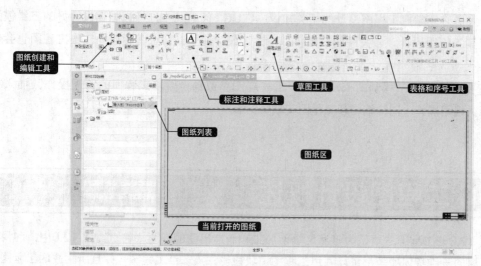

图 9-3 UG NX 12.0制图工作界面

在"模板"→"过滤器"的"关系"下拉列表中，可选择新建图纸的类型。一类是"独立的部件"，选择此方式，新建的图纸不引用任何外部模型，因而需要在文件内建立一个三维模型，然后创建二维视图。按键盘上的M键即可切换到建模工作环境，然后按Ctrl+Shift+D组合键切换回制图工作界面。另一类是"引用现有部件"，这种方式创建的图纸文件不包含模型，而是引用现有的一个部件文件，创建的图纸将与引用部件产生关联，删除了引用的部件或更改其位置之后，该图纸文件将无法打开。

9.1.2 》制图首选项设置

在制图环境中，为了更准确有效地创建图纸，还可以通过"制图首选项"进行相关的基本参数预设置，如线宽、隐藏线的显示、视图边界线的显示和颜色的设置等。

在制图环境中，选择"菜单"→"首选项"→"制图"选项，弹出"制图首选项"对话框，如图9-4所示。

该对话框左侧的列表中包括10个设置项目，每个项目展开之后又包含多个子设置项，其中7个设置项目的功能简单介绍如下。

◆ "常规/设置"：该项目下可设置制图的常规选项，包括制图的工作流、欢迎界面、表面粗糙度和焊接符号的标准设置等。工作流指创建图纸的一系列操作流程，如在"工作流"设置选项的"基于模型"选项组中，在"始终启动"下拉列表中选择"'无视图'命令"，如图 9-5所示，则在新建空白图纸页时，系统不会自动弹出"视图创建向导"对话框。

◆ "公共"：在该项目下可设置图纸中的文本和尺寸的显示样式以及尺寸的前缀和后缀符号。

◆ "图纸格式"：用于设置图纸的编号方式以及标题栏的对齐位置。

◆ "视图"：用于设置视图的各种显示格式和样式。例如，显示视图标签，视图比例，截面线、断开线的显示样式等。

◆ "尺寸"：用于设置尺寸的显示样式，如尺寸的精度、公差样式及倒角标注的样式等。

◆ "注释"：用于设置各种注释的样式，如表面粗糙度的颜色和线宽、剖面线的图案和填充比例等，如图9-6所示。

◆ "表"：用于设置表格的格式，如零件明细表、折弯表、孔表等。

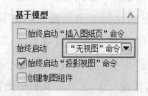

图9-4 "制图首选项"对话框　　　图 9-5 关闭 "视图创建向　　　图 9-6 设置注释样式
导"的自动启动

9.2 新建工程图的管理操作

　　在制图环境中建立的任何图形都将在创建的图纸页上完成。一个文件中可以添加多张图纸页，并且可以对已有的图纸页进行编辑。工程图的基本管理操作包括新建图纸页、打开图纸页、显示图纸页、删除图纸页和编辑图纸页等。

9.2.1 新建图纸页

　　在进入制图环境时，系统会自动创建一张图纸页。如果一张图纸页不够用，可创建更多的图纸页。

　　选择制图工作界面中的 "主页" → "新建图纸页" 选项 📄，弹出 "图纸页" 对话框。该对话框中主要选项的功能及含义如下所述。

◆　"大小"：该选项组用于指定图样的尺寸规范。可以直接在其下拉列表中选择与零件尺寸相适应的图纸规格。图纸的规格随选择的工程单位的不同而不同。

◆　"比例"：该选项用于设置图纸中各类视图的比例大小。一般情况下，系统默认的图纸比例是1：1。

◆　"图纸页名称"：该文本框用于输入新建图纸页的名称。系统会自动按顺序排列，也可以根据需要指定相应的名称。

◆　"投影"：该选项用于设置视图的投影角度方式。对话框中共提供了两种投影角度方式，即第一象限角投影和第三象限角投影。按照我国的制图标准，应选择第一象限角度投影和毫米公制选项。

　　此外，在该对话框中的 "大小" 选项组中包括了3种类型的图纸建立方式。

1. 使用模板

　　选择该单选按钮，对话框如图 9-7所示。此时，可以在对话框的模板列表框中选择一个模板，如 "A0++-无视图" "A0+-无视图" "A0-无视图" "A1-无视图" 和 "A2-无视图" 等。选择某制图模版时，可以在对话框中预览该制图模版的形式，无须设置其他选项，单击"确定"选项，即可按所选模板新建一张图纸页。

2. 标准尺寸

当选择"标准尺寸"单选按钮时，对应的对话框如图 9-8所示。在该对话框的"大小"下拉列表中选择从A0~A4国标图纸规格中的一种作为新建图纸的规格，如"A0-841*1189""A1-594*841""A2-420*594""A3-297*420"和"A4-211.0*297"等。还可以在"比例"下拉列表中设置图纸的比例，或者选择"定制比例"来设置所需的比例。另外，在"图纸中的图纸页"列表框中显示了文件中已有的图纸名称，在"图纸页名称"文本框中可以输入新添加图纸页的名称。在"设置"选项组中，可以设置图纸的尺寸单位是毫米还是英寸，以及设置投影方式。投影方式分为"第一角投影" ◎◎ 和"第三角投影" ◎◎ ，其中第一角投影符合我国的制图标准。

3. 定制尺寸

选择该单选按钮，弹出如图 9-9所示的对话框。在该对话框中，可以在"高度"和"长度"文本框中自定义新建图纸的高度和长度。还可以在"比例"文本框中选择当前图纸的比例。其他选项含义与选择"标准尺寸"单选按钮时的对话框相同，这里不再介绍。

9.2.2 删除图纸页

要删除图纸页，可以在相应的导航器（如部件导航器）中查找到要删除的图纸页标识，并用鼠标右键单击该图纸页标识，然后在弹出的快捷菜单中选择"删除"即可，如图 9-10所示。

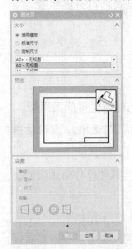

图 9-7 使用模板建立图　　图 9-8 使用标准尺寸建　　图 9-9 利用定制尺寸建　　图 9-10 删除选定的
纸页　　　　　　　　　立图纸页　　　　　　　　立图纸页　　　　　　　　图纸页

9.2.3 编辑图纸页

可以编辑图纸页的名称、大小、比例、测量单位和投影方式等。

选择"主页"→"新建图纸页"下拉菜单中的"编辑图纸页"选项 ◨ ，弹出"图纸页"对话框，然后在"图纸页"对话框中进行相应的修改设置，如修改大小、名称、单位和投影方式等，单击"确定"按钮，即可完成编辑。

9.3 视图操作

　　一张工程图一般由多个不同方向、不同类型的视图构成，这样才能够完整表达零件结构。NX中可创建多种类型的视图，并能够根据已有的视图快速创建其他的辅助视图。
　　新建图纸页后，需要根据模型结构来考虑如何在图纸页上插入各种视图。插入的视图可以是基本视图、标准视图、投影视图、局部放大图、剖视图、半剖视图、旋转剖视图、断开视图和局部剖视图等。

9.3.1 基本视图

　　基本视图可以是仰视图、俯视图、前视图、后视图、左视图、右视图、正等测图和正三轴测图等。下面介绍创建基本视图的一般方法和注意事项。
　　选择"主页"→"视图"→"基本视图"选项🖼，或者选择"菜单"→"插入"→"视图"→"基本"选项，弹出"基本视图"对话框，如图 9-11所示。在该对话框中可以进行以下操作。

1. 指定要为其创建基本视图的部件

　　系统默认将加载的当前工作部件作为要为其创建基本视图的部件。如果想要更改为其创建基本视图的部件，则用户需要在"基本视图"对话框中的"部件"选项组（见图 9-12）中，从"已加载的部件"列表框或"最近访问的部件"列表框中选择所需的部件，或者单击该选项组中的"打开"按钮🗁，从弹出的"部件名"对话框中选择所需的部件。

2. 指定视图原点

　　可以在"基本视图"对话框的"视图原点"选项组中设置放置"方法"选项，以及勾选"光标跟踪"复选框。其中放置"方法"选项主要有"自动判断""水平""竖直""垂直于直线"和"叠加"。

3. 定向视图

　　在"基本视图"对话框的"模型视图"选项组中，从"要使用的模型视图"下拉列表框中选择相应的视图选项（如"俯视图""前视图""右视图""左视图""后视图""仰视图""正等测图"和"正三轴测图"），即可定义要生成何种基本视图。
　　用户可以在"模型视图"选项组中单击"定向视图工具"按钮⊡，系统弹出如图 9-13所示的"定向视图工具"对话框。利用该对话框可通过定义视图法向、X向等来定向视图，在定向过程中可以在图 9-14所示的"定向视图"窗口中选择参照对象及调整视角等。在"定向视图工具"对话框中执行某个操作后，视图的操作效果立即动态地显示在"定向视图"窗口中，以便用户观察视图方向，调整并获得满意的视图方位。单击"定向视图工具"对话框中的"确定"按钮，完成定向视图操作。

图 9-11 "基本视图"
对话框

图 9-12 "部件"选项组

图 9-13 "定向视图工具"对话框

4．设置比例

在"基本视图"对话框中的"比例"选项组的"比例"下拉列表中选择所需的比例，也可以从该下拉列表框中选择"比率"选项或"表达式"选项来定义比例，如图 9-15 所示。

5．设置视图样式

通常使用系统默认的视图样式即可。如果在某些特殊制图情况下，默认的视图样式不能满足用户的设计要求，那么可以采用手动的方式指定视图样式。其方法是在"基本视图"对话框中单击"设置"选项组中的"设置"按钮 ，系统弹出如图 9-16 所示的"设置"对话框。在"设置"对话框中，用户选择相应的选项卡切换到该选项卡中，然后进行相关的参数设置即可。

设置好相关内容后，使用鼠标将定义好的基本视图拖到图纸页面上即可。

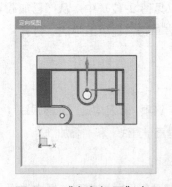

图 9-14 "定向视图"窗口

图 9-15 设置比例

图 9-16 "设置"对话框

【案例 9-1】：创建基本视图 ——————————————————————————

01 打开素材文件"第9章\9-1 创建基本视图.prt"，选择"应用模块"→"设计"→"制图"选项，进入制图工作界面。

02 选择"菜单"→"首选项"→"可视化"选项，弹出"可视化首选项"对话框。在对话框中选择"颜色\字体"选项卡，在"部件设置"选项组中勾选"单色显示"复选框，如图 9-17 所示。

03 选择"主页"→"新建图纸页"选项 ![icon]，弹出"图纸页"对话框。在"大小"选项组中的"大小"下拉列表中选择"A3-297×420"选项，其余保持默认设置，如图9-18所示。

04 选择"菜单"→"首选项"→"制图"选项，弹出"制图首选项"对话框。在对话框中选择"视图"选项，在"边界"选项组中取消勾选"显示"复选框，如图9-19所示。

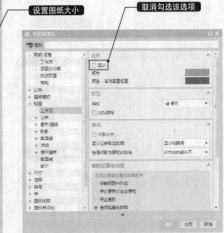

图 9-17 "可视化首选项"　　　图 9-18 "图纸页"对话框　　　图 9-19 "制图首选项"对话框
　　　　　对话框

05 选择"主页"→"视图"→"基本视图"选项 ![icon]，弹出"基本视图"对话框。在"模型视图"选项组中的"要使用的模型视图"下拉列表中选择"俯视图"选项，选择"比例"下拉列表中的"1:2"选项，在图纸区中的合适位置放置俯视图，如图9-20所示。

9.3.2 投影视图

可以从任何父视图创建投影正交或辅助视图。在创建基本视图后，通常可以以基本视图为基准，按照指定的投影通道来建立相应的投影视图。

选择"主页"→"视图"→"投影视图"选项 ![icon]，或者选择"菜单"→"插入"→"视图"→"投影"选项，弹出"投影视图"对话框，如图9-21所示。

此时可以接受系统自动指定的父视图，也可以选择"父视图"选项组中的"选择视图"选项 ![icon]，从图纸页上选择其他视图作为父视图，然后再按放置基本视图的方法放置投影视图即可。

下面重点介绍定义铰链线和移动视图的相关知识。

1. 铰链线

在"投影视图"对话框的"铰链线"选项组中，从"矢量选项"下拉列表中选择"自动判断"选项或"已定义"选项。当选择"自动判断"选项时，系统基于图纸页中的父视图来自动判断投影矢量方向，此时可以设置是否勾选"关联"复选框和使用"反转投影方向"选项；当选择"已定义"选项时，如图9-22所示，由用户手动定义一个矢量作为投影方向，此时也可以根据需要反转投影方向。

2. 移动视图

当指定投影视图的视图样式和放置位置后，如果对该投影视图在图纸页中的放置位置不满意，则可以在"投影视图"对话框的"视图原点"选项组的"移动视图"子选项组中单击"视图"按钮，然后使用鼠标选择所选投影视图并将其拖到图纸页的合适位置处释放，即可移动投影视图。

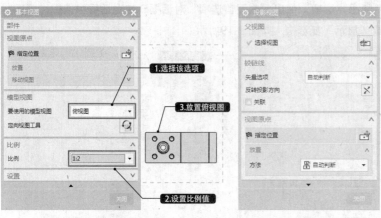 

图 9-20 创建俯视图　　　图 9-21 "投影视图"对　　图 9-22 选择"已定义"选项
话框

【案例 9-2】: 创建投影视图

01 打开"第9章\9-1 创建基本视图-OK.prt"素材文件。

02 选择"主页"→"视图"→"投影视图"选项 ◈，系统打开"投影视图"对话框。

03 设置投影矢量，指定视图原点位置，完成后单击"关闭"按钮，如图 9-23所示。

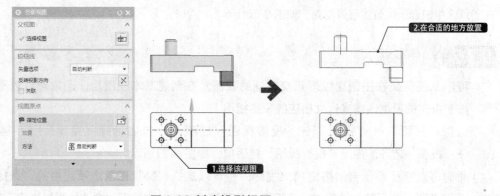

图 9-23 创建投影视图

9.3.3 剖视图

剖视图的创建是在现有视图中构建截面线符号开始的。该视图将成为剖视图的父项，这样就可以在两者之间建立起父/子视图关系。一旦完成构建截面线符号，剖视图也将创建完成，其中的关联切面线会与父视图中的剖切平面重合。剖视图也可以关联视图标签和比例标签。剖视图的字母与父视图中的截面线符号字母相对应。UG NX 12.0的剖视图创建方法与之前版本没有很大的区别，其也是将不同类型的剖切方法都集中在了"剖视图"这一个命令当中，选择"剖视图"选项 ▥，弹出"剖视图"对话框，如图 9-24所示。

1. 简单剖\阶梯剖

剖视图由穿过部件的单一剖切段组成。剖切段的两端附着两个箭头，以指示剖视图的查看方向。

要创建简单剖视图，只需在需要剖切的视图上找到合适的位置放置铰链线即可，系统会自动定义父子关系；要创建阶梯剖，也只需在要剖切的视图上指定剖切处的点，即可自动生成阶梯铰链线，再按投影关系放置即可。UGNX 12.0的剖面图创建命令相对早期版本要精简不少，也更为便捷。

2. 半剖

选择"半剖"选项，可以创建一个半剖视图，即使其中的部件一半剖切而另一半不剖切。由于剖切段与所定义铰链线平行，因此半剖视图类似于简单剖和阶梯剖视图。选择"剖视图"选项 回，在"剖视图"对话框的"方法"下拉列表中选择"半剖"选项，再依次定义剖切终点和起始点，即可创建半剖视图，如图9-25所示。

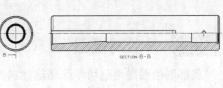

图 9-24 "剖视图"对话框　　　　　　　图 9-25 创建半剖视图

3. 旋转

选择"旋转"选项，可以创建围绕圆柱形或锥形部件的公共轴旋转的剖视图。旋转剖视图可包含一个旋转剖面，也可以包含阶梯以形成多个剖切面。在任一情况下，所有剖面都旋转到一个公共面中。选择"剖视图"选项 回，在"剖视图"对话框的"方法"下拉列表中选择"旋转"选项，再依次定义剖切旋转点和起点、终点，即可创建旋转剖切视图，如图9-26所示。

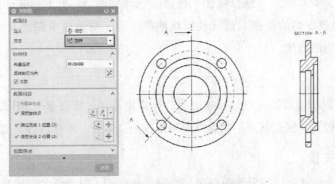

图 9-26 创建旋转剖视图

【案例 9-3】：创建剖视图

01 打开"第9章\9-2 创建投影视图-OK.prt"素材文件。

02 选择"主页"→"视图"→"剖视图"选项 回，弹出"剖视图"对话框。选择方法为"简单剖/阶梯剖"。

03 选择主视图为父视图，然后选择要剖切的起始位置，接着用鼠标指定视图的放置原点位置，即可创建剖视图,如图 9-27 所示。

图 9-27 创建剖视图

9.3.4 局部剖视图

局部剖视图是用剖切平面局部地剖开机件所得的视图，剖切效果在被剖的视图上直接显示，不生成新视图。局部剖视图是一种灵活的表达方法，用剖视图的部分表达机件的内部结构，不剖的部分表达机件的外部形状。当一个视图采用局部剖视图表达时，剖切的次数不宜过多，否则会使图形过于破碎，影响图形的完整性和清晰性。局部剖视图常用于轴、连杆、手柄等需要表达其实心上小孔、槽、凹坑等局部结构类型的实心零件。

选择 "主页"→"视图"→"局部剖视图"选项 🖼，弹出"局部剖"对话框，如图9-28所示。该对话框中主要选项的含义如下所述。

1. 选择视图

弹出"局部剖"对话框后，"选择视图"按钮 🖼 自动被激活，此时可在图纸中选择已建立局部剖视边界的视图作为要剖切的视图。选择要剖切的视图后，对话框中弹出其他选项，如图9-29所示，然后可以继续之后的操作。

2. 指定基点

基点是用于指定剖切位置的点。选择视图后，"指定基点"按钮 🖼 被激活，此时可选择一点来指定局部剖视的剖切位置，但是基点不能选择局部剖视图中的点，而要选择其他视图中的点。

3. 指出拉伸矢量

指定了基点位置后，此时"指出拉伸矢量"按钮 🖼 被激活，对话框的视图列表框会变成如图9-30所示的矢量选项形式。这时图纸中会显示默认的投影方向，可以接受方向，也可用矢量选项指定其他方向作为投影方向，如果要求的方向与默认方向相反，则可选择"矢量反向"选项使之变为反向。

4. 选择曲线

这里的曲线指的是局部剖视图的剖切范围。在指定了剖切基点和拉伸矢量后，"选择曲线"按钮<img>被激活。此时，用户可单击对话框中的"链"按钮来选择剖切边界，也可直接在图形中选择。当选择错误时，可利用"取消选择上一个"选项来取消上一次的选择。如果选择的剖切边界符合要求，单击"确定"按钮后，则系统会在选择的视图中创建局部剖视图，如图 9-31 所示。

图9-28 "局部剖"对话框　　　　图9-29 选择视图后的对话框　　　　图9-30 指定基点后的对话框

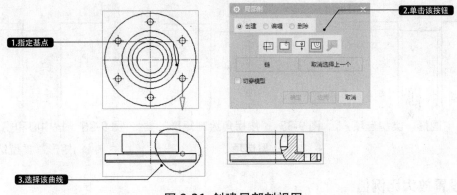

图 9-31 创建局部剖视图

5. 修改边界曲线

选择局部剖切边界后，"修改边界曲线"选项<img>被激活，选择其相关选项（包括"捕捉构造线"复选框和"切透模型"复选框）来修改边界和移动边界位置。完成边界编辑后，系统会更新局部视图。

9.3.5 〉〉局部放大图

可以创建一个包含图纸视图放大部分的视图，创建的该类视图常被称为局部放大图。在实际工作中，对于一些模型中的细小特征或结构，通常需要创建该特征或该结构的局部放大图。在图 9-32所示的制图示例中，便应用了局部放大图来表达图样的细节结构。

选择"主页"→"视图"→"局部放大图"选项<img>，或者选择"菜单"→"插入"→"视图"→"局部放大图"选项，弹出"局部放大图"对话框，如图 9-33 所示。

利用"局部放大图"对话框可以执行以下操作。

1. 指定局部放大图边界的类型选项

在"类型"下拉列表中可以选择一种选项来定义局部放大图的边界形状，可供选择的类型选项有"圆形"，即放大边界为圆形，如图 9-34 所示；"按拐角绘制矩形"，边界为一矩形，如图 9-35 所示；"按中心和拐角绘制矩形"，边界为一从中心绘制的矩形，如图 9-36 所示。通常初始默认的类型选项为"圆形"。

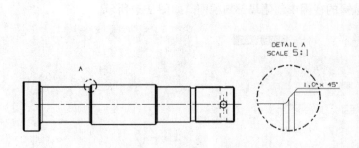

图 9-32 局部放大图示例　　　　　　　　图 9-33 "局部放大图"对话框

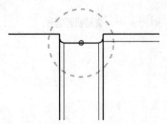

图 9-34 "圆形"类型选项　　　图 9-35 "按拐角绘制矩形"类　　　图 9-36 "按中心和拐角绘制
　　　　　　　　　　　　　　　　　　　型选项　　　　　　　　　　　　　矩形"类型选项

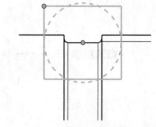

2. 设置放大比例值

在"比例"选项组的"比例"下拉列表中可以选择所需的比例值，或者从中选择"比率"选项或"表达式"选项来定义比例。

3. 定义父项上的标签

在"父项上的标签"选项组中，从"标签"下拉列表中可以选择"无""圆""注释""标签""内嵌"或"边界"选项来定义父项上的标签。

4. 定义边界和指定放置视图的位置

按照所选的类型选项为"圆形""按拐角绘制矩形"或"按中心和拐角绘制矩形"分别在视图中指定点定义放大区域的边界，系统会自动判断父视图。例如，选择类型选项为"圆形"时，则先在视图中单击一点作为放大区域的中心位置，然后指定另一点作为边界圆周上的一点，此时系统提示：指定放置视图的位置。在图纸区中的合适位置处选择一点作为放大图的放置中心位置，即可完成创建。

【案例 9-4】：创建局部放大图

01 打开"9-3创建剖视图-OK.prt"素材文件。

02 选择"主页"→"视图"→"局部放大图"选项，弹出"局部放大图"对话框。

03 选择边界类型为"圆形"，指定倒角中点为放置中心点，然后设置放大"比例"为2:1，并在图纸区中适当的位置放置视图即可，如图9-37所示。

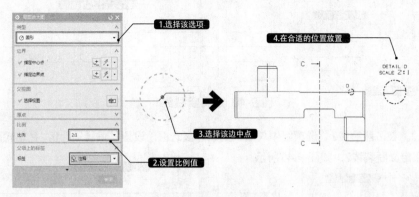

图 9-37 创建局部放大图

9.3.6 断开视图

创建断开视图是将视图分解为多个边界并进行压缩，从而隐藏多余重复的部分，以此来缩小视图。断开视图的应用示例如图 9-38所示。

单击"主页"→"视图"→"断开视图"选项 ⚙，或者选择"菜单"→"插入"→"视图"→"断开视图"选项，弹出"断开视图"对话框，如图 9-39所示。如果在当前图纸页中存在多个视图，则需要选择主模型视图。选择一个主模型视图后，再在图纸页上定义断裂线1和断裂线2，单击"确定"按钮，便可创建断开视图。

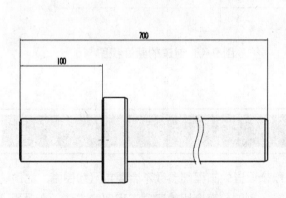

图 9-38 断开视图的应用示例

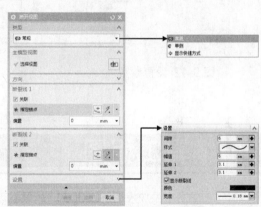

图 9-39 "断开视图"对话框

【案例 9-5】：创建断开视图

01 打开素材文件"第9章\9-5 创建断开视图.prt"。

02 选择"主页"→"视图"→"断开视图" ⚙ 选项，弹出"断开视图"对话框。

03 在"断开视图"对话框的"类型"下拉列表框中选择"常规"选项。

04 选择现有的模型视图为主模型视图，方向采用默认的矢量方向。

05 定义断裂线1。在"断裂线1"选项组中勾选"关联"复选框，设置"偏置"为0，在轴轮廓边上方捕捉位置合适的一点定义断裂线1，如图 9-40所示。

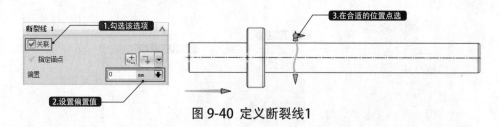

图 9-40 定义断裂线1

06 定义断裂线2。在"断裂线2"选项组中勾选"关联"复选框，设置"偏置"为0，在轴轮廓边上方捕捉位置合适的一点定义断裂线2，如图9-41所示。

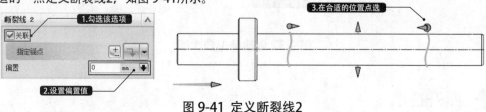

图 9-41 定义断裂线2

07 在"设置"选项组中设置参数,如图 9-42所示。
08 单击"确定"按钮，完成创建，如图 9-43所示。

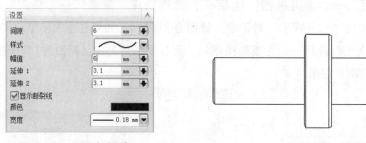

图 9-42 设置参数值　　　　　图 9-43 创建的断开视图

9.4 | 编辑工程图

在向工程图中添加视图的过程中，如果发现原来设置的工程图参数不合要求（如图幅、比例不适当），可以对已有工程图的有关参数进行修改。可按前面介绍的建立工程图的方法，在对话框中修改已有工程图的名称、尺寸、比例和单位等参数。完成修改后，系统会以更改后的参数来显示工程图。其中投影方式只能在没有创建投影视图的情况下才能被修改。

UG NX 12.0中的视图编辑命令集中在"主页"→"视图"→"更新视图"下拉菜单中，如图9-44所示，可用于视图的移动、复制、对齐，边界的修改，组件的显示和隐藏等。

9.4.1 更新视图

"更新视图"用于重画图形窗口中的所有视图，擦除临时显示的对象，如作图过程中遗留下的点或线的轨迹。

选择"更新视图"选项后，会弹出"更新视图"对话框，如图 9-45所示。在其中选择要更新的视图名称，再单击"确定"按钮，即可将选择的视图更新，会重新生成尺寸、剖面线等对象。当剖面线显示不出来时，便可以执行该命令以重新显示。

图 9-44 "更新视图"下拉菜单　　　　图 9-45 "更新视图"对话框

该对话框中各选项的含义及功能如下所述。

◆ "选择视图"：选择该选项，可以在图纸中选择要更新的视图。选择视图的方式有多种，可在视图列表框中选择，也可在图纸区中用鼠标直接选择。

◆ "显示图纸中的所有视图"：该复选框用于控制视图列表中所列出的视图种类。启用该复选框时，列表中将列出所有的视图。若禁用该复选框，将不显示过时视图，需要手动选择需要更新的过时视图。

◆ "选择所有过时视图"：该选项用于选择图纸中所有过时的视图。

◆ "选择所有过时自动更新视图"：该选项用于选择图纸中所有过时自动更新的视图。

> 提示
>
> 　　过时视图指由于实体模型的改变或更新而需要更新的视图。如果不进行更新，将不能反映实体模型的最新状态。

9.4.2　移动/复制视图

在 UG NX 中，工程图中任何视图的位置都是可以被改变的，其中移动和复制视图操作都可以改变视图在图纸区中的位置。两者的不同之处是，前者将原视图直接移动到指定的位置，后者在原视图的基础之上新建一个副本，并将该副本移动到指定位置。

选择"主页"→"视图"→"移动/复制视图"选项 ，或者选择"菜单"→"编辑"→"视图"→"移动/复制"选项，弹出"移动/复制视图"对话框，如图 9-46 所示。在图纸区中选择要移动或者复制的视图，选择合适的操作方法并根据提示将所选的视图放置到图纸区中指定的位置。该对话框中各选项的功能含义如下。

1. 视图列表框

视图列表框中列出了当前图纸上的视图名标识，用户可以从中选择要操作的视图，也可以在图纸区中选择要操作的视图。

2. 移动或复制选项

移动或复制选项介绍如下。

◆ "至一点"按钮圙：单击该按钮，则在图纸上选择要移动或复制的视图后，通过指定一点的方式将该视图移动或复制到该指定点上。

◆ "水平"按钮圙：单击该按钮，则沿水平方向移动或复制选择的视图。

◆ "竖直"按钮圙：单击该按钮，则沿竖直方向移动或复制选择的视图。

◆ "垂直于直线"按钮圙：单击该按钮，则需选择参考线，然后沿垂直该参考线的方向移动或复制所选择的视图。

◆ "至另一图纸"按钮圙：在存在其他图纸页的情况下，指定要移动或复制的视图，单击该按钮，则系统会自动弹出如图9-47所示的"视图至另一图纸"对话框。从该对话框中选择目标图纸，然后单击"确定"按钮，即可将所选的视图移动或复制到指定的目标图纸上。

图 9-46 "移动\复制视图"对话框

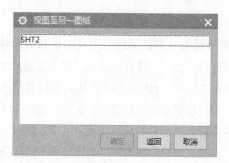

图 9-47 "视图至另一图纸"对话框

3. "复制视图"复选框

"复制视图"复选框用于设置视图的操作方式是复制还是移动。如果勾选该复选框，则操作结果为复制视图，否则操作结果为移动视图。

4. "视图名"文本框

在"视图名"文本框中可以重新命名视图名称。

5. "距离"复选框

"距离"复选框用于指定移动或复制的距离。如果勾选该复选框，则系统会按照"距离"文本框中设定的距离值在规定的方向上移动或者复制视图。

6. "取消选择视图"选项

单击"取消选择视图"按钮，则取消用户先前选择的视图，以便重新选择视图。

【案例 9-6】：移动\复制视图 ————————————————●

01 打开素材文件"第9章\9-6 移动\复制视图.prt"。

02 选择"主页"→"视图"→"移动/复制视图"选项圙，弹出"移动/复制视图"对话框。

03 在视图列表框中选择"Front@7"视图，并单击"水平"按钮圙，选择移动方式为水平，然后指定移动位置即可，如图9-48所示。

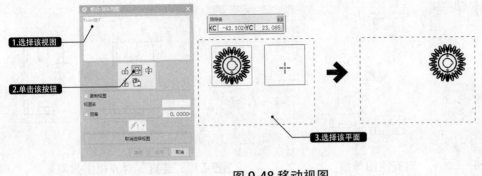

图 9-48 移动视图

9.4.3 》 对齐视图

可以根据设计要求将图纸区中的相关视图对齐，从而使整个工程图图面整洁，便于用户读图。

选择"主页"→"视图"→"视图对齐"选项 ，或者选择"菜单"→"编辑"→"视图"→"对齐"选项，弹出"视图对齐"对话框。该对话框中包含了视图的对齐方式和对齐基准选项，主要选项的功能及含义如下。

1. 方法

该下拉列表用于选择视图的对齐方式，系统提供了5种视图的对齐方式，各种方式的含义及功能如下所述。

◆ "叠加" ：选择要对齐的视图后，选择 " "，系统将以所选视图中的第一视图的基准点为基点，对所有视图做重合对齐，效果如图9-49所示。

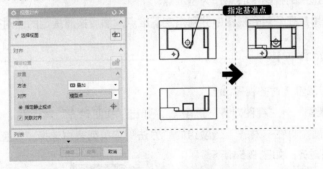

图9-49 "叠加"对齐视图效果

◆ "水平" ：选择要对齐的视图后，选择"水平"选项 ，系统将以所选视图的第一视图的基准点为基点，对所有的视图做水平对齐，效果如图9-50所示。

◆ "竖直" ：选择要对齐的视图后，选择"竖直"选项 ，系统将以所选视图的第一个视图的基准点为基点，对所有的视图做竖直对齐，效果如图9-51所示。

◆ "垂直于直线" ：选择要对齐的视图后，选择"垂直于直线"选项 ，然后在视图中选择一条直线作为视图对齐的参照线。此时其他所有的线将以参照视图的垂线为对齐基准进行对齐操作，效果如图9-52所示。

◆ " 自动判断"：选择该选项，系统将根据选择的基准点，利用自动判断的方式对齐视图，效果如图9-53所示。

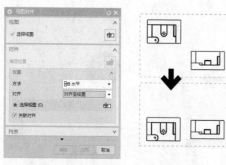

图9-50 "水平"对齐视图效果

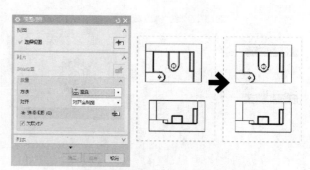

图9-51 "竖直"对齐视图效果

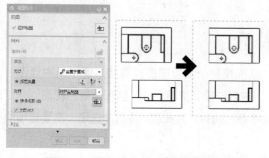

图9-52 "垂直于直线"对齐效果

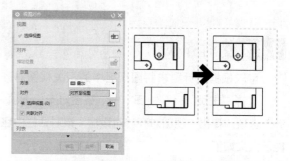

图9-53 "自动判断"对齐视图效果

2. 对齐

该下拉列表用于设置对齐时的基准点。基准点是视图对齐时的参考点，包括以下3种对齐基准方式。

◆ "模型点"：用所选择模型中的一点作为基准点。

◆ "至视图"：用所选择的视图中心点作为基准点。

◆ "点到点"：要求用户在各对齐视图中分别指定基准点，然后按照指定的点对齐。

【案例 9–7】：对齐视图

01 打开素材文件"第9章\9-7 对齐视图.prt"。

02 选择"主页"→"视图"→"视图对齐"选项 ，弹出"视图对齐"对话框。

03 选择图纸中的主视图，再在"对齐"选项组的"方法"下拉列表中选择"竖直"选项，然后再选择图纸中的俯视图，将视图对齐，如图 9-54所示。

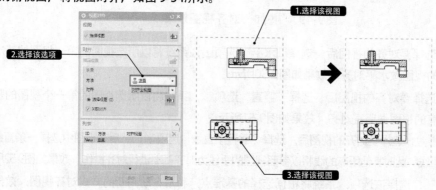

图 9-54 对齐视图

9.4.4 定义视图边界

定义视图边界是将视图以所定义的矩形线框或封闭曲线为界限显示的操作。在创建视图的过程中，经常会遇到定义视图边界的情况，如在创建局部剖视图的边界曲线时，需要对视图边界进行放大操作等。

选择"主页"→"视图"→"视图边界"选项 ，或者选择"菜单"→"编辑"→"视图"→"边界"选项，弹出"视图边界"对话框，如图9-55所示。该对话框中主要选项的含义及操作方法如下所述。

1. 视图列表框

该列表框用于设置要定义边界的视图。在进行定义视图边界操作之前，用户先要选择视图。选择视图的方法有两种：一种是在视图列表框中选择视图，另一种是直接在图纸中选择视图。当视图选择错误时，还可以利用"重置"选项重新选择视图。

2. 视图边界类。

利用该下拉列表可设置视图边界的类型，视图边界的类型共有以下4种。

◆ "断裂线/局部放大图"：该选项适用于用断开线或局部视图边界线来设置任意形状的视图边界。该选项仅仅显示出被定义的边界曲线围绕的视图部分。选择该选项后，系统提示选择边界线，可用鼠标在视图中选择已定义的断开线或局部视图边界线。

◆ "手工生成矩形"：该选项用于定义矩形边界。在选择的视图中按住鼠标左键并拖动鼠标以生成矩形边界，该边界也可随模型的更改而自动调整视图的边界，如图9-56所示。

◆ "自动生成矩形"：选择该选项，系统将自动定义一个矩形边界，该边界可随模型的更改而自动调整视图的矩形边界。

◆ "由对象定义边界"：该选项是通过选择要包围的对象来定义视图的范围，可在视图中调整视图边界来包围所选择的对象。选择该选项后，系统提示选择要包围的对象，可利用"包含的点"或"包含的对象"选项在视图中选择要包围的点或线。

图9-55 "视图边界"对话框

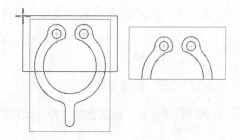

图9-56 "手工生成矩形"效果

3. 选项

在对视图边界进行定义时，利用选项区中的相关选项可以指定对象的类型、定义视图边界包含的对象等。

◆ "链"：该选项用于选择链接曲线。选择该选项，系统可按照时针方向选择曲线的开始端和结束端。此时系统会自动完成整条链接曲线的选择。该选项仅在选择了"断裂线/局部放大图"时才被激活。

◆ "取消选择上一个"：该选项用于取消前一次所选择的曲线。该选项仅在选择了"断裂线/局部放大图"时才被激活。

◆ "锚点"：锚点是将视图边界固定在视图中与指定对象相关联的点上，使边界随指定点位置的变化而变化。若没有指定锚点，当修改模型时，视图边界中的部分图形对象可能发生位置变化，使视图边界中所显示的内容不是所希望的内容。反之，若指定与视图对象关联的固定点，当修改模型时，即使产生了位置变化，视图边界会跟着指定点移动。

◆ "边界点"：该选项用于以指定点的方式定义视图的边界范围。该选项仅在选择"断裂线/局部放大图"时才会被激活。

◆ "包含的点"：该选项用于选择视图边界要包围的点。该选项仅在选择"断裂线/局部放大图"时才会被激活。

◆ "包含的对象"：该选项用于选择视图边界要包围的对象。该选项只在选择"由对象定义边界"时才会被激活。

◆ "重置"：该选项用于放弃所选的视图，以便重新选择其他视图。

4. 父项上的标签

该下拉列表用于指定局部放大视图的父视图如何显示圆形边界的注释。该下拉列表仅在选择"断裂线/局部放大图"时才会被激活，共包含以下6种显示方式。

◆ "无"：选择该选项后，在局部放大图的父视图中将不显示放大部位的边界，效果如图9-57所示。

◆ "圆"：选择该选项后，父视图中的放大部位无论是什么形状的边界，都将以圆形边界来显示，效果如图9-58所示。

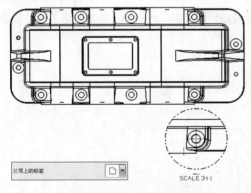

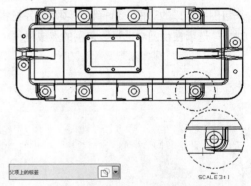

图9-57 "无"的标签效果　　　　　图9-58 "圆"形边界的标签效果

◆ "注释"：选择该选项后，在局部放大图的父视图中将同时显示放大部位的边界和注释，效果如图9-59所示。

◆ "标签"：选择该选项后，在父视图中将显示放大部位的边界与注释，并利用箭头从注释指向放大部位的边界，效果如图9-60所示。

◆ "内嵌"：选择该选项后，在父视图中将显示放大部位的边界与注释，并将注释嵌入到放大边界曲线中，效果如图9-61所示。

◆ "边界": 选择该选项后, 在父视图中只显示放大部位的原有边界, 而不显示放大部位的注释, 效果如图9-62所示。

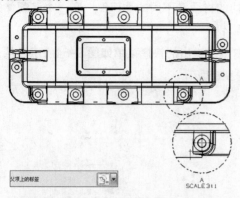

图9-59 显示边界和注释的标签效果

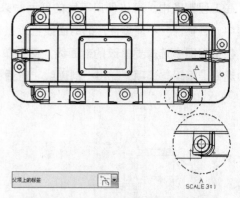

图9-60 箭头指向边界的标签效果

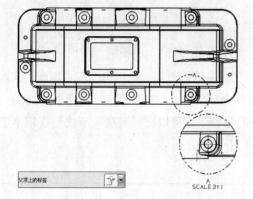

图9-61 注释内嵌到边界中的标签效果

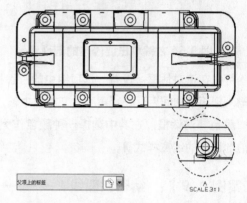

图9-62 显示原有边界的标签效果

【案例 9-8】: 定义视图边界

01 打开素材文件 "第9章\9-8 定义视图边界.prt"。

02 选择 "主页" → "视图" → "视图边界" 选项 , 弹出 "视图边界" 对话框。

03 在视图列表框中选择 "FRONT@1" 视图, 并选择 "手工生成矩形" 选项, 然后用鼠标框选视图边界, 如图 9-63所示。

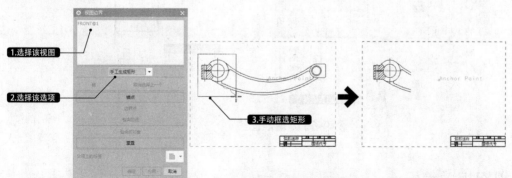

图 9-63 定义视图边界

9.4.5 编辑剖面线

在工程制图中，可以使用不同的剖面线来表示不同的材质及不同的零部件。在一个装配体的剖视图中，各零件（不同零件）的剖面线也应该有所不同。

在工程图中选择要修改的剖面线，然后单击鼠标右键，弹出的快捷菜单如图 9-64 所示。从该菜单中选择"编辑"选项，弹出"剖面线"对话框，如图 9-65 所示。

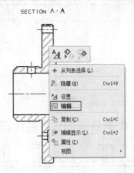

图 9-64 右键单击要修改的剖面线　　　　　图 9-65 "剖面线"对话框

可以在该对话框"设置"选项组中的"图样"下拉列表中选择剖面线的类型，在"距离"文本框中输入剖面线的间距，在"角度"文本框中输入剖面线的角度；可以单击"颜色"按钮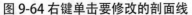，弹出"颜色"对话框，在其中选择一种颜色作为剖面线的颜色，还可以在"宽度"下拉列表框中选择当前剖面线的线宽样式等。

【案例 9-9】：编辑剖面线

01 打开素材文件"第9章\9-9 编辑剖面线.prt"。

02 选择右侧的剖面线，单击鼠标右键，在弹出的快捷菜单中选择"编辑"选项。

03 在打开的"剖面线"对话框中设置各项参数，如图 9-66 所示。

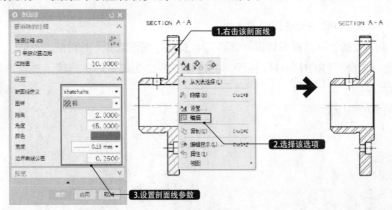

图 9-66 编辑剖面线

9.4.6 视图相关编辑

视图相关编辑指对视图中图形对象的显示进行编辑，同时不影响其他视图中同一对象的显示。

它与前面介绍的视图操作类似，不同之处是：视图操作是对视图的宏观操作，而视图相关编辑是对视图中的线条对象进行编辑。

选择"主页"选项卡→"视图"→"视图相关编辑"选项 ，或者选择"菜单"→"编辑"→"视图"→"视图相关编辑"选项，弹出"视图相关编辑"对话框。首先选择要编辑的视图，对话框中的选项才被激活。该对话框中主要选项的含义如下。

1. 添加编辑

该按钮组用于在选择要进行哪种类型的视图编辑操作，系统提供了5种视图编辑的方式。

» 擦除对象

该按钮用于擦除在视图中选择的对象。选择视图对象时该选项才会被激活。可在视图中选择要擦除的对象，完成对象选择后，系统会擦除所选对象。擦除对象不同于删除操作，擦除对象仅仅是将所选择的对象隐藏起来不进行显示，效果如图 9-67 所示。

> **提 示**
>
> 利用该选项擦除视图对象时，无法擦除有尺寸标注和与尺寸标注相关的视图对象。

» 编辑完全对象

该按钮用于编辑视图或视图中所选对象的显示方式，编辑的内容包括颜色、线型和线宽。单击该按，可在"线框编辑"选项组中设置颜色、线型和线宽等参数，设置完成后，单击"应用"按钮；然后在视图中选择需要编辑的对象；最后单击"确定"按钮，即可完成对图形对象的编辑，效果如图 9-68 所示。

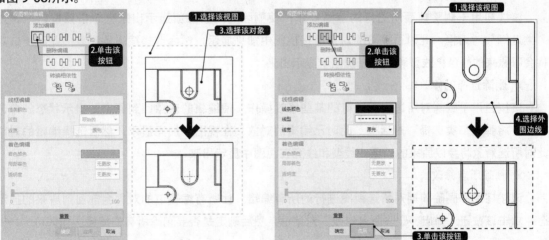

图 9-67 擦除孔特征的效果　　　　图 9-68 将外轮廓线显示为虚线

» 编辑着色对象

该选项用于编辑视图中某一部分的显示方式。单击该按钮，在视图中选择需要编辑的对象；然后在"着色编辑"选项组中设置着色颜色、局部着色和透明度，设置完成后单击"应用"选项即可。

» 编辑对象段

该选项用于编辑视图中所选对象的某个片断的显示方式。单击该按钮，先在"线框编辑"选项组中设置对象的颜色、线型和线宽选项，设置完成后根据系统提示单击"确定"按钮即可，效果如

图 9-69所示。

》 编辑剖视图的背景 🔲

该按钮用于编辑剖视图的背景。单击该按钮，并选择要编辑的剖视图，然后在打开的"类选择"对话框中单击"确定"按钮，即可完成剖视图的背景的编辑，效果如图 9-70所示。

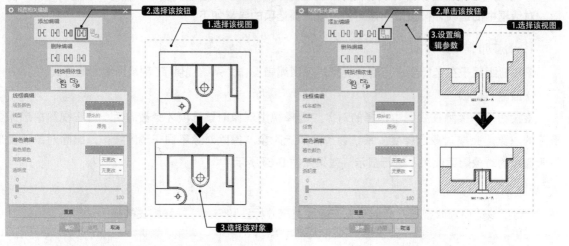

图 9-69 编辑外轮廓线为虚线显示　　　　　　图 9-70 编辑剖视图

2. 删除编辑

该选项组用于删除前面所进行的某些编辑操作，系统提供了以下三种删除编辑操作的方式。

》 删除选择的擦除 🔲

该按钮用于删除前面所进行的擦除操作，使删除的对象重新显示出来。单击该按钮，将弹出"类选择"对话框，此时已擦除的对象会在视图中加亮显示；然后选择编辑的对象，此时所选对象将会以原来的颜色、线型和线宽在视图中显示出来。

》 删除选择的修改 🔲

该按钮用于删除对所选视图进行的某些修改操作，使编辑的对象回到原来的显示状态。单击该按钮，将弹出"类选择"对话框，此时已编辑的对象会在视图中加亮显示；然后选择编辑的对象，此时所选对象将会以原来的颜色、线型和线宽在视图中显示出来。

》 删除所有修改 🔲

该按钮用于删除前期对所选视图进行的所有编辑，让所有编辑过的对象全部回到原来的显示状态。单击该按钮，弹出"删除所有修改"对话框；然后确定是否要删除所有的编辑操作即可。

3. 转换相依性

该选项组用于设置对象在视图与模型之间转换。

》 模型转换到视图 🔲

该按钮用于将模型中存在的单独对象转换到视图中。单击该按钮，然后根据打开的"类选择"对话框选择要转换的对象，此时所选对象会被转换到视图中。

》 视图转换到模型 🔲

该按钮用于将视图中存在的单独对象转换到模型中。单击该按钮，然后根据打开的"类选择"

对话框选取要转换的对象，则所选对象会转换到模型中。

【案例 9–10】：视图相关编辑

01 打开素材文件"第9章\9-10 视图相关编辑.prt"。

02 选择"主页"→"视图"→"视图相关编辑"选项，弹出"视图相关编辑"对话框，选择视图，单击"擦除对象"按钮。

03 选择视图中的两个小圆，完成后单击"确定"按钮，如图 9-71所示。

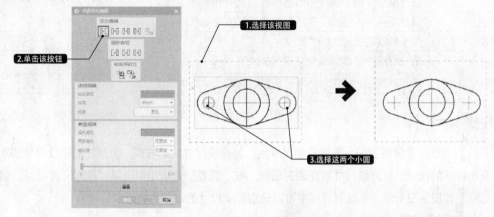

图 9-71 擦除小孔

9.5 图纸标注

　　创建视图后，还需要对视图图样进行标注。标注是表示图样尺寸和公差等信息的重要方法，是工程图的一个有机组成部分。广义的图样标注包括尺寸标注、插入中心线、文本注释、插入符号、几何公差标注、创建装配明细栏和绘制表格等。

9.5.1 尺寸标注

　　尺寸标注用于标识对象的尺寸大小。由于NX制图模块和三维实体造型模块是完全关联的，在图纸中标注尺寸就是直接引用三维模型的真实尺寸，具有实际意义，因此无法像二维CAD软件中的尺寸那样可以进行改动，如果要改动图纸中的某个尺寸参数，则需要在三维实体中修改。如果三维模型被修改，图纸中的相应尺寸会自动更新，从而保证了图纸与模型的一致性。

　　制图工作界面中的尺寸标注工具集中在"主页"选项卡中的"尺寸"组中，如图9-72所示。

图9-72 尺寸标注工具

"尺寸"组中包含了几种常用尺寸标注选项。主要尺寸标注选项的使用和用法见表9-1。

表9-1 主要尺寸标注选项的含义和使用方法

选项	含义和使用方法
快速 ⤵	该选项由系统自动推断出选用哪种尺寸标注类型进行尺寸标注
线性 ⊟	该选项用于标注所选对象间的水平或竖直尺寸，根据用户指针的移动方向确定尺寸方向
倒斜角 ⤲	用于标注45°倒斜角的尺寸，暂不支持对其他角度的倒斜角进行标注
角度 △	该选项用于标注图纸中所选两直线之间的角度
径向 ⤵	该选项用于标注图纸中所选圆或圆弧的径向尺寸
厚度 ⤢	用于标注两要素之间的厚度
弧长 ⌒	用于创建一个圆弧长尺寸来测量圆弧周长
周长 ⧈	用于创建周长约束以控制选定直线和圆弧的集体长度

9.5.2 ▷ 编辑尺寸

在图纸中标注的尺寸，常常需要编辑其格式和尺寸值，如修改尺寸线的样式，为标注的线性尺寸添加直径符号等。双击标注的尺寸，打开该尺寸对应的对话框，在"设置"选项组中选择"设置"选项 ⤵，弹出"设置"对话框，如图9-73所示。在该对话框中可以分别编辑尺寸的以下内容。

◆ "文字"：该选项控制文字的对齐方式。

◆ "直线\箭头"：该选项控制尺寸线、延伸线和箭头的样式，如可以将箭头样式修改为圆点，如图9-74所示。

◆ "层叠"：该选项可以控制堆叠文本与当前标注文本之间的间距。

◆ "前缀\后缀"：对于不同的尺寸类型，可设置的前缀和后缀也不同。例如，对于线性尺寸的前缀\后缀是"真实长度"符号，对于直径尺寸是直径符号⌀。

◆ "公差"：该选项用于为尺寸设置一定的公差。

◆ "双"：该选项用于设置双尺寸的显示，在NX中可以以不同的单位显示同一尺寸，如图9-75所示。

图9-73 "设置"对话框

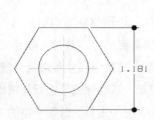

图9-74 圆点箭头样式

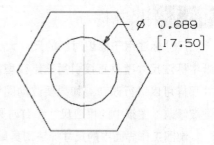

图9-75 双尺寸显示

◆ "窄"：该选项只用于线性尺寸。当尺寸界线的间距太小不足以放置尺寸文字时，可通过该选项设置尺寸文字的处理方式。例如，可以将文字带引线放置在尺寸线之外，如图9-76所示。

◆ "尺寸线"：该选项只用于线性尺寸。当尺寸界线的间距太小不足以放置箭头时，可以设置尺寸线的样式，如图9-77所示。

◆ "文本"：该选项下包含多个子项目，可分别设置尺寸单位、方向和位置、格式、尺寸文本和公差文本等。

◆ "参考": 可将尺寸转换为参考尺寸。

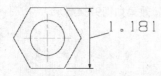

图9-76 带指引线的尺寸

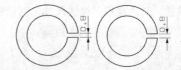

图9-77 尺寸箭头之间的不同效果

【案例 9-11】: 编辑阶梯轴尺寸

01 打开"第9章\9-11 编辑阶梯轴尺寸.prt"文件,图纸中标注的尺寸如图9-78所示。

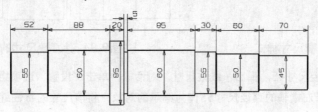

图9-78 图纸中标注的尺寸

02 双击左侧轴的直径尺寸55,弹出"线性尺寸"对话框。单击"设置"选项组中的"设置"选项 ，弹出"设置"对话框。选择"文本"→"格式"选项,然后勾选"替代尺寸文本"复选框,如图9-79所示。

03 单击"启动主文本编辑"选项 ，弹出"文本"对话框。在"文本输入"选项组中的文本框中将光标移动到尺寸55之前,然后选择"插入直径符号"选项 ，插入直径符号,如图9-80所示。

04 单击"文本"对话框中的"确定"选项,返回"设置"对话框。选择"公差"选项,然后选择公差"类型"为"单向正公差",输入公差上限为0.1,如图9-81所示。

图9-79 设置"格式"选项

图9-80 插入直径符号

图9-81 设置公差值

05 单击"设置"对话框中的"关闭"按钮,直径尺寸的编辑效果如图9-82所示。

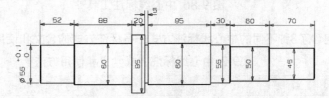

图9-82 直径尺寸的编辑效果

06 双击退刀槽宽度尺寸5，弹出"线性尺寸"对话框。单击"设置"选项组中的"设置"选项 ，弹出"设置"对话框，选择"窄尺寸"选项，然后选择窄尺寸"样式"为"带指引线"，如图9-83所示。

07 依次关闭"设置"对话框和"线性尺寸"对话框，退刀槽尺寸的编辑效果如图9-84所示。

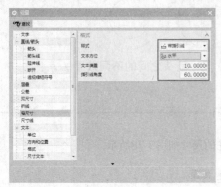

图9-83 设置窄尺寸样式

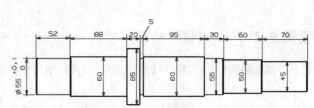

图9-84 退刀槽尺寸的编辑效果

08 双击最右端轴的直径尺寸45，弹出"线性尺寸"对话框。单击"设置"选项组中的"选择要继承的尺寸"选项 ，然后选择左端轴的直径尺寸55作为继承的对象，将该尺寸的特性继承到当前尺寸上，效果如图9-85所示。

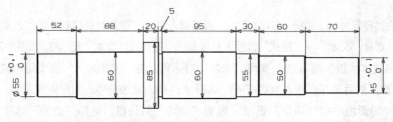

图9-85 继承尺寸的效果

9.5.3 插入中心线

制图环境中的中心线标注工具全部集中在 "主页"→"注释"→"中心标记" ⊕ 下拉列表中，如图 9-86所示。

图 9-86 中心线标注工具

该下拉菜单中包含了8种不同的中心线标注方式，各标注方式的含义和使用方法见表9-2。

表9-2 中心线标注方式含义和使用方法

选项	含义和使用方法
中心标记 ⊕	创建通过点或圆弧的中心标记

(续)

选项	含义和使用方法
螺栓圆中心线	创建完整或者不完整的螺栓圆中心线，螺栓圆的半径始终等于从螺栓圆中心到选择的第一个点的距离
圆形中心线	创建通过点或圆弧的完整或不完整圆形中心线，圆形中心线的半径始终等于从圆形中心线中心到选择的第一点的距离
对称中心线	创建对称中心线，指明几何体中的对称位置
2D中心线	可以在两条边、两条曲线或两个点之间创建2D中心线，还可以使用曲线或控制点来限制之下的长度
3D中心线	可以根据圆柱面或圆锥面的轮廓来创建中心线符号，面可以是任意形式的非球面或扫掠面，其后紧跟线性或非线性路径
自动中心线	自动创建中心标记、圆形中心线和圆柱中心线
偏置中心点符号	创建偏置中心点符号，该符号表示某一圆弧的中心，该中心处于偏离其真正中心的某一位置

9.5.4 文本注释

要在图纸中插入文本注释，可以选择"主页"→"注释"→"注释"选项 A，或者在菜单按钮中选择"插入"→"注释"→"注释"选项，弹出"注释"对话框，如图9-87所示。

用户可以在"设置"选项组中单击"设置"选项 M，弹出"设置"对话框，如图9-88所示。利用"设置"对话框设置所需的文本样式。在"注释"对话框的"设置"选项组中还可以指定是否竖直放置文本，设置文本斜体角度、粗体宽度和文本对齐方式等。

图9-87 "注释"对话框

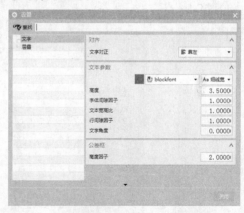

图9-88 "设置"对话框

在"文本输入"选项组的文本框中可以输入注释文本。如果需要编辑文本，可以展开"编辑文本"选项组来进行相关的编辑操作。确认要输入的注释文本后，在工程图中指定原点位置即可将注释文本插入到该位置。指定原点时，用户可以单击"原点"选项组中的"原点工具"按钮 A，弹出"原点工具"对话框，如图9-89所示。可以使用该对话框来定义原点，还可以为原点设置对齐选项等。

如果创建的注释文本带有指引线，则需要在"注释"对话框中展开"指引线"选项组，单击"选择终止对象"按钮 以选择终止对象，接着设置指引线类型（指引线"类型"为"普通""全圆符号""标志""基准"或"以圆点终止"），选择是否通过带折线创建等，如图9-90所示；然后根据系统提示进行相应操作，完成带指引线的注释文本的创建。

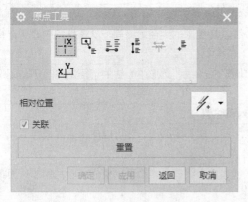

图9-89 "原点工具"对话框

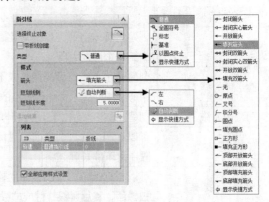

图9-90 "指引线"选项组

9.5.5 插入表面粗糙度符号

可以创建一个表面粗糙度符号来指定表面参数，如表面粗糙度、处理或涂层、模式、加工余量和波纹。

选择"主页"→"注释"→"表面粗糙度符号"选项 ，或者选择"菜单"→"插入"→"注释"→"表面粗糙度符号"选项，弹出"表面粗糙度"对话框，如图9-91所示。

展开"属性"选项组，从"除料"下拉列表中选择一种材料移除选项，如图9-92所示。

选择好材料移除选项后，在"属性"选项组中设置相关的参数，如图9-93所示；然后展开"设置"选项组，根据设计要求设置表面粗糙度样式和角度，如图9-94所示。对于某方向上的表面粗糙度，可以设置反转文本以符合相应的标注规范。

图9-91 "表面粗糙度"
对话框

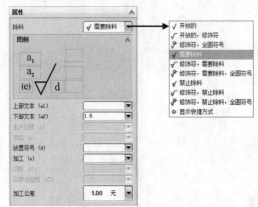

图9-92 选择材料"除料"选项

图9-93 设置表面粗糙度的
相关参数

9.5.6 插入其他符号

除了表面粗糙度符号之外，工程图中还有其他的注释符号，插入这些的注释符号命令都集中在"主页"→"注释"组中，如图9-95所示。

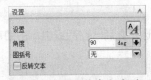

图9-94 设置样式和角度

图 9-95 其他注释符号

其他注释符号的含义和使用方法见表9-3。

表9-3 其他注释符号的含义和使用方法

选项	含义和使用方法
特征控制框 ⊏	创建单行、多行或复合的几何公差特征控制框
标识符号 ⌿	创建带或不带指引线的标识符号
目标点符号 ×	创建用于进行尺寸标注的目标点符号
基准特征符号 ⊞	创建基准特征符号。选择此选项，将弹出"基准特征符号"对话框，利用该对话框可以设置基准标识符、其他选项、指引线和原点
焊接符号 ⊿	创建一个焊接符号来指定焊接参数，如类型、轮廓形状、大小、长度或间距以及精加工方法
相交符号 ⊀	创建相交符号。选择可以相交的两条线段，系统自动判断两者的交点
剖面线 ▦	在指定的边界内创建剖面线图样
基准目标 ◉	创建基准目标，单击此选项，将弹出"基准目标"对话框，从中设置基准目标的类型选项以及相应的参数、选项和参照
图像 ▣	在图纸页上放置光栅图像（JPG、PNG或GIF）
区域填充 ▤	在指定的边界内创建图案或填充

9.5.7 》几何公差标注

几何公差是将几何、尺寸和公差符号组合在一起形成的组合符号，它用于表示标注对象与参考基准之间的位置和形状关系。

在UG NX 12.0中，几何公差的标注是用特征控制框完成的。选择"主页"→"注释"→"特征控制框"选项 ⊏，或者选择"菜单"→"插入"→"注释"→"特征控制框"选项，弹出"特征控制框"对话框，如图 9-96所示。

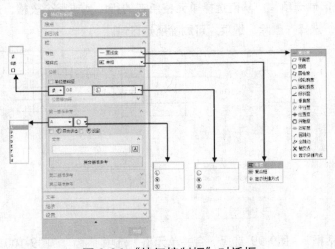

图 9-96 "特征控制框" 对话框

该对话框中主要选项组的功能介绍如下。

◆ "原点"：该选项组用于指定特征框的放置位置，激活"指定位置"选项之后，在图纸中单击即可放置特征框控制。

◆ "指引线"：该选项组用于设置几何公差引线的箭头。

◆ "框"：该选项组用于设置几何公差的参数。

在"特性"下拉列表中选择几何公差类型，在"框样式"下拉列表中选择框样式，在"公差"选项组中输入几何公差的值。在"第一基准参考"选项组中的下拉列表中选择参考基准，同样的可在"第二基准参考"和"第三基准参考"选项组中选择次要的参考基准。打开"指引线"选项组，在要创建指引线的对象上选择一点单击，移动鼠标，在合适的位置单击，从而放置该特征，如图9-97所示。

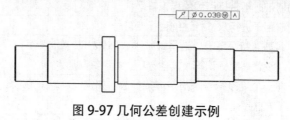

图 9-97 几何公差创建示例

9.5.8 》表格注释

NX中的表格用于列出零件项目、参数和标题栏等。选择 "主页"→"表"→"表格注释"选项 🔲，或者选择"菜单"→"插入"→"表格"→"表格注释"选项，弹出"表格注释"对话框，如图9-98所示。

"原点"选项组用于指定表格的插入点；"指引线"选项组用于为表格添加一条指引线；"表大小"选项组用于设置表格的行数、列数和列宽；"设置"选项组用于设置表格的样式以及表格文字的样式，选择"设置"选项 🔲即可弹出"设置"对话框。

对于已经生成的表格，可以对单元格进行编辑，按住左键拖动指针，选择多个单元格，然后打开快捷菜单，选择"合并单元格"选项，可将所选的单元格合并，如图9-99所示。选择某个单元格，展开快捷菜单，然后选择"选择"选项，如图9-100所示。在"选择"子菜单中可以选择"行""列"或"表区域选项"，从而选择单元格所在的行、列或整个表格。选择单元格或行、列之后，打开快捷菜单，选择"删除"选项，可删除所选区域。

图9-98 "表格注释"对话框

图9-99 选择"合并单元格"选项

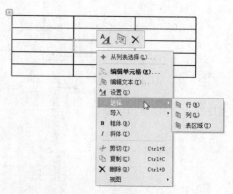

图9-100 选择"选择"选项

双击某个单元格,即可弹出一个文本框,如图9-101所示。输入文字内容之后按Enter键,即可在该单元格中添加文本。

9.6 综合实例——绘制缸套工程图

本实例将绘制一个如图9-102所示的缸套工程图。该工程图大小为A4,绘图比例为2:1。在创建本实例工程图时,首先可创建基本视图和纵向全剖视图,并用全剖视图表达阵列孔的结构;然后添加线性尺寸、圆弧尺寸、几何公差和表面粗糙度;最后添加注释文本和图纸标题栏,即可完成该缸套工程图的绘制。

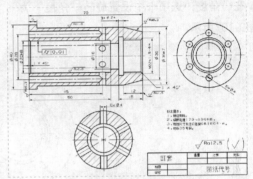

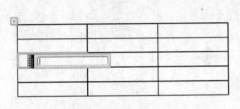

图9-101 输入文本　　　　图9-102 缸套工程图

1. 新建图纸页

01 打开素材"第9章\9.6 缸套.prt"文件,选择"应用模块"→"设计"→"制图"选项,进入制图模块。

02 在菜单按钮中选择"首选项"→"可视化"选项,弹出"可视化首选项"对话框。在对话框中选择"颜色\字体"选项卡,在"图纸部件设置"选项组中启用"单色显示"复选框,如图9-103所示。

03 选择"主页"→"新建图纸页"选项 ,弹出"工作表"对话框。在"大小"选项组中的"大小"下拉列表中选择"A4-210×297"选项,其余保持默认设置,如图9-104所示。

04 选择"菜单"→"首选项"→"制图"选项,弹出"制图首选项"对话框。在对话框中选择"视图"→"工作流程"选项,在"边界"选项组中禁用"显示"复选框,如图9-105所示。

图9-103 "可视化首选项"对　　图9-104 "工作表"对　　图9-105 "制图首选项"对话框
话框　　　　　　　　　　话框

2. 添加视图

01 选择"主页"→"视图"→"基本视图"选项
📐，弹出"基本视图"对话框。在"模型视图"选
项组中的"要使用的模型视图"下拉列表中选择
"左视图"选项，选择"比例"下拉列表中的
"2:1"选项，在图纸区中的合适位置放置左视图，
创建基本视图，如图9-106所示。

02 选择图纸中的基本视图，单击鼠标右键，在弹
出的快捷菜单中选择"设置"选项，弹出"设置"
对话框，在"角度"选项卡中设置旋转"角度"为
90，如图9-107所示。

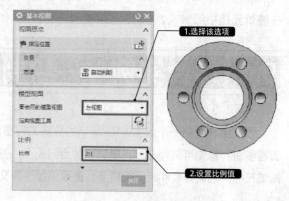

图9-106 创建基本视图

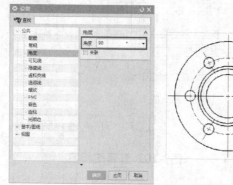

图9-107 旋转基本视图

03 选择"主页"→"视图"→"剖视图"选项 ▣，弹出"剖视图"对话框。在"定义"下拉列表中选择
"动态"，在"方法"下拉列表中选择"简单剖\阶梯剖"选项，在视图中选择剖切线位置，然后在合适
位置放置剖视图即可，如图9-108所示。

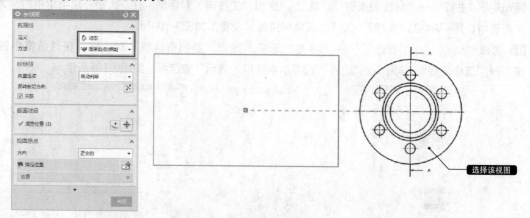

图9-108 创建剖视图1

04 再次利用"剖视图"工具 ▣，选择上步骤创建的剖视图，并选择中间的阵列孔中心线为剖切线位
置，先将剖视图投影到左侧，如图9-109所示。然后用鼠标选择剖视图，拖到阵列孔的正下方，如图
9-110所示。

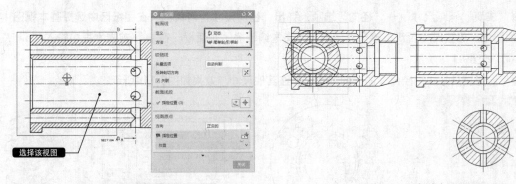

图9-109 创建剖视图2　　　　　　　　图9-110 移动剖视图2

05 选择"主页"→"视图"→"视图相关编辑"按钮 🖾，弹出"视图相关编辑"对话框。在图纸区中选择要编辑的视图，单击"擦除对象"选项 🖾，弹出"类选择"对话框。在视图中选择要擦除的曲线即可，如图9-111所示。

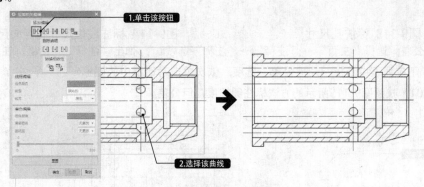

图9-111 擦除视图中对象

3. 注释图形

01 选择"主页"→"尺寸"→"快速"选项，弹出"线性尺寸"对话框。在图纸区中选择缸套中间的螺纹符号线，放置尺寸后然后双击该尺寸，弹出"文本编辑器"对话框。在 x.xx▾ 前文本框中输入M。单击"在后面"图标🔢，在后文本框中输入"×1.5-6H"，单击"确定"按钮；然后单击"文本设置"按钮🄰，弹出"文本设置"对话框。在"文字"选项卡中设置字符大小，最后放置尺寸线到合适位置，标注螺纹尺寸如图9-112所示。

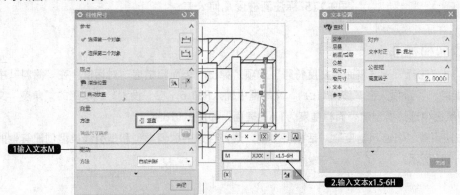

图9-112 标注螺纹尺寸

02 选择"主页"→"尺寸"→"径向"选项，弹出"径向尺寸"对话框。在图纸区中选择基本视图中的阵列孔的圆面，放置尺寸后双击该尺寸，弹出"文本编辑器"对话框。在 ⓧ.ⅩⅩ 前文本框中输入"6"，标注孔尺寸，如图9-113所示。

03 按照标注竖直尺寸和直径尺寸同样的方法，标注其他尺寸，效果如图9-114所示。

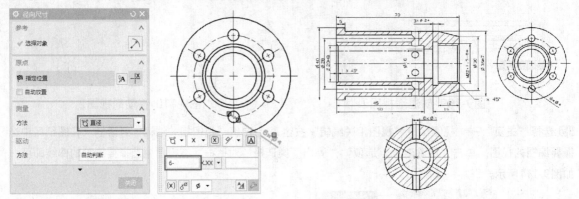

图9-113 标注孔尺寸　　　　　　图9-114 标注线性尺寸和径向尺寸效果

04 标注几何公差。选择"主页"→"注释"→"注释"选项 Ⓐ，弹出"注释"对话框。在"符号"选项组的"类别"下拉列表中选择"几何公差"选项，依次单击对话框中的图标 ⊞、⟋，在"文本输入"文本框中输入0.01，按照图9-115所示的方法标注圆柱度几何公差。

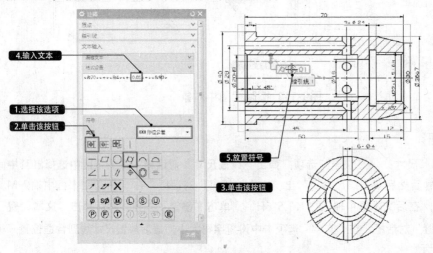

图9-115 标注圆柱度几何公差

4. 标注表面粗糙度

01 选择"主页"→"注释"→"表面粗糙度符号"选项，弹出"表面粗糙度"对话框。在"除料"中选择"修饰符，需要除料"选项，在"波纹（c）"文本框中输入Ra1.6，在"设置"选项组的"角度"文本框中输入0，在图纸区中选择要创建表面粗糙度为1.6的表面，如图9-116所示。

02 按照同样的方法设置"表面粗糙度"对话框各参数，选择合适的放置类型和指引线类型创建其他的表面粗糙度，如图9-117所示。

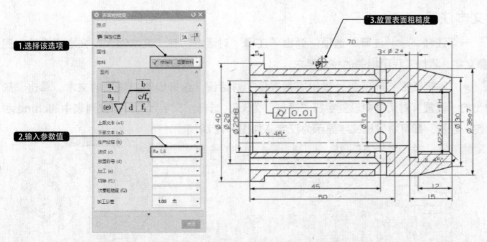

图9-116 标注表面粗糙度

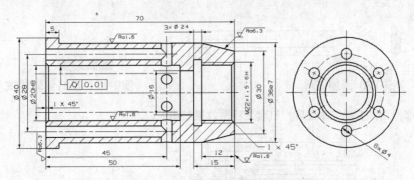

图9-117 标注其他的表面粗糙度

5. 插入并编辑表格

01 选择"主页"→"表"→"表格注释"选项，图纸区中的光标即会显示为矩形框，选择图纸区最右下角放置表格即可，如图9-118所示。

02 选择表格的第一个单元格，按住鼠标左键拖动到第二行第二列所在的单元格，选择的表格为桔红色高亮显示，单击鼠标右键，选择"合并单元格"选项，如图9-119所示。按同样的方法创建右下角的合并单元格。

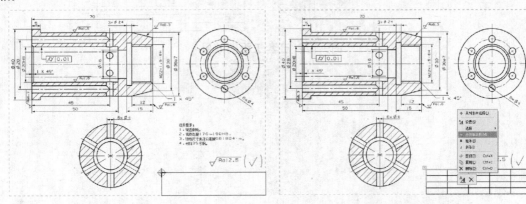

图9-118 插入表格　　　　图9-119 合并单元格

6. 添加文本注释

01 选择"主页"→"注释"→"注释"选项，弹出"注释"对话框。在"文本输入"文本框中输入图9-120所示的注释文字，添加工程图相关的技术要求。

02 选择"主页"→"编辑设置"选项 ▲，弹出"类选择"对话框。选择步骤01添加的文本。单击"确定"按钮，在弹出的"设置"对话框中设置字符"高度"为3.5，选择"文字字体"下拉列表中的chinesef选项，单击"确定"按钮，即可将方框文字显示为汉字，如图9-121所示。

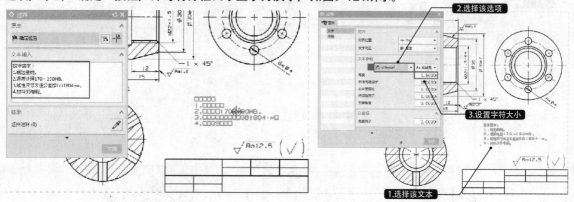

图9-120 添加注释　　　　　　　　　　图9-121 选择编辑样式

03 重复上述步骤，添加其他文本注释，缸套工程图效果如图9-122所示。

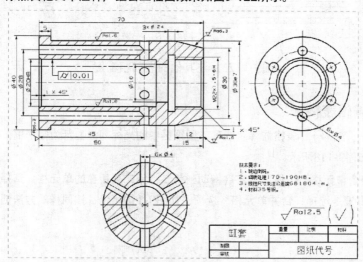

图9-122 缸套工程图效果

第**10**章

装配设计

　　装配设计是产品造型与结构设计师需要重点掌握的内容。通过装配设计，可以将设计好的零件组装在一起形成零部件或者完整的产品模型，还可以对装配好的模型进行间隙分析、重量管理等操作。

　　本章结合典型范例来介绍装配设计，主要内容包括装配设计基础、装配配对设计、组件应用、检查简单干涉与装配间隙、爆炸图、装配顺序应用等。

10.1　装配概述

　　一个产品（组件）往往是由多个部件组合（装配）而成的，装配模块用来建立部件间的相对位置关系，从而形成复杂的装配体。部件间位置关系的确定主要通过添加约束实现。

　　一般的CAD/CAM软件包括两种装配模式：多组件装配和虚拟装配。多组件装配是一种简单的装配，其原理是将每个组件的信息复制到装配体中，然后将每个组件放到相应的位置；虚拟装配是建立各组件的链接，装配体与组件之间是一种引用关系。

　　相对于多组件装配，虚拟装配有以下优点。

◆ 虚拟装配中的装配体是引用各组件的信息，而不是复制其本身，因此改变组件时，相应的装配体也自动更新。这样当组件变动时，就不需要对与之相关的装配体进行修改，同时也避免了修改过程中可能出现的错误，提高了工作效率。

◆ 在虚拟装配中，各组件通过链接应用到装配体中，比复制节省了存储空间。

◆ 控制部件可以通过引用集的引用，下层部件不需要在装配体中显示，简化了组件的引用，提高了显示速度。

　　UG NX12.0的装配模块除此之外还具有以下一些特点。

◆ 利用"装配导航器"可以清晰地查询、修改和删除组件以及约束。

◆ 提供了强大的爆炸图工具，可以方便地生成装配体的爆炸图。

◆ 提供了很强的虚拟装配功能，有效地提高了工作效率。提供了方便的组件定位方法，可以快捷地设置组件间的位置关系。系统提供了八种约束方式，通过对组件添加多个约束，可以准确地把组件装配到位。

10.1.1　装配的基本术语

　　在装配的过程中，对话框、信息栏或菜单命令中有许多的装配专用术语，现将NX 12.0常见的装配术语简单介绍如下，随着对本章的学习，读者会对这些概念有更深的理解。

◆ 装配体：把单独组件或者子装配体按照设定的关系组合而成的对象称为装配体。

◆ 部件：部件即在建模环境中创建并以PRT格式保存的模型文件，NX中并不区分装配体文件或零件文件，只要是PRT格式的文件，都可以作为一个部件。需要注意的是：当存储一个装配体文件时，各部件的实际几何数据并不是存储在装配体文件中的，而是存储在相应的部件（即零件文件）中的。

◆ 工作部件：可以在装配模式下编辑的部件。在装配状态下，一般不能对组件直接进行修改，要修改组件，需要将该组件设为工作部件。而部件被编辑后，所做修改的变化会反映到所有引用该部件的组件中。

◆ 组件：组件指在装配模型中指定配对方式的部件或零件，每一个组件都有一个指针指向部件文件，即组件对象，组件对象是用来链接装配部件或子装配部件到主模型的指针实体。组件可以是子装配部件也可以是单个零件，记录着部件的诸多信息，如名称、图层、颜色和配对关系等。

◆ 子装配体：是在高一级装配中被用作组件的装配体，子装配体也拥有自己的组件。子装配体是一个相对的概念，任何一个装配可以在更高级的装配中作为子装配体，在NX中可以有多重子装配体的嵌套。

◆ 装配约束：装配约束是控制不同组件之间位置关系的几何条件。

◆ 引用集：指要装入到装配体中的部分几何对象，引用集可以包含零部件的名称、原点、方向、几何对象、基准及坐标系等信息。

◆ 自由度：自由度表示装配体中组件的位置定义程度，一个完全自由的组件包含3个旋转自由度和3个平移自由度，随着约束的添加，组件的自由度会逐渐减少，直至完全固定。

> **提示**
>
> 在NX装配中，部件和组件概念的区分十分重要。例如，一个装配体中插入了5个相同的螺栓，这5个螺栓在装配体中是不同的组件，但它们都引用自同一个螺栓部件文件。因此，组件是部件文件的引用，不同的组件可以对应同一部件。

10.1.2 装配方法简介

在 UG NX 12.0 中采用的是虚拟装配方式，只需通过指针来引用各零部件的模型，使装配体和零部件之间存在关联性，这样当更新零部件时，相应的装配体也会自动更新。

典型的装配设计方法主要有两种，一种是自底向上装配，另一种是自顶向下装配。在实际设计中，可以根据情况来决定选用哪种装配方法，或者两种装配设计方法混合使用。

1. 自底向上装配

自底向上装配方法指先分别创建最底层的零件（子装配部件），然后再把这些单独创建好的零件装配到上一级的装配部件中，直到完成整个装配任务为止。通俗一点来理解，就是首先创建好装配体所需的各个零部件，接着将它们以组件的形式添加到装配文件中以形成一个所需的产品装配体。

采用自底向上的装配方法通常包括以下两大设计环节。

设计环节一：装配设计之前的零部件设计。

设计环节二：零部件装配操作过程。

自底向上装配适用于已有一定标准的机械设计，各零部件的尺寸在设计之前已经基本确定。

2. 自顶向下装配

自顶向下的装配设计主要体现为从一开始便注重产品结构规划，从顶级层次向下细化设计。这种设计方法适合协作能力强的团队采用。自顶向下装配设计的典型应用之一是先新建一个装配文件，在该装配文件中创建空的新组件，并使其成为工作部件；然后按在上下文中设计的设计方法在其中创建所需的几何模型。

10.1.3 装配环境介绍

UG NX 12.0 装配界面适用于产品的模拟装配，"装配导航器"可以在一个单独的窗口中以图形的方式显示装配结构。"装配"选项卡中集成了装配过程中常用的各种命令，提供了方便的访问的途径，选项卡中的命令都可以通过"菜单"按钮中相应的选项来打开。

UGNX 12.0中的装配是在装配应用模块中进行的。启动UGNX 12.0之后，进入软件的初始界面，选择"主页"→"新建"选项，弹出"新建"对话框。选择"模型"选项卡中的"装配"模板，如图 10-1所示，单击"确定"按钮，弹出"添加组件"对话框，如图 10-2所示，选择部件文件之后，单击"确定"即可进入装配工作环境。

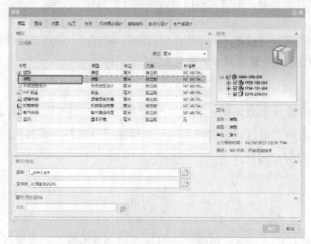

图 10-1 "新建"对话框

图 10-2 "添加组件"对话框

除了通过新建装配文件进入外，还可以打开已有装配文件或者在当前的建模环境下调出"装配"选项卡，同样可进入装配环境进行关联设计，装配操作界面如图 10-3所示。

利用该界面的"装配"选项卡中的各个工具即可进行相关的装配操作，也可以通过"菜单"按钮→"装配"中的相应选项来实现同样的操作。

图 10-3 装配操作界面

 提示

"装配"命令也可在其他应用模块中使用：基本环境、建模、制图、加工、钣金、外观造型设

10.1.4 》装配导航器

为了便于用户管理装配组件，UG NX中提供了"装配导航器"功能，"装配导航器"以图形的方式显示部件的装配结构，并提供了在装配中操控组件的快捷方法。

1. 装配导航器

在零件建模过程中，一般使用"部件导航器"管理各草图和特征。"装配导航器"在一个分离窗口中显示各部件的装配结构，并提供一个方便、快捷的操作组件的方法。在该导航器中，装配结构用图形来表示，类似于树结构，其中每个组件在该装配树中显示为一个节点。在装配过程中，在"装配导航器"中管理各组件和约束，在装配体中单击资源条中的"装配导航器"按钮 ，弹出"装配导航器"树状结构图，如图10-4所示。

在"装配导航器"中列出了装配体的各部件，部件前的复选框勾选与否控制该部件的显示或隐藏。选择某一个部件，然后打开快捷菜单，如图10-5所示，可以在该快捷菜单中执行设为工作部件、设为显示部件、移动、装配约束、删除等操作。

在"装配导航器"树状结构图中，装配体中的子装配体和组件都使用不同的图标来表示，同时组件处于不同的状态时对应的表示按钮也不同，各图标显示情况见表10-1。

图 10-4 装配导航器　　图 10-5 部件的快捷菜单

表 10-1 "装配导航器各图标的显示情况

图标	显示情况
装配体或子装配体	当按钮为黄色时，表示该装配体或者子装配体被完全加载
	当按钮为灰色但是按钮的边缘仍是实线时，表示该装配体或者子装配体被部分加载
	当按钮为灰色且按钮的边缘为虚线时，表示该装配体或者子装配体没有被加载
组件	当按钮为黄色时，表示该组件被完全加载
	当按钮为灰色但是按钮的边缘仍是实线时，表示该组件被部分加载
	当按钮为灰色且按钮的边缘为虚线时，表示该组件没有被加载
检查框	当按钮显示为红色时，表示当前组件或装配体处于显示状态
	当按钮显示为灰色时，表示当前组件或装配体处于隐藏状态
	当按钮显示为□时，表示当前组件或子装配体处于关闭状态
扩展压缩框	该压缩框针对装配体或者子装配体，展开每个组件节点/装配体或压缩为一个节点

此外，在装配导航器中单击鼠标右键可以进行相应操作，右键操作情况分为两种：一种是在相应的组件上单击右键，另一种是在"装配导航器"的空白区域中单击右键。

》在组件上单击右键

在"装配导航器"中任意一个组件上单击右键，可对"装配导航器"的节点进行编辑，并能够执行折叠或者展开相应的组件节点，以及将当前组件转换为工作组件等操作。具体操作方法是：将鼠标定位在装配模型树的组件上单击右键，弹出如图 10-6所示的快捷菜单。

该菜单中的选项随组件和过滤模式的不同而不同，同时还与组件所处的状态有关，通过这些选项对所选的组件进行各种操作。例如，选择组件名称，单击右键并选择"设为工作部件"选项，则该组件将转换为工作部件，其他所有的组件将以灰色显示。

》在空白区域中单击右键

在"装配导航器"的任意空白区域中单击右键，将弹出一个快捷菜单，如图 10-7所示。该快捷菜单中的选项与"装配导航器"中的按钮是一一对应的。在该快捷菜单中选择指定选项，即可执行相应的操作。例如，选择"全部折叠"选项，可将展开的所有节点都折叠在总节点之下，选择"展开所有组件"选项将执行相反的操作，其他选项的使用法不再赘述。

图 10-6 组件上快捷菜单

图 10-7空白区域中的快捷菜单

2. 约束导航器

在"约束导航器"中列出了各部件的约束关系。单击资源条中的"约束导航器"按钮，弹出约束导航器，如图 10-8所示，在"约束导航器"中也可以管理装配体中的约束。单击某个约束前的展开符号，可以展开该约束的应用对象。选择某一个约束，该约束在装配体中高亮显示，在选择的约束上打开快捷菜单，如图 10-9所示。可以对约束进行重新定义、反向、转换、抑制和删除等操作。

10.1.5 》设置引用集

在装配中，由于各部件含有草图、基准平面及其他辅助图形数据，如果要显示装配中各部件和子装配体的所有数据，一方面容易混淆图形，另一方面由于引用零部件的所有数据，需要占用大量内存，因此不利于装配工作的进行。通过"引用集"可以减少这样的混淆，提高机器的运行速度。

1. 引用集的概念

引用集是用户在零部件中定义的部分几何对象，它代表相应的零部件参与装配。引用集可包含以下数据：零部件名称、原点、方向、几何体、坐标系、基准轴、基准平面和属性等。引用集一旦诞生，就可以单独装配到部件中，并且一个零部件可以定义多个引用集。

2. 默认引用集

虽然UG NX对于不同的零件默认的引用集也不尽相同，但对应的所有组件都包含两个默认的引用集。选择"装配"→"更多"→"其他"→"引用集"按钮，或者选择"菜单"→"格式"→"引用集"选项，打开"引用集"对话框，如图10-10所示。该对话框中默认包含以下两个引用集。

 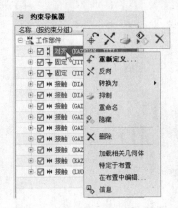 

图 10-8 约束导航器　　　　图 10-9 约束的快捷菜单　　　图 10-10 "引用集"对话框

》整个部件（Entire Part）

该默认引用集表示整个部件，即引用部件的全部几何数据。在添加部件到装配体中时，如果不选择其他引用集，默认使用该引用集。

》空（Empty）

该默认引用集为空的引用集。空的引用集是不含任何几何对象的引用集，当部件以空的引用集形式添加到装配体中时，在装配体中看不到该部件。如果部件几何对象不需要在装配模型中显示，可使用空的引用集，以提高显示速度。

3. 创建引用集

要使用引用集管理装配数据，就必须首先创建引用集，并且指定引用集是部件或者子装配体，这是因为部件的引用集既可以在部件中建立，也可以在装配体中建立。如果要在装配体中为某部件建立引用集，应先使其成为工作部件，"引用集"对话框中的列表框中将增加一个引用集名称。单击"添加新的引用集"按钮，在"引用集名称"文本框中输入名称并按Enter键，其中引用集的名称不能超过30个字符且不允许含有空格；然后单击"选择对象"按钮，选择添加到引用集中的几何对象，在绘图区中选择一个或多个几何对象，即可建立一个用所选对象表达部件的引用集，如图10-11所示。

4. 删除引用集

用于删除组件或子装配体中已建立的引用集。在弹出的"引用集"对话框中选择需要删除的引用集后，单击按钮，即可将引用集删除。

5. 设为当前的

将引用集设置为当前的的操作也称为替换引用集，用于将高亮显示的引用集设置为当前的引用集。执行替换引用集的方法有很多，可在"引用集"对话框中的列表框中选择引用集名称，然后再单击"设为当前的"按钮，即可将该引用集设置为当前的。

6. 编辑属性

用于对引用集属性进行编辑操作。选择某一引用集并单击"属性"按钮，打开"引用集属性"对话框，如图 10-12 所示。在该对话框中输入属性的名称和属性值，单击"确定"按钮，即可执行属性编辑操作。

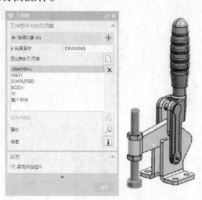

图 10-11 选择对象创建引用集

图 10-12 "引用集属性"对话框

10.2 装配约束

在装配设计过程中，使用装配约束来定义组件之间的定位关系，通过一个或一组约束，使指定组件按照一定的约束关系装配到一起。装配约束是用来限制装配组件的自由度的，根据装配约束限制自由度的多少，可以将装配组件分为完全约束和欠约束两种典型的装配状态。一个组件在插入时不包含任何约束条件，因此含有6个自由度：3个平移自由度和3个旋转自由度。随着约束的添加，组件的自由度逐渐减少。一个装配体中的活动组件应该具有一定自由度，因此添加约束并不一定要完全定位所有组件。在绘图区中选择某个组件，然后选择"装配"→"组件位置"→"显示自由度"按钮，该组件上显示自由度符号，同时状态栏显示该组件的自由度信息。

在 UG NX 装配界面中打开一个模型，然后选择"装配"→"组件位置"→"添加组件"按钮，或者选择"菜单"→"装配"→"组件"→"添加组件"选项，打开"添加组件"对话框，如图 10-13 所示。

在打开的对话框中单击"打开"按钮，打开另一个模型作为第二对象；然后选择"装配"→"组件位置"→"装配约束"按钮，或者选择"菜单"→"装配"→"组件位置"→"装配约束"选项，打开"装配约束"对话框，在"约束类型"列表框中包括11种约束类型，分别是接触对齐、同心、距离、固定、平行、垂直、对齐/锁定、等尺寸配对、胶合、中心和角度，如图 10-14 所示。

10.2.1 接触对齐约束

在 UG NX 12.0 软件中，将对齐约束和接触约束合为了一个约束类型，这两种约束方式都可指定关联类型，使两个同类对象对齐。在"装配约束"对话框的"约束类型"列表框中选择"接触对齐"选项，此时"要约束的几何体"选项组中的"方位"下拉列表提供了"首选接触""接触""对齐"和"自动判断中心/轴"4个选项。

图 10-13 "添加组件"对话框　　　　　　图 10-14 "装配约束"对话框

1. 首选接触

选择"接触对齐"约束类型后，系统默认约束"方位"为"首选接触"方式。首选接触和接触属于相同的约束方式，即指定关联类型，使两个同类对象接触。

2. 接触

选择该约束方式时，指定的两个相配合对象接触（贴合）在一起。如果选择的要配合的两对象是平面，则两平面共面且法向相反，如图 10-15所示；如果选择的是锥体，系统首先检查其角度是否相等，如果相等，则对齐轴线；如果选择的是曲面，系统先检验两个面的内外直径是否相等，若相等则对齐两个面的轴线和位置；如果选择的是圆柱面，则要求相配组件直径相等才能对齐轴线，如图 10-16所示；对于边、线和圆柱表面，接触类似于对齐。用户都可以单击"撤销上一个约束"按钮进行切换，调整约束的方向。

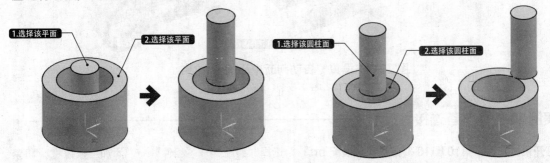

图 10-15 平面接触约束　　　　　　　图 10-16 圆柱面接触约束

3. 对齐

选择该约束方式时，将对齐选定的两个要配合的对象。对于平面对象而言，将默认选定的两个平面共面并且法向相同，同样也可以进行方向切换，如图 10-17所示；当选择的是圆柱、圆锥和圆环面等直径相同的轴类实体时，将使轴线保持一致；当对齐边和线时，将使两者共线。

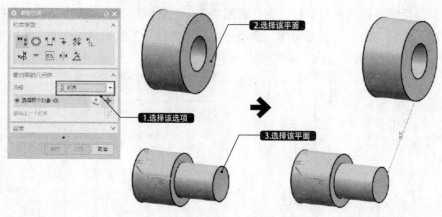

图 10-17 设置"对齐"约束

提示

对齐与接触约束的不同之处在于：执行对齐约束，对齐圆柱、圆锥和圆环面时，并不要求相关联对象的直径相同。

4. 自动判断中心/轴

"自动判断中心/轴"约束方式指对于选择的两旋转体对象，系统将根据选择的参照自动判断，从而获得接触对齐约束效果。选择约束方式为"自动判断中心/轴"方式后，依次选择两个组件对应的参照，即可获得该约束，如图 10-18 所示。

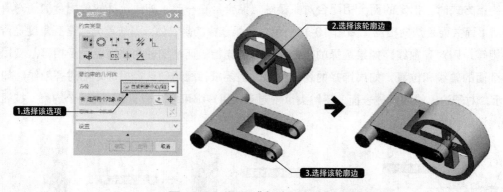

图 10-18 设置"自动判断中心/轴"约束

【案例 10-1】：首选接触装配

01 打开素材文件"第10章\10-1 首选接触装配.prt"。选择"装配"→"组件"→"添加"按钮，将素材"第10章\车轮插销.prt"文件添加到装配体中。

02 选择"装配"→"组件位置"→"装配约束"按钮，系统弹出对话框。在"约束类型"列表框中选择"接触对齐"约束类型，系统默认约束"方位"为"首选接触"方式。

03 依次选择两个平面作为约束对象，所选对象将被约束为共面且法线方向相反，如图10-19所示。单击"确定"按钮，完成"首选接触"约束。

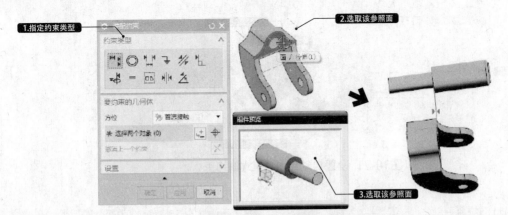

图10-19 "首选接触"约束

【案例 10-2】: 对齐约束装配

01 打开素材"第10章\10-2 对齐约束装配.prt"文件。选择"装配"→"组件"→"添加"按钮，将素材"第10章\车轮插销.prt"文件添加到装配体中。

02 选择"装配"→"组件位置"→"装配约束"按钮，系统弹出"装配约束"对话框。选择"接触对齐"约束类型，然后在"方位"下拉列表中选择"对齐"方式。

03 依次选择两个平面，将其约束到对齐的位置，如图10-20所示。单击"确定"按钮，完成约束。

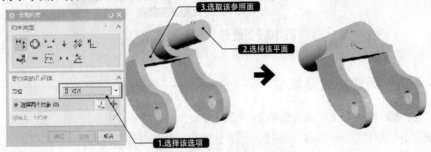

图10-20 设置"对齐"约束

> 提示
>
> 对齐与接触约束的不同之处在于：执行"对齐"约束，当对齐圆柱、圆锥和圆环面时，并不要求相关联对象的直径相同。

【案例 10-3】: 自动判断中心\轴装配

01 打开素材"第10章\10-3 自动判断中心\轴装配.prt"文件。选择"装配"→"组件"→"添加"按钮，将素材"第10章\小车轮.prt"文件添加到装配体中。

02 选择"装配"→"组件位置"→"装配约束"按钮，系统弹出"装配约束"对话框。选择"接触对齐"约束类型后，在"方位"下拉列表中选择"自动判断中心/轴"方式。

03 依次选择车轮轴和支架的圆柱面，系统自动判断出两圆柱面的中心轴，并使中心轴重合，如图10-21所示。单击"确定"按钮，完成约束。

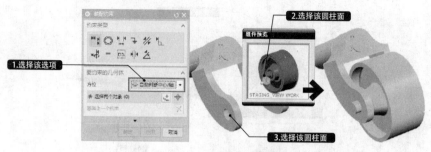

图10-21 设置自动判断中心\轴约束

10.2.2 ▶ 同心约束

同心约束指约束两个具有旋转体特征的对象，使其在同一条轴线位置。选择"约束类型"为"同心"类型，然后选择两对象旋转体的边界轮廓线，即可获得同心约束，如图10-22所示。

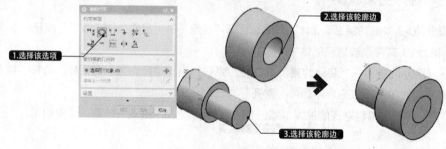

图 10-22 设置"同心"约束

【案例 10-4】： 同心约束装配轴

01 打开素材"第10章\10-4 同心约束装配轴.prt"文件。

02 选择"装配"→"组件"→"添加"按钮，系统弹出"添加组件"对话框。

03 单击对话框中的"打开"按钮，打开素材"第10章\车轮轴.prt"文件，将其加载到对话框中。然后在"已加载的部件"列表框中选择"车轮轴"文件，在"放置"选项组中设置"定位"方式为"选择原点"，单击对话框中的"确定"按钮，然后在绘图区中的合适位置单击，放置该组件。

04 选择"装配"→"组件位置"→"装配约束"按钮，系统弹出"装配约束"对话框。

05 在"类型"列表框选择约束类型为"同心"类型。

06 依次选择车轮的圆形边线和轴的圆形边线，即可获得同心约束，如图10-23所示。单击"确定"按钮，完成约束。

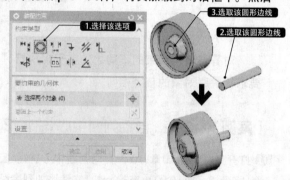

图10-23 添加同心约束

10.2.3 ▶ 距离约束

距离约束用于约束组件对象之间的最小距离。选择该约束类型选项时，在选择要约束的两个对象参照（如实体平面、基准平面）后，需要输入这两个对象之间的最小距离，距离可以是正数，也可以是负数，正负号确定相配组件在基础组件的哪一侧。采用"距离"约束的示例如图 10-24 所示。

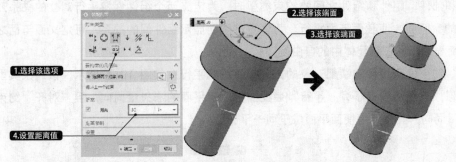

图 10-24 采用"距离"约束的示例

【案例 10-5】：距离约束装配

01 打开素材"第10章\10-5 距离约束装配.prt"文件。

02 选择"装配"→"组件位置"→"装配约束"按钮，系统弹出"装配约束"对话框。选择"距离"约束类型。

03 依次选择要约束的两个面，然后输入约束"距离"为15，如图10-25所示。

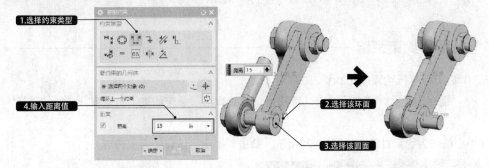

图10-25 添加"距离"约束

> **提 示**
>
> 输入的约束距离值可以是正数，也可以是负数，正负号确定相配组件在基础组件的哪一侧。

10.2.4 固定约束

固定约束用于将组件在装配体中的当前指定位置固定。在"装配约束"对话框的"约束类型"列表框中选择"固定"选项时，系统提示为"固定"选择对象或者拖动几何体。用户可以使用鼠标将添加的组件选中并拖到装配体中合适的位置，然后分别选择对象，在当前位置固定它们，固定的几何体显示固定符号，如图 10-26 所示。

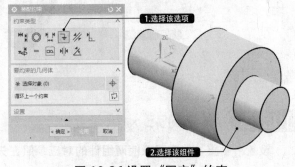

图 10-26 设置"固定"约束

10.2.5 平行约束

在设置组件和部件、组件和组件之间的约束类型时，为定义两个组件保持平行对立的关系，可选择两组件对应的参照面，使其面与面平行。为了更准确地显示组件间的关系，可定义面与面之间的距离参数，从而显示组件在装配体中的自由度。

设置"平行"约束使两组件的装配对象的方向矢量彼此平行，如图 10-27所示。该约束类型与"对齐"约束相似，不同之处在于："平行"装配操作使两平面的法矢量同向，但"对齐"约束不仅使两平面法矢量同向，并且能够使两平面位于同一平面上。

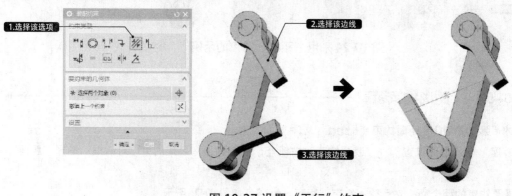

图 10-27 设置"平行"约束

【案例 10-6】： 平行约束装配

01 打开素材"第10章\10-6 平行约束装配.prt"文件。

02 选择"装配"→"组件位置"→"装配约束"按钮，系统弹出"装配约束"对话框。选择"平行"约束类型。

03 依次选择两根中心线作为约束对象，如图10-28所示。单击"确定"按钮，完成约束。

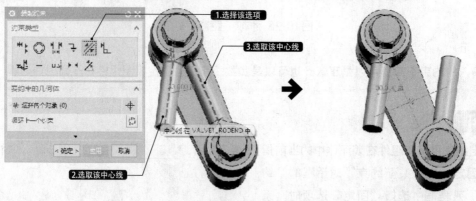

图10-28 添加"平行"约束

10.2.6 垂直约束

设置"垂直"约束可以使两组件的对应参照在矢量方向上垂直，"垂直"约束是"角度"约束的一种特殊形式,可单独设置,也可以按照"角度"约束设置,如图 10-29所示。选择两组件的对应轴线或边线设置"垂直"约束。

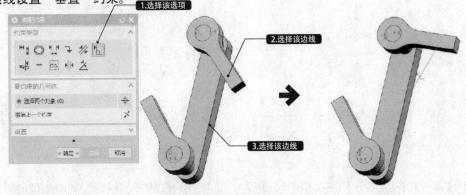

图 10-29 设置"垂直"约束

【案例 10-7】: 垂直约束装配

01 打开素材"第10章\10-7垂直约束装配.prt"文件。

02 选择"装配"→"组件位置"→"装配约束"按钮,系统弹出"装配约束"对话框。选择"垂直"约束类型。

03 依次选择要约束的两个对象,所选对象将被约束到垂直的位置,如图10-30所示。

图10-30 添加"垂直"约束

10.2.7 对齐\锁定约束

"对齐\锁定"约束的作用与"接触对齐"中的"自动判断中心/轴"类似,不同的是,"对齐\锁定"约束在约束圆柱对象同轴线的同时,锁定了对象的绕轴旋转自由度。其对话框如图 10-31所示。

10.2.8 胶合约束

在"装配约束"对话框的"约束类型"列表框中选择"胶合"约束选项,此时可以为"胶合"约束选择要约束的几何体或者拖动几何体。使用"胶合"约束可以将添加进来的组件随意拖动到任意位置,如可以往任意方向平移,但不能旋转。"胶合"约束可假想为在各组件间添加一根刚性连接杆,移动或旋转其中一个组件,另一组件随之运动并保持相对位置不变。"胶合"约束类型用于固定两个或多个组件的相对位置,选择"胶合"约束的对话框如图 10-32所示。

图 10-31 选择"对齐\锁定"约束类型的对话框　　图 10-32 选择"胶合"约束类型的对话框

10.2.9 中心约束

在设置组件之间的约束时，对于具有旋转体特征的组件，可以设置"中心"约束使被装配对象的中心和装配组件对象中心重合，从而限制组件在整个装配体中的相对位置。其中相配组件指需要添加约束进行定位的组件，基础组件指已经添加完约束的组件。"中心"约束是配对约束组件中心对齐。从"约束类型"列表框中选择"中心"选项时，该约束类型的"子类型"包括"1对2""2对1"和"2对2"，各选项含义如下。

◆ "1对2"：选择该"子类型"选项时，添加的组件中一个对象中心与原有组件的两个对象中心对齐，需要在添加的组件中选择一个对象中心，并在原有组件中选择两个对象中心。其中第一个对象是要移动的几何体，第二和第三个对象作为固定参考，不移动。约束的结果是第一个对象移动到后两个对象的中心。

◆ "2对1"：选择此"子类型"选项时，添加的组件的两个对象中心与原有组件的一个对象中心对齐，需要在添加的组件中选择两个对象中心，并在原有组件中选择一个对象中心。其中第一个和第二个对象是要移动的几何体，第三个对象作为中心参考，不移动。约束的结果是前两个对象移动到第三个对象的对称两侧。

◆ "2对2"：选择此"子类型"选项时，添加的组件的两个对象中心与原有组件的两个对象中心对齐，需要在添加的组件和原有组件上各选择两个参照定义对象中心。其中第一个和第二个对象作为一组，第三和第四个对象作为一组，约束的结果是两组对象的中心点重合，如图 10-33 所示。

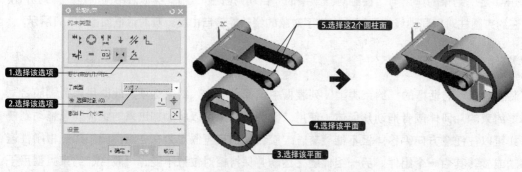

图 10-33 设置"中心"约束

【案例 10−8 】： 中心约束装配组件

01 打开素材文件 "第10章\10-8 中心约束装配组件.prt" 文件。

02 选择 "装配" → "组件" → "添加" 按钮，系统弹出 "添加组件" 对话框。

03 单击对话框中的 "打开" 按钮 📄，打开素材 "第10章\轮体.prt" 文件，将其加载到对话框中；然后在 "已加载的部件" 列表框中选择 "轮体.prt" 文件，在 "放置" 选项组中设置 "定位" 方式为 "选择原点"，单击对话框中的 "确定" 按钮，然后在绘图区中的合适位置单击，放置该组件。

04 选择 "装配" → "组件位置" → "装配约束" 按钮，系统弹出 "装配约束" 对话框。

05 在 "约束类型" 列表中选择 "中心约束" 类型并在 "子类型" 下拉列表中选择 "1对2" 的约束方式。

06 先选择一个被约束的对象，然后选择两个约束的参考对象，如图10-34所示。使两个组件在同一条轴线上。

07 单击对话框中的 "确定" 按钮，完成约束。

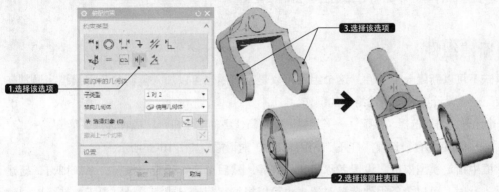

图10-34 添加 "中心" 约束

10.2.10 角度约束

在定义组件与组件、组件与部件之间的关联条件时，选择两参照面设置 "角度" 约束，从而通过面约束起到限制组件移动的目的。"角度" 约束可以在两个具有方向矢量的对象间产生，角度是两个方向矢量的夹角，逆时针方向为正。"角度" 约束有两个 "子类型" 选项："3D角" 和 "方向角度"。

当设置 "角度" 约束子类型为 "3D角" 时，需要选择两个有效对象（在组件和装配体中各选择一个对象，如实体面），并设置中两个对象之间的角度尺寸，如图 10-35所示。

而当设置 "角度" 约束子类型为 "方向角度" 时，需要选择3个对象，其中一个对象为轴或边。

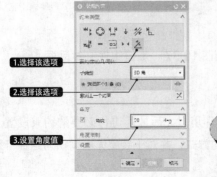
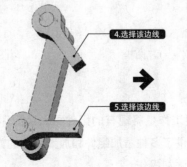

图 10-35 设置 "角度" 约束

10.3 自底向上装配

自底向上装配的设计方法是比较常用的装配方法，即先逐一设计好装配体中所需的部件，再将部件添加到装配体中，自底向上逐级进行装配。使用这个方法的前提条件是完成所有组件的建模操作。使用这种装配方法执行逐级装配顺序清晰，便于准确定位各个组件在装配体中的位置。

在实际的装配过程中，多数情况都是利用已经创建好的零部件通过常用方式调入装配环境中，然后设置约束方式限制组件在装配体中的自由度，从而获得组件的定位效果。为方便管理复杂的装配体组件，可创建并编辑引用集，以便有效管理组件数据。具体的装配过程包括新建组件、添加组件、组件定位、镜像装配、阵列组件、移动组件、显示自由度、显示和隐藏约束、设置工作部件与显示部件等。下面将介绍这些常用的装配命令。

10.3.1 新建组件

在装配模式下可以新建一个组件，这个组件可以是空的，也可以加入复制的几何模型。通常在自顶向下的装配过程设计中进行新建组件的操作。

要新建一个组件，可以选择"装配"→"组件"→"新建组件"按钮 ，或者选择"菜单"→"装配"→"组件"→"新建组件"选项，打开"新组件文件"对话框，如图10-36所示。

在该对话框中指定模型模板，设置名称和文件夹等，然后单击"确定"按钮，系统弹出"新建组件"对话框。此时，可以为新组件选择对象，也可以根据实际情况或者设计需要不做选择以创建空组件。接着在"新建组件"对话框的"设置"选项组中分别指定组件名、引用集、图层选项、组件原点等，然后单击"确定"按钮，便可完成新建组件的创建，如图10-37所示。

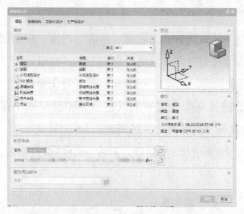

图10-36 "新组件文件"对话框

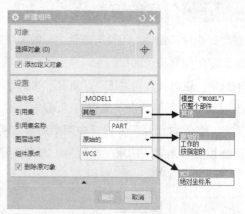

图10-37 "新建组件"对话框

10.3.2 添加组件

执行自底向上装配的首要工作是将现有的组件导入装配环境，之后才能进行必要的约束设置，从而完成组件定位。UG NX提供了多种添加组件和放置组件的方式，并对于装配体所需相同组件可采用多重添加方式，避免繁琐的添加操作。

选择"装配"→"组件"→"添加组件"按钮 ，或者选择"菜单"→"装配"→"组件"→"添加组件"选项，打开"添加组件"对话框。该对话框包含"部件""放置""复制""设置""预览"5个选项组，如图 10-38所示。

在"已加载的部件"列表框中列出了当前已经打开的部件，如果没有打开部件，可以单击对话框中的"打开"按钮，找到所需的部件文件并将其打开，该部件将在"已加载的部件"列表框中列出，同时弹出"组件预览"窗口，如图 10-39所示。在"已加载的部件"列表框中选择要添加到装配体中的部件，按住Ctrl键可选择多个部件，在"重复"文本框中可输入要添加的组件数量，单击对话框中的"确定"按钮，即可将这些部件按指定的数量添加到装配体中。

图 10-38 "添加组件"对话框

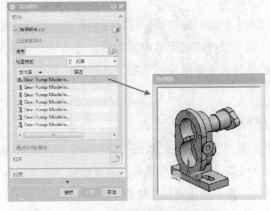

图 10-39 加载并预览部件

> **提示**
> 如果不希望重复的部件放置在重叠的位置，可以在"放置"选项组中勾选"分散"复选框。

在"添加组件"对话框中，还可以设置组件的放置位置、复制组件和设置引用集等，这三个选项组的作用介绍如下。

◆ "放置"选项组：用于插入组件的定位，选项组如图 10-40所示。如果选择"绝对原点"，插入的组件将放置在装配体坐标系的原点处；如果选择"选择原点"，插入组件之前，系统弹出"点"对话框，由用户指定放置点；如果选择"通过约束"，插入组件之前，系统弹出"装配约束"对话框，添加约束之后即可定位组件；如果选择"移动"，插入组件之后，系统弹出"移动"对话框，可通过移动放置该组件。

◆ "复制"选项组：用于在插入组件之后创建复制或阵列，选项组如图 10-41所示。其中"添加后重复"在"定位"方式不选择"绝对原点"时可用，"添加后创建阵列"仅在重复数量为1时可用。

◆ "设置"选项组：用于设置组件的名称、引用集和图层，引用集是要引用的部件内容，可选择引用整个部件或者部件的某一类对象，图层选项用于设置插入的组件在装配文件中的图层，可选择按部件的原始图层，也可设置为装配体的工作图层或指定图层。

图 10-40 "放置"选项组

图 10-41 "复制"选项组

除了在新建装配文件时自动弹出"添加组件"对话框，也可以在装配过程中选择"装配"→"组件"→"添加组件"按钮，弹出"添加组件"对话框，添加组件。

10.3.3 组件定位

在"添加组件"对话框中的"放置"选项组中，可以指定组件在装配体中的定位方式。此下拉列表中所包含的4种定位操作命令含义如下。

1. 绝对原点

使用绝对原点定位，指执行定位的组件与装配环境坐标系位置保持一致，也就是说按照绝对原点定位的方式确定组件在装配体中的位置。通常将执行装配的第一个组件设置为"绝对原点"定位方式，其目的是将该基础组件"固定"在装配体环境中。这里所讲的固定并真正的固定，仅仅是一种定位方式。

2. 选择原点

使用选择的原点进行定位，系统将通过指定原点定位的方式确定组件在装配体中的位置，这样该组件的坐标系原点将与选取的点重合。通常情况下添加的第一个组件都是通过选择该选项确定组件在装配体中的位置，即选择该选项并单击"确定"按钮，然后在打开的"点"对话框中指定点的位置。

3. 通过约束

通过约束方式定位组件就是选择参照对象并设置约束方式，即通过组件参照约束来显示当前组件在整个装配体中的自由度，从而获得组件定位效果。其中约束方法包括接触对齐、中心、平行和距离等，各种约束的定义方法在上文中已经介绍过。

4. 移动

移动定位是将组件加到装配体中后相对于指定的基点移动，并且将其定位。选择该选项，将打开"点"对话框，此时指定移动基点，单击"确定"按钮确认操作，在打开的对话框中进行组件移动定位操作。

10.3.4 镜像装配

在装配过程中，对于沿一个基准面对称分布的组件，可使用"镜像装配"工具一次获得多个特征，并且镜像的组件将按照原组件的约束关系进行定位。因此，它特别适合像汽车底盘等这样对称的组件装配，仅仅需要完成一边的装配即可。

1. 创建组件镜像

选择"装配"→"组件"→"镜像装配"按钮 ，打开"镜像装配向导"对话框，如图10-42所示。在该对话框中单击"下一步"按钮，然后在打开对话框中选择要镜像的组件，其中组件可以是单个或多个，如图10-43所示。接着单击"下一步"按钮，并在打开对话框中选择基准面作为镜像平面，如果没有，可单击"创建基准面"按钮 ，然后在打开的对话框中创建一个基准面作为镜像平面，如图10-44所示。

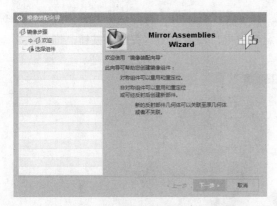
图10-42 "镜像装配向导"对话框

图10-43 选择镜像组件

2. 指定镜像平面和类型

完成上述步骤后单击"下一步"按钮，即可在打开的新对话框中设置镜像类型。可选择镜像组件，然后单击按钮 ，可执行指派镜像体操作，同时"指派重定位操作"按钮 将被激活，也就是说默认镜像类型为指派重定位操作，单击按钮 ，将执行指派删除组件操作，如图10-45所示。

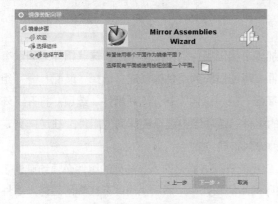
图10-44 选择镜像平面

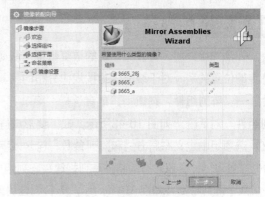
图10-45 指定镜像类型

3. 设置镜像定位方式

设置镜像类型后，单击"下一步"按钮，将打开新的对话框，如图10-46所示。

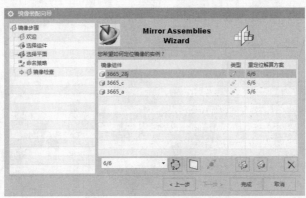
图10-46 指定镜像定位方式

在该对话框中可指定各个组件的多个定位方式。其中选择"定位"列表框中的各列表项，系统将执行对应的定位操作，也可以多次点击 🖼，查看定位效果；最后单击"完成"按钮，即可获得镜像装配效果，如图10-47所示。

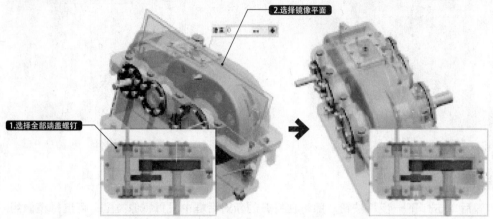

图10-47 镜像装配效果

10.3.5 阵列组件

在添加组件时，可设置一定的重复数量，从而添加多个相同组件到装配体中，但这些组件之间没有确定的位置关系。对于装配体中按规律分布的重复组件，可通过阵列组件来创建。选择"装配"→"组件"→"阵列组件"按钮 🖼，或者选择"菜单"→"装配"→"组件"→"阵列组件"选项，打开"阵列组件"对话框，如图 10-48所示。在"要形成阵列的组件"选项组中选择要阵列的组件，在"阵列定义"选项组中定义布局方式和阵列参数。包含以下三种阵列布局方式。

◆ "参考"：参照已有的特征阵列规律来阵列组件，使用此阵列方式之前，被阵列的组件必须约束到了某个阵列特征。如图10-49所示，先将圆柱约束到阵列出的圆孔中，然后使用此方式阵列组件，组件将按特征的阵列方式阵列，且每个组件添加了与源组件相同的约束。

◆ "线性"：选择此方式，需要定义阵列的方向参考，选择一个方向参考则激活XC方向参数，选择两个方向参考则激活两个方向参数。

◆ "圆形"：选择此方式，需要定义阵列的中心轴参考；选择轴参考之后，参数选项被激活，输入要生成的组件总数和总角度，单击"确定"按钮即可完成阵列。

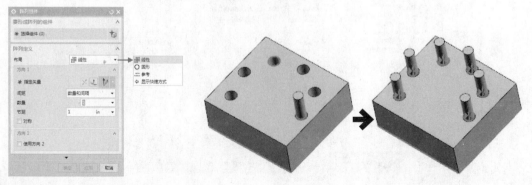

图 10-48 "阵列组件"对话框　　　　　图 10-49 从阵列特征生成组件阵列

10.3.6 〉显示自由度

该命令能显示装配体中组件的自由度。选择"装配"→"组件位置"→"显示自由度"按钮 ⬧，或者选择"菜单"→"装配"→"组件位置"→"显示自由度"选项，打开"组件选择"对话框。选择要显示自由度的组件，然后单击"确定"按钮，即可显示该组件的自由度，如图 10-50 所示。

10.3.7 〉显示和隐藏约束

选择"装配"→"组件位置"→"显示和隐藏约束"按钮 ⬧，或者选择"菜单"→"装配"→"组件位置"→"显示和隐藏约束"选项，打开"显示和隐藏约束"对话框，如图 10-51 所示。利用该对话框选择装配对象（组件或约束），然后在"设置"选项组中选择"约束之间"单选按钮或"连接到组件"单选按钮，并设置是否更改组件可见性等。

例如，在装配体中选择一个约束符号，设置可见约束选项为"约束之间"，并勾选"更改组件可见性"复选框，然后单击"应用"按钮，则只显示该约束控制的组件；如果在装配体中选择一个组件，设置其可见约束选项为"连接到组件"，并勾选"更改组件可见性"复选框，然后单击"应用"按钮，则显示所选组件及其约束（连接到）的组件。

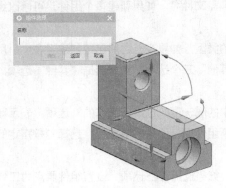

图 10-50 显示自由度

图 10-51 "显示和隐藏约束"对话框

提示

按键盘上的 F5 键刷新图形，即可取消显示自由度的标识。

10.4 | 自顶向下装配

自顶向下装配的方法指在上下文设计中进行装配，即在装配过程中参照其他部件对当前工作部件进行设计。例如，在一个组件中定义孔时需要引用其他组件中的几何对象进行定位，当工作部件是未设计完成的组件而显示部件是装配部件时，自顶向下装配方法非常有用。

当装配建模在装配上下文中，可以利用链接关系建立从其他部件到工作部件的几何关系。利用这种关联，可引用其他部件中的几何对象到当前工作部件中，再用这些几何对象生成几何体。这样，一方面提高了设计效率，另一方面保证了部件之间的关联性，便于参数化设计。

10.4.1 装配方法一

该方法是先建立装配关系，但不建立任何几何模型；然后使其中的组件成为工作部件，并在其中设计几何模型，即在上下文中进行设计，边设计边装配。具体装配建模方法介绍如下。

1. 打开一个文件

执行该装配方法，首先打开的是一个含有组件或者装配体的文件，或先在该文件中建立一个或多个组件。

2. 新建组件

选择"装配"→"组件"→"新建组件"按钮，打开"新建组件"对话框（见图10-37）。此时如果单击"选择对象"按钮，可选择图形对象为新建的组件，但由于该装配方法只创建一个空的组件文件，因此该处不需要选择几何对象。展开该对话框中的"设置"选项组，该选项组中包括多个列表框以及文本框和复选框，其含义和设置方法如下。

◆ "组件名"：用于指定组件名称，默认为组件的存盘文件名。如果新建多个组件，可修改组件名，以便于区分其他组件。

◆ "引用集"：在该下拉列表中可指定当前引用集的类型，如果在此之前已经创建了多个引用集，则该下拉列表中将包括"模型""仅整个部件"和"其他"三个选项。如果选择"其他"选项，可指定引用集的名称。

◆ "图层选项"：用于设置产生的组件加到装配体中的哪一层。选择"工作的"选项，表示新组件加到装配体中的工作层；选择"原始的"选项，表示新组件保持原来的层位置；选择"按指定的"选项，表示将新组件加到装配体中的指定层。

◆ "组件原点"：用于指定组件原点采用的坐标系。如果选择WCS选项，设置组件原点为工作坐标；如果选择"绝对坐标系"选项，将设置组件原点为绝对坐标。

◆ "删除原对象"：勾选该复选框，则在装配中删除所选的对象。

设置新组件的相关信息后，单击该对话框中的"确定"按钮，即可在装配体中产生一个含所选部件的新组件，并把几何模型加入到新组件中。然后将该组件设置为工作部件，并在组件环境中添加并定位已有部件，这样在修改该组件时，可任意修改组件中添加部件的数量和分布方式。

> **提示**
>
> 自底向上方法添加组件时可以在列表中选择在当前工作环境中现存的组件，但处于该环境中现存的三维实体不会在列表框中显示，不能被当作组件添加，它只是一个几何体，不含有其他的组件信息，若要将其也加入到当前的装配体中，就必须用自顶向下的装配方法创建。

10.4.2 装配方法二

这种装配方法指在装配体件中建立几何模型，然后再建立组件，即建立装配关系，并将几何模型添加到组件中去。与上一种装配方法不同之处在于：该装配方法打开一个不包含任何部件和组件的新文件，并且使用链接器将对象链接到当前装配环境中，其设置方法如下所述。

1. 打开文件并新建组件

打开一个文件，该文件可以是一个不含任何几何体和组件的新文件，也可以是一个含几何体或者装配体的文件；然后按照上述创建新组件的方法创建一个新的组件。新组件产生后，由于其不含有任何几何对象，因此装配图形没有什么变化。完成上述操作以后，"类选择器"对话框重新出现，再次提示选择对象到新组件中，此时可选择关闭对话框。

2. 建立并编辑新组件几何对象

新组件产生后，可在其中建立几何对象。首先必须将到新组件设为工作部件，然后执行建模操作，最常用的有以下两种建立对象的方法。

》建立几何对象

如果不要求组件间的尺寸相互关联，则将新组件设为工作部件，直接在新组件中用建模的方法建立和编辑几何对象。指定组件后，在导航区中选择该组件，然后单击右键，在弹出的快捷菜单中选择"设为工作部件"选项 ，即可将该组件转换为工作部件；最后新建组件或添加现有组件，并将其定位到指定位置。

》约束几何对象

如果要求新组件与装配体中其他组件有几何连接性，则应在组件间建立链接关系。UG WAVE技术是一种基于装配建模的相关性参数化设计技术，允许在不同部件之间建立参数之间的相关关系，即所谓的"部件间关联"关系，实现部件之间的几何对象的相关复制。

在组件之间建立链接关系的方法是：保持显示组件不变，按照上述设置组件的方法将新组件设为工作部件，然后选择"装配"→"更多"→"WAVE"→"WAVE几何链接器"选项 ，打开"WAVE几何链接器"对话框，如图 10-52所示。

该对话框用于链接其他组件中的点、线、面和体等到当前的工作组中，在"类型"下拉列表框中包含链接几何对象的多个类型，选择不同的类型，对应的对话框各不相同。以下简要的介绍这些类型的含义和操作方法。

◆ "复合曲线"：用于建立链接曲线。选择该选项，从其他组件上选择线或者边，单击"应用"按钮，则所选线或者边链接到工作部件中。

◆ "点"：用于建立链接点。选择该选项，在其他组件上选择一点后，单击"应用"按钮，则所选点或者由所选点连成的线链接到工作部件中。

◆ "基准"：用于建立链接基准平面或者基准轴。选择该选项，对话框中将显示基准的选择类型，按照一定的基准选择方式从其他组件上选择基准面或者基准轴后，单击"应用"按钮，则所选基准面或者基准轴链接到工作部件中。

◆ "草图"：用于建立链接草图。选择该选项，对话框将显示面的选择类型，按照一定的面选择方式从其他组件上选取一个或者多个草图面后，单击"应用"按钮，则所选草图链接到工作部件中。

◆ "面"：用于建立链接面。选择该选项，选择一个或者多个实体表面后，单击"应用"按钮，则所选表面链接到工作部件中，如图 10-53所示。为了检验WAVE几何链接的效果，可查看链接信息，并根据需要编辑链接信息。执行面链接操作后，单击"部件间链接浏览器"按钮 ，打开"部件间链接浏览器"对话框，如图 10-54所示。在该对话框中可浏览、编辑、断开所有已链接的信息。

图 10-52 "WAVE几何链接器"对话框　　　图 10-53 创建面链接　　图 10-54 "部件间链
方式　　　接浏览器"对话框

◆ "面区域"：用于建立链接区域。选择该选项，并单击"选择种子面"按钮，从其他组件上选择种子
面；然后单击"选择边界面"按钮，指定各边界面；最后单击"应用"按钮，则由指定边界包围的区
域链接到工作部件中。

◆ "体"：用于建立链接实体。选择该选项，从其他组件上选择实体后，单击"应用"按钮，则将所选
实体链接到工作部件中。

◆ "镜像体"：用于建立链接镜像实体。选择该选项，并单击"选择体"按钮，从其他组件上选择实
体，单击"选择镜像平面（1）"按钮，指定镜像平面；最后单击"应用"按钮，则所选实体以所选
平面镜像到工作部件中，如图 10-55 所示。

◆ "管线布置对象"：用于为布线对象建立链接。选择该选项，单击"选择管线布置对象"按钮，从其
他组件上选择布线对象，单击"应用"按钮确认操作。

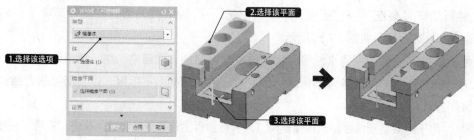

图 10-55 创建链接镜像体

10.5 对装配件进行编辑

在完成组件装配或打开现有装配体后，为满足其他类似装配需要，或者当现有组件不符合设
计需要，需要移动、替换或删除现有组件时，这就要用到该操作环境中所提供的对应的编辑组
件，利用这些工具可快速完成编辑操作任务。

10.5.1 移动组件

添加到装配体中的组件的位置和角度可能不便于观察和操作，使用"移动组件"命令可以将组

件在其自由度允许的范围内自由移动和转动。选择"装配"→"组件位置"→"移动组件"按钮，或者选择"菜单"→"装配"→"组件位置"→"移动组件"选项，打开"移动组件"对话框，如图 10-56所示。首先选择要移动的组件，然后在"变换"选项组中选择"运动"方式。主要"运动"方式的移动效果介绍如下。

◆ "动态"：在移动手柄上控制组件的移动，如图 10-57所示。按住左键拖动控件原点（平移原点），可以移动组件；按住左键拖动两轴间的小球，可以旋转组件。例如，拖动XC和YC轴之间的小球，可绕ZC轴旋转组件。

◆ "根据约束"：选择此选项，在"移动组件"对话框中出现"约束类型"选项，如图 10-58所示。通过添加约束使组件移动到目标位置，约束的使用方法与"装配约束"对话框相同。

◆ "距离"：通过一个矢量方向和沿该矢量的移动距离定义组件的移动。

◆ "点到点"：定义一个出发点和终止点定义组件的移动，该方式与"距离"方式本质上相同，即由出发点到终止点的矢量定义组件的移动。

◆ "增量XYZ"：使用XC、YC和ZC方向的坐标增量定义组件的移动，可选择不同的坐标系定义轴方向。

◆ "角度"：使用此选项，使组件绕指定轴旋转一定角度。定义一个旋转轴，需要定义轴的矢量方向和通过点。

◆ "根据三点旋转"：此选项同样使组件绕指定轴旋转，不同的是其旋转角度由旋转起点和旋转终点定义。

◆ "CSYS到CSYS"：使用两个坐标系定义组件的移动，组件将由起始CSYS重合到目标CSYS。

◆ "将轴与矢量对齐"：将所选的矢量方向重合到另一个矢量方向来定义组件的移动。

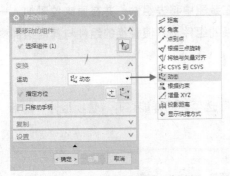 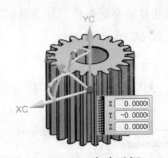 

图 10-56 "移动组件"对话框　　图 10-57 移动手柄　　图 10-58 选择"根据约束"的对话框

> **提示**
>
> 也可以直接选取要移动的组件，然后单击鼠标右键，在弹出来的快捷菜单中选择"移动组件"选项，同样能打开"移动组件"对话框，完成操作。

【案例 10-9】：移动机箱组件

01 打开素材"第10章\10-9 移动机箱组件.prt"文件。

02 选择"装配"→"组件位置"→"移动组件"按钮，打开"移动组件"对话框。

03 在模型中选择要移动的组件，然后在"变换"选项组中的"运动"下拉列表中选择"动态"选项。按住并拖动坐标系手柄到合适位置，单击"确定"按钮，完成对组件的移动，如图10-59所示。

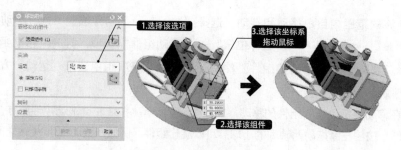

图10-59 动态移动组件

10.5.2 替换组件

在装配过程中，可选择指定的组件并将其替换为新的组件。要执行替换组件操作，可选择"装配"→"更多"→"组件"→"替换组件"选项 ✎ ，或者选择"菜单"→"装配"→"组件"→"替换组件"选项，打开"替换组件"对话框。

在该对话框中单击"替换件"选项组中的"选择部件"按钮，在绘图区中选择替换组件；或者单击"浏览"按钮，指定路径并打开该组件；或者在"已加载的部件"和"未加载的部件"列表框中选择组件名称。指定替换组件后，展开"设置"选项组，该选项组中包含两个复选框，各复选框的含义及设置如下。

1. 维持关系

勾选该复选框可在替换组件时保持装配关系。它是先在装配中移去组件，并在原来位置加入一个新组件。系统将保留原来组件的装配条件，并沿用到替换的组件上，使替换的组件与其他组件构成关联关系，替换组件如图 10-60 所示。

> 💡 **提示**
>
> 可选取要替换的组件，然后单击右键选择"替换组件"选项，同样能打开"替换组件"对话框，完成操作。

图 10-60 替换组件

2. 替换装配中的所有事例

启用"替换装配中的所有事例"复选框，则当前装配体中所有重复使用的装配组件都将被替换。

【案例 10-10】：替换机箱组件

01 打开素材"第10章\10-10 替换机箱组件.prt"文件。

02 在模型中选择要替换的组件，单击右键并选择"替换组件"选项，打开"替换组件"对话框。

03 单击对话框中的"浏览"按钮 🖼️，浏览到素材"第10章\内凹型机箱板"文件，将其加载到对话框中。单击"确定"按钮，即可完成组件的替换，如图10-61所示。

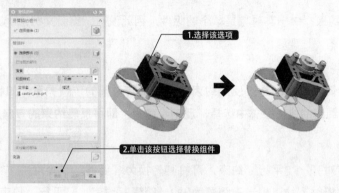

图10-61 替换组件

10.5.3 删除组件

为满足产品装配需要，可将已经装配完成的组件和设置的约束方式同时删除，也可以将其他相似组件替换现有组件，并且可根据需要仍然保持前续组件的约束关系。

在装配过程中，可将指定的组件删除掉。在绘图区中选择要删除的对象，单击右键，选择"删除"选项，即可将指定组件删除；对于在此之前已经进行约束设置的组件，执行该操作，将打开"移除组件"对话框，单击该对话框中的"删除"按钮，即可将约束删除；然后单击"确定"按钮完成操作，如图 10-62所示。

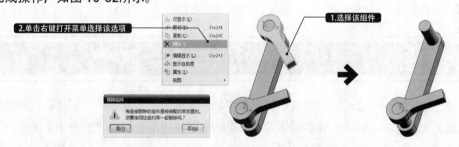

图 10-62 删除组件

10.5.4 编辑装配约束

利用约束导航器可以管理装配体中的约束，选择某一个约束然后单击右键，弹出快捷菜单，如图 10-63所示。可以对约束进行重定义、反向、转换、隐藏和删除等操作。另外，在模型上右键单击选中的约束符号，弹出快捷菜单，同样可以执行这些操作。

1. 重新定义约束

"重新定义约束"用于修改约束的对象，但不能修改约束的类型。在约束的快捷菜单中选择"重新定义"选项，弹出该约束的对话框，所选的约束对象高亮显示。按住Shift键取消选择的对象，然后重新选择约束对象，即可重定义该约束。

> **提示**
>
> 对于"固定"约束，由于其对象是单个的组件，因此没有"重新义约束"。

2. 反向约束

一般的约束包含两个对象，通过反向约束，可以反转对象的位置关系，如将"接触"约束反向为"对齐"约束。在约束的快捷菜单中选择"反向"命令，即可反转约束的方向。

3. 转换约束

对于"接触""对齐""平行"约束，可将其转换为"距离""角度""垂直"等约束，而不改变约束效果。如"接触"约束相当于距离为0的"距离"约束，"平行"约束相当于"角度"为0的"角度"约束。在约束的快捷菜单中选择"转换为"选项，子菜单中列出了可供转换的约束，如图10-64所示。

4. 抑制约束

抑制约束的作用是使约束失去作用，但仍保留该约束项目。在约束的右键菜单中选择"抑制"即可抑制该约束，如果要抑制多个约束，快捷方法是在约束导航器中逐一去掉约束前的勾选标记。

图 10-63 约束的快捷菜单　　图 10-64 从快捷菜单中转换约束

10.6 爆炸图

　　爆炸图（也称爆炸视图），指将零部件或子装配部件从完成装配的装配体中拆开并形成特定状态和位置的视图，如图 10-65所示。爆炸图通常用来表达装配体内部各组件之间的相互关系，指安装工艺和产品结构等。好的爆炸图有助于设计人员和操作人员清楚地查阅装配部件内各组件的装配关系。爆炸图在本质上也是一个视图，与其他用户定义的视图一样，一旦定义和命名就可以被添加到其他图形中。爆炸图与显示部件关联，并存储在显示部件中，用户可以在任何视图中显示爆炸图形，并对该图形进行任何的UG 操作，该操作也将同时影响到非爆炸图中的组件。

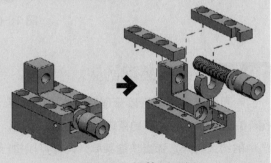

图 10-65 爆炸图示例

爆炸图的操作命令基本位于"装配"→"爆炸图"组中，如图 10-66所示。如果没有的话可按第一章所介绍方法自行添加。

图 10-66 "爆炸图"选项组

该组中各选项含义见表 10-2。

表 10-2 "爆炸图"组中各选项的含义

选项	含义
新建爆炸	在工作视图中新建爆炸图，可以在其中重定义组件以生成爆炸图
编辑爆炸	重新编辑、定位当前爆炸图中选定的组件
自动爆炸组件	基于组件的装配约束重新定位当前爆炸图中的组件
取消爆炸组件	将组件恢复到原先未爆炸的位置
删除爆炸 ×	删除未显示在任何视图中的装配爆炸图
隐藏视图中的组件	隐藏视图中选择的组件
显示视图中的组件	显示视图中选定的隐藏的组件
追踪线 ♪	在爆炸图中创建组件的追踪线以指示组件的装配位置
Explosion 1 ▼	可在此下拉菜单中切换已创建好的爆炸图和"无爆炸"的视图

10.6.1 新建爆炸图

要查看装配实体爆炸效果，需要首先新建爆炸图。选择"装配"→"爆炸图"→"新建爆炸"选项，或者选择"菜单"→"装配"→"爆炸图"→"新建爆炸"选项，打开"新建爆炸"对话框，如图 10-67所示。

在"新建爆炸"对话框的"名称"文本框中输入新的名称，或者接受默认名称。系统默认的名称是Explosion，"1"为从1开始的序号。在"新建爆炸"对话框中单击"确定"按钮，即可完成创建。

10.6.2 编辑爆炸图

编辑爆炸图指重新编辑、定位当前爆炸图中选定的组件。单击选项卡"装配"→"爆炸图"→"编辑爆炸"选项，或者选择"菜单"→"装配"→"爆炸图"→"编辑爆炸"选项，打开"编辑爆炸"对话框，如图 10-68所示。

该对话框中有3个单选按钮，使用这3个单选按钮便可以用来编辑爆炸图。

◆ "选择对象"：选择该单选按钮，在装配部件中选择要编辑的爆炸位置的组件。

◆ "移动对象"：选择要编辑的组件后，选择该单选按钮，使用鼠标拖动移动手柄，连组件对象一同移动。可以使之向XC轴、YC轴或ZC轴方向移动，并可以设置指定方向下的精确的移动距离。

◆ "只移动手柄"：选择该单选按钮，使用鼠标拖动移动手柄，组件不移动。

编辑组件到满意位置后，在"编辑爆炸"对话框中单击"应用"或"确定"按钮，完成爆炸图的编辑。

10.6.3 自动爆炸组件

自动爆炸组件指基于组件的装配约束重定位当前爆炸图中的组件。选择"装配"→"爆炸图"→"自动爆炸组件"选项 ，或者选择"菜单"→"装配"→"爆炸图"→"自动爆炸组件"选项，系统弹出"类选择"对话框。选择组件并确认后，打开"自动爆炸组件"对话框，如图 10-69 所示。

图 10-67 "新建爆炸"对话框　　图 10-68 "编辑爆炸"对话框　　图 10-69 "自动爆炸组件"对话框

在该对话框的"距离"文本框中输入组件的自动爆炸位移值；然后在该对话框中单击"确定"按钮，即可创建自动爆炸组件。

用户也可以先选择要自动爆炸的组件，接着单击"自动爆炸组件"按钮，系统弹出"自动爆炸组件"对话框，从中设置距离值以及是否添加间隙，然后单击"确定"按钮，从而完成自动爆炸组件操作，如图 10-70所示。

10.6.4 取消爆炸组件

取消爆炸组件就是将组件恢复到先前的未爆炸位置。选择"装配"→"爆炸图"→"取消爆炸组件"按钮 ，或者选择"菜单"→"装配"→"爆炸图"→"取消爆炸组件"选项，选择组件然后单击"确定"按钮，即可将该组件恢复到未爆炸的位置。

10.6.5 删除爆炸图

可以删除未显示在任何视图中的装配爆炸图，无法删除当前显示的爆炸图。选择"装配"→"爆炸图"→"删除爆炸"选项 ，或者选择"菜单"→"装配"→"爆炸图"→"删除爆炸"选项，系统弹出"爆炸图"对话框，如图 10-71所示。在该对话框中选择要删除的爆炸图名称，然后单击"确定"按钮，便可以删除爆炸图。

如果所选的爆炸图处于显示状态，则不能执行删除操作，系统会弹出图 10-72所示的"删除爆炸"信息提示框，提示在视图中显示的爆炸不能被删除。要删除，请尝试选择"菜单"→"信息"→"装配"→"爆炸"选项。

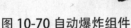

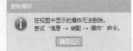

图 10-70 自动爆炸组件　　图 10-71 "爆炸图"对话框　图 10-72 "删除爆炸"信息提示框

10.6.6 隐藏和显示视图中的组件

选择"装配"→"爆炸图"→"隐藏视图中的组件"选项，或者选择"菜单"→"装配"→"爆炸图"→"隐藏爆炸图"选项，打开"隐藏视图中的组件"对话框，如图 10-73 所示。在装配部件中选择要隐藏的组件，单击"应用"按钮或者"确定"按钮，即可将所选组件隐藏。

选择"装配"→"爆炸图"→"显示视图中的组件"选项，或者选择"菜单"→"装配"→"爆炸图"→"显示爆炸图"选项，打开"显示视图中的组件"对话框，如图 10-74 所示。在该对话框的"要显示的组件"列表框中选择要显示的组件，单击"应用"按钮或者"确定"按钮，即可将所选的隐藏组件显示出来。使用该命令的前提是要有部件被隐藏。

10.6.7 追踪线

在爆炸图中创建组件的追踪线，有利于指示组件的装配位置和装配方式，尤其表示爆炸组件在装配或者拆卸期间遵循的路径，如图 10-75 所示。

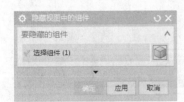

图 10-73 "隐藏视图中的　　图 10-74 "显示视图中的　　图 10-75 爆炸图追踪线示例
　　　组件"对话框　　　　　　　组件"对话框

选择"装配"→"爆炸图"→"追踪线"选项，或者选择"菜单"→"装配"→"爆炸图"→"追踪线"选项，打开"追踪线"对话框，如图 10-76 所示。

在组件中选择起点（使追踪线开始的点），即螺钉底面的圆心，如图 10-77 所示。如果起始方向不是设计所要的，那么可以在"起始方向"的"指定矢量"下拉列表中重新定义起始方向，如选择"-ZC轴"选项来定义起始方向矢量，如图 10-78 所示。

图 10-76 "追踪线"对话框

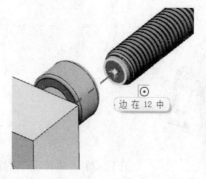

图 10-77 指定起始点

图 10-78 指定起始方向矢量

在"终止"选项组的"终止对象"下拉列表中提供了"点"选项和"分量"选项。当选择"点"选项时，则指定另一点作为终点来定义追踪线；当选择"分量"选项时（在很难选择终点的情况下），则由用户在装配区域中选择追踪线应在其中结束的组件，UGNX将使用组件的未爆炸位置来计算终点的位置。指定终止位置时同样要注意终止方向，如图10-79所示。

如果在所选起点和终点之间具有多种可能的追踪线，那么可以在"追踪线"对话框的"路径"选项组中单击"备选解"按钮来满足设计所要求的追踪线。在"追踪线"对话框中单击"应用"按钮，完成一条追踪线的创建，还可以继续绘制追踪线，如图10-80所示。单击"确定"按钮结束创建。

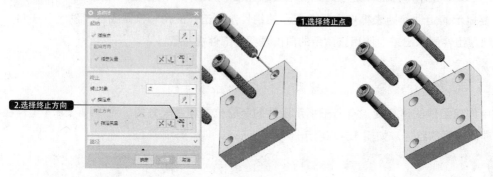

图 10-79 指定追踪线的终点和终止方向   图 10-80 创建一条追踪线

10.7 综合实例——装配卡座

本案例通过具体装配一个卡座模型，然后生成一个爆炸图来让读者更好的理解装配命令的运用。

1. 装配卡座体

01 新建NX装配文件。启动UG NX软件后单击"新建"按钮，选择"装配"模版，单击"确定"按钮。

02 添加基体组件。在"添加组件"对话框中单击"打开"按钮，然后浏览到素材文件"第10章\10.7装配卡座\基体.prt"文件，如图10-81所示。单击"OK"按钮将其加载到对话框中。在"组件预览"窗口中按住鼠标中键并拖动，可以旋转预览视图，如图10-82所示。

03 添加基体组件到装配。再次单击对话框中的"打开"按钮，打开同文件夹中的"垫铁.prt"部件，在

"已加载的部件"列表框中选中"基体.prt"部件，然后在"放置"选项组中设置"定位"方式为"绝对原点"，单击对话框中的"应用"按钮，添加"基体"组件到装配中，如图10-83所示。

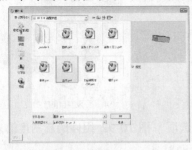
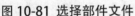

图 10-81 选择部件文件

图 10-82 旋转组件预览

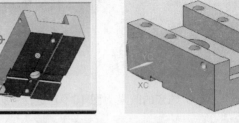

图 10-83 添加"基体"组件

04 添加垫铁组件到装配。在"已加载的部件"列表框中选择"垫铁.prt"部件，然后在"放置"选项组中设置"定位"方式为"选择原点"，单击对话框上"确定"按钮，弹出"点"对话框。在屏幕上合适的位置单击，添加"垫铁"组件到装配中，如图10-84所示。

05 添加固定约束。选择"装配"→"组件位置"→"装配约束"按钮 ，在"约束类型"列表框中选择"固定"约束；然后单击基体组件，为其添加"固定"约束，如图10-85所示。

06 添加同心约束。添加一个约束之后，"装配约束"对话框没有退出，可以继续添加其他约束。选择"约束"类型为"同心"，然后选择图10-86所示的两条圆形边线1作为约束对象，其约束预览如图10-87所示。

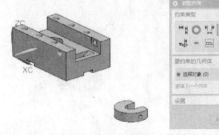

图 10-84 添加"垫铁"组件

图 10-85 为基体添加"固定"约束

图 10-86 选择圆形边线1

07 调整同心约束。单击对话框中的"返回上一个约束"按钮 ，反转约束的方向，如图10-88所示。单击对话框上"应用"按钮，完成"同心"约束的添加。

08 设置平行约束。选择"约束类型"为"平行"，然后选择图10-89所示的两个平面作为约束对象，单击对话框上"确定"按钮，"平行"约束的效果如图10-90所示。

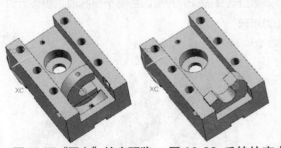

图 10-87 "同心"约束预览　　图 10-88 反转约束方向

图 10-89 选择"平行"约束对象

09 查看自由度。在模型中选择垫铁组件，单击右键弹出快捷菜单，如图10-91所示，选择"显示自由度"选项，在状态栏显示该组件的自由度信息，如图10-92所示，"没有自由度"表明组件位置完全定义。

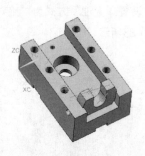
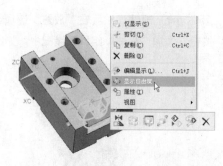

图 10-90 "平行"约束的效果　　图 10-91 选择"显示自由度"选项　　图 10-92 组件的自由度信息

10 添加滑块组件。选择"装配"→"组件位置"→"添加组件"选项 ，打开"添加组件"对话框。单击对话框中的"打开"按钮，将"滑块.prt"部件加载到对话框中，然后将其添加到装配体中，如图 10-93 所示。

11 添加接触对齐约束1。选择"装配"→"组件位置"→"装配约束"按钮 ，选择"约束类型"为"接触对齐"，"方位"为"首选接触"，选择图 10-94 所示的两个平面作为约束对象，为两平面添加接触对齐约束。

12 添加接触对齐约束2。选择图 10-95 所示的滑块侧面和基座侧面作为约束对象，为两个侧面面添加接触对齐约束。

13 添加接触对齐约束3。选择约束的"方位"为"对齐"，然后选择图 10-96 所示的滑块端面和基座端面作为约束对象，添加接触对齐约束，如图 10-97 所示。

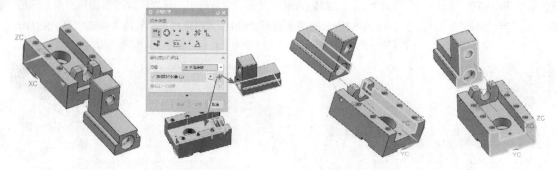

图 10-93 添加滑块组件　　图 10-94 为两个底面添　　图 10-95 为两个侧面添　　图 10-96 选择两个端面
加接触对齐约束　　　　加接触对齐约束　　　　　　1

14 添加盖板组件。选择"装配"→"组件位置"→"添加组件"选项 ，打开"添加组件"对话框。加载并插入"盖板（左）.prt"和"盖板（右）.prt"两个组件，如图 10-98 所示。

15 添加接触对齐约束4。选择"装配"→"组件位置"→"装配约束"选项 ，选择"约束类型"为"接触对齐"，约束的"方位"为"自动判断中心\轴"，然后选择图 10-99 所示的两个圆孔的边线作为约束对象，为两个圆孔添加"接触对齐"约束，如图 10-100 所示。

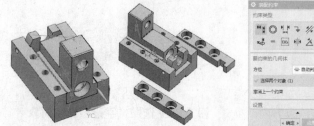

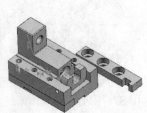

图 10-97 添加接触对齐　　图 10-98 添加两个　　图 10-99 选择两圆孔边　　图 10-100 添加接触对齐
约束　　　　　　盖板组件　　　　　　线　　　　　　　约束

16 预览约束效果。在添加约束的过程中，按住左键拖动组件，可以移动组件的位置。移动盖板到合适的位置便于观察和选择，如图 10-101 所示。

17 添加接触对齐约束5。选择图 10-102 所示的两个孔的圆形边线2作为约束对象，效果如图 10-103 所示。

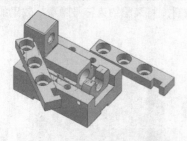  

图 10-101 移动盖板的效果　　　图 10-102 选择圆形边线2　　图 10-103 接触对齐约束效果

18 添加接触对齐约束6。在"装配约束"对话框中选择约束"方位"为"首选接触"，然后选择图 10-104 所示的两个平面作为约束对象，效果如图 10-105 所示。

19 按同样的方法约束另一侧的盖板组件，如图 10-106 所示。

20 添加螺杆组件。选择"装配"→"组件位置"→"添加组件"选项，打开"添加组件"对话框。单击对话框的"打开"按钮，加载并添加"螺杆.prt"组件到装配中，如图 10-107 所示。

  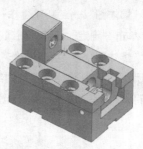 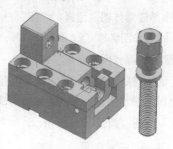

图 10-104 选择两个平面　图 10-105 平面"接　图 10-106 约束另一　　图 10-107 添加螺杆组件
　　　　　　　　　　触约束"效果　　　盖板组件

21 添加中心约束。选择"装配"→"组件位置"→"装配约束"选项，选择"约束类型"为"中心"，约束"子类型"为"2对1"，然后依次选择滑块的中心线和垫铁的中心线作为参考几何体，如图 10-108 所示；最后选择螺杆的中心轴作为要移动的几何体，"中心"约束效果如图 10-109 所示。

22 添加接触对齐约束7。在对话框中选择"约束类型"为"接触对齐"，然后选择图 10-110 所示的螺杆的端面和垫铁的端面作为约束对象，添加"接触对齐"约束的效果如图 10-111 所示。

图 10-108 选择两个中心参考　图 10-109 "中心"约　图 10-110 选择两个端　图 10-111 添加
　　　　　　　　　　束效果　　　　　面2　　　"接触对齐"约束

23 查看自由度。在螺杆组件上单击右键，弹出快捷菜单，选择"显示自由度"选项，状态栏显示"有一个旋转自由度"，在模型上显示出该自由度的方向，如图 10-112所示。

24 隐藏约束。选择"装配"→"组件位置"→"显示和隐藏约束"选项 ，打开"显示和隐藏约束"对话框，如图 10-113所示。框选所有组件，在对话框中单击"确定"按钮，将装配约束符号隐藏，效果如图 10-114所示。

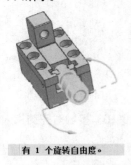

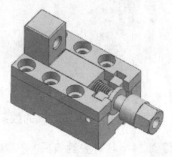

图 10-112 螺杆的自由度显示　　　图 10-113 "显示和隐藏约束"对话框　　　图 10-114 隐藏约束符号的效果

2. 创建卡座爆炸图

01 新建爆炸图。选择"装配"→"爆炸图"→"新建爆炸"选项 ，打开"新建爆炸"对话框。使用默认的爆炸图名称"Explosion 1"，单击"确定"按钮，创建"Explosion 1"爆炸图，如图 10-115所示。

02 编辑爆炸图。选择"装配"→"爆炸图"→"编辑爆炸"按选项 ，打开"编辑爆炸"对话框。选择"选择对象"单选按钮，然后选择滑块和螺杆作为要移动的组件，再切换到"移动对象"单选按钮，组件上出现移动手柄。单击Z方向的箭头作为移动方向，再在激活的"距离"文本框中输入100，单击"应用"按钮，如图 10-116所示。

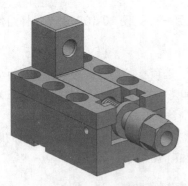
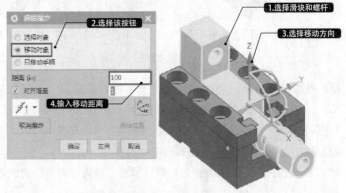

图 10-115 卡座装配体　　　　　　图 10-116 移动所选对象

03 切换移动对象。对象移动之后，选择"选择对象"单选按钮，然后按住Shift键取消选中滑块，保留螺杆的选择。

04 移动螺杆。选择"移动对象"单选按钮，选择移动手柄上X方向箭头作为移动方向，然后在对话框输入移动"距离"为60，单击"应用"按钮，移动螺杆如图 10-117所示。

05 选择垫铁。选择"选择对象"单选按钮，然后按住Shift键取消选中螺杆，然后选择垫铁作为要移动的组件。

06 移动垫铁。选择"移动对象"单选按钮，选择Z方向箭头并按住左键拖动，拖动垫铁到合适位置，如图

10-118所示。

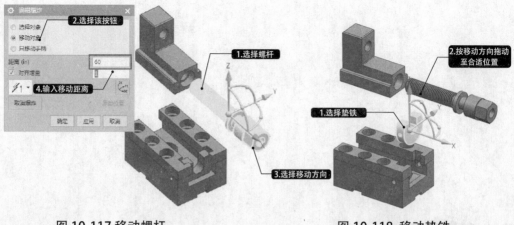

图 10-117 移动螺杆   图 10-118 移动垫铁

07 选择左侧盖板。选择"选择对象"单选按钮，按住Shift键取消选中垫铁，然后选择左侧盖板作为移动的对象。

08 移动左侧盖板。选择"移动对象"单选按钮，选择Z方向箭头并按住左键拖动，将盖板向上移动适当距离，然后选择Y方向箭头并按住左键拖动，将盖板向外侧移动适当距离，如图10-119所示。

09 按同样的方法移动另一侧的盖板。单击"编辑爆炸"对话框中的"确定"按钮，创建爆炸图，如图10-120所示。

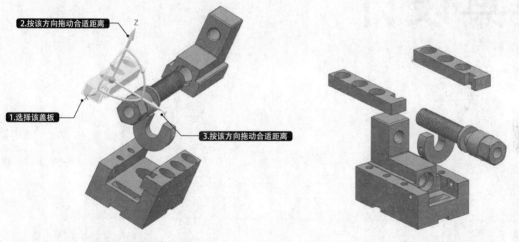

图 10-119 移动盖板   图 10-120 创建的爆炸图

10 恢复视图。选择"装配"→"爆炸图"选项，在弹出的"爆炸图"组中选择"无爆炸"选项，将视图恢复到无爆炸的装配图，如图10-121所示。

图 10-121 选择无爆炸

第⑪章

模具设计

在日常生产、生活中所涉及的各种工具和产品，大到机床的底座、机身外壳，小到一个笔帽、纽扣以及各种家用电器的塑料外壳，无不与模具设计生产有着密切的联系。模具的形状、尺寸决定着这些产品的外形结构，模具的加工质量与精度也就决定着这些产品的质量与性能。

随着我国经济的飞速发展，制造业空前繁荣，尤其是家电、汽车、仪器仪表和建筑器材等产业的异军突起，模具的设计制造及应用的范围也在不断扩大，尤其是塑料制品所占的比例更是迅速增加。而在一个设计合理的塑料制品能够代替一个或多个传统金属件后，其所占的比重更是增加迅猛，直线上升，由此而带动的注塑成型方法的应用也是日益广泛。

11.1 注塑模设计基础

在使用UG NX 12.0进行模具设计时，除了掌握必须的模具设计模块Mold Wizard外，还应该首先了解模具设计时的一些基本理论知识。本节介绍了注塑模设计时涉及的一些基本知识，主要包括注塑模的基本结构、注塑模的设计流程以及注塑模设计中的CAD技术，并对UG NX 12.0中的模具设计模块Mold Wizard中的基本功能进行简单介绍。

11.1.1 注塑模的基本结构

塑料注射成型所用的模具称为注射成型模具，简称注塑模或者注射模。与其他塑料成型方法相比，注射成型的内在和外观质量均较好，生成效率很高，容易实现自动化，是应用广泛的塑料件成型方法。注射成型是热塑性塑料成型的一种重要方法，到目前为止，除了氟塑料外，几乎所有的热塑性塑料都可以用此方法成型，也已成功地应用于某些热固性塑料的成型。

注塑模的基本结构是由动模和定模两大部分组成的。动模安装在注射机的移动模板上，定模安装在注射机的固定模版上。注射时，动模与定模闭合构成型腔和浇注系统；开模时，动模和定模分离，通过脱模机构推出注塑件。

典型的注塑模结构如图11-1所示。

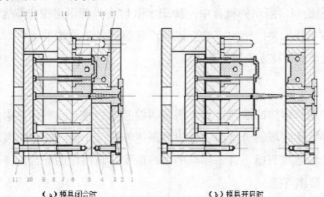

（a）模具闭合时　　　　　（b）模具开启时

1-定位圈　2-浇口套　3-定模底板　4-定模板　5-动模板　6-动模垫板　7-复位杆　8-支架　9-推杆固定板　10-推板　11-动模底板　12-拉料杆　13-推杆　14-导柱　15-凸模　16-凹模　17-冷却水道

图11-1 典型的注塑模结构（单分型面注塑模）

根据模具中各个部件的作用，注塑模可以细分为以下几个部分。

1. 成型部分

直接成型注塑件的部分通常由凸模（成型注塑件的内表面）、凹模（成型注塑件的外表面）、型芯或成型杆、钮块以及螺纹型芯和螺纹型环等组成。在图 11-1所示的模具中，成型部分便由凸模15和凹模16组成。

2. 浇注系统

指将塑料熔体由注射机喷嘴引向闭合型腔的流动流道。通常，浇注系统由主流道、分流道、浇口和冷料井组成。在图 11-1所示的模具中，浇注系统的组成就有定位圈1和浇口套2。

3. 导向机构

导向机构保证合模时动模和定模准确对合，以保证注塑件的形状和尺寸精度，避免模具中其他零件（经常是凸模）发生碰擦和干涉。导向机构分为导柱导向机构和锥面定位导向机构。对于深腔、薄壁、精度要求较高的注塑件，除导柱导向外，经常还采用内外锥面定位导向机构。在大型注射模具的脱模机构中，为了保证在脱模过程中脱模装置不因为变形歪斜而影响脱模，经常设置导向零件，如图 11-1中所示的复位杆7。

4. 脱模机构

指开模时将注塑件和浇注系统凝料从模具中推出，实现脱模的装置。常用的脱模机构有推杆、推管和推件板等。在图 11-1所示的模具中，脱模机构便由推杆固定板9、推板10、推杆13组成。

5. 侧向分型抽芯机构

对带有内外侧孔、侧凹和侧凸的注塑件，需要有侧向型芯或侧向成型块来成型。在开模推出注塑件前，模具必须先进行侧向分型，抽出侧向型芯或脱开侧向成型块，注塑件才能顺利脱模。负责完成上述功能的机构称为侧向分型抽芯机构。

6. 温度调节系统

为了满足注射成型工艺对模具温度的要求，模具一般没有冷却和加热系统。冷却系统一般在模具内开设冷却水道，在图 11-1所示的模具中，冷却水道17在外部便用橡皮软管连接。加热装置则在模具内或模具四周设置电热元件、热水（油）或蒸汽等具有加热结构的板件。模具中是开设冷却还是加热装置，需要根据塑料种类或成型工艺来确定。

7. 排气系统

注射成型时，为了塑料熔体的顺利进入，需要将型腔内的原有空气和注射成型过程中塑料本身挥发出的气体排出模外，常在模具分型面处开设几条排气槽。小型注塑件排气量不大，可直接利用分型面排气，不必另外设置排气槽。许多模具的推杆或型芯与模板的配合间隙也可以起到排气的作用。大型注塑件必须设置排气槽。

8. 标准模架

为了减少繁重的模具设计和制造工作，注射模大多采用标准模架结构。标准模架组合具备了模具的主要功能，构成了模具的基本骨架，主要包括支撑零部件、导向机构及脱模机构等。标准模架可以从相关厂商订购。在模架的基础上再加工、添加成型部件和其他功能的结构件，可以构成任何形式的注塑模具。

11.1.2 注塑模设计界面介绍

Mold Wizard（注塑模向导）是UGS公司提供的、运行在UG软件基础上的一个智能化、参数化的注塑模设计模块。注塑模中的分模、添加模架、镶块、滑块、电极、浇注系统、冷却系统及各种标准件都可以在Mold Wizard（注塑模向导）中轻易完成。

在UG NX 12.0中，选择"应用模块"→"特定工艺"→"模具"选项 ，便可以添加"注塑模向导"选项卡，如图11-2所示。

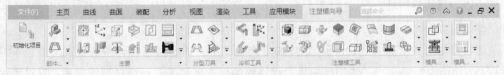

图 11-2 "注塑模向导"选项卡

"注塑模向导"选项卡中各命令按钮的功能含义介绍如下。

1. "主要"组

》"多腔模设计"

在一个模具中可以生成多个塑料制品的型芯和型腔。选择该选项，可以选择模具设计当前产品模型，只有被选为当前产品才能对其进行镜像模坯设计和分模等操作。

选择"注塑模向导"→"主要"→"多腔模设计"选项 ，弹出"多腔模设计"对话框，如图11-3所示。加载需要添加的模型文件。需要删除某个已加载的产品时，也可以在该对话框中选择要删除的产品，单击"移除"按钮 即可。

》"模具CSYS"

该选项用于设置模具的坐标系统。模具坐标系统主要用于设定分模面和拔模方向，并提供默认的定位功能。在UG NX 12.0的注塑模向导系统中，坐标系统的XC-YC平面定义在模具动模和定模的接触面上，模具坐标系统的ZC轴正方向指向塑料熔体注入模具主流道的方向。模具坐标系统设计是模具设计中相当重要的一步，模具坐标系统与产品模型的相对位置决定了产品模型在模具中的放置位置和模具结构，是模具设计成败的关键。

选择"注塑模向导"→"主要"→"模具CSYS"选项 ，弹出"模具CSYS"对话框，如图11-4所示。根据该对话框便可以重新定义模具的坐标系统。

图 11-3 "多腔模设计"对话框

图 11-4 "模具CSYS"对话框

>> "收缩" 🔧

该选项用于设定产品的收缩率，以补偿金属模具型腔与塑料熔体的热胀冷缩差异。如果用户的型腔、型芯模型是全相关的，则可以在模具设计过程中的任何时候设定或调整该收缩率的值，后续的操作，如分型线选择、补破孔、提取区域及分型面设计等均以收缩过的模型为基础进行操作。

选择"注塑模向导"→"主要"→"收缩"选项 🔧，弹出"缩放体"对话框，如图 11-5 所示。在"类型"下拉列表中提供了三种缩放方式，即均匀、轴对称和常规。

>> "工件" 🔷

该选项用于设计模具模坯，注塑模向导会自动识别产品的外形尺寸，并预定义模坯的外形尺寸，其默认值在模具坐标系的六个方向上比产品大25mm。

选择"注塑模向导"→"主要"→"工具"按钮 🔷，弹出"工件"对话框，如图 11-6 所示。根据提示便可以创建模具模坯。

>> "型腔布局" 📐

"注塑模向导"中"模具坐CSYS"定义的是产品三维实体模型在模具中的位置，但它不能确定型腔在XC-YC平面中的分布。"注塑模向导"模块中的该选项用于设计模具型腔布局，系统提供了矩形排列和圆形排列两种模具型腔排布方式。

选择"注塑模向导"→"主要"→"型腔布局"选项 📐，弹出"型腔布局"对话框。在该对话框中便可以设计模具型腔布局。

>> "模架库" 🗄

模架库是用来安放和固定模具的安装架，并把模具系统固定在注塑机上。

选择"注塑模向导"→"主要"→"模架库"选项 📐，弹出"模架库"对话框，如图 11-7 所示。在其中便可以调用UG NX 12.0注塑模向导提供的电子表格驱动标注模架库，模具设计的工作人员也可以在此定制非标注模架。

图 11-5 "缩放体"对话框　　图 11-6 "工件"对话框　　图 11-7 "模架库"对话框

>> "标准件库" 📋

标准件库提供了模具设计过程中所需要的各种标准件，如定位环、浇口套或顶杆等。标准件库是用标准件管理系统安装和配置的模具组件，也可以自定义标准件库来匹配公司的标准件设计，并扩展到库中以包含所有的组件或装配。

选择"注塑模向导"→"主要"→"标准件库"选项，弹出"标准件管理"对话框，如图11-8所示。在其中便可以选择所需的模具标准件。

>> "顶杆后处理"

顶杆后处理功能可以改变创建的顶杆长度并设定配合的距离。由于顶杆后处理功能要用到型腔、型芯的分型片体，因此在使用顶杆功能之前必须创建型腔、型芯。

选择"注塑模向导"→"主要"→"顶杆后处理"选项，弹出"顶杆后处理"对话框，如图11-9所示；然后选择已有的顶杆，根据设计要求调整顶杆的长度和头部形状尺寸即可。

>> "滑块和浮升销库"

在设计通道时，有时需要用到滑块和内抽芯成型，滑块和浮升销库便提供了一个很容易的方法来设计所需的滑块和浮升销。选择"注塑模向导"→"主要"→"滑块和浮升销设计"选项，弹出"滑块和浮升销设计"对话框，如图11-10所示。在其中选择系统自带的滑块和浮升销即可。

图 11-8 "标准件管理"对话框　图 11-9 "顶杆后处理"对话框　图 11-10 "滑块和浮升销设计"对话框

>> "子镶块库"

镶块用于型芯或型腔容易发生消耗的区域，也可以用于简化型芯、型腔的加工。一个完整的镶块装配由镶件头部和镶件体组成。镶块的位置由与产品模型的模具坐标系相关的参数控制。如果设定产品模型的模具坐标系在产品模型的中心，则镶块也会相对于产品中心来定位。

选择"注塑模向导"→"主要"→"子镶块库"选项，弹出"子镶块设计"对话框。根据该对话框便可以对模具子镶块进行进一步的细化设计。

>> "浇口库"

模具要有流动通道来使塑料熔体流向模腔。这些通道的设计会根据部件形状、尺寸和部件数量的不同而不同，最常用的是冷浇道。冷浇道有三种通道类型：主浇道、浇道和浇口。在该对话框中可以设计主浇道、浇道和浇口，还可以从浇口库中选择浇口类型，也可以自定义浇口类型，浇口的"点"子功能可以更容易的指定浇口点。

>> "流道"

流道是塑料熔体在填充模腔时从主浇道流向浇口的通道。利用"流道"工具可以创建和编辑流道的路径和截面。流道管道通过引导线扫掠截面的方法来创建。创建的管道是一个单一的部件文件，需要在设计确认后从型芯和型腔中减去以得到流道。

>> "腔体"

当完成标准件和其他组件的选择和放置（如定位套、浇口套、顶杆、滑块、浇口及冷却管道）时，可以使用腔体功能来创建空腔。

选择"注塑模向导"→"主要"→"腔体"选项 ，弹出"开腔"对话框，如图 11-11 所示。创建腔体的概念，就是将标准件中的FALSE体链接到目标体部件中，并从目标体中减掉。

>> "物料清单"

选择"注塑模向导"→"主要"→"物料清单"选项 ，弹出"物料清单"对话框，如图 11-12 所示，在该对话框中便可以对模具零部件进行统计汇总，生成模具零部件汇总的物料清单。

图 11-11 "开腔"对话框　　　　图 11-12 "物料清单"对话框

>> "视图管理器"

选择"注塑模向导"→"主要"→"视图管理器"选项 ，弹出"视图管理器浏览器"对话框。其中显示了所设计模具的电极、冷却系统和固定部件等构件的显示状态和属性，以便于模具的设计。

2. "注塑模工具"组

"注塑模工具"组帮助用户创建分型几何体，包括实体补片、曲面补片、分割实体及扩大曲面等。在分型之前，可以使用这些功能来为产品模型的内部开口部分创建分型面和实体。"注塑模工具"组的下拉菜单如图 11-13 所示。该组提供了一整套工具，用于为产品模型创建模具。

图 11-13 "注塑模工具"组的下拉菜单

3. "分型刀具"组

"分型刀具"组将各分型子命令组织成逻辑的连续步骤，并允许用户不间断地自始至终使用整个分型功能。"分型刀具"组的下拉菜单如图 11-14 所示。

图 11-14 "分型刀具"组的下拉菜单

4. "冷却工具"组

"冷却工具"提供模具装配形式的冷却管道。创建冷却管道的方法主要有管道设计和标注件两种。标注件方法是冷却管道设计的首选方法，管道设计方法是一种辅助方法。有关冷却的命令按钮全部集中在"冷却工具"组的下拉菜单中，如图 11-15 所示。

图 11-15 "冷却工具"组的下拉菜单

11.2 模具设计初步设置

UG 的模具设计是一个比较复杂的过程，需要考虑的因素较多，能够优化的地方也很多。在进行模具设计前，首先要进行一些模具的前期准备工作，如项目初始化、工件、毛坯及其型腔布局、收缩率的设定等，下面就对这些内容进行详细讲解。

11.2.1 模具设计项目初始化

在使用Mold Wizard进行模具设计时，应该先将Mold Wizard的各项参数设置好，以便后续工作的进行。这里主要介绍"注塑模向导"的其他设置，包括顶杆、镶块、冷却、腔体及电极等参数的设置。其常规设置、工件设置、模具工具设置、分型设置等可以根据自己的习惯进行设置。

在UG NX 12.0页面中选择"文件"→"实用工具"→"用户默认设置"选项，弹出"用户默认设置"对话框，如图 11-16所示。在该对话框中选择"注塑模向导"→"其他"选项，此时对话框中会弹出"收缩体""顶杆""浇口""流道""冷却""腔"、BOM和Teamcenter选项卡，如图11-17所示。用户可以根据自己的习惯选择相应的选项卡进行设置。

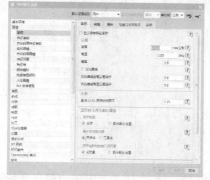

图 11-16 "用户默认设置"对话框　　　　　图 11-17 "注塑模向导"中的"其他"选项

 提示

设置完成后，要退出程序然后重新启动UG，所更改的设置才能生效。

11.2.2 选取当前的产品模型

Mold Wizard添加产品模型与通常的打开模型不同，它需要通过特有的装载命令。进入UG建模环境后，打开需要创建相关模具的模型，然后选择"注塑模向导"→"初始化项目"选项，弹出"初始化项目"对话框，如图 11-18所示。

完成项目的初始化后，Mold Wizard会自动创建用于存放布局、型腔、型芯等一系列的.prt文件，在"窗口"中可以进行查看，如图 11-19所示。

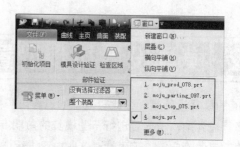

图 11-18 "初始化项目"对话框　　　　　图 11-19 所生成的其余.prt文件

"初始化项目"对话框中各选项组的功能含义如下。

1. 产品

"选择体"选项用于在当前的绘图区中选择模具设计时的参考零件。

2. 项目设置

用于设置与注塑模设计项目相关的一些属性,各选项的含义如下。

◆ "路径":用于设置项目中各种文件存放路径。模具设计项目的默认路径与参考零件路径相同,可以单击"浏览"按钮 设置其他路径。

◆ "Name(名称)":项目默认名称与参考零件相同。选择项目名称时需要注意,在模具设计中,项目名称包含在项目中的每一个文件名中。如moju_core_106.prt,其中,moju为项目名称,core表示型芯。一般来说,项目名称的长度最少为10个字符。

◆ "材料":用于设置参考零件的材料,如ABS等。在该下拉列表中选择材料后,系统将自动将该材料对应的收缩率添加到"收缩"文本框中。

◆ "收缩":用于设置材料的收缩率,各种材料的收缩率可以查阅相关塑料手册。

◆ "配置":用于设置模版目录。在安装目录的MoldWizard\pre-parElsntri下面存在一些零件模板,如Mold V1,这些零件模板可用于初始化模具项目。

3. 设置

该选项组用于设置项目单位等选项,各选项的含义如下。

◆ "项目单位":默认的单位与参考零件的单位相同,一般所用的都是毫米。

◆ "重命名组件":用于管理模具设计项目中的文件名。

◆ "编辑材料数据库":单击该按钮,会弹出一个Excel表格。表格的第一列为材料名称,第二列为对应的收缩率,使用者可以在表格的尾部添加自定义的材料,当然也可以直接设定收缩率,而不单独选择材料。

◆ "编辑项目配置":用于修改项目配置中的"配置"选项,如图11-20所示。

◆ "编辑定制属性":用于定义的一些属性值。

完成项目的初始化之后,系统会自动使用装配克隆功能,创建一个装配结构的复制品,而在项目目录文件夹下生成一些大量装配文件,并自动命名。在"装配导航器"中可以看到装载产品后生成的装配结构,如图11-21所示。

##Metric					
CONFIG_NAME	PART_SUBDIR	TOP_ASM	PROD_ASM	ACTION	
Mold.V1	\pre_part\metric\Mold V1	top	prod	CLONE	
ESI	\pre_part\metric\ESI	ESI_Top	NONE	CLONE	
Original	\pre_part\metric\Orig	top	prod	CLONE	

图 11-20 "配置"excel表

图 11-21 "装配导航器"中的装配结构

自动生成的装配结构的名称和含义见表11-1所。

表11-1 自动生成的装配结构的名称和含义

按钮	含义
Layout	该文件用来安排产品的布局。确定包含型腔和型芯的产品子装配相对模架的位置。Layout可以包含多个prod子集，即一个项目可以做几个产品模型
Misc	Misc用于定义标准件。如定位环、浇口套等，Misc节点分为Side-a和Side-b，Side-a用于a侧所有的部件，而Side-b用于b侧的所有部件，这样便可以允许两个设计人员同时工作
Fill	Fill是放置流道和浇口的文件。流道和浇口用于在模版上创建切口
Cool	Cool是定义冷却水道的文件。冷却零件用于在模板上创建切口，冷却标准件也使用该目录作为默认父部件
Prod	Prod（产品）节点用于将指定的零件组成在一起。指定的零件包括收缩、型芯、型腔、顶出等。Prod节点也包括顶针、滑块、斜导柱等零件
Core	型芯部件
Cavity	型腔布局
Trim	修饰节点包含用于模具修剪的各种几何体，这些几何体用于创建电极、镶块和滑块等
Parting	分型部件包含毛坯和收缩部件的副本，用于创建型芯和型腔，分型面创建于分型部件中
Molding	模具零件是产品模型零件的一个副本，模具特征（起模斜度、分割面等）被添加到该零件中。如果改变收缩率将不会影响到这些模具特征
Shrink	收缩部件也是产品模型的一个副本，收缩部件是产品模型应用收编率后产生的
Var	该部件包含模具和各种标准件的各种公式，如螺栓的螺距等参数都存放在该部件中

11.2.3 设定模具坐标系统

在模具的设计过程中，需要定义模具坐标系。模具坐标系在整个模具设计过程中起着非常重要的作用，它直接影响到模具模架的装配及定位，同时它也是所有标准件加载的参考基准。在UG NX 12.0的Mold Wizard中，规定模具坐标系的ZC轴正方向指向模具的开模方向，动模和定模是以XC-YC平面为分界平面的。

选择"注塑模向导"→"主要"→"模具CSYS"选项，弹出"模具CSYS"对话框，如图11-4所示。该对话框用于设置模具装配模型的坐标系各选项含义介绍如下。

1. 当前WCS

模具装配模型的坐标系与参考模型的坐标系相同。

2. 产品实体中心

模具装配模型的坐标系位于零件的实体中心，坐标轴方向保持不变。

3. 选定面的中心

将模具装配模型的坐标系原点设置在指定曲面上，并且位于曲面的中心。

4. 锁定XYZ位置

指在重新定义模具CSYS时，锁定某个坐标平面的位置不变。

此外，还有几个需要注意的地方。

◆ 任何时候都可以单击"模具CSYS"按钮 ，弹出"模具CSYS"对话框，重新编辑模具坐标系。

◆ 定义模具坐标系时，必须要打开原产品模型。当重新打开装配文件时，产品模型是以孔引用集的方式被加载，因此在定义模具坐标系前，必须先打开原模型。

◆ 当在一个多腔模中设置模具的坐标系时，显示部件和工作部件都必须是Layout。

◆ 当执行"产品体中心"和"边界面中心"命令时，必须先取消锁定选项，然后选择产品模型或边界面后再选择锁定选项，否则模具坐标系不会应用到产品体的中心或边界面的中心。

11.2.4 ▶ 更改产品收缩率

产品在冲模之后多会发生收缩现象，所以在设计模具时需要考虑产品的收缩问题。塑料受热膨胀，遇冷收缩，因而通过热加工方法制得的塑料制品，冷却后其尺寸一般小于相应的模样尺寸，所有在设计模具的时候，必须把塑料件收缩量补偿到模具的相应尺寸中去，这样才有可能得到符合设计要求的塑料制品。

收缩率表征塑料收缩的大小，模具的实际尺寸为实际成品尺寸加上收缩率的尺寸。收缩率的大小会因材料的性质、填充料或者补强材料的不同而改变，即使同一牌号的材料，由于成型工艺的不同，收缩率也不是一个常数，而是在一定的范围内波动。

收缩率波动比较大的塑料，因成型过程条件的变化，制得的塑料制品尺寸精度低，误差大，难以获得较高的尺寸精度。通常热固性塑料的平均收缩率为0.4%~0.5%，而热塑性塑料可达到2%。

选择"注塑模向导"→"主要"→"收缩"选项 ，弹出"缩放体"对话框。在"类型"下拉列表中可以设置各种收缩的类型；在"比例因子"选项组中可以设置产品的收缩率；在"缩放点"选项组中可以设置收缩的中心，从而使模具设计更符合生产实际中的情况。

▶▶ 均匀

均匀收缩指产品在X、Y、Z各个方向上的收缩程度是相同的，只有一个参数设置收缩率的大小。在"缩放体"对话框中的"均匀"文本框中输入比例因子的大小，并且在绘图区指定收缩的参考点，单击"确定"按钮，即可完成设置，如图11-22所示。

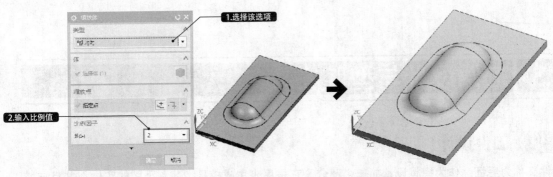

图 11-22 "均匀"缩放体

》》轴对称

"轴对称"的收缩设置指用一个或者多个指定的比例值进行缩放，也就是在指定轴的方向设置比例值，其他方向的缩放比例值相同。在"缩放体"对话框中的"类型"下拉列表中选择"轴对称"选项；然后指定缩放的参考点，再指定缩放轴的矢量方向，最后在"比例因子"选项组的"沿轴向"和"其他方向"文本框中输入比例值的大小，单击"确定"按钮，即可完成设置，如图11-23所示。

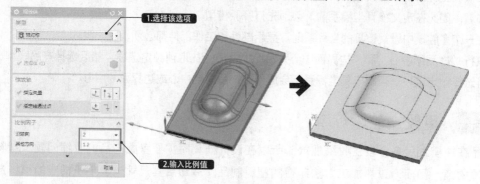

图 11-23 "轴对称"缩放体

》》常规

"常规"的收缩设置指可以设产品在X、Y、Z三个方向上的各自收缩率。在"缩放体"对话框中的"类型"下拉列表中选择"常规"选项，然后指定缩放的参考点，再在"比例因子"选项组中的"X向""Y向""Z向"文本框中输入比例值的大小，单击"确定"按钮，即可完成设置，如图11-24所示。

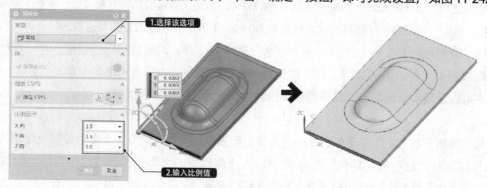

图 11-24 "常规"缩放体

11.3 工件设计与型腔布局

11.3.1 》 工件设计

工件又称为毛坯，作为模具设计的一个部分，它是用来生成模具型芯和型腔的实体，并且与模架相连接。所以，工件尺寸的确定必须以型芯或者型腔的尺寸为依据。

选择"注塑模向导"→"主要"→"工件"选项 ◈，弹出"工件"对话框，如图 11-6所示，在对话框中可以设置工件的类型、工件库的编辑、工件的定义方式和工件的尺寸。该对话框中主要选项含义介绍如下。

1. 工件方法

在"工件方法"下拉列表中选择"用户定义的块选项（见图11-6），指使用系统提供的长方体作为工件的实体。该标准长方体附带一个具有详细特征的子块，可以修剪模板上的多余材料，建立能嵌入工件的腔体。该方法可以自行设置工件的尺寸。当选择"型腔-型芯""仅型腔"和"仅型芯"三者其中之一时，会弹出如图11-25所示的对话框。

2. 工件库

单击对话框中的"工件库"按钮，弹出"工件镶块设计"对话框，如图 11-26所示。

当执行"注塑模向导"中的"工件"命令时，系统会默认提供一个推荐值来产生一个能包容产品的成型工件。"工件尺寸"用于编辑工件的尺寸，在对话框中通过X、Y、Z三坐标方向的"加""减"来精确定义工件的尺寸。

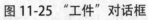

图 11-25 "工件"对话框　　图 11-26 "工件镶块设计"对话框

值得注意的是，在实际的生产加工中，尤其是型芯或型腔做成镶件的情况下，一般都是采用右边的三坐标全部输入的方式来确定工件的大小，这样获得的镶件在长、宽、高三个方向上的尺寸都是一个常数（精确到小数点后一位）。

11.3.2 型腔布局

型腔指模具闭合时用来填充塑料成型制品的空间。型腔的总体布局主要涉及两个方面：型腔数目的确定和型腔的排列。技术和经济因素是确定模具、型腔数目的主要因素，将这两个主要因素具体化到设计和生产环境中后，它们即转换为具体的影响因素，这些因素包括注塑设备、模具加工设备、注塑产品的质量要求、成本及批量、模具的交货日期和现有的设计制造技术能力等。这些因素主要与生产注塑产品的用户需求和限制条件有关，是模具设计工程师在设计之前必须掌握的信息资料。同时，为了以最经济的手段制造模具零部件，在模具设计的早期阶段，就应该考虑模具的加工方式和制造成本，而型腔数目的确定和型腔的排列是影响成本的本质因素。

1. 模腔数目的确定

》型腔数目

◆ "单型腔"：在一副模具中只有一个型腔，也就是在一个模塑成型周期内只能生产一个注塑件的模具。这种模具通常情况下结构简单、制造方便、造价较低、生产率也不高，不能充分发挥设备的潜力。它主要用于成型较大型的注塑件和形状复杂或嵌件较多的注塑件，也适用于小批量生产或新产品试制的场合。

- ◆ "多型腔"：在一副模具中有两个以上的型腔，也就是在一个模塑成型周期内，可同时生产两个以上的注塑件的模具。这种方式的生产高，设备的潜力能充分发挥，但模具的结构比较复杂，造价较高。它主要用于生产批量较大的场合或成型较小的注塑件。

» 影响型腔数目的因素

- ◆ "注塑件尺寸精度"：超精密级注塑件只能一模一腔，精密级注塑件最多一模四腔。
- ◆ "模具制造成本"：多腔模高于单腔模，但不是简单的倍数比。
- ◆ "注塑成型的生产效益"：从最经济的条件上考虑一模的腔数。
- ◆ "制造难度"：多腔模的制造难度一般比单腔模的大。

型腔数目的多少原则上由需求方决定，但有时也更多地由模具制造者决定。

» 型腔数目的确定方法

根据生产率和制件的精度要求确定型腔数目，然后选定注射机。选定后根据注射机技术参数确定型腔数目。

- ◆ 根据锁模力确定型腔数目n。

$$n = \frac{\dfrac{Q}{P} - A_2}{A_1}$$

式中，Q——注射机的锁模力，单位为 N；P——型腔内熔体的平均压力，单位为 MPa；A_2——浇注系统在分型面上的投影面积，单位为 mm^2；A_1——每个注塑件在分型面上的投影面积，单位为 mm^2。

- ◆ 根据注射量来确定型腔数n。

$$n = \frac{0.8 \cdot G - m_2}{m_1}$$

式中，G——注射机的最大注射量，单位为 g；m_1——单个注塑件的质量，单位为 g；m_2——浇注系统的质量，单位为 g。

2. 型腔布局的确定

好的模具设计可以给公司带来丰厚的利润，仅仅是结构上的合理还不够，如何在条件允许的情况下，减少投入才是重要的。因此，一般的模具都是多型腔，即一套模具中有多个型腔，从而实现大批量生产，缩短周期，提高效率。

多腔布局指在一套模架中包含两个以上的成型镶块的布局方式，也可以把多腔布局解释为在模具中放置同一产品的几个模腔。多腔布局的功能是确定模具中型腔的个数和模腔在模具中的排列。

多型腔模具的典型排布方式如图 11-27 所示。

图 11-27 多型腔模具的典型排布方式

11.4 型芯和型腔

要正确地提取型芯和型腔区域，进入型腔和型芯的创建模块，必须先修补好产品模型的孔、槽等部位。

11.4.1 曲面补片

在模具设计过程中，绝大多数存在于零件表面上开放的孔和槽都要求被封闭，那些需要封闭的孔和槽就是需要修补的地方。实体修补是使用材料去填充一个空隙，并将该填充的材料加到以后的型腔、型芯或模具的侧抽芯来补偿实体修补所移去的面和边，而片体修补则是用于覆盖一个开放的曲面并确定覆盖于零件壁厚的那一侧。

初始化后的parting文件中都包含有一个实体和几个种子片体，其实体连接至shrink文件中的父级实体，而那些种子片体其中之一就是成型镶块的父级实体，还有一些种子片体连接到型芯和型腔文件。

下面简要介绍常用的曲面修补工具。

1. 边补片

边补片指通过一个封闭的环来修补一个开口区域，用生成的曲面片体来修补孔。"边补片"命令的应用范围极广，特别是修补曲面形状复杂的孔时，其优越性更明显，且生成的补片面很光顺，将大大减少设计人员的工作量。

在进行了"初始化项目"后，选择"注塑模向导"→"分型刀具"→"曲面补片"选项 ◈，弹出"边补片"对话框，如图 11-28所示。"边补片"命令在注塑模设计模块和建模模块下都可以使用，应用范围极广。

"边补片"对话框提供了三种选择类型：面、体、移刀。"面"类型仅适合修补单个平面内的孔，对于曲面中的孔或由多个面组合而成的孔是不能修补的，如图 11-29所示。

2. 修剪区域补片

修剪区域补片指通过构建封闭产片模型的开口区域，在开始创建修剪区域的补片之前，要首先创建一个能够吻合开口区域的实体。

在进行了"初始化项目"后，选择"注塑模向导"→"注塑模工具"→"修剪区域补片"选项 ▣，弹出"修剪区域补片"对话框，如图 11-30所示。

图 11-28 "边补片"对话框　　图 11-29 "边补片"的类型　　图 11-30 "修剪区域补片"对话框

提 示

　　"边补片"命令修补的对象为单个平面或圆弧面内的孔，若是一个孔位于两个面交接处，则不能使用此命令进行修补。

　　该对话框中各选项的含义如下。

◆ 选择体：选择要修补的片体。

◆ 体\曲线："边界"选项组中"类型"选择之一。当边界对象为相切、相连的边线时，选择"体/曲线"类型。

◆ 移刀："边界"选项组中"类型"之一。当边界对象不是相切、相连的边线时，选择"移刀"类型。

◆ 选择对象：选择边界的对象。

◆ 选择区域：在修补的实体上选择要保留或者舍弃的区域。

◆ 保留：选择此单选按钮，将保留选择的区域。

◆ 舍弃：选择此单选按钮，将舍弃选择的区域。

　　修剪后的区域补片实体如图 11-31 所示。

3. 扩大曲面补片

　　"扩大曲面补片"命令用于提取体上面的面，并通过控制U和V方向动态地调节滑块来扩大曲面，扩大后的曲面可以作为补片被复制到型腔和型芯；然后选择要保留或舍弃的修剪区域并得到补片。"扩大曲面补片"命令主要用来修补形状简单的平面和曲面上的破孔，也可以用来创建主分型面。

　　选择"注塑模向导"→"注塑模工具"→"扩大曲面补片"选择 📦，弹出"扩大曲面补片"对话框，如图 11-32 所示。该对话框中各选项含义如下。

◆ "选择面"：该选项用于选择包含破孔的面（即目标面），选择之后会自动产生显示扩大的曲面预览，如图 11-33 所示。

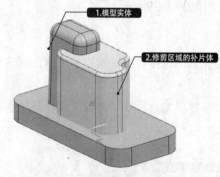

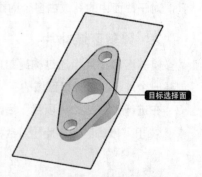

图 11-31 修剪后的区域补片实体　　　图 11-32 "扩大曲面补片"对话框　　　图 11-33 选择目标面

◆ "选择对象"：激活此选项后，在产品中可选择修剪扩大曲面的边界（选择孔边线）。用户也可以在绘图区中通过拖动扩大曲面的控制手柄来更改曲面的大小。在手柄变色（浅蓝色）后，也可以通过手动的输入值来改变U、V方向的百分比。

◆ "选择区域"：在扩大曲面内选择要保留的补片区域。

◆ "保留"：选择此单选按钮，将保留选择的区域。

◆ "舍弃"：选择此单选按钮，将舍弃选择的区域。

◆ "更改所有大小": 选择此复选框, 在改变扩大曲面的任一U、V方向时, 其余侧的百分比值也将随之改变; 若取消勾选此复选框, 将只改变其中一侧的曲面大小。

◆ "切到边界": 选择此复选框, 将扩大曲面修剪到指定边界; 若取消选择此复选框, 将只创建扩大曲面, 而不生成破孔补片。

◆ "作为曲面补片": 选择此复选框, 可将扩大曲面补片转换为Mold Wizard的曲面补片, 应用于以后的补片。

11.4.2 型芯和型腔设计

当注塑模的模具设计流处于分型面完成阶段时, 可以使用"定义型腔和型芯"工具来创建模具的型腔和型芯零部件。

选择"注塑模向导"→"分型刀具"→"定义型腔和型芯"选项, 弹出"定义型腔和型芯"对话框, 如图 11-34所示。该对话框中各选项的含义如下。

◆ "所有区域": 选择此选项, 可同时创建型腔和型芯。

◆ "型腔区域": 选择此选项, 可自动创建型腔。

◆ "型芯区域": 选择此选项, 可自动创建型芯。

◆ "选择片体": 当程序不能完全拾取分型面时, 用户可以手动选择片体或者曲面来添加或者取消多余的分型面。

◆ "抑制分型": 撤销创建的型腔和型芯部件 (包括型腔和型芯的所有部件信息)。

◆ "没有交互查询": 选择此复选框, 程序将自动检查分型面的边界数, 以及是否有缝隙、交叉、重叠的现象。

◆ "缝合公差": 用于设置主分型面与补片缝合时的公差范围值。若间隙大, 此值可以取大一些; 若间隙小, 此值可以取得小一些, 一般情况下保留默认值。有时型腔、型芯分不开, 便与缝合公差的取值有很大关系。

1. 分割型腔或型芯

若用户没有对产品进行项目初始化操作, 而直接进行型腔或型芯的分割操作, 则需要手工添加或删除分型面。

若用户对产品进行了初始化操作, 则在"选择片体"选项组的列表框中选择"型腔区域"选项, 然后单击"应用"按钮, 程序会自动选择并缝合型腔区域面、主分型面和型腔侧曲面补片。如果缝合的分型面没有间隙、重叠或交叉等问题, 程序会自动分割出型腔部件。

2. 分型面的检查

当缝合的分型面出现问题时, 可选择"菜单"→"分析"→"检查几何体"选项, 弹出"检查几何体"对话框, 如图

图 11-34 "定义型腔和型芯"对话框　　图 11-35 "检查几何体"对话框

11-35所示。在其中对分型面中存在的交叉、重叠或间隙等问题进行检查。

在"检查几何体"对话框中的"操作"选项组中单击"信息"按钮[i]，则会弹出"信息"对话框。通过该对话框，用户便可以查看分型面检查的信息。

11.5 产品分型

注射模成型部分由两半模组成，打开模具取出制件或浇注系统凝料的面称为分型面，分型面是模具结构中的基准面，是型腔设计的第一步，它直接影响制件的质量、模具结构及成型工艺性，它受制件的形状、壁厚、外观要求、尺寸精度、型腔数目、浇注系统及排气系统等因素的影响。因此，确定模具的分型面是模具设计中的重要环节。

自UG NX 7.5开始，模具设计中的分型线就不再像UG NX 7.0及其之前的版本那样单独设置一个分型线的按钮，而是将其融合到"设计分型面"中。这样的改动符合设计模具的习惯。因为设计分型线的目的也是为了生成分型面。

在注塑模的设计过程中，必须先确定合理的脱模方向和分型线，进而由脱模方向和分型线生成分型面，三者是后续模具详细设计的基础。根据实践经验，脱模方向和分型线及其由它们决定的分型面是影响模具成本的几个主要参数。因为脱模方向和分型线的确定以及由分型线确定的分型面形状会影响到模具结构的复杂性，进而影响模具的成本。不合理的脱模方向、分型线设计和不合理的分型面形状很可能导致模具设计的失败。

11.5.1 产品分型准备

基于修剪的分型过程中很多建模的操作都是自动进行的，具体可以分为以下三个步骤。

1. 使用"检查区域"确认已经准备好产品模型

对模型进行分析，定位模具的开模方向，即让产品在开模时留在定模板上；确认产品模型有正确的起模斜度，以便产品能够顺利地脱模；考虑如何设计封闭特征，如镶块等；合理设计分型线和选择合适大小的成型工件。

选择"注塑模向导"→"分型刀具"→"检查区域"选项 △，弹出"检查区域"对话框。其中包含有4个选项卡，分别为计算、面、区域和信息，下面分别进行介绍。

» 计算

该选项卡如图 11-36所示，主要利用计算分析对以下功能进行设定。

◆ 指定产品实体的脱模方向。

◆ 编辑产品实体的脱模方向。

◆ 重新设置脱模方向和型芯、型腔区域。

» 面

该选项卡如图 11-37所示，利用该选项卡可以进行以下工作。

◆ 分析面是否具有足够的起模斜度。

◆ 发现底切区域和底切边。底切区域指在型腔或型芯侧均不可见的面。

◆ 发现交叉面。交叉面指既位于型芯侧也位于型腔侧的曲面。

◆ 发现起模角度为0°的垂直面。

◆ 列出起模角度为正或者负的曲面的数量。

◆ 列出型芯或型腔侧补丁环的数量。

◆ 改变特定面组的颜色，如正、负面，底切区域和交叉区域。

◆ 利用引导线、基准面或曲线分割面。

◆ 拆行面的拔模分析。

》区域

该选项卡如图 11-38 所示，利用该选项卡可以进行以下操作。

◆ 发现型芯和型腔区域，为型芯和型腔面分配颜色。

◆ 发现分型面。

◆ 发现补丁环。

◆ 将产品中的面分成型芯面和型腔面，以及显示分型线环。

◆ 利用其中的设置选项可以显示内环、分型边和不完整的环。

》信息

该选项卡如图 11-39 所示，利用该选项卡可以进行以下操作。

◆ 获取面的信息，如角度、面积等。

◆ 获取模型性质，如总体尺寸、体积和面积等。

◆ 发现尖角，如锐边和小面等。

图 11-36 "计算"选项卡　图 11-37 "面"选项卡　　图 11-38 "区域"选项卡　　图 11-39 "信息"选项卡

2. 抽取区域

在创建型芯和型腔之前需创建型芯区域以及型腔区域，同时为了创建分型面还必须先创建分型线。分型线可以在抽取区域时创建，也可以手工创建。

分型线为区域的边界，提取区域将会被分给型芯或者型腔，然后用于修剪型芯和型腔。一般说来，如果修补的正确，系统会自动识别区域，但是对于一些竖直交叉面来说，软件无法识别，此时用户需要自己指定这些面属于哪一区域。

选择"注塑模向导"→"分型刀具"→"定义区域"选项，弹出"定义区域"对话框，如图

11-40所示。该对话框中各选项的含义如下。

◆ "定义区域"：在"定义区域"选项组中，"所有面"用以显示零件所有面的数量；"未定义的面"显示的是无法确定属于哪一个区域的曲面；"型腔区域"用以显示型腔面的数量；"型芯区域"用以显示型芯的数量。当然也可以自行设定自定义的区域。

◆ "创建新区域"：单击该按钮就可以自行创建一个新区域。可以通过双击"定义区域"选项组中的"新区域"来对新建的区域进行重命名，如图11-41所示。

◆ "选择区域面"：为区域指定曲面。

◆ "搜索区域"：单击该按钮，可以借用终止面和边界来选择大量的曲面，但需要注意的是，该方法只可以用于所选的区域中没有空的凹或凸的零件。

◆ "创建区域"：选择该复选框创建区域。

◆ "创建分型线"：选择该复选框，然后选择分型线所在的平面来创建分型线。

图 11-40 "定义区域" 对话框　　　图 11-41 定义新区域

3．内部和外部的分型

分型特征分为两部分：内部分型和外部分型，通常先完成较容易的内部分型特征，使用"注塑模向导"中的"分型刀具"工具，可以完成大部分的分型操作。

内部分型指的是带有内部开口的产品模型需要用封闭的几何体来定义不可见的封闭区域。其方法有两种，分别是实体和片体方法，它们都可以用于封闭开口区域。

外部分型主要指为已经修补好片体的产品模型定义未定义面、定义区域、创建分型线、分型面、型芯和型腔等。

外部分型步骤如下。

◆ 设定顶出方向及定义模具坐标轴的Z轴方向。

◆ 设置一个合适的成型工件作为型芯和型腔的实体。

◆ 创建必要的修补几何体，即对产品模型上的孔或槽进行修补。

◆ 创建分型线。

◆ 创建分型面。

◆ 如果创建了多个分型面，则缝合分型面。

◆ 提取型芯和型腔区域。

◆ 创建型芯和型腔。

11.5.2 》产品分型

选择"注塑模向导"→"分型刀具"→"设计分型面"选项，弹出"设计分型面"对话框，如图 11-42所示。"设计分型面"对话框主要用于模具分型面的主分型面设计，用户可以使用此工具来创建主分型面、编辑分型面、编辑分型段和设置公差等。

该对话框中包含5个选项组，分别介绍如下。

》分型线

"分型线"选项组用来收集在区域分析过程中抽取的分型线。如果之前没有抽取分型线，则"分型段"列表框不会显示分型线的分型段、删除分型面和分型线数量等信息。

在这里需要注意的是，如果要删除已有的分型线，可以通过分型管理器将分型线显示出来，然后在绘图区中选择要删除的分型线，单击鼠标右键，在弹出的快捷菜单中选择"删除"选项即可。

》创建分型面

如提示所述，只有在确定了分型线的基础上，"创建分型面"选项组才会显示出来。该选项组提供了如图 11-43所示的3种主分型面的创建方法：拉伸、有界平面和条带曲面。

图 11-42 "设计分型面"对话框

图 11-43 创建分型面的3种方法

> **提示**
>
> 有时在"设计分型面"对话框中看不到"创建分型面"选项，这是因为没有创建分型线的关系。当创建完成分型线后，该区域会自动显示出来。

◆ "拉伸" ▢：该方法适合分型线不在同一平面中的主分型面的创建。创建分型面的方法是手工选择产品一侧的分型线，在指定拉伸方向后，单击"应用"按钮，创建产品一侧的分型面。其余侧的分型面也均按此方法创建即可，如图11-44所示。

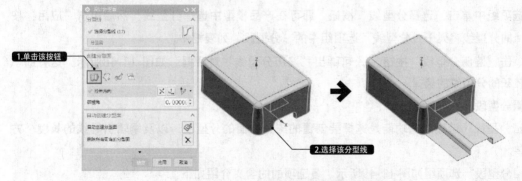

1.单击该按钮

2.选择该分型线

图 11-44 "拉伸"分型面的创建

◆ "有界平面" ▧：有界平面指以分型线（整个产品分型线的其中一段）、引导线及UV百分比控制形成的平面边界，通过自修剪而保留需要的部分有界平面。若产品底部为平面，或者产品拐角处的底部面为平面，可使用此方法来创建分型面。其中"第一方向"和"第二方向"为分型面的展开方向。有界平面分型面的创建如图 11-45所示。

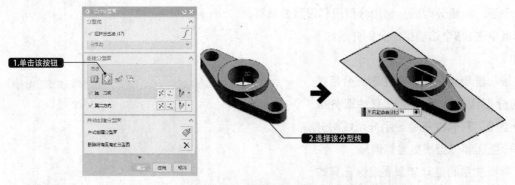

图 11-45 "有界平面"分型面的创建

◆ "条带曲面" 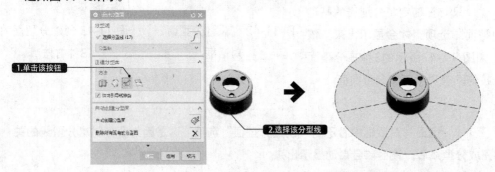：条带曲面是由无数条平行于XC-YC坐标平面的曲线沿着一条或多条相连的引导线排列而生成的面。若分型线已设计了分型段，则"条带曲面"类型与"扩大曲面补片"工具相同。若产品分型线在一平面内，且没有设计引导线，可创建"条带曲面"类型的主分型面。"条带曲面"的创建如图 11-46所示。

图 11-46 "条带曲面"分型面的创建

》 编辑分型线

"编辑分型线"选项组主要用于手工选择产品分型线或分型段，该选项组如图 11-47所示。

在该选项组中单击"选择分型线"按钮，即可在产品模型中选择分型线；然后单击"应用"按钮，所选择的分型线将列于"分型线"选项组中的"分型段"列表框中。

如果单击"遍历分型线"按钮 ，可弹出"遍历分型线"对话框，如图 11-48所示。这有助于产品边缘较长的分型线的选择。

》 编辑分型段

"编辑分型段"选项组的功能是选择要创建的主分型面的分型段，以及编辑引导线的长度、方向和删除等。

"编辑分型段"选项组如图 11-49所示。各选项的的含义介绍如下。

◆ "选择分型或引导线"：激活此选项，在产品中选择要创建的分型面的分型段和引导线，则引导线就是主分型面的截面曲线。

◆ "选择过渡曲线"：过渡曲线指主分型面某一部分的分型线。过渡曲线可以是单段分型线，也可以是多段分型线。在选择过渡曲线后，主分型面将按照指定的过渡曲线进行创建。

◆ "编辑引导线"：引导线是主分型面的截面曲线，其长度及方向决定了主分型面的大小和方向。单击

"编辑引导线"按钮 ⬉,可以通过弹出的"引导线"对话框来编辑引导线。

》设置

"设置"选项组用于设置各段主分型面之间的缝合公差以及分型面的长度,如图 11-50 所示。

图 11-47 "编辑分型线"选项组	图 11-48 "遍历分型线"对话框	图 11-49 "编辑分型段"选项组	图 11-50 "设置"选项组

11.6 综合实例——安装壳的模具设计

本案例以壳体为例进行模具的设计,针对模具设计中需要用到的几种常用工具进行重点讲解。因此,本次综合实例将从模具设计的前期准备开始进行讲解,这样便可以保证读者系统地、由浅入深地了解模具设计的流程和操作方法。

01 准备文件。打开素材文件中的"第11章 \11.6 安装壳的模具设计.prt"文件,零件模型如图 11-51 所示。

02 模具初始化。选择"注塑模向导"→"初始化项目"选项 📄,弹出"初始化项目"对话框。设置初始化参数如图 11-52 所示。

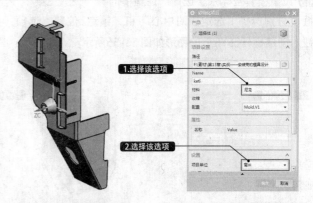

图 11-51 零件模型　　图 11-52 设置初始化参数

> **提示**
>
> 完成初始化项目后,将生成另外3个文件,在"窗口"中可以观察到。系统会自动跳转至"keti_top_0000.prt"文件,来进行后续的操作。

03 定位坐标系。选择"菜单"→"格式"→"WCS"→"定向"选项,弹出"CSYS"对话框,然后在

"类型"下拉列表中选择"动态"，再在"操作器"选项组中单击"点构造器"按钮⊞，接着选择零件内侧圆孔的圆心为坐标原点，如图11-53所示。

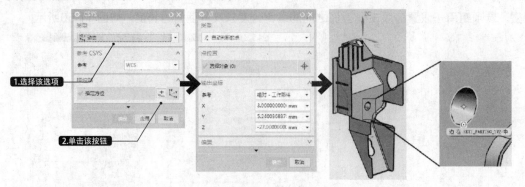

图 11-53 定位坐标系

04 调整坐标系。将放置后的坐标系以XC基准轴为旋转轴旋转90°，单击"确定"按钮，如图11-54所示。

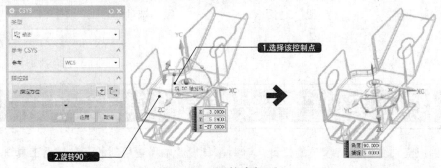

图 11-54 调整坐标系

05 设置模具坐标系。选择"注塑模向导"→"主要"→"模具CSYS"选项⬚，弹出"模具CSYS"对话框。分别选择"选定面的中心"和"锁定Z位置"选项，然后选择坐标系所在的平面，单击"确定"按钮，创建模具CSYS后的图形如图11-55所示。

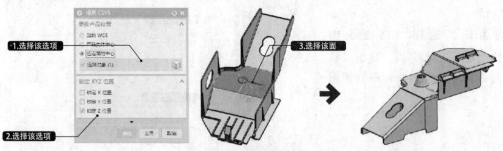

图 11-55 创建模具CSYS后的图形

> 💡 **提 示**
>
> 在该步骤中，如果工作坐标系WCS不在中心，一定要重新设置一下工作坐标系，且最好让ZC轴正向指向脱模方向。

06 创建毛坯。选择"注塑模向导"→"主要"→"工件"选项◈，弹出"工件"对话框，在"尺寸"选项组中设置毛坯的尺寸大小，单击"确定"按钮，创建毛坯，如图11-56所示。

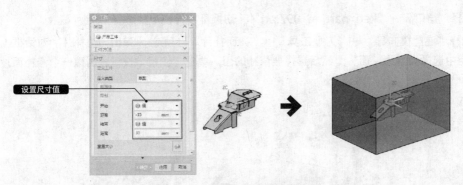

设置尺寸值

图 11-56 创建毛坯

> **提示**
>
> 在大多数情况下，系统默认的毛坯参数设置即满足要求，而当我们在实际的生产中有既定的毛坯时，也可以按照实际的需要设置毛坯的尺寸。

07 毛坯布局。选择"注塑模向导"→"主要"→"型腔布局"选项，弹出"型腔布局"对话框，选择"布局类型"为"矩形"，单击"平衡"单选按钮，指定矢量方向为XC轴正方向；然后在"型腔数"文本框中输入2，"设置缝隙距离"为0；最后单击"生成布局"选项组中的"开始布局"按钮，如图 11-57 所示。

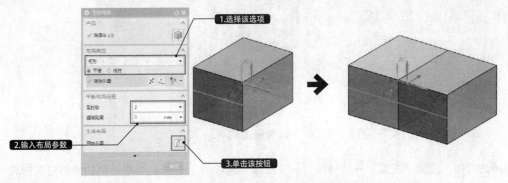

1.选择该选项

2.输入布局参数

3.单击该按钮

图 11-57 创建毛坯型腔布局

08 调整型腔布局中心。"型腔布局"对话框没有退出，接着单击"编辑布局"选项组中的"自动对准中心"按钮，将布局后的型腔中心放置在坐标原点上，单击"关闭"按钮，如图 11-58所示。

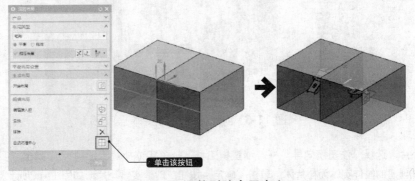

单击该按钮

图 11-58 调整型腔布局中心

09 切换模型。选择"窗口"→"keti_parting_097.prt",切换至零件模型状态。

10 边缘修补。选择"注塑模向导"→"刀型工具"→"曲面补片"选项 ◇,弹出"边补片"对话框。在"环选择"选项组中选择类型为"面",然后选择要修补的面,单击"应用"按钮,创建一个修补面,如图 11-59 所示。

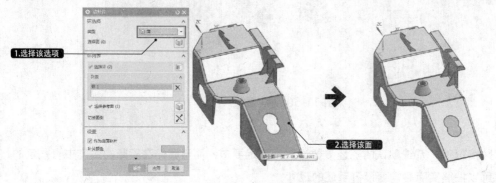

图 11-59 创建修补面

11 修补其余面上的孔。按同样方法,选择模型上其他需要修补的面,对其进行修补,单击"确定"按钮,如图 11-60 所示。

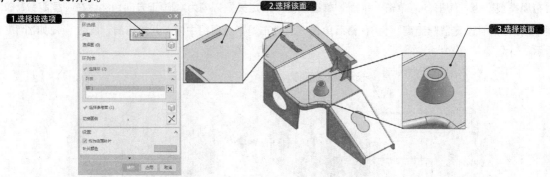

图 11-60 修补其余面上的孔

12 创建修补用的实体。选择"主页"→"特征"→"拉伸"选项 ⬜,选择壳体中一侧的大圆形孔内轮廓,将其拉伸至外表面,如图 11-61 所示。

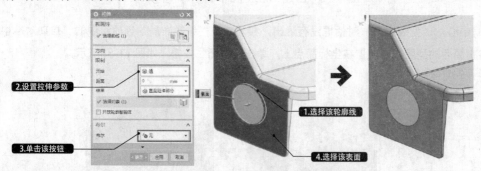

图 11-61 创建修补用的实体

13 创建实体补片。选择"注塑模向导"→"注塑模工具"→"实体补片"选项 ⬛,弹出"实体补片"对话框。选择上步骤创建的拉伸实体为补片体,单击"确定"按钮,创建实体补片,如图 11-62 所示。

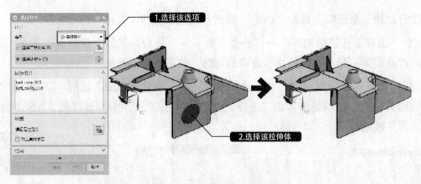

图 11-62 创建实体补片

14 进行区域分析。选择"注塑模向导"→"分型刀具"→"检查区域"选项，弹出"检查区域"对话框，系统会自动选择实体，然后单击"计算"按钮，如图 11-63 所示。

15 初步定义区域。"检查区域"对话框没有退出，切换至其中的"区域"选项卡，可以看到"未定义的区域"为 15，即有 15 个面系统无法准确分配至型腔区域或是型芯区域，这就需要设计人员自行判定后进行定义。本例中所无法识别的 15 个面均为型腔面，勾选"未定义的区域"中的选项，再选择"指派到区域"选项组中的"型腔区域"单选按钮，单击"确定"按钮，便完成未定义区域的定义，如图 11-64 所示。

图 11-63 对模型进行计算

图 11-64 定义未定义的区域

> **提示**
>
> 由于模型的面较多，因此在该步骤中一定要仔细检查每一个面，保证每一个面都准确地定义于型芯或者型腔。如果定义有错误，那么后续的操作将无法完成。

16 最终定义区域。选择"注塑模向导"→"分型刀具"→"定义区域"选项，弹出"定义区域"对话框。在"区域名称"列表框中选择"型腔区域"，然后在"设置"选项组中勾选"创建区域"复选框，单击"应用"按钮，如果区域定义成功，则"型腔区域"前以 ✔ 显示。按同样方法定义"型芯区域"，如图 11-65 所示。

17 创建分型线。当"型腔区域"和"型芯区域"前都以 ✔ 显示时，便可以在"设置"选项

图 11-65 最终定义区域

图 11-66 创建分型线

组中选择"创建分型线"复选框，单击"确定"按钮，创建分型线，如图 11-66 所示。

18 隐藏多余部分。选择"注塑模向导"→"分型刀具"→"分型导航器"选项📇，弹出"分型导航器"对话框。取消"产品实体"和"曲面补片"选项的勾选，如图 11-67 所示。

19 设置过渡曲线。选择"注塑模向导"→"分型刀具"→"设计分型面"选项📐，弹出"设计分型面"对话框。在"编辑分型线"选项组下单击"选择过渡曲线"按钮📉，分别选择图 11-68 所示的4处为过渡曲线，单击"应用"按钮。

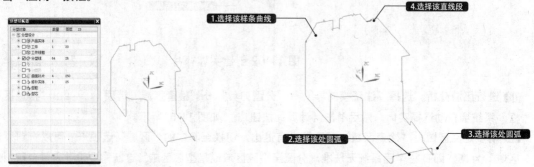

图 11-67 隐藏多余部分　　　　　　　　　　图 11-68 设置过渡曲线

20 创建第一段分型面。这时，选择"创建分型面"的方法为"拉伸"，软件会自动判断拉伸的方向，手动选择方向为XC轴的负方向，单击"应用"按钮，创建第一段分型面如图 11-69 所示。

21 创建第二段分型面。系统自动切换至下一段分型线，仍然选择"创建分型面"的方法为"拉伸"，选择垂直于该分型线所在平面的矢量方向为拉伸方向，单击"应用"按钮，创建第二段分型面如图 11-70 所示。

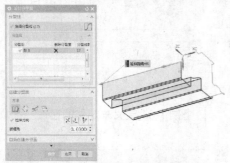 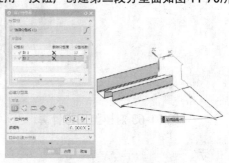

图 11-69 创建第一段分型面　　　　　　　图 11-70 创建第二段分型面

22 创建第三段分型面。系统自动切换至下一段分型线，仍然选择"创建分型面"的方法为"拉伸"，选择垂直于该分型线所在平面的矢量方向为拉伸方向，单击"应用"按钮，创建第三段分型面如图 11-71 所示。

23 创建最终分型面。系统自动切换至下一段分型线，仍然选择"创建分型面"的方法为"拉伸"，选择垂直于该分型线所在平面的矢量方向为拉伸方向，单击"确定"按钮，创建出的最终分型面如图 11-72 所示。

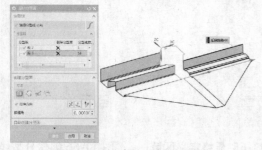 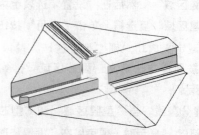

图 11-71 创建第三段分型面　　　　　　　图 11-72 创建最终的分型面

24 显示隐藏的部件。选择"注塑模向导"→"分型刀具"→"分型导航器"选项圖，弹出"分型导航器"对话框，勾选"产品实体""工件""工件线框"和"曲面补片"复选框，如图 11-73 所示。

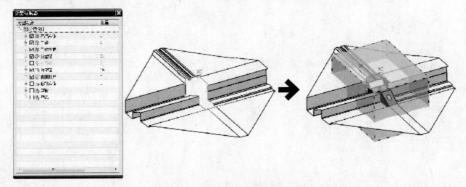

图 11-73 显示所隐藏的部件

25 创建型腔。选择"注塑模向导"→"分型刀具"→"定义型腔和型芯"选项圖，弹出"定义型腔和型芯"对话框；然后选择"型腔区域"复选框，单击"应用"按钮，创建出型腔区域，如图 11-74 所示

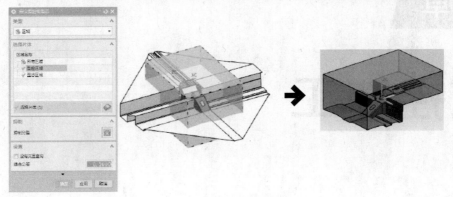

图 11-74 创建型腔区域

26 创建型芯。再在该对话框中选择"型芯区域"，单击"应用"按钮，创建出型芯区域，如图 11-75 所示。

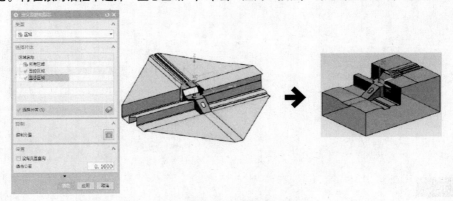

图 11-75 创建型芯区域

27 单击"文件"→"保存"→"全部保存"按钮，完成模具的设计。

第 12 章

数控加工

学习目标：

UG CAM基础知识

数控加工过程

数控技术即数字控制技术（Numerical Control Technology），指用计算机以数字指令的方式控制机床动作的技术。数控加工具有产品精度高、自动化程度高、生产效率高以及生产成本低等特点，在制造业中，数控加工是所有生产技术中相当重要的一环，尤其是汽车或航天行业零部件，其几何外形复杂且精度要求较高，更突出了数控加工技术的优点。

数控加工技术集传统的机械制造、计算机、信息处理、现代控制及传感检测等光、机、电技术于一体，是现代机械制造技术的基础。它的广泛应用给机械制造业的生产方式以及产品结构带来了深刻的变化。

近年来，由于计算机技术的迅速发展，数控技术的发展相当迅速。数控技术的水平和普及程度，已经成为了衡量一个国家综合国力和工业现代化水平的重要标志。

12.1 UG CAM 基础知识

UG NX 12.0数控模块提供了多种加工类型，用于各种复杂零件的粗加工，用户可以根据零件结构、加工表面形状和加工精度要求选择合适的加工类型。

12.1.1 UG CAM概述

数控编程的主要内容有：图样分析及工艺处理、数值处理、编写加工程序单、输入数控系统、程序检验和试切。

◆ 图样分析及工艺处理：在确定加工工艺过程时，编程人员首先应根据零件图样对工件的形状、尺寸和技术要求等进行分析，然后选择合适的加工方案，确定加工顺序和路线、装夹方式、刀具以及切削参数。为了充分发挥机床的功用，还应该考虑所用机床的指令功能，选择最短的加工路线，选择合适的对刀点和换刀点，以减少换刀次数。

◆ 数值处理：根据图样的几何尺寸、确定的工艺路线及设定的坐标系，计算工件的粗、精加工的运动轨迹，得到刀位数据。当零件图样坐标系与编程坐标系不一致时，需要对坐标进行换算。对形状比较简单的零件的轮廓进行加工时，需要计算出几何元素的起点、终点和圆弧的中心，以及两几何元素的交点或切点的坐标值，有的还需要计算刀具中心运动轨迹的坐标值。对于形状比较复杂的零件，需要用直线段或圆弧段逼近，根据要求的精度计算出各个节点的坐标值。

◆ 编写加工程序单：确定加工路线、工艺参数以及刀位数据后，编程人员可以根据数控系统规定的指令代码及程序段格式，逐段编写加工程序单。此外，还应填写有关的工艺文件，如数控刀具卡片、数控刀具明细表和数控加工工序卡片等。随着数控编程技术的发展，现在大部分的机床已经直接采用自动编程。

◆ 输入数控系统：即把编制好的加工程序，通过某种介质传输到数控系统，过去我国数控机床的程序输入一般使用穿孔纸带，穿孔纸带的程序代码通过纸带阅读器输入到数控系统。随着计算机技术的发展，现代数控机床主要利用键盘将程序输入到计算机中。随着网络技术进入工业领域，通过CAM生成的数控加工程序可以通过数据接口直接传输到数控系统中。

◆ 程序检验和试切：程序单必须经过检验和试切才能正式使用。检验的方法是直接将加工程序输入到数控系统中，让机床空运转，即以笔代刀，以坐标纸代替工件，画出加工路线，以检查机床的运动轨迹是否正确。若数控机床有图形显示功能，可以采用模拟刀具切削过程的方法进行检验。但这些过程只能检验出运动是否正确，不能检查被加工零件的精度。因此，必须进行零件的首件试切。试切时应该以单程序段的运行方式进行加工，监视加工状况，调整切削参数和状态。

12.1.2 加工术语及定义

1. 数控程序

数控加工程序由为使机床运转而给予数控装置的一系列指令的有序集合所构成。一个完整的程序由程序起始符、程序号、程序内容、程序结束和程序结束符等五部分组成。

根据系统本身的特点和编程的需要，每种数控系统都有一定的程序格式。对于不同的机床，其程序格式也不同。因此，编程人员必须严格按照机床说明书规定的格式进行编程，依靠这些指令使刀具按直线、圆弧或其他曲线运动，控制主轴的回转和停止、切削液的开关、自动换刀装置和工作台自动交换装置等的动作。

◆ 程序起始符：程序起始符位于程序的第一行，一般是"%""$"等。不同的数控机床，起始符也有可能不同，应根据具体数控机床说明书使用。

◆ 程序号：也称为程序名，是每个程序的开始部分。为了区别存储器中的程序，每个程序都要有程序编号。程序号单列一行，一般有两种形式：一种是以规定的英文字母（通常为O）为首，后面接若干位数字（通常为2位或4位），如O 0001；另一种是以英文字母、数字和符号"_"混合组成，比较灵活，程序名具体采用何种形式，由数控系统决定。

◆ 程序内容：它是整个程序的核心，由多个程序段（Block）组成。程序段是数控加工程序中的一句，单列一行，用于指挥机床完成某一个动作。每个程序段又是由若干指令组成，每个指令表示数控机床要完成的动作。指令由字（word）和"；"组成。而字是由地址符和数值构成，如X（地址符）100.0（数值）Y（地址符）50.0（数值）。字首是一个英文字母，称为字的地址，它决定了字的功能类别。一般字的长度和顺序不固定。

◆ 程序结束：在程序末尾一般有程序结束指令，如M30或M02，用于停止主轴、切削液和进给，并使控制系统复位。M30还可以使程序返回到开始状态，一般在换工件时使用。

◆ 程序结束符：程序结束的标记符，一般与程序起始符相同。

2. 数控指令

数控加工程序的指令由一系列的程序字组成，而程序字通常由地址（address）和数值（number）两部分组成，地址通常是某个英文大写字母。数控加工程序中地址代码的含义见表12-1。

表12-1 地址代码的含义

功能	地址	含义
程序号	O（EIA）	程序号
顺序号	N	顺序号
准备功能	G	动作模式

功　能	地　址	含　义
尺寸字	X、Y、Z	坐标移动指令
	A、B、C、U、V、W	附加轴移动指令
	R	圆弧半径
	I、J、K	圆弧中心坐标
主轴旋转功能	S	主轴转速
进给功能	F	进给速率
刀具功能	T	刀具号、刀具补偿号
辅助功能	M	辅助装置的接通和断开
补偿号	H、D	补偿序号
暂停	P、X	暂停时间
子程序重复次数	L	重复次数
子程序号指定	P	子程序序号
参数	P、Q、R	固定循环

　　一般的数控机床可以选择米制单位毫米（mm）或英制单位英寸（in）为数值单位。米制单位可以精确到0.001mm，英制单位可以精确到0.0001in，这也是一般数控机床的最小移动量。

　　表12-2列出了一般数控机床能输入的指令数值范围，而数控机床实际使用范围受到机床本身的限制，因此需要参考数控机床的操作手册而定。例如，UG CAM中的X轴可以移动99999.999mm，但实际上数控机床上的X轴行程可能只有650mm；进给速率F最大可以输入10000.0mm/min，但实际上数控机床可能限制在3000mm/min以下。因此，在编制数控加工程序时，一定要参照数控机床的使用说明书。

表12-2 编码字符的数值范围

功　能	地　址	米制单位	英制单位
程序号	:（ISO）O（ETA）	1~9999	1~9999
顺序号	N	1~9999	1~9999
准备功能	G	0~99	0~99
尺寸字	X、Y、Z、Q、R、I、J、K	±99999.999mm	±99999.999in
	A、B、C	±99999.999°	±99999.999°
进给功能	F	1~10000.0mm\min	0.01~400.0in\min
主轴旋转功能	S	0~9999	0~9999
刀具功能	T	0~99	0~99
辅助功能	M	0~99	0~99
子程序号	P	1~9999	1~9999
暂停	P、X	0~99999.999s	0~99999.999s
重复次数	L	1~9999	1~9999
补偿号	D、H	0~32	0~32

3. 语句号指令

语句号指令也称程序段号，用以识别程序段的编号。它位于程序段之首，以字母N开头，其后为2~4位的数字。需要注意的是，数控加工程序是按程序段的排列次序执行的，与顺序段号的大小次序无关，即程序段号实际上只是程序段的名称，而不是程序段执行的先后次序。

4. 准备功能指令

准备功能指令以字母G开头，后接两位数字，因此又称为G代码，它是控制机床运动的主要功能类别。G指令从G00~G99共100种，见表12-3。

表12-3 准备功能G代码

G代码	功 能	G代码	功 能
G00	点定位	G01	直线插补
G02	顺时针方向圆弧插补	G03	逆时针方向圆弧插补
G04	暂停	G05	不指定
G06	抛物线插补	G07	不指定
G08	加速	G09	减速
G10⁻G16	不指定	G17	XY平面选择
G18	XZ平面选择	G19	YZ平面选择
G20⁻G32	不指定	G33	螺纹切削，等螺距
G34	螺纹切削，增螺距	G35	螺纹切削，减螺距
G36⁻G39	永不指定	G40	刀具补偿\刀具偏置注销
G41	刀具半径左补偿	G42	刀具半径右补偿
G43	刀具右偏置	G44	刀具负偏置
G45	刀具偏置+\+	G46	刀具偏置+\-
G47	刀具偏置-\-	G48	刀具偏置-\+
G49	刀具偏置0\+	G50	刀具偏置0\-
G51	刀具偏置+\0	G52	刀具偏置-\0
G53	直线偏移，注销	G54	直线偏移X
G55	直线偏移Y	G56	直线偏移Z
G57	直线偏移XY	G58	直线偏移XZ
G59	直线偏移YZ	G60	准确定位1（精）
G61	准确定位2（中）	G62	准确定位3（粗）
G63	攻螺纹	G64⁻G67	不指定
G68	刀具偏置，内角	G69	刀具偏置，外角
G70⁻G79	不指定	G80	固定循环注销
G81⁻G89	固定循环	G90	绝对尺寸
G91	增量尺寸	G92	预置寄存
G93	时间倒数，进给率	G94	每分钟进给
G95	主轴每转进给	G96	横线速度
G97	每分钟转速	G98⁻G99	不指定

5. 辅助功能指令

辅助功能指令也称作M功能或者M代码，一般由字符M及随后的两位数字组成，它是控制机床或系统辅助动作及状态的功能。部分辅助功能的M代码见表12-4。

表12-4 部分辅助功能的M代码

M代码	功 能	M代码	功 能
M00	程序停止	M01	计划停止
M02	程序结束	M03	主轴顺时针旋转
M04	主轴逆时针旋转	M05	主轴停止旋转
M06	换刀	M08	切削液开
M09	切削液关	M30	程序结束并返回
M74	错误检测功能打开	M75	错误检测功能关闭
M98	子程序调用	M99	子程序调用返回

12.1.3 UG CAM加工基本流程

UG NX 12.0能够模拟数控加工的全过程，其一般加工流程如图 12-1所示。

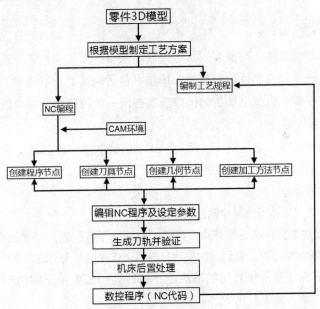

图 12-1 UG NX 12.0数控加工流程

◆ 创建制造模型，包括创建或获取设计模型以及工件规划。

◆ 进入加工环境。

◆ 进行NC操作（如创建程序、几何体、刀具等）。

◆ 创建刀具路径文件，进行加工仿真。

◆ 利用后处理器生成NC代码。

12.2 数控加工过程

在进行数控加工操作之前，首先需要进入UG NX 12.0数控加工环境。单击"应用模块"→"加工"→"加工"选项，进入加工模块，此时的"主页"选项卡如图12-2所示。

图 12-2 加工模块下的"主页"选项卡

而当加工零件第一次进入加工环境时，系统将弹出"库类选择"对话框。在"要搜索的类"中选择需要的加工环境，通常选择general选项，此选项是一个基本的加工环境，基本上包括了所有的铣削加工功能、车削加工功能以及线切割电火花功能。对于一般的用户，general加工环境基本上就可以满足要求，所以在选择加工环境时，只要选择general加工环境就可以了；在"要创建的CAM设置"列表框中可以选择要操作的加工模版类型。不过在进入加工环境后，可以随时在"创建工序"对话框中改选此环境中的其他操作模版类型。

12.2.1 创建程序

程序主要用于编排各加工操作的次序，并可方便地对各个加工操作进行管理，某种程度上相当于一个文件夹。例如，一个复杂零件的所有加工操作（包括粗加工、半精加工、精加工等）需要在不同的机床上完成，将在同一机床上加工的操作放置在同一个程序组，就可以直接选择这些操作所在的父节点程序组进行后处理。

要创建加工程序，可选择"主页"→"插入"→"创建工序"按钮，弹出"创建工序"对话框，如图12-3所示。该对话框中各选项组的含义如下。

◆ 类型：用于指定操作的类型。

◆ 工序子类型：指定一个工序模版，从中创建新的工序。

◆ 位置：用于指定新创建的程序所在的节点，打开"程序"下拉列表，将弹出三个选项，分别为NC_PROGRAM、NONE和PROGRAM。新创建的程序将在以上选择的某个节点之下，根节点NC_PROGRAM不能改变；NONE节点也是系统给定的节点，不能改变，主要用于容纳一些暂时不用的操作；PROGRAM是系统创建的主要加工节点。

◆ 名称：系统自动产生一个名称，作为新创建的程序名，用户也可以输入自己定义的名称，只要在"名称"的文本框中输入新创建的名称即可。

设置完毕，单击"确定"便可以创建程序。

在"工序导航器程序顺序"视图有"相依性"一栏，在此栏中列出了程序组的层次关系。单击"PROGRAM_1"，将在"相依性"一栏中列出"PROGRAM_1"的层次关系，如图12-4所示。

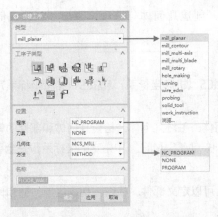

图 12-3 "创建工序"对话框　　　　　图 12-4 "相依性"层次栏

程序组在"操作导航器"中构成一种树状层次结构关系，彼此之间形成"父子"关系，在相对位置中，高一级的程序组为父组，低一级的程序组为子组，父组的参数可以传递给子组，不必在子组中进行重复设置，也就是说子组可以继承父组的参数。在子组中只对子组不同于父组的参数进行设置，以减少重复劳动，提高效率。如图 12-4 所示，"PROGRAM_1"程序将继承它的父组"NC_PROGRAM"这一根程序的参数，而对"PROGRAM_1"程序有关参数设置完毕后，"PROGRAM_2"与"PROGRAM_3"作为"PROGRAM_1"子组将继承"PROGRAM_1"参数，同时也继承了"NC_PROGRAM"的参数。如果改变了程序的位置或者程序下面操作的位置，也就改变了它们和原来程序的父子关系，有可能导致失去从父组里继承来的参数，也不能把自身的参数传递给子组，导致子组或操作的参数发生变化。

在"操作导航器"中的程序节点和操作前面，通常会根据不同的情况出现以下三种标记，表明程序节点和操作的状态，可以根据标记判断程序节点和操作的状态。

◆ "⊘"：需要重新生成刀轨。如果在程序节点前，表示在其下面包含有空操作或者过期操作；如果在操作前，表示此操作为空操作或过期操作。

◆ "❗"：需要重新后处理。如果在程序节点前，表示节点下面所有的操作都是完成的操作，并且输出过程序；如果在操作前，表示此操作为已完成的操作，并被输出过。

◆ "✔"：如果在程序节点前，表示节点下面所有的操作都是完成的操作，但未输出过程序；如果在操作前，表示此操作作为已完成的操作，但未输出过。

12.2.2 创建几何体

创建几何体主要是定义要加工的几何对象（包括部件几何体、毛坯几何体、切削区域、检查几何体和修剪几何体）和指定零件几何体在数控机床上的机床坐标系（MCS）。几何体可以在创建工序之前定义，也可以在创建工序过程中指定。其区别是，提前定义的加工几何体可以为多个工序使用，而在创建工序过程中指定加工几何体只能为该工序使用。

1. 创建机床坐标系

在创建加工操作前，应首先创建机床坐标系，并检查机床坐标系和参考坐标系的位置和方向是否正确，要尽可能地将参考坐标系、机床坐标系、绝对坐标系统一到同一位置。

　　要创建机床坐标系, 可选择 "主页" → "插入" → "创建几何体" 选项, 弹出 "创建几何体" 对话框, 如图 12-5 所示。

　　该对话框中各选项的含义说明如下。

◆ "（MCS机床坐标系）": 单击此按钮, 可以建立 MCS（机床坐标系）和 RCS（参考坐标系）、设置安全距离和下限平面以及避让参数等。

◆ "（WORKPIECE工件几何体）": 用于定义部件几何体、毛坯几何体、检查几何体和部件的偏置。所不同的是, 它通常位于 "MCS_MILL" 父级组下, 只关联 "MCS_MILL" 中指定的坐标系、安全平面、下限平面和避让等。

◆ "（MILL_AREA切削区域几何体）": 单击此按钮, 可以定义部件、检查、切削区域、壁和修剪等几何体。切削区域也可以在以后的操作对话框中指定。

◆ "（MILL_BND边界几何体）": 单击此按钮, 可以指定部件边界、毛坯边界、检查边界、修剪边界和底平面几何体。在某些需要指定加工边界的操作, 如表面区域铣削、3D轮廓加工和清根切削等操作中会用到此选项。

◆ "（MILL_TEXT文字加工几何体）": 单击此按钮, 可以指定 planar_text 和 contour_text 工序中的雕刻文本。

◆ "（MILL_GEOM铣削几何体）": 单击此按钮, 可以通过选择模型中的体、面、曲线和切削区域来定义部件几何体、毛坯几何体、检查几何体, 还可以定义零件的偏置、材料, 存储当前的视图布局与层。

　　单击 "几何体子类型" 选项组中的 MCS 按钮, 在 "几何体" 下拉列表框中选择 GEOMETRY 选项, 然后在 "名称" 文本框中输入名称, 单击 "确定" 按钮, 系统即自动弹出 MCS 对话框, 如图 12-6 所示。

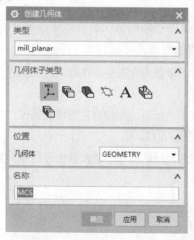

图 12-5 "创建几何体" 对话框

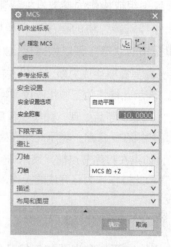

图 12-6 MCS对话框

　　MCS 对话框中主要选项和选项组的功能含义说明如下。

◆ "机床坐标系": 单击该选项组中的 "CSYS对话框" 按钮, 系统弹出 CSYS 对话框, 如图 12-7 所示, 在此对话框中可以对机床坐标系的参数进行设置。机床坐标系即加工坐标系, 它是所有刀具轨迹输出点坐标值的基准, 刀具轨迹中所有点的数据都是根据机床坐标系生成的。在一个零件的加工工艺中, 可能会创建多个机床坐标系, 但在每个工序中只能选择一个机床坐标系。系统默认的机床坐标系定位在绝对坐标系的位置。

◆ "参考坐标系"：勾选该选项组中的"链接RCS与MCS"复选框，即指定当前的参考坐标系为机床坐标系，此时的"指定RCS"选项将不可用；取消勾选"链接RCS与MCS"复选框，单击"指定RCS"右侧的"CSYS对话框"按钮⬚，系统弹出CSYS对话框，在此对话框中可以对参考坐标系的参数进行设置。参考坐标系主要用于确定所有刀具轨迹外的数据，如安全平面、对话框中指定的起刀点、刀轴矢量以及其他矢量数据等。当正在加工的工件从工艺各截面移动到另一截面时，将通过搜索已存储的参数，使用参考坐标系重新定位这些数据。系统默认的参考坐标系定位在绝对坐标系上。

在MCS对话框的"机床坐标系"选项组中单击"CSYS对话框"按钮⬚，系统弹出CSYS对话框，如图 12-7所示。在"类型"下拉列表框中选择"动态"选项，在绘图区会出现如图 12-8所示的待创建坐标系，可以通过移动原点球来确定坐标系圆点的位置，拖动圆弧边上的原点可以分别绕相应轴进行旋转以调整角度。

单击CSYS对话框中"操控器"选项组中的"操控器"按钮⬚，弹出"点"对话框，如图 12-9所示，在"点"对话框的"坐标"选项组中输入合适的坐标，然后单击"确定"按钮，此时系统自动返回CSYS对话框，在该对话框中单击"确定"按钮，完成机床坐标系的创建，如图 12-10所示。此时系统自动返回到MCS对话框。

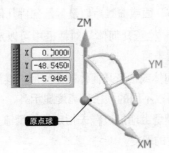

图 12-7 CSYS对话框　　　图 12-8 待创建坐标系　　　图 12-9 "点"对话框

2. 创建安全平面

设置安全平面，可以避免在创建每一工序时都设置避让参数。设置安全平面时，可以选择模型的表面或者直接选择基准面作为参考平面，然后设置安全平面相对于所选平面的距离。

要创建安全平面，可选择"主页"→"插入"→"创建几何体"选项⬚，弹出"创建几何体"对话框；然后单击"几何体子类型"选项组中的MCS按钮⬚，单击"确定"按钮，弹出MCS对话框。在"安全设置"选项组的"安全设置选项"下拉列表中选择"平面"选项，然后在合适的地方创建出平面，单击"确定"按钮，即可创建安全平面。

3. 创建工件几何体

要创建工件几何体，可选择"主页"→"插入"→"创建几何体"按钮⬚，弹出"创建几何体"对话框；然后单击"几何体子类型"选项组中的WORKPIECE按钮⬚，单击"确定"按钮，弹出"工件"对话框，如图 12-11所示。

单击"工件"对话框中的"指定部件"按钮⬚，弹出"部件几何体"对话框，如图 12-12所示。

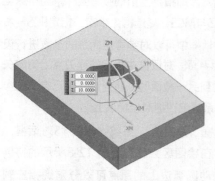

图 12-10 创建的机床坐标系　　图 12-11 "工件"对话框　　图 12-12 "部件几何体"对话框

"工件"对话框中的主要功能按钮说明如下。

◆ 按钮：单击此按钮，在弹出的"部件几何体"对话框中可以定义加工完成后的几何体，即最终的零件，它可以控制刀具的切削深度和活动范围，可以通过设置选择过滤器来选择特征、几何体（实体、面或曲线）和小平面体来定义部件几何体。

◆ 按钮：单击此按钮，在弹出的"毛坯几何体"对话框中可以定义将要加工的原材料，可以设置选择过滤器来选择特征、几何体（实体、面或曲线）以及偏置部件几何体来定义毛坯几何体。

◆ 按钮：单击此按钮，在弹出的"检查几何体"对话框中可以定义刀具在切削过程中要避让的几何体，如夹具和其他已加工过的重要表面。

◆ 按钮：当部件几何体、毛坯几何体或检查几何体被定义后，其后的按钮也将高亮显示，此时单击此按钮，已定义的几何体对象将以不同的颜色高亮度显示。

◆ 部件偏置：用于设置在零件实体模型上增加或减去指定的厚度值。正的偏置值在零件上增加指定的厚度，负的偏置值在零件上减去指定的厚度。

◆ 按钮：单击此按钮，弹出"搜索结果"对话框，如图 12-13 所示。在此对话框中列出了材料数据库中所有材料类型，材料数据库由配置文件指定。选择合适的材料后，单击"确定"按钮，则为当前创建的工件指定了材料属性。

在绘图区选择创建的实体模型作为部件几何体，单击"确定"按钮，系统返回"工件"对话框。在"工件"对话框中单击"指定毛坯"按钮，弹出"毛坯几何体"对话框，如图 12-14 所示。通过该对话框选择毛坯几何体，单击"确定"按钮，即可完成创建。

4. 创建切削区域几何体

要创建切削区域几何体，可选择"主页"→"插入"→"创建几何体"选项，弹出"创建几何体"对话框；然后单击"几何体子类型"选项组下的 MILL_AREA 按钮，单击"确定"按钮，弹出"铣削区域"对话框，如图 12-15 所示。

再单击"铣削区域"对话框中的"指定切削区域"按钮，弹出"切削区域"对话框，如图 12-16 所示。通过该对话框选择切削区域，单击"确定"按钮，即可完成创建。

"铣削区域"对话框中的主要功能按钮说明如下。

◆ 按钮：检查几何体是否为在切削加工过程中要避让的几何体，如夹具或者重要加工平面。

◆ 按钮：选择该按钮，可以指定具体要加工的区域，可以是零件几何的部分区域；如果不指定，系统将认为是整个零件的所有区域。

◆ 按钮 ：通过设置侧壁几何体来替换工件余量，表示除了加工面以外的全局工件余量。

◆ 按钮 ：选择该按钮，可以进一步控制需要加工的区域，一般是通过设定剪切侧来实现的。

图 12-13 "搜索结果"对话框　　图 12-14 "毛坯几何体"对话框　　图 12-15 "铣削区域"对话框

12.2.3 创建刀具

在创建工序前，必须设置合理的刀具参数或从刀具库中选择合适的刀具。刀具的定义直接关系到加工表面质量的优劣、加工精度以及加工成本的高低。

要创建刀具，可选择"主页"→"插入"→"创建刀具"选项 ，弹出"创建刀具"对话框，如图 12-17 所示。在"类型"下拉列表中选择合适的加工类型，再单击对应"刀具子类型"选项组中的合适刀具按钮，单击"确定"按钮，打开相应的刀具参数对话框，如图 12-18 所示。设置好相应的刀具参数，单击"确定"按钮，即可完成刀具的创建。

  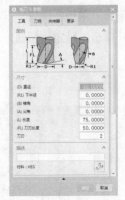

图 12-16 "切削区域"对话框　　图 12-17 "创建刀具"对话框　　图 12-18 刀具参数对话框

12.2.4 创建加工方法

在零件的加工过程中，经常需要经过粗加工、半精加工、精加工几个步骤，而它们的主要差异在于加工后残留在工件上的余料多少以及表面粗糙度的高低。在加工方法中可以通过对加工余量、几何体的内外公差和进给速度等选项进行设置，从而控制加工残留余量。

要创建加工方法，可选择"主页"→"插入"→"创建方法"选项![图标]，弹出"创建方法"对话框，如图 12-19所示。在"类型"下拉列表中选择加工的类型，再在相应的"方法子类型"选项组中选择合适的加工方法，单击"确定"按钮，弹出"铣削方法"对话框，如图 12-20所示。在该对话框中设置好加工的余量参数，单击"确定"按钮，即可完成创建。

"铣削方法"对话框中的主要功能按钮说明如下。

◆ "部件余量"：为当前所创建的加工方法指定零件余量。

◆ "内公差"：用于设置切削过程中（不同的切削方式含义略有不同）刀具穿透曲面的最大量。

◆ "外公差"：用于设置切削过程中（不同的切削方式含义略有不同）刀具避免接触曲面的最大量。

◆ "切削方法"![图标]：单击该按钮，在弹出的"搜索结果"对话框中，系统为用户提供了七种切削方法，分别是FACE MILLING（面铣）、END MILLING（端铣）、SLOTING（台阶加工）、SIDE\SLOT MILL（边和台阶铣）、HSM ROUTH MILLING（高速粗铣）、HSM SEMI FINISH MILLING（高速半精铣）、HSM FINISH MILLING（高速精铣）。

◆ "进给"![图标]：单击该按钮后，可以在弹出的"进给"对话框中设置切削进给量。

◆ "颜色"![图标]：单击该按钮后，可以在弹出的"刀轨显示颜色"对话框中对刀轨的颜色显示进行设置。

◆ "编辑显示"![图标]：单击该按钮后，系统弹出"显示选项"对话框，可以设置刀具显示方式、刀轨显示方式等。

12.2.5 创建工序

在UG NX 12.0加工中，每个加工工序所产生的加工刀具路径、参数形态及适用状态有所不同，所以用户需要根据零件图样及工艺技术状况，选择合理的加工工序。

要创建工序，选择"主页"→"插入"→"创建工序"选项![图标]，弹出"创建工序"对话框，如图 12-21所示。在"类型"下拉列表中选择合适的加工类型，再单击"工序子类型"选项组下的合适工序按钮，单击"确定"按钮，打开相应的工序对话框，如图 12-22所示。设置好相应的工序参数对话框，单击"确定"按钮，即可完成创建。

图 12-19 "创建方法" 图 12-20 "铣削方法" 图 12-21 "创建工序" 图 12-22 "型腔铣"对
对话框　　　　　　对话框　　　　　　对话框　　　　　　话框

在"型腔铣"对话框的"刀轨设置"选项组中，提供了七种刀轨设置方法。

◆ "跟随部件"：根据整个部件几何体并通过偏置来生成刀轨。与"跟随周边"方法不同的是，"跟随周边"只从部件或毛坯的外轮廓生成并偏移刀轨，"跟随部件"方式是根据整个部件中的几何体生成并偏移刀轨，它可以根据部件的外轮廓生成刀轨，也可以根据岛屿和型腔的外围环生成刀轨，所以无须进行"岛清理"的设置。另外，"跟随部件"的方法无须指定步距的方向，一般来讲，型腔的步距方向总是向外的，岛屿的步距方向总是向内的。此方法也十分适合带有岛屿和内腔零件的粗加工，当零件只有外轮廓这一条边界几何时，它和"跟随周边"方法是一样的，一般优先选择"跟随部件"方法进行加工。

◆ "跟随周边"：沿切削区域的外轮廓生成刀轨，并通过偏移该刀轨形成一系列的同心刀轨，并且这些刀轨都是封闭的。当内部偏移的形状重叠时，这些刀轨将被合并成为一条轨迹，然后再重新偏移生成下一条轨迹。和"往复"式切削一样，也能在步距运动间连续地进刀，因此效率也较高。设置参数时，需要设定步距的方向是"向内"（外部进刀，步距指向中心）还是"向内"（中间进刀，步距指向外部）。此方法常用于带有岛屿和内腔零件的粗加工，如模具的型芯和型腔等。

◆ "轮廓加工"：用于创建一条或者几条指定数量的刀轨来完成零件侧壁或外形轮廓的加工，生成刀轨的方法和"跟随部件"方法相似，主要以精加工和半精加工为主。

◆ "摆线"：刀具会以圆形回环模式运动，生成的刀轨是一系列相交且外部相连的圆环，像一个拉卡的弹簧。它控制了刀具的切入，限制了步距，以免在切削时因刀具的完全切入受冲击过大而断裂。选择此项，需要设置步距（刀轨中相邻两圆环的圆心距）和摆线的路径宽度（刀轨中圆弧的直径）。此方法比较适合部件中的狭窄区域、岛屿和部件，以及两岛屿之间区域的加工。

◆ "单向"：刀具在切削轨迹的起点进刀，切削到切削轨迹的终点，然后抬刀至转换平面高度，平移到下一行轨迹的起点，刀具开始以同样的方向进行下一行切削。切削轨迹始终维持一个方向的顺铣或者逆铣切削，在连续两行平行刀轨间没有沿轮廓的切削运动，从而会影响切削效率。此方法常用于岛屿的精加工和无法运用往复加工的场合，如一些陡壁的肋板。

◆ "往复"：指刀具在同一切削层内不抬刀，在步距宽度的范围内沿着切削区域的轮廓维持连续往复的切削运动。"往复"式切削方式生成的是多条平行直线刀轨，连续两行平行刀轨的切削方向相反，但步进方向相同，所以在加工中会交替出现顺铣切削和逆铣切削。在加工策略中指定顺铣或逆铣是不会影响此切削方式，但会影响其中的"壁清根"的切削方向（顺铣和逆铣是会影响加工精度的，逆铣的加工质量比较高）。用这种方法加工时，刀具在步进的时候始终保持进刀状态，能最大化地对材料进行切除，是最经济和高效的切削方式，通常用于型腔的粗加工。

◆ "单向轮廓"：与"单向"切削方法类似，但是在进刀时将在前一行刀轨的起始点位置进刀，然后沿轮廓切削到当前行的起点进行当前行的切削；当切削到端点时，仍然沿轮廓切削到前一行的端点，然后抬刀转移平面，再返回到起始边当前行的起点进行下一行的切削。其中抬刀回程是快速横越运动，在连续两行平行刀轨间会产生沿轮廓的切削壁面刀轨（步距），因此壁面加工的质量较高。此方法切削比较平稳，对刀具的冲击很小，常用于粗加工后对要求余量均匀的零件进行粗加工，如一些对侧壁要求较高的零件和薄壁类零件等。

12.2.6 〉生成车间文档

UG NX 12.0提供了一个车间工艺文档生成器，它从NC part文件中提取对加工车间有用的CAM文件和图形信息，包括数控程序中用到的刀具参数清单、加工工序、加工方法清单和切削参数清单。它可以用文本文件（txt）或超文本链接语言（HTML）两种格式输出。操作人员、刀具仓库管理人员或其他需要了解有关信息的人员，都可以方便地在网上查询并使用车间工艺文档。这些文件多半提供给生产现场的机床操作人员，免除了手工撰写工艺文件的麻烦。同时可以将自己定义的刀具快速加入到刀具库中，供以后使用。

UG NX 12.0 CAM车间工艺文档可以包含零件几何材料、控制几何、加工参数、控制参数、加工次序、机床刀具设置、机床刀具控制事件、后处理命令、刀具参数和刀具轨迹信息。

要创建车间文档，可选择"主页"→"操作"→"车间文档"选项，弹出"车间文档"对话框，如图 12-23所示。在对话框的"报告格式"选项组中选择Operation List Select（TEXT）选项，单击"确定"按钮，系统自动弹出"信息"对话框，如图 12-24所示，并在当前模型所在的文件夹中生成一个记事本文件，该文件即车间文档。

图 12-23 "车间文档"对话框

图 12-24 "信息"对话框

12.2.7 》输出CLSF文件

CLSF文件也称为刀具位置源文件，是一个可用第三方后置处理程序进行后置处理的独立文件。它是一个包含标准APT命令的文本文件，其扩展名为.cls。

由于一个零件可能包含多个用于不同机床的刀具路径，因此在选择程序组进行刀具位置源文件输出时，应确保程序组中包含的各个操作可在同一机床上完成。如果一个程序组包含多个用于不同机床的刀具路径，则在输出刀具路径的CLSF文件前，应首先重新组织程序结构，使同一机床的刀具路径处于同一个程序组中。

要输出CLSF文件，先在"工序导航器"中选择已创建的工序节点，然后选择"主页"→"操作"→"更多"→"创建工序"选项，弹出"CLSF输出"对话框，如图 12-25所示。然后在"CLSF格式"选项组中选择系统默认的"CLSF_STANTARD"选项，单击"确定"按钮，系统弹出"信息"对话框，如图 12-26所示。在当前模型所在的文件夹中生成一个名为pocketing.cls的CLSF文件，可以用记事本打开该文件。

12.2.8 》后处理

在"工序导航器"中选择一个操作或者一个程序组后，用户可以利用系统提供的后处理器来处理程序，其中利用Post Builder（后处理构造器）建立特定机床定义文件以及事件处理文件后，可以用NX/Post进行后置处理，将刀具路径生成合适的机床NC代码。用NX/Post进行后置处理时，可以在

NX加工环境下进行，也可以在操作系统环境下进行。

要进行后处理操作，首先在"工序导航器"中选择已创建的工序节点，然后选择"主页"→"操作"→"后处理"选择，弹出"后处理"对话框，如图12-27所示。在"后处理器"选项组中选择系统默认的"MILL_3_AXIS"选项，在"单位"下拉列表中选择"公制/部件"选项，单击"确定"按钮，系统弹出"信息"对话框，如图12-28所示。在当前模型所在的文件夹中生成一个名为pocketing.cls的CLSF文件，可以用记事本打开该文件。

图 12-25 "CLSF输出"对话框

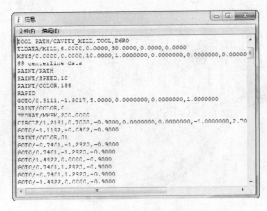

图 12-26 "信息"对话框

图 12-27 "后处理"对话框

图 12-28 NC代码

12.3 综合实例——创建调色板

在机械零件的加工中，加工工艺的制定是十分重要的，一般先进行粗加工，然后再进行精加工。粗加工时，刀具进给量大，机床主轴的转速较低，以便切除大量的材料，提高加工的效率。在进行精加工时，刀具的进给量小，主轴的转速较高，加工的精度高，以达到零件加工精度的要求。通过本节的综合实例，让读者充分了解NX CAM的实际操作和应用。

1. 将模型导入加工环境

01 打开模型文件。打开素材文件"第12章\12.3调色板.prt",如图12-29所示。

02 进入加工环境。选择"应用模块"→"加工"→"加工"选项 ┠ ,或者选择快捷键Ctrl+Alt+M,弹出"加工环境"对话框,然后在"CAM会话配置"选项组中选择"cam_general"选项,在"要创建的CAM组装"选项组中选择"mill_contour"选项,单击"确定"按钮,如图12-30所示,即可进入加工环境。

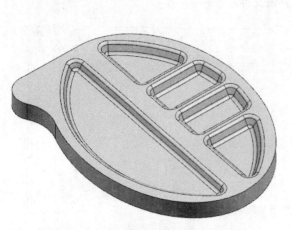

图 12-29 素材文件

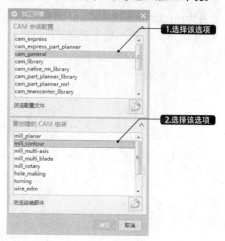

图 12-30 设置加工环境

03 创建机床坐标系和安全平面。由于进入加工环境后,系统默认的视图是程序视图,所以需切换至几何视图进行机床坐标系的创建。在"工序导航器"的空白处单击右键,在弹出的快捷菜单中选择"几何视图"选项,如图12-31所示。

04 创建安全平面。双击节点 ⊕ ∴ MCS_MILL,弹出"MCS铣削"对话框。采用系统默认的加工坐标系,在"安全设置"选项组的"安全设置选项"下拉列表中选择"自动平面"选项,在"安全距离"文本框中输入20,如图12-32所示。

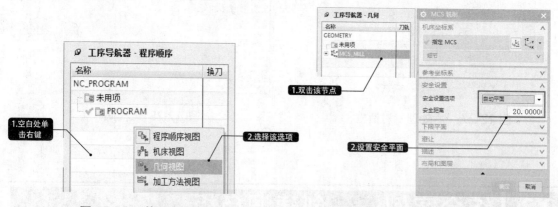

图 12-31 切换至几何视图

图 12-32 "MCS铣削"对话框

05 创建几何体。单击"确定"按钮,完成安全平面的创建,返回几何视图空间。在"工序导航器"中单击节点 ⊕ ∴ MCS_MILL 左侧的符号 ⊕ ,展开子选项,接着双击子选项 ◈ WORKPIECE,弹出"工件"对话框。

06 指定部件几何体。在"工件"对话框中单击"指定部件"按钮 ◈ ,弹出"部件几何体"对话框。在绘图区中选择整个零件实体作为部件几何体,如图12-33所示。单击"确定"按钮,返回"工件"对话框。

07 指定毛坯几何体。在"工件"对话框中单击"指定毛坯"按钮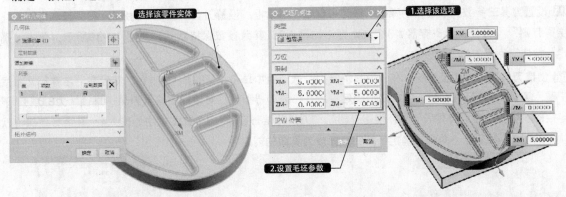，弹出"毛坯几何体"对话框。在"类型"下拉列表中选择"包容块"选项，然后选择整个模型，并设置毛坯参数，如图 12-34 所示。单击"确定"按钮，返回"工件"对话框，再单击"确定"按钮，返回模型空间，完成几何体的创建。

图 12-33 指定部件几何体　　　　　　　图 12-34 指定毛坯几何体

2. 创建调色板的加工刀具

01 创建刀具一。选择"主页"→"插入"→"创建刀具"选项，弹出"创建刀具"对话框。在对话框的"刀具子类型"选项组中单击 MILL 按钮，在"刀具"下拉列表中选择"GENERIC_MACHINE"选项，然后在"名称"文本框中输入刀具名称为 T1D16R1，最后单击"确定"按钮，如图 12-35 所示。

02 设置刀具一参数。系统自动弹出"铣刀-5 参数"对话框，设置刀具"直径"为 16.0，"下半径"为 1.0，在"刀具号""补偿寄存器""刀具补偿寄存器" 3 个文本框中均输入 1，其余参数保持默认，如图 12-36 所示。单击"确定"按钮，完成刀具一的设定。

03 创建刀具二。参照上步骤，在"刀具子类型"选项组中单击 MILL 按钮，然后在"名称"文本框中输入刀具名称为 T2D12，单击"确定"后在"铣刀-5 参数"对话框中输入刀具"直径"为 12.0，在"刀具号""补偿寄存器""刀具补偿寄存器" 3 个文本框中均输入 2，其余参数保持默认，如图 12-37 所示。单击"确定"按钮，完成刀具二的创建。

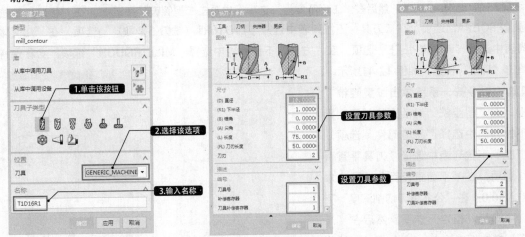

图 12-35 创建刀具一　　　　图 12-36 设置刀具一参数　　　　图 12-37 设置刀具二参数

04 创建刀具三。选择"主页"→"插入"→"创建刀具"选项，弹出"创建刀具"对话框，在对话框的"类型"下拉列表中选择"mill_planar"选项，再在"刀具子类型"选项组中单击"BALL_MILL"按钮，在"刀具"下拉列表中选择"GENERIC_MACHINE"选项，然后在"名称"文本框中输入刀具名称为T3B8，然后单击"确定"按钮，如图 12-38所示。

05 设置刀具三参数。系统自动弹出"铣刀-5参数"对话框，设置刀具"直径"为8.0，在"刀具号""补偿寄存器""刀具补偿寄存器"3个文本框中均输入3，其余参数保持默认，如图 12-39所示。单击"确定"按钮，完成刀具三的设定。

06 创建刀具四。参照上步骤，在"刀具子类型"选项组中单击"MILL"按钮，然后在"名称"文本框中输入刀具名称"T4D8R2"，单击"确定"后在"铣刀-5参数"对话框中输入刀具"直径"为8.0，"下半径R"为2.0，在"刀具号""补偿寄存器""刀具补偿寄存器"3个文本框中均输入4，其余参数保持默认，如图 12-40所示。单击"确定"按钮，完成刀具四的创建。

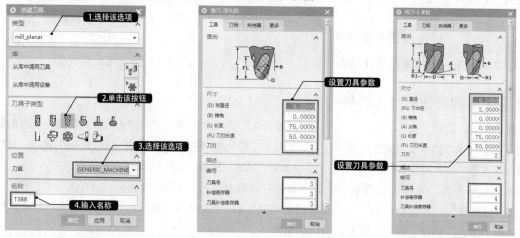

图 12-38 创建刀具三　　　图 12-39 设置刀具三参数　　　图 12-40 设置刀具四参数

3. 创建型腔铣工序

01 插入工序。选择"主页"→"插入"→"创建工序"选项，弹出"创建工序"对话框。在"类型"下拉列表中选择mill_contour选项，然后在"工序子类型"选项组中单击"型腔铣"按钮，在"程序"下拉列表中选择PROGRAM选项，在"刀具"下拉列表中选择"T1D16R1（铣刀-5参数）"选项，在"几何体"下拉列表中选择"WORKPIECE"选项，在"方法"下拉列表中选择"MILL_ROUGH"选项，名称保持默认，单击"确定"按钮，如图 12-41所示。

02 设置一般参数。系统弹出"型腔铣"对话框。在"型腔铣"对话框的"切削模式"下拉列表中选择"跟随部件"选项，在"步距"下拉列表中选择"刀具平直百分比"选项，在"平面直径百分比"文本框中输入50.0，在"公共每刀切削深度"下拉列表中选择"恒定"选项，然后在"最大距离"文本框中输入1.0，如图 12-42所示。

03 设置切削参数。单击"型腔铣"对话

图 12-41 插入工序

图 12-42 设置刀具路径参数

框中的"切削参数"按钮，系统弹出"切削参数"对话框.选择对话框中的"策略"选项卡，在"切削顺序"下拉列表中选择"深度优先"选项；再单击"余量"选项卡，在"部件侧面余量"文本框中输入0.5；再选择"连接"选项卡，在"开放刀路"下拉列表中选择"变换切削方向"选项，如图12-43所示。其余选项卡参数保持默认。

图 12-43 设置切削参数

04 单击"确定"按钮，返回"型腔铣"对话框。

05 设置非切削移动参数。单击"型腔铣"对话框中的"非切削移动"按钮，弹出"非切削移动"对话框，设置其中的"进刀"选项卡参数如图 12-44所示。单击"确定"按钮，完成非切削移动参数的设置，返回"型腔铣"对话框。

06 设置进给率和速度。在"型腔铣"对话框中单击"进给率和速度"按钮，弹出"进给率和速度"对话框。在其中勾选"主轴速度"复选框，然后在其文本框中输入1000.0；在"进给率"选项组的"切削"文本框中输入200.0，按Enter键，再单击文本框右侧的按钮，计算出表面速度和每齿的进给量，如图12-45所示。

07 展开"进给率"选项组中的"更多"列表框，在其中的"进刀"文本框中输入100.0，其他选项均采用系统默认参考值，如图12-46所示。单击"确定"按钮，完成进给率和主轴速度的设置，系统返回"型腔铣"对话框。

 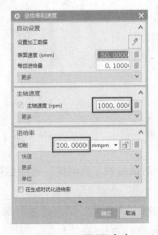 

图 12-44 设置非切削移动参数　　　　图 12-45 设置速度　　　　图 12-46 设置进给率

08 生成刀路轨迹。在"型腔铣"对话框的"操作"选项组中单击"生成"按钮▐，即可在模型空间生成刀路轨迹，如图 12-47 所示。

09 观察动态刀轨。在"型腔铣"对话框中的"操作"选项组下单击"确认刀轨"按钮▐，系统直接弹出"刀轨可视化"对话框。在其中单击"3D 动态"按钮，然后调节播放速度，单击"播放"按钮▶，即可进行 3D 动态仿真，如图 12-48 所示。

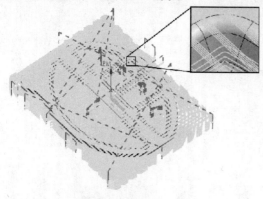

图 12-47 生成刀路轨迹

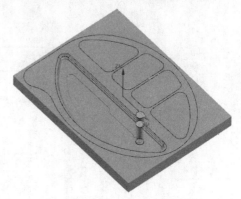

图 12-48 3D 动态仿真

4. 创建平面轮廓铣工序

01 插入工序。选择"主页"→"插入"→"创建工序"选项▐，弹出"创建工序"对话框。

02 确定加工方法。在对话框的"类型"下拉列表中选择"mill_planar"选项，然后在"工序子类型"选项组中单击"平面轮廓铣"按钮▐；在"程序"下拉列表中选择 PROGRAM 选项，在"刀具"下拉列表中选择"T2D12（铣刀-5参数）"选项，在"几何体"下拉列表中选择 WORKPIECE 选项，在"方法"下拉列表中选择"MILL_FINISH"选项，名称保持默认，如图 12-49 所示。

03 在对话框中单击"确定"按钮，弹出"平面轮廓铣"对话框，如图 12-50 所示。

图 12-49 插入工序

图 12-50 "平面轮廓铣"对话框

04 创建部件边界。在"平面轮廓铣"对话框的"几何体"选项组中单击"指定部件边界"按钮▐，弹出"边界几何体"对话框。

05 在对话框的"面选择"选项组中勾选"忽略孔""忽略岛"两个复选框，然后在图形空间中选择模型的表面，系统自动生成部件的边界，如图 12-51 所示。

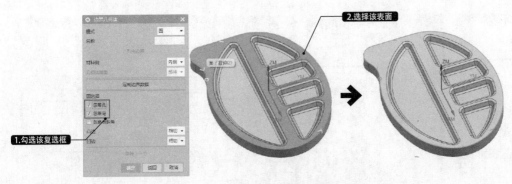

图 12-51 创建部件边界

06 单击"确定"按钮，返回"平面轮廓铣"对话框，完成部件边界的创建。

07 指定底面。在"平面轮廓铣"对话框中单击"指定底面"按钮🖳，系统自动弹出"平面"对话框；然后在平面对话框的"类型"下拉列表中选择"自动判断"选项，如图 12-52所示。

08 在图形空间选择模型的表面，然后在"偏置"文本框中输入1.0，单击"确定"按钮，完成底面的指定，如图 12-53所示。系统返回"平面轮廓铣"对话框。

图 12-52 "平面"对话框

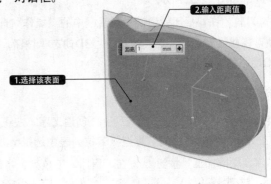

图 12-53 指定底面

09 创建刀具路径参数。在"平面轮廓铣"对话框的"刀轨设置"选项组中的"部件余量"文本框中输入值0.0，然后在"切削进给"文本框中输入值500.0，在其后的下拉列表中选择mmpm选项，在"切削深度"下拉列表中选择"恒定"选项，在"公共"文本框中输入值0.0，其余参数保持默认，如图 12-54所示。

10 设置切削参数。单击"平面轮廓铣"对话框中的"切削参数"按钮🖳，系统弹出"切削参数"对话框，设置其中的"策略"选项卡参数如图 12-55所示。其余选项卡参数保持默认，单击"确定"按钮，完成切削参数的设置，返回"平面轮廓铣"对话框。

11 设置非切削移动参数。单击"平面轮廓铣"对话框中的"非切削移动"按钮🖳，弹出"非切削移动"对话框，选择其中的"起点/钻点"选项卡，在"重叠距离"文本框中输入值2.0，在"默认区域起点"下拉列表中选择"拐角"选项，其他参数采用系统默认设置值，如图 12-56所示。单击"确定"按钮，完成非切削移动参数的设置，返回"平面轮廓铣"对话框。

12 设置进给率和速度。在"平面轮廓铣"对话框中单击"进给率和速度"按钮🖳，弹出"进给率和速度"对话框。在其中勾选"主轴速度"复选框，然后在其文本框中输入1800；在"进给率"选项组的"切削"文本框中输入500.0，按Enter键，再单击文本框右侧的按钮🖳，其他参数保持默认，如图 12-57所示。单击"确定"按钮，完成进给率和主轴速度的设置，系统返回到"平面轮廓铣"对话框。

图 12-54 创建刀具路　　图 12-55 设置切削参数　　图 12-56 设置非切削移　　图 12-57 设置进给率和
　　　径参数　　　　　　　　　　　　　　　　　　　　动参数　　　　　　　　　　速度

13 生成刀路轨迹。在"平面轮廓铣"对话框的"操作"选项组中单击"生成"按钮，即可在模型空间生成刀路轨迹，如图 12-58 所示。

14 观察动态刀轨。在"平面轮廓铣"对话框中的"操作"选项组下单击"确认刀轨"按钮，系统直接弹出"刀轨可视化"对话框。在其中单击"3D 动态"按钮，然后调节播放速度，单击"播放"按钮，即可进行 3D 动态仿真，如图 12-59 所示。

5. 创建轮廓加工铣工序

01 插入工序。选择"主页"→"插入"→"创建工序"按钮，弹出"创建工序"对话框。

02 确定加工方法。在对话框的"类型"下拉列表中选择 mill_contour 选项，然后在"工序子类型"选项组中单击"深度轮廓加工"按钮；在"程序"下拉列表中选择 PROGRAM 选项，在"刀具"下拉列表中选择"T3B8（铣刀-球头铣）"选项，在"几何体"下拉列表中选择 WORKPIECE 选项，在"方法"下拉列表中选择 MILL_FINISH 选项，名称保持默认，如图 12-60 所示。

03 在对话框中单击"确定"按钮，弹出"深度轮廓加工"对话框，如图 12-61 所示。

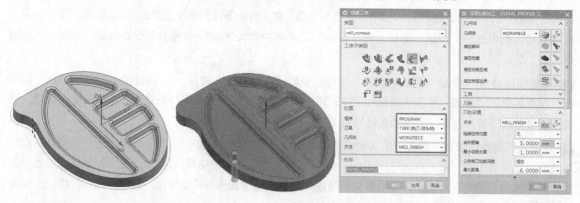

图 12-58 生成刀路轨迹　　　图 12-59 3D 动态仿真　　　图 12-60 插入工序　　　图 12-61 "深度轮
　　　　　　　　　　　　　　　　　　　　　　　　　　　　　　　　　　　　廓加工"对话框

04 创建修剪边界。在"深度轮廓加工"对话框的"几何体"选项组中单击"指定修剪边界"按钮，弹出"修剪边界"对话框。

05 在对话框的"修剪侧"下拉列表中选择"外侧"选项，接着在图形空间中选择模型的表面，系统自动生成部件的边界，如图 12-62 所示。

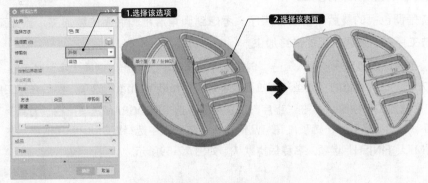

图 12-62 创建修剪边界

06 单击"确定"按钮，返回"深度轮廓加工"对话框，完成修剪边界的创建。

07 设置刀具路径参数。在"深度轮廓加工"对话框的"刀轨设置"选项组中的"公共每刀切削深度"下拉列表中选择"残余高度"选项，其他参数保持默认，如图 12-63 所示。

08 设置切削层参数。单击"深度轮廓加工"对话框中的"切削层"按钮 ，弹出"切削层"对话框。设置其中的参数如图 12-64 所示。单击"确定"按钮，返回"深度轮廓加工"对话框。

09 设置"转移\快速"选项卡。选择"非切削移动"对话框中的"转移/快速"选项卡，设置其中的参数如图 12-65 所示。单击"确定"按钮，完成非切削移动参数的设置，返回"深度轮廓加工"对话框。

10 设置进给率和速度。在"深度轮廓加工"对话框中单击"进给率和速度"按钮 ，弹出"进给率和速度"对话框，在其中勾选"主轴速度"复选框，然后在其文本框中输入3000；在"进给率"选项组的"切削"文本框中输入400.0，按Enter键，再单击文本框右侧的按钮 ，其他选项卡保持默认，如图 12-66 所示。单击"确定"按钮，完成进给率和主轴速度的设置，系统返回到"深度轮廓加工"对话框。

图 12-63 设置刀具路径
参数

图 12-64 设置切削层
参数

图 12-65 设置"转移\快
速"选项卡参数

图 12-66 设置进给率和
速度

11 生成刀路轨迹。在"深度轮廓加工"对话框的"操作"选项组中单击"生成"按钮 ，即可在模型空间生成刀路轨迹，如图 12-67 所示。

12 观察动态刀轨。在"深度轮廓加工"对话框中的"操作"选项组下单击"确认刀轨"按钮 ，系统直接弹出"刀轨可视化"对话框。在其中单击"3D动态"按钮，然后调节播放速度，单击"播放"按钮，即可进行3D动态仿真，如图12-68所示。

6. 创建第1道底面壁铣工序

底面壁铣是调色板的最后一道加工工序，考虑到圆角清根和底面的精加工，因此可以考虑加入两道底面壁铣工序来完成调色板的最终加工。

01 插入工序。选择"主页"→"插入"→"创建工序"选项 ，弹出"创建工序"对话框。

02 确定加工方法。在对话框的"类型"下拉列表中选择"mill_planar"选项，然后在"工序子类型"选项组中单击"底壁加工"按钮 ，在"程序"下拉列表中选择PROGRAM选项，在"刀具"下拉列表中选择"T1D16R1（铣刀-5参数）"选项，在"几何体"下拉列表中选择WORKPIECE选项，在"方法"下拉列表中选择"MILL_FINISH"选项，名称保持默认，如图12-69所示。

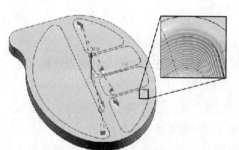

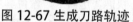

图 12-67 生成刀路轨迹　　　　　　　　图 12-68 3D动态仿真　　　　　　图 12-69 插入工序

03 指定切削区域。在对话框中单击"确定"按钮，弹出"底壁加工"对话框.在"底壁加工"对话框的"几何体"选项组中单击"指定切削区底面"按钮 ，弹出"切削区域"对话框。在图形空间选择模型的表面，如图12-70所示，然后单击对话框中的"确定"按钮，完成切削区域的选择，同时系统返回"底壁加工"对话框。

04 设置切削模式。在对话框的"刀轨设置"选项组的"切削模式"下拉列表中选择"跟随周边"选项。

05 设置步进模式。在"步距"下拉列表中选择"刀具平直"选项，其余参数保持系统默认，如图12-71所示。

06 设置切削参数。单击"底壁加工"对话框中的"切削参数"按钮 ，系统弹出"切削参数"对话框。选择其中的"策略"选项卡，在"刀路方向"下拉列表中选择"向内"选项，其余参数保持系统默认，如图12-72所示。

07 单击"确定"按钮，返回"底壁加工"对话框。

08 设置"转移/快速"选项卡参数。单击"底壁加工"对话框中的"非切削移动"按钮 ，弹出"非切削移动"对话框。设置其中的"转移/快速"选项卡参数，如图12-73所示。其余选项卡参数保持默认，单击"确定"按钮，完成非切削移动参数的设置，返回"底壁加工"对话框。

09 设置进给率和速度。在"底壁加工"对话框中单击"进给率和速度"按钮 ，弹出"进给率和速度"对话框。在其中勾选"主轴速度"复选框，然后在其文本框中输入1500，在"进给率"选项组的"切削"文本框中输入400.0，按Enter键，再单击文本框右侧的按钮 ，其他参数保持默认，如图12-74所示。单击"确定"按钮，完成进给率和主轴速度的设置，系统返回到"底壁加工"对话框。

10 生成刀路轨迹。在"底壁加工"对话框的"操作"选项组中单击"生成"按钮 ，即可在模型空间生成刀路轨迹，如图12-75所示。

11 观察动态刀轨。在"底壁加工"对话框中的"操作"选项组下单击"确认刀轨"按钮 ，系统直接弹出"刀轨可视化"对话框。在其中单击"3D动态"按钮，然后调节播放速度，单击"播放"按钮▶，即可进行3D动态仿真，如图 12-76 所示。

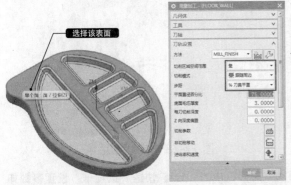

图 12-70 指定切削区域　　图 12-71 设置步进模式　　图 12-72 设置切削参数　　图 12-73 设置"转移/快速"选项卡参数

图 12-74 设置进给率和主轴速度　　　图 12-75 生成刀路轨迹　　　图 12-76 3D动态仿真

7. 创建第2道底面壁铣工序

01 插入工序。选择"主页"→"插入"→"创建工序"按钮，弹出"创建工序"对话框。

02 确定加工方法。在对话框的"类型"下拉列表中选择"mill_planar"选项，然后在"工序子类型"选项组中单击"底壁加工"按钮，在"程序"下拉列表中选择PROGRAM选项，在"刀具"下拉列表中选择"T4D8R2（铣刀-5参数）"选项，在"几何体"下拉列表中选择WORKPIECE选项，在"方法"下拉列表中选择"MILL_FINISH"选项，名称保持默认，如图 12-77 所示。

03 指定切削区域。在"底壁加工"对话框的"几何体"选项组中单击"指定切削区底面"按钮，弹出"切削区域"对话框，然后在图形空间选择模型的加工面，共5个面，如图 12-78 所示，然后单击对话框中的"确定"按钮，完成切削区域的选择，同时系统返回"底壁加工"对话框。

04 设置刀具路径参数。在对话框的"刀轨设置"选项组的"切削模式"下拉列表中选择"跟随周边"选项，在"步距"下拉列表中选择"刀具平直百分比"选项，在"平面直径百分比"文本框中输入值50.0，"底面毛坯厚度"文本框中输入1.0，其余参数保持系统默认，如图 12-79 所示。

05 设置"进刀"非选项卡参数。单击"底壁加工"对话框中的"非切削移动"按钮，弹出"非切削移动"对话框，单击其中的"进刀"选项卡，在"斜坡角"文本框中输入3.0，在"高度"文本框中输入1.0，其余参数保持默认，如图 12-80 所示。

图 12-77 插入工序

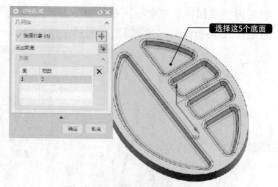

图 12-78 指定切削区域

06 设置"转移/快速"选项卡参数。选择"非切削移动"对话框中的"转移\快速"选项卡，设置参数如图 12-81 所示。单击"确定"按钮，完成非切削移动参数的设置，返回"底壁加工"对话框。

07 设置进给率和速度。在"底壁加工"对话框中单击"进给率和速度"按钮，弹出"进给率和速度"对话框。在其中勾选"主轴速度"复选框，然后在其文本框中输入3000；在"进给率"选项组的"切削"文本框中输入400.0，按Enter键，再单击文本框右侧的按钮，其他参数保持默认，如图 12-82 所示。单击"确定"按钮，完成进给率和主轴速度的设置，系统返回到"底壁加工"对话框。

图 12-79 设置刀具路径参数　图 12-80 设置"进刀"选项卡参数　图 12-81 设置"转移/快速"选项卡参数　图 12-82 设置进给率和主轴速度

08 生成刀路轨迹。在"底壁加工"对话框的"操作"选项组中单击"生成"按钮，即可在模型空间生成刀路轨迹，如图 12-83 所示。

09 观察动态刀轨。在"底壁加工"对话框中的"操作"选项组下单击"确认刀轨"按钮，系统直接弹出"刀轨可视化"对话框。在其中单击"3D动态"按钮，然后调节播放速度，单击"播放"按钮，即可进行3D动态仿真，如图 12-84 所示。

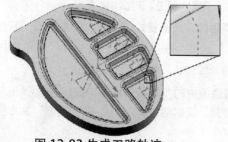

图 12-83 生成刀路轨迹

图 12-84 3D动态仿真